U0257894

兴起中的工程社会学

An Emerging Sub-discipline: The Sociology of Engineering

李伯聪　等　著

国家社科基金后期资助项目
出版说明

后期资助项目是国家社科基金设立的一类重要项目，旨在鼓励广大社科研究者潜心治学，支持基础研究多出优秀成果。它是经过严格评审，从接近完成的科研成果中遴选立项的。为扩大后期资助项目的影响，更好地推动学术发展，促进成果转化，全国哲学社会科学工作办公室按照“统一设计、统一标识、统一版式、形成系列”的总体要求，组织出版国家社科基金后期资助项目成果。

全国哲学社会科学工作办公室

目　录

第一章　绪论：工程、社会学与工程社会学

在现代社会中，科学活动、技术活动、工程活动[①]是三种重要的社会活动类型。它们密切联系，但又不能将其混为一谈。它们不但是哲学的研究对象，而且可以和应该是社会学、历史学等许多其他学科的研究对象。从学术逻辑和学科分野的角度来看，这就出现了形成“科学哲学、技术哲学、工程哲学”和“科学社会学、技术社会学、工程社会学”等“并列学科”的必要性与可能性。

科学哲学和技术哲学都是西方学者开创的，可是工程哲学却是中国学者和西方学者在21世纪之初虽不约而同但分别开创的。[②] 在工程哲学开创后，中国学者又率先走上了开创工程社会学之路。

回顾历史，科学社会学和技术社会学都是在欧美兴起的，可是工程社会学却在中国兴起了，成为中国人率先开创的一门学科。

在社会生活中，工程是最常见、最基础的社会现象和社会活动，是社会存在和发展的物质基础。如果没有工程活动，社会就无法存在，就要崩溃。由此看来，工程无疑应该是社会学最重要的研究对象之一。在20世纪，虽然社会学已有100多个分支学科，但工程社会学却一直未能在社会学中占有一席之地。直到21世纪之初，中国学者才成为工程社会学这个学术处女地的垦荒者。虽然目前工程社会学在社会学王国中还只是一个“新来者”，是刚刚在“社会学家谱”上“登记”的“新生儿”，但其未来发展前景是不可限量的。

近些年，中国学者在工程社会学领域不但发表了有创新性的学术

---

① 一般来说，工程活动中也应该包括“社会工程”。可是，出于多种原因，“工程哲学”“工程社会学”“工程管理”“工程史”的研究对象都主要指物质领域的工程活动，而不包括“社会工程”。

② 李伯聪：《21世纪之初工程哲学在东西方的同时兴起》，《中国工程科学》2008年第3期。

论文，而且出版了开创性学术著作，召开了系列学术会议，并且在中国社会学会中成立了旨在推动工程社会学发展的“二级学会”。由此可见，工程社会学已经在学科理论建设和制度化方面奠定了初步基础。

可是工程社会学的整体性问题场域、本学科的理论体系框架尚未明确，许多基本理论问题还笼罩在云雾之中，时隐时现，模糊不清。这些问题如果不能及时解决，工程社会学就难以进一步顺利发展。本书的基本意图和任务就是改变这种状况。

本书试图揭示工程社会学研究的问题场域，对工程社会学的一系列重要范畴、重要命题、重要观点进行系统性的分析和阐述，为工程社会学建构一个基本理论框架，希望它能够成为支持工程社会学进一步发展的“前沿学术基地”和“理论武器库”。

第一节　开创工程社会学的前提、基础和学术史进程

本节的任务是分析几个与工程社会学的开创有关的基础性、前提性问题并回顾“对工程进行社会学研究”的曲折历史轨迹。

很显然，中国学者在试图开创工程社会学这个学科时，所遇到的首要问题便是工程社会学“应否”和“能否”成为社会学中的一门独立的二级学科。

这个问题的答案取决于对以下两个“子问题”的分析和认识。一是如何认识社会中工程活动的基本性质，二是如何认识“工程活动的社会学研究”在社会学领域中的位置。

在认识和回答这两个子问题时，不但需要把这两个子问题当作理论问题进行分析和研究，而且应该把它们当作思想史和学术史问题进行回顾和思考。100 多年来，关于应该如何认识和处理“对工程和经济的社会学研究”在社会学中的位置问题，经历了曲折的历史进程，其经验教训发人深省。

以下先分析几个与开创工程社会学有关的前提性概念问题。

一　开创工程社会学的对象前提和科学技术工程三元论对“学科谱”的影响

（一）工程社会学的对象和概念前提

1. 能够赞同那种把工程看作“科学的应用”的流行观点吗？

一般来说，建立一门学科需要以“确认”存在足够重要的“研究对象”为前提，否则就难以形成一门相对独立的学科。

在试图开创工程社会学时，这个问题就具体化为“是否能够确认工程是一个独立的研究对象”。

我们看到，在20世纪，特别是在20世纪的下半叶，无论是在西方发达国家还是在中国，流行观点都把工程看作“科学的应用”。这种观点实质上是把工程看作“科学的派生物”或“科学的附属物”，认为工程对科学只具有“从属”和“派生”属性。如果这种观点能够成立，那么从研究对象上看，工程就不是一个独立的研究对象。从学术逻辑和学科关系方面看，那就既没有必要又没有可能建立独立的“工程哲学”和“工程社会学”等学科了。

实际上，也正是由于这种认为“工程是科学的应用和从属物”的观点在西方和中国都大行其道，所以在“如何正确认识工程”这个基础性和前提性概念问题上发生了认识错位和畸变，从而在一段很长时间错失了开创工程哲学、工程社会学等学科的机遇和可能性。

那么，工程是不是一个独立的研究对象呢？应该如何认识工程的本性呢？

中国学者在思考和研究这些问题时提出了科学技术工程三元论观点。

2. 科学技术工程三元论的提出

科学技术工程三元论认为科学、技术和工程是三种有不同本性和特征的社会活动，它们虽然有密切联系，但也有各自独立的本性，不能把它们混为一谈。①

（1）三种社会活动的本质不同

科学活动是以发现为核心的社会活动，技术活动是以发明为核心的

① 李伯聪：《工程哲学引论——我造物故我在》，大象出版社，2002，第10～12页。

社会活动，工程活动是以建造为核心的社会活动。

（2）三种社会活动的成果和产物不同

科学活动的主要成果和产物是科学概念、科学理论、科学论著。从社会学角度看，科学理论是“天下之公器”，是全人类共同的精神财富，绝不是科学家的私人财富。技术活动的主要成果和产物是技术诀窍、技术方法，在实行专利制度的条件下，在专利保护期内是“专利人”的“私有知识”，其他人必须付费才可使用。工程活动（例如三峡工程、青藏铁路工程、住宅建筑工程等）的成果和产物是直接的物质财富本身。

（3）这三种社会活动在活动主体、制度安排、管理方式、社会运行、文化特征等方面都有根本性的区别

科学技术工程三元论提出了工程、技术、科学是三种性质不同的社会活动的观点，这不但为建立不同于科学哲学和技术哲学的工程哲学奠立了概念前提和理论基础，而且为建立不同于科学社会学和技术社会学的工程社会学奠立了概念前提和理论基础。

3. 工程、经济、社会的相互关系

如果说在开创工程哲学时，如何认识科学、技术、工程的相互关系是一个关键问题，那么在开创工程社会学时，还需要再分辨一些其他概念问题，特别是关于如何认识工程、经济、社会相互关系的问题。

一般来说，社会是一个包含工程、政治、经济、科学、技术、文化、宗教等的整体性概念。就此而言，工程活动和经济活动都只是“社会整体”的一个组成部分。在这个意义上，“工程与社会”的关系和“经济与社会”的关系都是部分与整体的关系。

可是，在日常语言中，“社会”又是一个多义词，特别是在不同的语境中，“社会”可有不同的含义。例如，当人们理解“科学与社会”的含义时，往往不但将其理解为“作为社会组成部分的科学与社会整体的关系”，而且将其理解为“作为社会组成部分的科学与社会整体中其他组成部分的相互关系”。也就是说，“社会”不但可以被理解为“作为整体的社会”，而且可以被理解为“可以与社会中的某种社会活动并列并且与其互补的其他社会活动”。

依照以上解释，“工程与社会”的关系和“经济与社会”的关系都有两个含义：一是“部分”与“整体”的关系，二是“某个部分”与

"整体中其他部分"的关系。

由于工程活动与经济活动存在难分难解的关系，人们往往也会把工程与经济混为一谈。例如，在日常语言中，"宝钢工程""青藏线工程"等语词就常常被用来既指"工程活动"又指"经济活动"。

那么，从理论上看，是否可以将工程活动与经济活动混为一谈呢？

这就牵涉到应该如何认识具体劳动和抽象劳动的相互关系、使用价值和交换价值的相互关系问题了。

马克思在《资本论》中明确指出和分析了劳动的二重性（"具体劳动"和"抽象劳动"的关系）和商品的二重性（"使用价值"和"价值或交换价值"的关系）。马克思指出，"物的有用性使物成为使用价值"，"使用价值只是在使用和消费中得到实现"，"作为使用价值，商品首先有质的差别；作为交换价值，商品只能有量的差别，因而不包含任何一个使用价值的原子"。马克思又指出，"商品的使用价值为商品学这门学科提供材料"。[①] 与商品学不同，经济学抽去了商品的使用价值，以研究价值关系为基本内容。

对于马克思的上述观点，我们认为还需要给予两点重要补充。一是除商品学外，"工程学"和"工程活动"也以使用价值为核心研究内容；二是如果说商品学的核心和灵魂是使用价值的"经济消费"问题，那么"工程学"和"工程活动"的核心和灵魂就是"使用价值"的"工程创造"和"生活实现"问题。人们不但需要研究"使用价值的经济消费"问题，还要研究"使用价值的工程创造和生活实现"问题。

根据马克思关于商品二重性和劳动二重性的理论可以看出，经济学和经济活动侧重于研究"抽象劳动"和"交换价值"问题，而工程学和工程活动侧重于研究"具体劳动"和"使用价值"问题。这就是"经济学和经济活动"与"工程学和工程活动"在对象和内容上的重大区别。更具体地说，经济活动关注的是人类的"抽象劳动"方面的问题，经济活动的核心和主线是"交换价值的创造和发展"；而工程活动关注的是人类的"具体劳动"方面的问题，工程活动的核心和主线是"使用价值的创造、使用和发展"。在经济活动和经济分析中被"抽

---

① 马克思：《资本论》第1卷，人民出版社，2004，第48~50页。

象掉”的“具体劳动”和“使用价值”，在工程活动和工程研究中不但必须被“还原”，而且成为工程活动的灵魂和核心内容。另外，在工程活动表现出来的“具体劳动”和“使用价值”，在经济分析和经济研究中要被“抽象”掉，“抽象为”不带“使用价值之质的区别”的“经济之量”。

马克思说：“把机器说成一种同分工、竞争、信贷等等并列的经济范畴，这根本就是极其荒谬的。机器不是经济范畴，正像拉犁的牛不是经济范畴一样。”① 可是，无人能够否认，从活动对象和范畴体系上看，机器是工程活动的要素，是具体劳动的要素，是与“具体劳动过程”密切相关的重要范畴。也就是说，机器及其演化发展虽然不属于经济范畴，从而不是经济理论的直接研究对象，但它必然要成为工程活动和有关理论领域（不但包括工程哲学、工程史、工程社会学、工程管理学、工程伦理学、工程心理学等学科，而且包括“跨学科工程研究”这个跨学科研究领域）的研究对象。

根据马克思关于“具体劳动和抽象劳动”以及“使用价值和交换价值”的观点，在进行经济理论研究时要更加关注抽象劳动和交换价值及其发展进程，而在进行工程活动理论研究时则要更加关注具体劳动和使用价值的创造和发展进程。

综上所述，马克思关于劳动二重性和商品二重性既有本质区别又有密切联系的观点，就成为指导我们认识工程活动和经济活动相互关系的基本理论原则和方法论原则。

正是由于工程活动和经济活动之间存在重大区别，所以出现了开创和形成工程哲学与经济哲学、工程史与经济史、工程社会学与经济社会学等“并列学科”的可能性和必要性，绝不能因为有了经济哲学、经济史、经济社会学就否认开创工程哲学、工程史、工程社会学的可能性与重要意义。

（二）科学技术工程三元论对“学科谱”的系列性影响

1. 科学技术工程三元论是开创工程哲学的概念基础

科学技术工程三元论提出了一个基本观点——科学、技术和工程是

---

① 《马克思恩格斯选集》第4卷，人民出版社，2012，第412页。

三种本性不同的社会活动，不能把它们混为一谈。这个观点不但直接开创了工程哲学，而且对“学科谱”产生了“系列性影响”。

既然科学、技术和工程是三种本性不同的社会活动，不同学科的学者也就可以和应该把它们当作不同的对象进行研究，从而可以形成并列的“关于科学”“关于技术”“关于工程”的“亚学科”。由于科学技术工程三元论首先由哲学工作者提出，于是他们首先着手开创与科学哲学和技术哲学并列的工程哲学。在工程哲学开创之后，有关学者还想到：在社会学领域，不但应该形成科学社会学和技术社会学，而且应该形成工程社会学；在历史学领域，不但应该研究科学史和技术史，而且应该研究工程史；等等。

在20世纪的“学科谱”中，哲学领域中的科学哲学和技术哲学都已经堪称成熟的学科；在社会学领域，科学社会学和技术社会学也已诞生并有了一定的影响；在科技史领域，科学史和技术史都是成果丰硕的学科。可是，工程哲学、工程社会学和工程史却都是被学者们遗忘的角落，是无人问津的渡口，是没有开垦者到来的学科处女地。科学技术工程三元论的重要意义就是它启发了不同学科的学术拓荒者以“工程活动”为研究对象而在不同的学科领域进行学术开拓。

2. 从科学社会学观点看工程哲学是否已经成为一门“新学科”

科学技术工程三元论产生的第一个影响就是成为开创工程哲学的概念前提和基础。

出人意料的是，在21世纪之初，工程哲学就初步成为一门新的“二级学科”。

由于“学科开创的评判”是一个属于科学社会学范畴的问题，我们在此就着重从科学社会学角度对这个问题进行一些分析。

依据科学社会学理论，在分析和评判一个学科是否已经开创时应该特别关注以下三个方面的问题。一是是否有特定而明确的学科研究对象和学科问题场域；二是是否出版了堪称代表性的学术论著，是否提出了本学科特有的学术概念和形成了本学科的理论框架；三是在“学科体制化”方面进展如何，包括是否召开了专业学术会议、是否成立了专业性学术组织、是否出版了专业性学术期刊等。

如果依据这三个“标准”来评判工程哲学的状况，可以看出，科学技术工程三元论的提出和李伯聪著《工程哲学引论——我造物故我在》[①]、布西亚瑞利著《工程哲学》[②]、殷瑞钰等著《工程哲学》[③] 等书的出版解决了前两个标准方面的问题。而在第三个标准方面，2003 年中国科学院研究生院成立了工程与社会研究中心。2004 年中国自然辩证法研究会成立了工程哲学专业委员会，同年在巴黎成立了“跨学科工程研究国际网络”（The International Network for Engineering Studies）。中国从 2003 年到 2017 年召开了 8 次全国性工程哲学会议，美、英等国自 2006 年起也分别召开了多次会议。2007 年，第一次工程哲学领域的国际会议召开，至 2018 年已经召开了 7 次。在创办学术期刊方面，中国的《工程研究——跨学科视野中的工程》在 2004 年作为年刊出版，2009 年经国家出版署批准正式作为季刊出版，在该年刊和季刊中，工程哲学和工程社会学都是常设栏目，而美国在 2009 年创办了 *Engineering Studies*，该杂志在创刊 3 年后就成为影响颇大的 SCI 和 SSCI 期刊。这些事实对照上述三条判据，可以认为工程哲学目前已经成为一门新的哲学分支学科。

科学哲学和技术哲学都是西方学者开创的。可是在开创工程哲学时，中国学者没有再度落后，而是和西方学者基本同时而“各自独立”地进行了工程哲学的学科开创工作。如果仔细观察开创的时间顺序，我们甚至还可以发现中国学者在出版学术著作、成立学术团体、召开学术会议、出版学术期刊等四个方面迈出“第一步”的时间都比西方同行至少早一年。[④]

3. 科学技术工程三元论的提出和工程哲学作为二级学科的兴起对“学科谱”的影响

本书之所以在此谈到工程哲学的开创，并不是关注这个事件本身。本书提到此事的目的是讨论其跨学科影响，更具体地说，是关注此事对社会学领域的影响。

工程哲学的开创不是一个孤立的事情。特别是科学技术工程三元论

---

① 李伯聪：《工程哲学引论——我造物故我在》，大象出版社，2002。

② 路易斯·L. 布西亚瑞利：《工程哲学》，安维复等译，辽宁人民出版社，2012。按：布西亚瑞利是 MIT 的教授，此书英文版出版于 2003 年。

③ 殷瑞钰、汪应洛、李伯聪等：《工程哲学》，高等教育出版社，2007。

④ 李伯聪：《工程哲学在 21 世纪的兴起》，《中国社会科学报》2016 年 4 月 19 日，第 5 版。

的提出不但直接导致了工程哲学的开创，而且它不可避免地要成为探索和开创工程社会学的“激发条件”。

工程哲学的创立不但填补了哲学领域的一个空白，而且势必要在“学科谱”方面产生广泛的“跨学科影响”。因为工程活动不但是哲学的研究对象，而且应该是其他许多学科的研究对象，于是在工程哲学开创后，一些学者便会顺理成章地考虑开拓工程社会学、工程史、工程美学、工程教育学等学科的可能性问题了。

实际上，中国学者在迈出了开创工程哲学的步伐后，很快就想到了开创工程社会学的可能性与迫切性。

上文谈到，在21世纪之初，中国学者和西方学者同时迈出了开创工程哲学的步伐。可是，在中国学者继续迈出开创工程社会学的步伐时，西方学者却没有“同步前进”。这样，中国学者就成为开拓工程社会学的“孤独的先行者”。这同时意味着，如果说工程哲学是中国学者和西方学者同时和共同开创的学科，那么工程社会学就是中国学者单独开创的学科。

目前，许多中国学者在谈论学术领域的“中国话语”问题，工程社会学的兴起和发展可以和应该成为社会学领域“中国话语”的重要表现内容和表现方式之一。

二　在社会学领域进行“工程活动的社会学研究”的曲折轨迹

工程社会学之所以需要与可能成为自立于社会学领域的“二级学科”，绝不仅是从科学技术工程三元论“外推”和工程哲学成立后在相邻“学科谱”中“激发”的结果，更是社会学领域“自身历史发展中错综复杂源流关系”的结果，是“社会学与其他学科互动博弈激发关系”的结果。

可是，在回顾和反思社会学领域中进行“工程活动的社会学研究”的历史进程和轨迹时，我们发现这个历史轨迹实在太曲折，其中充满了发人深省和值得再三回味的经验教训。

（一）“经济－工程活动的社会学研究”在社会学发展史中惊心动魄、发人深省的曲折轨迹

自孔德首先提出社会学这个概念到20世纪末，社会学走过了一个半

世纪以上的发展历程。目前社会学已经有了一百多个分支学科——城市社会学、农村社会学、科学社会学、技术社会学、犯罪社会学、婚姻社会学、家庭社会学等，蔚为大观。可是，在这一百多个分支学科中，“工程社会学”却成为一个耐人寻味的“缺席者”。

工程活动是现代社会中最常见、最基础的社会现象和社会活动，社会学家不可能看不到它。无法想象在社会学发展历史上没有人关注——甚至高度关注——针对工程活动的社会学研究。那么在一百多年的发展历程中，为何社会学家未能创建出“工程社会学”这个分支学科呢？为何把工程作为社会学的重要研究对象这样困难呢？这就耐人寻味了。

“对工程的社会学研究”经历了极其曲折的历程，其间甚至出现了一些匪夷所思的事情。但学术和学科发展自有其内在而不可抗拒的逻辑：在21世纪之初，在经历了曲折的进程和大起大落的不同阶段后，“对工程的社会学研究”终于度过低潮期，工程社会学也终于在中国开创。

我们可以把社会学领域中对“经济－工程活动的社会学研究”的认识及其在社会学中的地位的发展史划分为三个阶段。三个阶段中大起大落的程度及其教训之深刻，都堪称惊心动魄。

1. 历史轨迹的第一阶段：表现出“社会学帝国主义倾向”

(1) 作为“巴黎先知”的圣西门：实业家和实业制度是社会科学最重要的主题

有人把杜尔哥、孔多塞、圣西门、孔德称为“巴黎的先知”[①]。这里暂且不谈杜尔哥和孔多塞。

圣西门和孔德的关系在社会学界无人不晓。圣西门是“社会科学”的创始人，[②] 孔德曾经是圣西门的门徒并担任圣西门的秘书，二人关系密切。尽管后来二人闹翻了，但皮克林认为，“圣西门的许多思想都可以在孔德的著作中找到，可是，孔德以更系统的方式发展了它们”[③]。孔德最初把“社会学”称为“社会物理学”，但后来却坚决地使用了“社会学”这个名称。《圣西门传》一书中说，孔德“以为社会学这门新科学是他发明的，他喜欢称之为‘社会物理学’，‘社会学’这个术语，圣西

① 库马博士：《社会的剧变》，蔡伸章译，台北：志文出版社，1984，第19页。

② 倪玉珍：《圣西门的新宗教：实业社会的道德守护者》，《学海》2017年第5期。

③ George Ritzer，D. J. Goodman：《古典社会学理论》，北京大学出版社，2004，第14页。

门没有用过，但是‘社会物理学’这个术语，他（圣西门）却说过。他一生中大部分时间就是用来写作‘社会物理学’的”①。

本书在此无意否认或贬低孔德的贡献，但圣西门的“社会科学”和孔德的“社会学”在研究范围、主题和方法论方面有许多相同之处。尤其是在圣西门和孔德的心目中，“研究社会现象”的“科学”“只有一门”，在这个意义上，可以认为圣西门的“社会科学”和孔德的“社会学”具有颇大程度的“等同性”。

圣西门生活的时代恰逢第一次工业革命在英国取得成功并传播到法国和法国发生大革命之后。在圣西门看来，“社会科学”（或称“社会物理学”）最重要的主题就是“实业家”和“实业制度”。

什么是实业家？圣西门说：“实业家是从事生产或向各种社会成员提供一种或数种物质财富以满足他们的需要或生活爱好的人。”依据这个“定义”，圣西门指出，农民、马车制造匠、细木工、制造鞋帽的工厂主、商人、海员、银行家都是实业家。② 可以看出，圣西门的这个解释与工程社会学对“工程共同体成员”（包括工程师、工人、管理者、投资者、企业家、其他利益相关者）的解释颇为相似，甚至可谓已在一定程度上开后者之先声。

圣西门认为实业阶级应该在社会上占首要地位，“因为它是最重要的阶级：因为没有其他一切阶级，它也能存在下去，而其他任何阶级如果没有它，就不可能生存下去；因为它是依靠自己力量，即靠亲身劳动而生存的。其他阶级都应当为它而工作，因为它们是由它创造出来的，而且是由它来维持它们的生存的”③。

可是，当时社会的实际状况却是，“目前的社会组织把实业阶级置于最末位。社会制度对次要劳动甚至对游手好闲的尊敬与重视，依然大大超过对最重要劳动、即对最直接的有益劳动的尊敬与重视”④。而圣西门最关心的事情就是如何才能建立起实业体系、实业制度以改变这种状况。

---

① 转引自 Dy1030《谁拥有“社会学”这个专有名词的发明权?》，新浪网，2017 年 10 月 11 日，http://blog.sina.com.cn/s/blog_59453c8e0100ly8n.html。

② 《圣西门选集》第二卷，董果良译，商务印书馆，1982，第 28 页。

③ 《圣西门选集》第二卷，董果良译，商务印书馆，1982，第 28 页。

④ 《圣西门选集》第二卷，董果良译，商务印书馆，1982，第 28 页。

圣西门认为，实业体系的基本原则是“把科学、艺术和工艺方面的一切个别的活动尽可能有效结合起来”①。“实业制度是一种可以使一切人得到最大限度的全体自由和个体自由，保证社会得到它所能享受到的最大安全的制度。”②

可以说，圣西门思想和著作的第一主题就是向实业家阶级呼吁、宣传和阐述他的思想、观点和理论。他主张：“一切都是实业所为，一切也都应当为实业而为。”③

（2）孔德的“社会学帝国主义”雄心

孔德在学术史上第一次使用了“社会学”这个术语。可是现在只有少数学者关注孔德开创社会学时的雄心，许多学者都忽视了孔德对经济学的贬斥态度，忽视了孔德此举的意义和影响。

孔德认为人类精神的发展经历了三个阶段：神学阶段、形而上学阶段和实证阶段。他认为宇宙中有五类现象：天体现象、物理现象、化学现象、生物现象和社会现象，相应地也有天文学、物理学、化学、生物学和社会学这几门科学。这几门科学的关系不是平行关系，而是顺序有先后、次第有高低的关系，前一门科学是后一门科学的基础。在这个科学分类系统中，社会学是最高级的也是最难研究的科学。

孔德认为，社会学是研究社会现象的唯一的科学，他对社会学寄予了太多和太大的“学科帝国主义式”期望。正如肖瑛指出的那样：“社会学具有一种强烈的‘帝国主义’情结，这种诉求与生俱来，生生不息。”④ 孔德的“社会学帝国主义”雄心突出表现在两个方面。在方法论上，孔德认为实证主义应该成为科学事业的唯一合法并一以贯之的方法，而社会学就是这种方法论最为发达的表征；在学科研究对象和任务上，孔德认为社会学应该成为一门足以适当解释整个人类历史的理论。作为唯一性的和整体性的研究人类社会现象的科学，社会学代表着人类知识的最高阶段。

① 《圣西门选集》第一卷，王燕生、徐仲年、徐基恩等译，商务印书馆，1979，第243页。

② 《圣西门选集》第二卷，董果良译，商务印书馆，1982，第80页。

③ 《圣西门选集》第二卷，董果良译，商务印书馆，1982，第28页。

④ 肖瑛：《社会学的“帝国主义”情结》，《社会》2004年第8期。

虽然孔德本人有着强烈的“社会学帝国主义”的雄心，而当时“社会科学界”的实际情况却是经济学已经成为一门牢牢站稳脚跟并且产生了广泛学术影响和思想影响的学科。在那时，经济学界已经出现了不少著名的经济学家，并且发展势头很猛，而社会学还只是社会科学界的一个“新来者”。这种学科力量状况和发展形势对比与孔德的“社会学帝国主义”雄心之间出现了尖锐矛盾。

为了“捍卫”他的“社会学帝国主义”理想，孔德对经济学进行了猛烈的攻击和不遗余力的贬斥。正如斯威德伯格所指出的那样：“在孔德的框架内，‘经济学’并没有独立的地盘，实际上《实证哲学教程》一书中就含有对经济学的激烈攻击——‘伪科学’（alleged science）就是孔德对其的称谓。”对于经济学，孔德认为“人们唯一的选择就是抛弃它，并以社会学这一‘天下科学之皇后’取而代之”。①

2. 历史轨迹的第二阶段：社会学发展进程中的严重挫折与社会学被迫成为“剩余科学”

在孔德之后，虽然社会学也有新的发展，但经济学的发展水平和势头都明显地更胜一筹。特别是在19世纪下半叶，经济学领域出现了边际革命，其学术水平和社会影响都大大提升。

1871年，英国的杰文斯出版《政治经济学理论》，奥地利的门格尔出版《国民经济学原理》，1874年瑞士的瓦尔瓦拉出版《纯经济学要义》。边际学派这三位奠基人代表性著作的出版标志着经济学发展史上兴起了影响深远的边际革命。19世纪80年代，边际革命的潮流席卷欧美各国，随之出现了一大批著名的经济学家。

就学术观点而言，在经济学内部，边际学派面临与传统的古典经济学的矛盾关系；在经济学外部，边际学派面临孔德开创的社会学的压力。在这种形势下，马歇尔成为经济学领域中一位集大成式的学者，他不但完成了经济学内部边际主义与经济学古典学派的融合与整合，而且作为一位经济学家有力地回击了孔德对经济学的外部挑战。

（1）经济学家对孔德观点的批判

马歇尔在1890年出版了影响深远的《经济学原理》。他在书中立足

---

① 理查德·斯威德伯格：《经济学与社会学》，安佳译，商务印书馆，2003，第9～10页。

于学科划分和学科分工角度直接批驳了孔德对经济学的责难。

马歇尔说："他们（孔德等人）力劝经济学家放弃经济学研究，而专心致志共同发展统一的无所不包的社会科学。但是人类社会行为的范围太广大繁杂，是不能单独由一门科学加以分析和解释的。孔德自己和斯宾塞以无比的知识和卓越的天才曾从事于这一工作。他们以他们的广泛研究和建设性意见在思想上开辟了一个新纪元；但在统一的社会科学的建立上，他们甚至很难说是迈了第一步。"马歇尔强调了学科分工的正当性和合理性，他说："当卓越而性急的希腊天才家坚持寻求单一的基础以解释一切自然现象的时候，自然科学的进步很慢；而现代自然科学有了长足的进步，是由于它把广泛的问题分割成几个组成部分。"①

与马歇尔关于学科分工的观点相呼应，经济学家约翰·内维尔·凯恩斯于1891年提出应该以价值判断为依据将经济学划分为实证经济学和规范经济学。由于经济学研究中广泛使用了数学方法以及经济学家在学术研究中直接面向现实经济问题而进行有理有据的科学研究，可以说，在社会科学领域，经济学反而成为孔德所命名的"实证科学"的典范。换言之，虽然孔德率先提出了"实证方法"和"实证科学"这两个概念，但经济学家却反客为主地"证明"经济学才是社会科学领域中实证精神和方法的典范——这实在是非常具有吊诡性的事情。

总而言之，孔德的"社会学帝国主义"理想和观点在经济学的成就和经济学家的攻击下败北了。

（2）经济学和社会学之间的"学科教授教席之争"及其影响：社会学被迫成为"剩余科学"

孔德充满自信地认为社会学应该成为科学界（包括自然科学和社会科学）的皇后。可是，在孔德去世后不久，学术发展历史的真实状况是遭到孔德唾弃的经济学反而成为"社会科学的皇后"。经济学不但在学术水平和科学方法运用方面占了上风，而且在本学科学者的人数和社会影响上也占据了明显的上风。

从科学社会学角度看，由于经济学和社会学都要把自己的势力范围扩大到高等教育领域，这就使社会学和经济学矛盾斗争的战场又扩展到

① 马歇尔：《经济学原理》（下卷），陈良璧译，商务印书馆，1965，第414页。

了大学领域，特别是大学教授的“学科教席分配”领域。

美国社会学家帕森斯在《作为一门专业的社会学》中指出：“社会学得以制度化的中心基地应该是大学文科系和理科系。”① 虽然美国的社会学是从欧洲传入和引进的，可是，“1892 年，斯莫尔率先在芝加哥大学建立了世界上第一个社会学系；1894 年吉丁斯在哥伦比亚大学也完成了同样的工作”②。

由于社会学家试图在大学体系中增设社会学系时，经济学已经在大学体系中占据了优势地位，这就使社会学家想要在大学体系中增设“社会学教席”的努力遇到了经济学家的“狙击”。

“1894 年，在纽约举行的一次美国经济学会会议上，社会学家和经济学家发生了一次严重的冲突。经济学家直言不讳地告诉阿尔比德·斯莫尔和其他与会的社会学家，‘没有得到经济学家的赞同，社会学家无权为自己在社会科学中圈出一块地盘’。有的社会学家明白，如果没有经济学家的支持，他们跻身大学的机会将十分渺茫，因此决定退让一步。最终，社会学家在大学里设立了自己的学术领域，但代价是让出了经济学论题。”③

也有中国学者更具体地分析了当时的形势和社会学家在这场“教职博弈”中的对策：“社会学最早提出要把经济学灭掉，后来反而经济学先跨入大学，这时反过来要求当时的社会学学会的主要人物到经济学会上去说明研究领域，这对社会学来说是极大的屈辱。”对于当时的社会学家来说，“有三种策略可以选择，第一是沿着孔德的路以建立一种无所不包的统一社会科学，这是很难执行的；第二是使用社会学的视角和方法进入经济学，但当时社会学还没有成熟到（拥有）自己的路线；第三就是所谓的剩余策略，从事经济学研究之外的领域，彼此互相和平共处不发生矛盾。自然选择的结果似乎是剩余策略占上风而一直延续到今天，甚至影响到社会学的发展，基本上对经济学强势进入的领域，社会学家

① 塔尔考特·帕森斯：《作为一门专业的社会学》，载赖特·米尔斯、塔尔考特·帕森斯等《社会学与社会组织》，何维凌、黄晓京译，浙江人民出版社，1986，第 93 页。

② 贾春增主编《外国社会学史》（第三版），中国人民大学出版社，2008，第 159 页。

③ 理查德·斯威德伯格：《经济学与社会学》，安佳译，商务印书馆，2003，第 11 页。

都可以不去争锋。”①

这场博弈的结果对社会学的后续研究对象和发展方向都产生了严重影响。

由于在这场竞争中，“社会学家败北，主要的位置都让位于经济学家，社会学家只能保留经济学不感兴趣的位置，并且达成协议：社会学家只能研究经济学领域之外的‘剩余’领域，如犯罪、婚姻、家庭等。这样一来，社会学也有了一个‘剩余科学’的绰号。从此，经济学与社会学也有了积怨，并互不对话”②。

应该特别注意的是，如果说社会学以研究“经济现象之外的剩余领域”——例如犯罪、婚姻、家庭等——为主题最初还只是“外部压力下”的“生存策略”，那么在这种研究主题的成果逐渐积累并且延续一段时间后，就会积淀而固化为一种“学术传统”。尤其是，在这个学术传统固化之后，许多本学科的学者反而会“适应这种传统”，并且在这种传统得到进一步强化的新形势和新环境中“忘记”最初的那段“屈辱情节和历史”。

我国的一本权威社会学教材中，谈到了社会学的一个定义是“剩余科学”，但对其原因未置一词。③ 还有许多社会学教科书则绝口不谈“剩余科学”这件事。

从上文的叙述中，我们知道社会学成为“剩余科学”的原因是美国经济学家要“垄断”对经济现象的研究，而社会学家为求得在美国高校的教授职位而不得不“承诺”仅仅研究除经济之外的犯罪、婚姻、家庭等“剩余”的社会问题。虽然对这个学术史现象和这段学术史还可以有其他角度的分析和解读，但后人却不能忘却这段历史。因为它蕴含着社会学成为“剩余科学”和与之相伴的社会学中对“经济－工程活动的研究缺席”的“惊心动魄”的原因。但更加发人深省的是，久而久之，由于“学术传统”的“惯性”和“学术积淀”的结果，许多社会学家竟然对于社会学领域中“经济－工程活动的研究缺席”也“习以为常”，不

① 刘世定：《经济学与社会学：来自关系史的思考》，豆丁网，2005 年 9 月 28 日，https://www.docin.com/p-1746017470.html。

② 朱国宏、桂勇：《社会学视野里的经济现象》，四川人民出版社，1998，第 3 页。

③ 郑杭生主编《社会学概论新修》，中国人民大学出版社，1994，第 13 页。

再感到“惊心动魄”了。[①]

3. 历史轨迹的第三阶段：对“经济－工程的社会学研究”在社会学领域的东山再起

（1）经济学帝国主义潮流的兴起与“索罗剩余”的发现和启示

不但政治史、军事史中有许多“物极必反”“出乎意料”“否极泰来”的事例，学术史也是如此。

①经济学帝国主义倾向的兴起和发展

孔德设想的社会学帝国主义思想最终失败了。

在20世纪30年代初，拉尔夫·苏特首先提出了“经济学帝国主义”这个概念。虽然拉尔夫·苏特最初提出这个概念时态度还相当温和，但社会学家帕森斯已经对之采取了明显批评的态度：“经济学帝国主义……的结果不仅肥沃了‘邻邦’的土地，还让他们的某些部分勒在与自己的情况不符合的‘经济学’的紧身衣里。”对帕森斯的批评，许多经济学家都显得不屑一顾。著名经济学家奈特甚至调侃地说：“社会学是一门谈话的科学，其唯一规律是劣话驱逐良话（引者按：隐喻经济学规律‘劣币驱逐良币’）。”[②]

20世纪50年代之后，特别是在贝克尔出版《歧视经济学》和唐斯出版《民主制度的经济理论》后，经济学帝国主义的影响越来越大，其气势和声势也越发浩大。在这个潮流制造的假象和幻想中，经济学成为一门“包打天下”的学科。

②经济学领域中“索洛剩余”的意外发现

耐人寻味的是，在经济学帝国主义思潮正盛之时，经济学家索洛提

---

① 例如，费孝通在《乡土中国》的“后记”中也谈到了社会学成为“剩余科学”一事，但他的叙述却是：“把社会学降为和政治学、经济学、法律学等社会科学并列的一门学问，并非创立这名称的早年学者所意想得到的。”“现在的社会学……只是个没有长成的社会科学的老家。一旦长成了，羽毛丰满，就可以闹分家，独立门户去了。”“讥笑社会学的朋友曾为它造下了个‘剩余社会科学’的绰号。”“政治学、经济学既已独立，留在社会学领域里的只剩了些不太受人问津、虽则并非不重要的社会制度，好像包括家庭，婚姻，教育等的生育制度，以及宗教制度等等。有一个时期，社会学抱残守缺地只能安于‘次要制度’的研究里。”（费孝通：《乡土中国》，上海人民出版社，2007，第82～83页。按：《乡土中国》初版于1947年。）

② 理查德·斯威德伯格：《经济学与社会学》，安佳译，商务印书馆，2003，第17页。

出了“索洛剩余”[①] 这个概念，无情地打破了经济学和经济因素“包打天下”的幻想。

在经济学领域，经济增长是一个热门的重大主题。之前，许多经济学家都相信投资增长是经济增长的决定因素。可是，索洛的研究得出了新结论。“他的结论令当时的很多人为之震惊，今天仍然如此：从长期看来，物质投资并非经济增长的源泉。索洛认为，经济增长的唯一源泉是技术进步。在1957年的一篇论文中，他计算出在美国20世纪前半期工人人均的增长率中，有7/8要归因于技术进步。”[②]

也就是说，导致经济增长的各种因素中，经济因素只能解释很小一部分增长原因，而除经济原因之外的“剩余部分”所占比例竟然要大大超过经济原因。

“索洛剩余”是一个“出人意料”的学术结论。原先经济学家认为经济现象已经成为经济学独占的领域，如果有什么“剩余”的话，那也只能是一些残渣碎屑，而索洛的研究结果却告诉人们这里出现的“剩余”竟然是占据大部分份额的“剩余”。于是，这就出现了“剩余份额占比”远远超出“经济学占比”的现象——这实在是原先的经济学家和社会学家无论如何也想不到的状况。

索洛认为所谓“剩余部分”主要就是技术进步。那么，在这之后，问题是否就可以算解决了呢？

在现实生活中，人们看到有许多工厂虽然拥有先进技术但仍然未逃脱破产的命运，类似事例表明，技术因素也不是万能的。除技术因素外，还有许多其他的“剩余因素”在起作用。

也就是说，所谓“剩余现象”和“剩余问题”绝不是一个表面看来那么简单的现象和问题。

在上文谈到的社会学只能是“剩余科学”的时候，许多社会学家都认为“这从本质上意味着，社会学家只能是从那些地位稳固的学科的脚边捡一点从桌上掉下来的碎屑喂喂自己”[③]。可是，现在人们看到了出现

① 索洛剩余提出于1957年。索洛在1987年获得了诺贝尔经济学奖。

② 威廉·伊斯特利：《经济增长的迷雾：经济学家的发展政策为何失败》，姜世明译，中信出版集团，2016，第44页。

③ 理查德·斯威德伯格：《经济学与社会学》，安佳译，商务印书馆，2003，第11~12页。

“反转”的情况与可能。“索洛剩余”告诉人们，所谓“剩余”并不必然都是“微不足道的碎屑”，它也有可能是“大块剩余”。中国的成语“买椟还珠”甚至告诉人们，有些买家只拿走了华丽的盒子，而把珍珠当成了“剩余物”。

③“索洛剩余”对认识学科关系和方法论问题的启示：从贬义的“剩余”到作为学术新方法的“社会学补全与学科交叉方法”

应该怎样认识和评价“学术剩余”问题呢？《庄子·养生主》云：“吾生也有涯，而知也无涯。”从认识论角度看，认知的无限性提示人们，任何时候都有的无穷无尽的“知识剩余”不但可以是“学科内部的”“尚未认识到的学术剩余”，而且可以是“学科外部的”“尚未认识到的学术剩余”，也就是“留给其他学科的剩余”。以下的分析将着重于后一方面。

上述分析告诉人们，任何学科在拿走自己的那一份“研究内容”后，都必然会留下大量的“剩余内容”。在这个意义上，“剩余”和“研究剩余”不但可以不带贬义，而且要成为学术研究的“常态”和“常规方法”，成为一种“追求全面性研究和学科互补、学科交叉”的新方法。在这个意义上，发现“剩余”的能力反而成为学者是否具有“慧眼”的“试金石”和标志。留给“剩余科学”的不是残羹剩饭，而是海阔天空。

社会学与其他人文社会科学学科相比有一个很大的不同——社会学涉及全部社会现象，而其他人文社会科学学科（例如文艺学、法学、政治学、经济学）只涉及某个专门的社会现象领域。

社会学的本性决定了社会学既要研究“作为整体的社会”又要研究社会的“各个组成部分”——文艺、法律、政治、经济、科学、工程等。在文艺学、法学、政治学、经济学等学科都已经“自立门户”的情况下，社会学应该怎样对“其他学科的对象”进行社会学研究呢？很显然，一方面，在研究对象上，社会学家不能只研究“其他学科不研究的剩余的社会现象”，而要敢于“再度进入”“其他学科的对象范围”进行“社会学研究”；另一方面，社会学家不能采用把其他学科的成果拿过来“戴上社会学的帽子”就“据为己有”的方法，而要使用“社会学补全与学科交叉方法”。

根据以上对“剩余”概念和“社会学补全与学科交叉方法”的新解

释，进入“文艺现象社会学研究领域”的社会学家不能直接给“文艺学的研究成果”戴上社会学帽子，将其当成社会学成果，而是要寻找和研究文艺现象领域的“社会学剩余”；进入“经济领域”的社会学家不是要直接研究“经济学本身”的问题，而是要寻找和研究经济领域的“社会学剩余”；进入“法律领域”的社会学家不是要直接研究“法学本身”问题，而是要寻找和研究法律领域的“社会学剩余”；等等。

如果说最初把社会学视为“剩余科学”是带有明显贬义的行为，那么，在这个新解释中，“剩余”二字已经不带贬义了。

回顾社会学发展史，作为既是经济学家又是社会学家的帕累托早就眼光独特地从“剩余物”（residues，亦译为剩遗物）角度分析和阐述经济学与社会学现象与问题了。[①] 在帕累托的社会学理论中，“剩余物”不但不带贬义，而且成为一个关键性概念。虽然帕累托对“剩余物”的解释难免晦涩，有某种以偏概全和未能切中要害的缺点，但其在思路上的重要性绝不可低估。

从方法论角度看问题，所谓“寻找剩余”和“发现剩余”，不但意味着学科“补充”、“互补”和“补全”，而且意味着“学科交叉”。

20 世纪下半叶以来，学科间的“互补与交叉”成为新潮流。

在学科已经高度分化、现代“学科谱系”已经门户林立的现实情况下，社会学的众多分支学科——政治社会学、法律社会学、工程社会学等——的任务绝不是“取代”那些与社会学并列的学科，而应该是研究那些“并列、相邻和相联系的学科”的“社会学剩余”——既可能是“非关键（‘非关键’绝不等于‘可有可无’）性剩余”也有可能是“关键性剩余”，应该发挥社会学方法的“互补”和“补全”作用。

对于科学社会学、技术社会学等学科，许多人都把它们视为一级学科社会学下的“二级学科”，这种看法无疑是可以成立和有道理的。但我们更应该从“交叉科学”或“学科互补”角度认识问题，对于经济社会学和工程社会学也是这样。

社会学家尊重经济学、政治学、法学等其他学科专家的专业研究，

---

① 贾春增主编的《外国社会学史》（第三版）（中国人民大学出版社，2008）和刘少杰主编的《西方经济社会学史》（中国人民大学出版社，2013）中都有专章介绍帕累托的社会学思想和理论。

但也坚信作为“剩余科学”的社会学在研究经济、政治、法律现象时有“自己的”“海阔天空”的“剩余研究空间”。

（2）“经济－工程活动的社会学研究”在社会学领域的卷土重来

在社会学领域，“对经济和工程活动的社会学研究”的位置问题是一个“剪不断理还乱”的问题。

回顾历史，在社会学发展史初期，圣西门、孔德曾经把经济活动和工程活动看作社会学“理所当然的主要研究对象”，可是到了19世纪末的斯莫尔时期，出现了因经济学的排斥和限制而“不允许”在社会学领域研究经济活动和工程活动的“怪现象”。

这种“怪现象”显然是必须改变和不能继续下去的。换言之，对“经济－工程活动的社会学研究”是必然要在社会学领域“东山再起”的。

①新经济社会学的兴起

上文谈到了经济学与社会学在历史发展中曾经发生的恩怨。可是，我国出版的一本内容丰富的《西方经济社会学史》中却没有谈到这些恩怨，该书强调的是另外一个方面的现象：经济社会学在西方已经有了一个半世纪的历史，“一代又一代的西方学者，在难以分解的经济社会关系中，提出了很多至今仍值得深思和借鉴的经济社会问题和经济社会学理论”①。

尽管这本书的基本内容是展现经济学与社会学的相互渗透现象，但这本书也不得不明确承认：“（对经济现象的）社会学研究边缘化是长期困扰社会学的一个难以摆脱的难题。一代又一代的社会学家为了突破这个难题而焦虑。经济学是众多社会科学中发展最持久、扩展规模最大的学科，经济学之所以能够获得持续的大规模发展，一个最基本的原因是经济学始终面对人类社会生活的中心——经济活动，这使经济学提出的问题、阐述的理论和形成的各种对策都赢得了中心地位。相反，社会学却远离了对经济生活的关注和思考，把自己的理论视野积聚在经济现象之外的一些边缘问题上，社会学研究的边缘化也就在所难免。”② 可以认为，这段话实际上就是承认了社会学在很长时间内陷于远离经济现象的

① 刘少杰主编《西方经济社会学史》，中国人民大学出版社，2013，第1页。
② 刘少杰主编《西方经济社会学史》，中国人民大学出版社，2013，第1~2页。

“剩余科学”的“边缘化”状态。这段话还透露了一个信息：如果不能把经济活动“抓过来”使其成为社会学的研究对象，社会学就难以摆脱边缘化的状态。

令社会学家感到欣慰的是，以20世纪80年代格兰诺维特发表《经济行动与社会结构：嵌入性问题》为契机，新经济社会学在社会学中再度兴起，这意味着“对经济活动的社会学研究”在社会学领域中“卷土重来”了。

新经济社会学的兴起表明，经济学和社会学这两门学科的关系，“由早期的相互争吵，再到成熟期分别隔离，最后到新时期的相互包容、学科综合的历史趋势。学科之间也从‘话语权战争’迈向了‘沟通话语’的话语实践逻辑，体现了学科专业化与学科多元综合是学科内部发展和外部交流不可或缺的要素”①。

②工程与经济的关系

“经济活动和工程活动的区别”与开创工程社会学的必要性和可能性在新经济社会学兴起之后，是否还需要研究工程的社会学问题和开拓工程社会学这个新领域呢？

这里的关键问题就是应该如何认识工程与经济的关系。虽然许多人会忽视工程和经济的区别，但本书第4页中的“工程、经济、社会的相互关系”已经指出，根据马克思《资本论》中关于劳动二重性和商品二重性的分析，人们不能把工程活动和经济活动混为一谈。正由于工程活动和经济活动之间存在本质区别，所以出现了开拓与经济社会学并列的工程社会学的必要性和可能性。

（二）对20世纪社会学领域中“工程活动的社会学研究”受到“压制”原因的再反思

上文中对社会学领域中进行“工程活动的社会学研究”曲折轨迹进行了简短的历史回顾。我们从中可以看出，大体而言，在20世纪的社会学发展史中，对工程活动的社会学研究是受到压制或受到忽视的。可是，在20世纪的上半叶和20世纪的下半叶，社会学领域中出现“压制”状

① 刘天一、马晓浔：《从纷争到融合：经济学和社会学的三次对话》，《内蒙古社会科学》（汉文版）2013年第2期。

况的主要原因却又大相径庭。

20世纪上半叶，社会学领域中对“工程活动的社会学研究”进行压制的原因主要来自外部，更具体地说，是因为某些经济学家“不允许”社会学家研究经济和工程活动，这主要是一种“外部约束和压力”。到了20世纪下半叶，时过境迁，学术环境变化，可以认为出现于20世纪上半叶的那种“外部约束和压力”已经不存在了。可是，这时的社会学领域，学术状况和学术形势丕变，出现了把社会学当作“剩余科学”的“学术惯性”和在“剩余科学方向上”进行学术研究的“学科传统积淀”。而这种“学术惯性”和“学科传统积淀”叠加的结果又形成了某种忽视在社会学领域中研究经济和工程活动的“内部约束和压力”。如果说在20世纪上半叶，社会学中存在忽视或无视对经济和工程活动研究的原因主要来自“外部约束和压力”，那么在20世纪下半叶，社会学中存在类似状况的主要原因却主要来自“内部约束和压力”，即“学术惯性”和“学科传统积淀”叠加的结果了。

从现象、性质和原因分析方面看，20世纪上半叶出现的“外部约束和压力”与20世纪下半叶出现的“内部约束和压力”存在很大区别，不可相提并论。就其后果而言，却又有很多相同和相似之处。回顾历史，我们看到，社会学以及社会学许多分支学科的实际历史进程都绝不如黑格尔所设想的那样，是某种绝对理念的“历史展开”。种种具体的历史原因可能会使学术发展的实际轨迹出现波动和曲折，甚至会出现匪夷所思的大起大落和戏剧性的波动，使理论逻辑的推论与学科的实际状况相比出现偏离、畸变与扭曲。可是，辩证逻辑又告诉我们，“逻辑与历史的统一”也是一条规律，这就使得工程社会学终于在21世纪又开始兴起了。

三　工程社会学在中国的兴起

新经济社会学是西方学者开创的。新经济社会学开创后，很快就传入中国。在经过一段短暂的曲折过程后，新经济社会学很快在中国发展起来，中国学者也很快在这个领域做出了自己的新成绩，发表和出版了一系列有创新性的学术论文和著作。

在新经济社会学和工程哲学发展起来以后，工程社会学也在中国兴起了。

如果说新经济社会学是由西方学者开创的，工程哲学是由中国学者和西方学者分别共同开创的，那么工程社会学就是由中国学者单独开创的，并且至今还主要是由中国学者在这片学术处女地上进行开拓和耕耘。我们希望通过自身的努力，逐步开展国际学术交流，让工程社会学在未来也能成为一个中国学者和西方学者共同耕耘的学术园地。

（一）工程社会学在中国兴起的社会基础和环境

以上重点分析了工程社会学兴起的概念前提、理论基础和学术发展史。其实，工程社会学在中国的兴起不但有其思想和理论激发方面的原因，更有社会现实需要方面的原因，有其兴起的现实社会基础和社会环境。

应该强调指出的是，1949 年新中国成立后，中国开展了大规模的工程建设，特别是改革开放后中国更成为世界上工程规模最大、工程类型最齐全的国家。由于工程活动是最基础、最常见的社会经济现象，工程活动真实地塑造了社会经济的物质面貌，这就凸显了开拓工程社会学这个新的社会学分支的迫切要求，形成了工程社会学在中国兴起的现实基础。

中国的工程活动中出现了许多社会学问题，工程建设的丰富经验和沉痛教训都需要从社会学角度进行分析和总结，这就是工程社会学在中国兴起的社会基础和社会环境。

（二）工程社会学在中国兴起过程中的“理论研究和运用研究双螺旋”

在社会学的学科谱系中，工程社会学属于“实践社会学”（有人称之为“应用社会学”）类型。[①] 工程社会学的灵魂是理论联系实际。工程社会学的开创和继续发展必然同时依赖于其相关理论研究和相关现实运用研究。工程社会学的实践本性和特征不但表现在理论内容和理论体系上，而且表现在开创轨迹和历史发展中。我们可以用“双螺旋”比喻这种状况、形势和关系。以下只谈在工程社会学学科的初创历程中出现的

① 在《工程伦理学的若干理论问题——兼论为“实践伦理学”正名》（《哲学研究》2006 年第 4 期）中，李伯聪分析和阐述了应该把“工程伦理学”解释为“实践伦理学”而不是“应用伦理学”。同样地，我们认为也应该把“工程社会学”解释为“实践社会学”而不是“应用社会学”。

"双螺旋"——由表现为"基础理论研究"的"A链"和表现为"现实运用研究"的"B链"组成的"双螺旋"。

1. 作为双螺旋A链的工程社会学"基础理论研究"的初期轨迹

从理论上看，有理由认为对工程本性的哲学研究同时也具有某种为工程社会学奠定理论基础的性质。在这方面，我国学者早在20世纪80~90年代就开始了开拓工程哲学的探索性尝试，而2002年出版的《工程哲学引论》更是工程哲学研究的正式开端。2003年，在西安交大召开的中国自然辩证法学术发展年会上，李伯聪在重点强调开拓工程哲学重要性的同时又明确提出要研究工程社会学，[①] 这就在我国首次明确提出了开拓工程社会学的任务。

2003年，中国科学院研究生院正式成立"工程与社会研究中心"。自2004年起，研究生院对"工程与社会基本问题的跨学科研究"（项目负责人李伯聪）正式立项，该课题的主要目标就是要进行工程社会学的理论探索。自2005年起，李伯聪连续发表了研究工程社会学的五篇系列论文，[②] 胡志强[③]、赵文龙[④]、史明宇和陈绍军[⑤]等也都发表了研究工程社会学问题的论文。在学术著作方面，有两本学术专著出版：2010年李伯聪等出版了《工程社会学导论：工程共同体研究》[⑥]，2011年毛如麟、贾广社出版了《建设工程社会学导论》[⑦]。

我国出版的《工程研究——跨学科视野中的工程》，最初作为年刊出版，后来经国家出版署批准作为季刊出版。"工程社会学"一直是该刊的重要栏目之一，十余年来该刊发表了不少工程社会学论文，这里不

---

① 李志红：《工程哲学——一个充满生命力的新兴学科》，载杜澄、李伯聪主编《工程研究——跨学科视野中的工程》（第1卷），北京理工大学出版社，2004，第207页。

② 李伯聪：《工程共同体中的工人——"工程共同体"研究之一》，《自然辩证法通讯》2005年第2期。这个系列论文的其他四篇中有三篇发表在《自然辩证法通讯》（2006年第2期、2008年第1期和2010年第1期）上，还有一篇发表在《科学技术哲学研究》（2010年第3期）上。

③ 胡志强：《安全：一个工程社会学的分析》，载杜澄、李伯聪主编《工程研究——跨学科视野中的工程》（第2卷），北京理工大学出版社，2006。

④ 赵文龙：《工程与社会：一种工程社会学的初步分析——以中国西部地区生态移民工程为例》，《西安交通大学学报》（社会科学版）2007年第6期。

⑤ 史明宇、陈绍军：《工程社会学与社会工程学辨析》，《学术界》2011年第3期。

⑥ 李伯聪等：《工程社会学导论：工程共同体研究》，浙江大学出版社，2010。

⑦ 毛如麟、贾广社编著《建设工程社会学导论》，同济大学出版社，2011。

再一一罗列。

2. 作为双螺旋B链的工程社会学“现实运用研究”的初期轨迹

工程活动是有目的的人类活动。在工程实践中，常常需要进行工程评估工作。所谓工程评估，最初主要是指技术评估、经济评估、财务评估。1969年美国通过了《国家环境政策法》，把环境影响评估也纳入工程评估，而在进行环境影响评估时必然会牵涉一些社会评估的内容。虽然在以往的技术评估中，也涉及了某些社会评估的内容，但严格意义上的工程社会评估应该以“整合性工程社会评估”为正式开端，这已经到了20世纪90年代。[①]

开展具体的工程社会评估工作，最初主要是为了满足工程发展和社会发展的需要。最初的工程社会评估工作和社会评估研究都缺少明确的学科归属意识，因而没有自觉地归属在工程社会学的名义下。但从学理上看，工程社会评估工作必须明确和深化对其理论基础的认识，而其理论基础无疑地就是工程社会学，于是，在工程社会学登上学术舞台后，工程的社会评估也很快就明确了本身的“学科归属”。

以下就是工程社会评估（亦称“社会评价”）在中国初期发展的简要进程。

• 从1990年起，建设部标准定额研究所、国家计委投资研究所、水利部计划司等在英国国际发展署的技术援助下，持续开展“投资项目社会评价研究”，先后出版了《投资项目社会评价方法》《投资项目社会评价指南》《水利投资项目社会评价》等图书。

• 1992年，水利部在河海大学设立“水库移民经济研究中心”这个世界上第一个非自愿移民研究机构，开始了工程移民这个工程社会学重要研究领域之一的学术研究共同体建设。

• 1996～1998年，河海大学等单位在世界银行的指导和帮助下，从广西百色水利枢纽工程开始项目社会评价研究，这是中国大陆第一个进行工程社会评估的实践项目。其后，工程社会评估在中国渔业项目、西部公路项目、高等教育项目、石家庄城市交通项目、绍兴旧城区改造项

---

① 范晓娟、王佩琼：《工程社会评估的缘起与发展》，《工程研究——跨学科视野中的工程》2016年第6期。

目、贵州水柏铁路项目、汉江水环境治理项目、钱塘江流域治理项目等世界银行和亚洲开发银行贷款项目中不断实践和提高。

- 2000～2002 年，亚洲开发银行、世界银行、中国社会科学院（社会学所）、中国国际工程咨询公司共同合作，在财政部、国家发展改革委帮助下，实施亚洲开发银行“中国投资项目社会评价能力建设”技术援助项目，推动了中国投资项目向重视社会评价的观念转变，完善了项目评价体系，在规范制定、能力建设、人才培养等方面取得了重大进展。

- 2002 年 2 月，国家发展改革委发文正式推荐中国国际工程咨询公司编写的《投资项目可行性研究指南》，其中专门设立了“社会评价”一章，社会评价正式进入项目评价体系。

- 2002 年 11 月，河海大学社会发展研究所成立，形成了以社会评价为核心研究领域和社会服务领域的机构。2003 年，河海大学在社会学硕士点学科中设立项目社会评估研究方向，2005 年在社会学博士点学科中设立项目社会评估方向，开设工程社会学、项目社会评估课程，培养硕士和博士研究生，为科研、高校、工程咨询与建设机构输送社会评价高层次人才。至 2015 年已经培养该方向的研究生 30 多人。同时，面向全校各专业本科生开设“项目社会评估”“工程社会学”“移民学”等人文素质课。①

- 2007 年，工程项目的社会评价成为国家发展改革委《项目核准报告》必备内容。

- 2011 年，住建部正式颁布了《市政公用设施建设项目社会评价导则》，这是中国第一部由国家部委颁布的社会评价规范，工程项目社会评价正式成为国家设立的制度。

目前，对工程进行社会评估（当前的首要重点是对工程的“社会稳定风险评估”）已经成为工程社会学的首要应用领域。我国当前对工程进行“稳评”的要求已经成为开创和发展“工程社会学”的强大动力。

在当前社会现实中，在明确提出对工程进行“经济评价”、“财务评价”、“技术评价”和“环境评价”之后，必须对工程进行“社会评价”的要求也日甚一日。2013 年 2 月 17 日，国家发展改革委办公厅发文要求

---

① 有关我国工程项目社会评价和河海大学有关研究情况的资料主要由施国庆教授提供。

对重大固定资产投资项目必须进行“社会稳定风险评估”，这就把对国家重大工程进行“社会评估”的要求更加具体化、政策化和紧迫化了。

一方面，工程社会学是进行工程社会评估（特别是当前的“稳评”）的重要理论基础；另一方面，工程的社会评估（包括“稳评”）又提出了许多亟待工程社会学研究和解决的重大现实问题、政策问题和理论问题，成为推动工程社会学发展的强大的现实动力。

在工程社会学兴起的初期过程中，“理论研究的 A 链”和“运用研究的 B 链”最初是各自独立发展的，后来才相互结合成为“双螺旋”。今后，这个“双螺旋”应该在更密切的联系和互动中更加健康地发展。

（三）工程社会学的现状

一般来说，对于工程社会学的现状，需要从学术进展和学科制度化进程两个方面进行分析和考察。关于工程社会学十余年来的学术进展上文中已有叙述，这里不再重复，以下只着重谈十余年来工程社会学在学科制度化方面的进展情况。

对于学科制度化进程，人们特别注意的是学术会议、国际会议、学术机构和学术期刊几个方面。

在学术会议方面，由于工程社会学是新学科和新名称，这就使最初召开的几次会议在“会议名称”上显现出某种“无序”甚至“混乱”状态。2010 年，中国科学院研究生院召开了首届科学技术工程社会学会议，参加会议的有来自中国科学院研究生院、清华大学、南开大学、北京师范大学、大连理工大学等校的数十位学者。会议的首要目标是推动工程社会学的开展，由于多种原因，这个“系列”的会议只开了一次便中止了。2013 年，中国科学院大学又举办了一次单独以“工程社会学”命名的会议。大体同时，哈尔滨工业大学、西安交通大学、中科院研究生院、河海大学等校推动在全国社会学年会中连续举办多次工程社会学论坛，使其成为工程社会学学者聚会的主要形式。

在国际会议方面，2011 年，中国科学院大学主持和召开了第一次“工程与社会学”国际研讨会，来自美国纽约大学、科罗拉多矿业学院、贝勒大学、普渡大学、弗吉尼亚理工大学、北德克萨斯州大学、荷兰代尔夫特理工大学、爱尔兰都柏林理工学院、丹麦理工大学等国外著名高校的16位学者参加了会议。[①] 中国学者报告了在工程社会学方面的研究进展，国外学者都表示了对中国在此领域进展的关注。

在学术机构方面，2002年11月，河海大学社会发展研究所成立，成为以社会评价为核心研究领域和社会服务领域的机构；2003年，中国科学院大学成立“工程与社会研究中心”。

由于近些年中哈尔滨工业大学、中国科学院大学、河海大学、同济大学、西安交通大学等高校都在工程社会学的开拓方面进行了不懈的努力，在此基础上，中国社会学会在2015年批准成立了“工业社会学专业委员会”，以推进工程社会学的发展。[②] 2015年1月，由哈尔滨工业大学主办的中国社会学会工业社会学专业委员会成立大会暨首届中国工程社会学学术研讨会在哈尔滨工业大学举行。哈工大尹海洁教授当选为首届理事长。2017年，中国社会学会工业社会学专业委员会第二届理事会暨第二届中国工程社会学学术研讨会在河海大学召开，施国庆教授当选为第二届理事长。

在学术期刊方面，迄今尚无“工程社会学”的专业刊物，但在《工程研究——跨学科视野中的工程》中，工程社会学成为一个“常设栏目”。

从以上对工程社会学学术发展情况和学科制度化进程的叙述中可以看出，无论是理论建设还是制度建设，工程社会学这个新兴的二级学科目前都还处于发展的初期阶段。

工程社会学是中国学者开拓的以工程活动为基本研究对象和研究内容的社会学分支学科。目前，工程社会学还只是处于社会学王国“边缘区”的一个“新来者”，只有我国学者在这个领域“孤军奋战”。可是，从工程社会学研究内容的重要性、现实需要和学术潜力来看，工程社会学有可能在未来走进社会学王国的中心区域，希望今后能够有越来越多的各界人士和相关领域学者共同关注和参与推进工程社会学的发展，并使之成为社会学领域中国话语权的重要表现形式之一。

---

① 张涛：《2011年工程与社会学国际研讨会会议纪要》，《工程研究——跨学科视野中的工程》2012年第1期。

② 原拟成立“工程社会学专业委员会”。因有人提出国外尚未有人研究“工程社会学”，于是该专业委员会“定名”为“工业社会学专业委员会”，但其宗旨仍然是要发展工程社会学。

第二节　工程社会学的人性假设、基本范畴和理论体系框架的建构

上文谈到，目前在工程社会学领域已经出版了两本理论研究专著：《工程社会学导论：工程共同体研究》[①] 和《建设工程社会学导论》[②]。

前一本书的目的是提出工程社会学特有的范畴——工程共同体，围绕工程共同体这个概念讨论工程社会学的理论建设问题。格兰诺维特通过提出“嵌入”概念而为新经济社会学奠立了特有的学科范畴基础，《工程社会学导论：工程共同体研究》一书的主要目的与其类似，是要提出一个工程社会学特有的范畴——工程共同体。也就是说，该书无意于尝试为工程社会学建构一个理论体系。

与《工程社会学导论：工程共同体研究》一书不同，从内容上看，《建设工程社会学导论》显然是在尝试建立一个理论体系，并且其作者之一贾广社还特意撰文讨论“建设工程社会学学科体系”问题，[③] 但这本书的书名已经明确限定了其理论体系的范围——“建设工程社会学”。由于“建设工程”只是“工程”的一种类型，这就表明该书并没有尝试为“工程社会学”建立一个一般性的理论体系框架。

以上分析表明，还未有人进行构建“工程社会学理论体系框架”的尝试。

从学科理论发展方面来看，工程社会学显然需要在其发展进程中建构出本学科的“理论体系框架”。虽然这个任务非常困难，不可能一蹴而就，但“千里之行，始于足下”，这个工作也不可拖延。本书就是要在这个方面进行理论探索，探索过程中难免出现缺点和错误，但只要能够起到抛砖引玉的作用，本书的目的也就达到了。

工程社会学理论体系框架的建构与学科范畴研究、学科人性假设、学科问题场域问题密不可分。为叙述方便，本节先谈工程社会学理论体系框架的特征和意义，再谈关于工程社会学的范畴构建和研究方法问题，

---

① 李伯聪等：《工程社会学导论：工程共同体研究》，浙江大学出版社，2010。

② 毛如麟、贾广社编著《建设工程社会学导论》，同济大学出版社，2011。

③ 栗晓红、贾广社：《建设工程社会学学科体系探析》，《自然辩证法研究》2011 年第 4 期。

最后谈工程社会学的人性认识、问题场域和理论体系框架的建构问题。

一　工程社会学理论体系框架的特征和意义

在尝试建构工程社会学的理论体系时，必须特别注意，工程社会学的理论体系不能是一个封闭的理论体系。

作为一个理论体系，它必须具有一定的系统性，否则就不是并不配被称为“理论体系”，但它必须同时具有开放性，否则它就不可能有生命力和发展前途。

所谓的“开放的理论体系”，其重要含义之一就是这个理论体系不但必须具有“理论总结”“理论升华”的性质和特征，而且它必须具有“问题启发性”特征。

所谓的“问题启发性”也就意味着，这个理论框架的意义首先不在于它的“结论性”，而在于它可以成为工程社会学研究者、探索者、应用者的“理论武器”和“问题启发点”，成为“理论工具库”和研究工程社会学“老问题”和“新问题”时的“启发性钥匙”。

可以说，这里提到的三性——系统性、开放性、问题启发性——就是工程社会学理论体系的主要特征和构建理论体系主要意义之所在。

二　关于工程社会学的范畴构建和研究方法问题

“范畴”——重要的概念——是构成学科理论体系大厦的“砖石”，是构成学科理论体系网络的节点。从语义和结构方面来看，虽然所谓的学科理论体系的内容不仅包括范畴体系这个方面，还有更丰富的内容，但一个学科的理论体系往往首先要以该学科“范畴体系”的方式表现出来。从学科建设和发展过程方面来看，虽然所谓的学科理论体系建设和发展的过程绝不仅是范畴体系的发展过程，而是还有更丰富的内容，但学科范畴体系的构建过程无疑是学科理论体系发展和构建过程最重要的内容之一。

范畴体系是由诸多具体范畴构成的，那么工程社会学的诸多范畴来自何处呢？应该用什么方法提出和研究工程社会学的学科基本范畴呢？

首先是要努力创新，提出工程社会学的“特有范畴”。在建构工程社会学范畴体系时，这是一个关键性的问题。在严格意义上，如果一门学科没有其特有范畴，那么就可以说它没有资格成为一门独立的学科。例如，物理学有了质点、质量、作用力、反作用力、速度、加速度等特有概念，这才确立了物理学的独立学科地位；化学有了元素、分子、化合、分解等特有概念，才确立了化学的独立学科地位。工程社会学自然也不例外。除工程共同体这个工程社会学的特有概念外，本书还将提出“工程 - 自然 - 社会”的多重互动与多重建构、“工程合作”、工程权衡、工程协调、行业工程社会学等新概念和新问题。

工程社会学是社会学的二级学科，属于“应用社会学”（或“实践社会学”）类型。从学科关系和理论逻辑看，一般社会学（“社会学概论”）的普遍性范畴和观点自然也可以适用于工程社会学，例如社会流动、社会分层、全球化、时空社会学等概念都可应用到工程社会学中，但在工程社会学中这些概念又必然会出现在工程领域中，并产生相应的“特殊表现”和“特殊性问题”。因此，运用这种“一般社会学理论范畴下行（top-down）方法”，就能够在工程社会学中形成相应的“工程社会学范畴”，包括“工程共同体的社会分层”“工程活动中的社会流动”“工程时空”等概念。应该强调指出的是，在分析和研究这些概念时，关键是要深入分析和研究“工程活动、工程领域中”的社会流动、社会分层、全球化、时空社会学的“特殊性质和特殊内容”，而不是简单地、教条化地套用一般社会学的观点和结论。必须深入、细致地分析和研究工程活动的社会分层、工程领域的社会流动、工程活动的全球化、工程社会学出现的新问题和特殊问题。在这方面，实践伦理学（应用伦理学）中对“一般性理论”与“应用研究”相互关系的方法论分析对工程社会学研究是具有重要参考意义的。[1]“应用伦理学”中对这个问题有许多分析和研究，有关文献不再一一列举。

在建构工程社会学的范畴体系时，还应该特别注意运用“概念移植”和“跨学科”、“交叉科学”的方法。例如，经济社会学中的“嵌入”概念、社会心理学中的“社会态度”概念、越轨社会学中的“越轨”概念，都可以“移植”到工程社会学领域进行相应的研究。在这方

---

① 李伯聪：《工程伦理学的若干理论问题——兼论为“实践伦理学”正名》，《哲学研究》2006年第4期。

面应该特别注意的方法论问题是，工程社会学之所以必须研究“工程活动中”的越轨现象和越轨问题，不但因为工程活动中的越轨现象是最常见的越轨现象之一，而且因为工程领域的越轨现象有其许多“特殊表现”和“特殊问题”，从而需要提出“工程越轨”这个与“工程社会学概念”分析和研究有关的问题。有关学者应该通过对“工程越轨现象和问题”的研究，弥补传统“越轨社会学”、“寻租经济学”和法学对“工程越轨现象”研究中的不足之处。

在开创阶段，工程社会学领域必须特别注意进行“具有自身学术特质”的研究，研究工程社会学“特有范畴”（例如“工程共同体”）和“特有命题”（例如“工程活动中的协调与权衡”“工程与社会的双向建构”），否则就难以在“学科谱”中“自立门户”。另外，由于工程活动——特别是大型和超大型工程活动——是多要素的活动，其复杂性明显超出许多其他类型的社会活动（例如婚姻、家庭等），这就又使工程社会学研究不可能是“纯自身学科性质的研究”，而必然要成为“具有跨学科和多学科特征的研究”。于是，在工程社会学的研究进路问题上，必须特别注意把“具有自身学术特质的研究”和“具有跨学科和多学科特点的研究”结合起来。

三　工程社会学的人性认识、问题场域和理论体系框架的建构

（一）工程社会学的人性假设：“工程人”

工程活动是由人进行的社会活动，如果没有人，工程活动就无从谈起。于是，工程社会学对人性的认识和假设[①]就成为建构工程社会学理论体系的一个基础性和前提性问题。

1. 不同学科有不同的人性认识和假设

在社会科学的不同学科中，往往会有不同的人性认识或人性假设。例如，经济学中有“经济人”假设，[②] 管理学中麦克雷戈提出了关于人

① 虽然人性认识、人性概念、人性假设并不是完全相同的术语，但本书在此将不对三者的含义进行严格区分。

② 董建新：《人的经济哲学研究——“经济人”的界说、理论分析与应用》，广东人民出版社，2001。

性假设的 X 理论和 Y 理论。[①] 通过霍桑试验，美国的行为科学家梅奥又针对“经济人”假设提出了“社会人”假设。[②] 此外，也有经济学家在对比经济学理论和伦理学理论时，把伦理学中的人性假设称为“伦理人”。[③]

这里不必要也无意于具体讨论这些不同的人性概念或假设的具体内容和意义。这里只是指出，不同学科出于不同的理论需要和理论宗旨，不得不提出不同的人性假设——这既是不同学科理论体系建构的基础，又是其学科理论研究的前提。例如，如果没有“经济人”这个人性假设作为理论前提和基础，西方经济学的理论体系就不可能建构出来。设想一下，如果学者们一定要以“伦理人”假设为理论前提，非要把“经济活动”当作“慈善活动”进行分析和思考，经济学研究简直就无法进行了，经济学这个学科也就不可能存在了。

那么，建构工程社会学理论体系时所需要的人性假设是什么呢？

2. “工程人”概念和相应的人性假设

从工程活动从业者的自我认知和日常语言来看，常常可以看到“航天人”“大庆人”“桥梁人”“鞍钢人”“铁路人”等词。这些词被用于指称那些从事某个工程行业或从事某类工程活动的企业的员工，如果把这些词的含义归纳并升华，我们可以提出一个一般性的概念——“工程人”。

从理论上看，工程人就是工程社会学中对“从事工程活动的人”的基本人性概括和对其基本特征的理论概括，它不同于经济学中的“经济人”“人性假设”和伦理学中的“伦理人”“人性假设”。

经济人假设凸显和强调了人在从事经济活动时表现出的经济本性，经济人追求的是经济价值，行为的准则是经济“自利”原则。[④]

---

① 丹尼尔·A. 雷恩：《管理思想的演变》，孙耀君、李柱流、王永逊译，中国社会科学出版社，1986，第 483 ~ 485 页。

② 侯玉莲：《行为科学的奠基人——乔治·埃尔顿·梅奥》，河北大学出版社，2005，第 21 ~ 52 页。

③ Creedy, John, ed., *Foundations of Economic Thought* (Oxford: Basil Blackwell Ltd. 1990), pp. 22 - 24.

④ 应该注意，所谓“经济人”的“自利”，其含义中不包含日常道德语言中“损人利己”的含义。

伦理人假设凸显和强调了人在伦理关系中表现出的伦理本性，伦理人追求的是伦理价值，以“理论伦理原理”和“实践伦理（应用伦理）原理”为行为准则。①

工程人假设凸显和强调了人在工程活动中表现出的人性特征。工程人追求的是工程价值，以“工程－自然－社会的多重建构”和“社会生活需求”为行为准则。

工程活动是人类存在和发展的物质基础。人在工程活动中必须使用工具。富兰克林说：“人是制造工具的动物。”马克思说：“工业的历史和工业的已经产生的对象性的存在，是一本打开了的关于人的本质力量的书，是感性地摆在我们面前的人的心理学。”② 这些都显示从事工程活动的“工程人”有着人性最本质的内容。

工程人、经济人、伦理人三者凸显和强调了人性的不同侧面，这三种人性假设是不同的，不能把它们混为一谈，但它们也不是毫无关联的，不能认为它们是截然对立的，应该把它们结合、贯通起来。

工程人概念触及了人性的一个最本质的方面。“工程人”假说内容复杂、意义重大，可以说，工程活动和工程社会学整个理论体系中都渗透和体现着“工程人”的含义和特征。由于这个问题特别重要，本书第四章第一节将对工程人概念和工程社会学中的“工程人”“人性假设”进行更具体的分析和讨论。

（二）关于工程社会学的“问题场域”

在严格意义上，“研究对象”和“问题场域”是两个不同的概念，可是在许多学者的心目中，二者往往又是可以互换或混用的词语。

以下先分析这两个概念在理论上的区别。

上文指出，工程社会学的研究对象是工程活动。可是，科学哲学告诉我们，科学研究的直接起点是“科学问题”而不是“（客观存在的）研究对象”。

林定夷说：“科学研究从问题开始，问题推动研究、指导研究。可以说，问题是科学研究的真正灵魂。卡·波普尔曾经这样写道：‘科学和知

---

① 甘绍平：《应用伦理学前沿问题研究》，江西人民出版社，2002。

② 《马克思恩格斯全集》第42卷，人民出版社，1979，第127页。

识的增长永远始于问题，终于问题——愈来愈深化的问题，愈来愈启发新问题的问题。’”①

单纯的“研究对象本身”不能成为科学研究的起点，虽然作为“研究对象”的“工程活动”已经在人类历史上存在了几千年、几万年、几百万年，现代工程也已经存在了几百年，但由于它没有转化成为“科学（这里指社会科学）研究中的问题”，更具体地说，没有转化为“工程哲学问题”和“工程社会学问题”，也就未能成为研究“工程哲学”和“工程社会学”的“起点”。没有“起点”，也就无学科研究可言，这也就导致工程哲学和工程社会学一直未能在“学科谱”中“出场”，未能占有一席之地。

西方学者波普尔、劳丹、波兰尼等都高度重视对“问题”的哲学研究，我国学者林定夷在这方面也有较深入的研究。② 目前，必须重视“问题意识”和“问题的提出”已经成为我国许多学者的共识。

近来，我国一些学者还常用“问题域”一词。

虽然已经有一些中国学者——包括知名学者——使用了“问题域”这个术语，但对这个术语的来源似乎并不清楚。

有学者认为，“问题域”来自阿尔都塞著作中的 problematic（法文 problématique）。可是，problematic 并未被统一翻译为“问题域”，有译者把它翻译为“总问题”、“难题性”或“问题架构”等。③ 因此，我们有理由推断，中文“问题域”的广泛使用并不是来自阿尔都塞的 problematic。

仔细品味，中文的“问题域”一语确实是一个“语义自然而然”并且有丰富表现力的词，学者们完全有可能把它当作一个“信手拈来”的词语而使用。但中文“域”字难免有某些过于强调“边界”的色彩，所以本书不采用“问题域”一语，而采用有些人使用的“问题场域”一语，因为“问题场域”这个词中“开放性”色彩更强一些。

上文谈到，“客观研究对象”本身不能直接成为科学研究的起点，

---

① 林定夷：《科学逻辑与科学方法论》，电子科技大学出版社，2003，第 45 页。

② 林定夷：《科学逻辑与科学方法论》，电子科技大学出版社，2003。

③ 《与译者商榷几处小问题》，豆瓣网，2014 年 10 月 29 日，https://book.douban.com/review/7170367/。

“科学问题”才是科学研究的直接起点。如果把研究者比喻为探索者和垦荒者，那么无穷无尽的研究对象就像无穷无尽的空间。如果垦荒者只知道有“无边无际的知识空间”，他们就无法进行真正的垦荒活动。只有在“确定了科学问题”，即“发现和认定”了一片“可开垦的处女地”时，他们才能够真正开始垦荒，真正开始科学研究工作。

“科学问题”这个术语的含义和用法往往更加具体和缺乏弹性，而“问题场域”这个术语的含义和用法可以更具有包容性和弹性，特别是“问题场域”可以表达“问题群”、“某个范围的总问题”和“问题架构”等含义，而且在另外的语境下甚至可以表达“前科学问题状态”和“有待发掘的科学问题矿藏”等含义，本书将在这些多重理解和多重解释下使用“问题场域”这个术语。①

在进行工程社会学理论探索和尝试建立工程社会学的理论体系时，关键环节之一就是要发现和认定工程社会学的问题场域。

（三）工程社会学的问题场域和理论体系框架的建构

1. 问题场域和理论体系框架的关系

如果从问题场域角度看学科发展，可以把学科发展过程看作在“学科问题场域”中不断地提出问题和解决问题，然后进一步提出新问题和解决新问题的过程。

如果说对于一个具体问题而言，在其探索、分析、解决过程中，往往可以提出一两个新概念、新命题、新观点，那么对于整个问题场域来说，就需要和可能花费更大气力和功夫提出一个学科的“理论体系框架”，其中包括一系列范畴、命题和观点，并且这一系列范畴、命题和观点之间存在错综复杂的系统性联系。

在学科发展过程中，不但要关注具体范畴、具体观点的分析和研究，而且要关注学科理论体系框架的建构问题。

从学科发展进程和方法论角度来看，一方面，学科理论框架的提出依赖于对学科问题场域的界定、思考和探索；另一方面，在提出一个初步理论框架后，由于理论框架的“框架性”特征，其又可以发挥作为下

① 由于许多学者已经习惯于使用“研究对象”这个词语，本书有时也“从俗”而在与“问题场域”基本同义的含义上使用“研究对象”一语。

一步研究工作的问题场域的作用。也就是说，一方面，理论体系框架具有理论总结、理论研究成果的性质；另一方面，它可以发挥作为“垦荒者”的“广阔天地”、孕育新观点的“理论苗圃”的作用。

2. 工程社会学理论体系框架的建构问题

对于所谓“理论体系”的含义和建立理论体系框架的方法，可有多种理解和多种研究进路。从逻辑学观点来看，学科理论体系的逻辑结构中有两类重要逻辑要素：概念和命题。本书既重视研究构成学科理论体系的重要概念（范畴），又重视研究构成学科理论体系的重要命题或观点。在学科理论体系的建构过程中，学科的基本概念和基本命题（观点）都是探索、研究、形成理论的过程中的概念和命题（观点），这就使它们与学科“问题场域”（研究对象）的“动态相互关系”变得复杂起来。一方面，学科的基本概念和基本命题（观点）来自学科的“问题场域”；另一方面，学科的基本概念和基本命题（观点）逐步形成后又可以使学科“问题场域”的性质和范围从模糊而变得越来越清晰。

我们认为，可以把工程社会学的主要问题场域和基本范畴、基本问题简述如下。

- 工程活动的本性、特征和工程社会学的人性假设：与“经济人”不同的“工程人”假设。
- 工程共同体的成员、类型、功能及其内外关系。
- “工程－自然－社会”的复杂互动与多重建构（包括工程与社会的双向互动与建构、工程与自然的双向互动与建构等复杂内容）。
- 工程活动的制度安排、社会运行和社会评估。
- 工程活动中的合作、摩擦、博弈、权衡、协调和协同。
- 工程活动中的社会分层、社会流动和社会网络。
- 工程规范、工程创新、工程越轨、工程安全的社会学分析。
- “工程时空”的社会学分析，作为“自然－社会－工程空间”的小城镇和大中城市。
- 企业和行业的工程社会学问题。
- 工程社会学的专题研究。

在学科的理论体系中，其构成范畴、基本命题（观点）、各个组成部分不是散乱无序、各自孤立的，而是要各有“定位”，密切关联而形成一个具有系统性和整体性的结构。大体而言，可把工程社会学学科理论体系的框架结构概述如下。

工程社会学的“基本人性假设”是不同于“经济人”的“工程人”假设；工程社会学以“工程人”“合作”进行“工程活动”以解决人类的生存和发展为本学科的基本问题。

工程社会学以“工程活动”和“工程、自然与社会的复杂关系与多重建构”为自己的基本研究对象、问题场域和基本主题，以研究“工程角色和工程共同体”、“工程的制度安排、生命周期和社会运行”、“工程合作、摩擦、博弈、权衡、协调”、“工程中的社会分层、社会流动、社会网络”与“工程时空的社会学研究”为基本内容，以“工程创新、风险、越轨、安全的社会学分析”和“工程的社会评估问题”为现实性重点，要通过研究“企业和行业的工程社会学问题”而努力把微观、中观和宏观视野结合起来。

工程社会学的灵魂是“理论联系实际”，工程社会学应该在“理论研究”与“面对工程实际”的良性互动中、在“理论研究”和“工程社会评估”的互动中不断前进，不断发展。

工程社会学既是社会学的二级学科，又是具有跨学科、多学科和交叉学科特征的学科。它是我国学者独立开创的社会学二级学科，希望今后能够有更多的人关注工程社会学的理论研究、学术发展和现实应用。

本书以十三章（包括本章在内）的篇幅对工程社会学理论体系中的一些重要问题和内容进行简要分析与阐述，希望能够显示出工程社会学理论体系的框架性面貌。作为对工程社会学理论体系框架的初步探索，本书的缺点、错误在所难免，希望读者批评指正。诚望本书能够起到抛砖引玉的作用，诚望工程社会学能够在工程界、社会学界、教育界和其他有关人士的关注中不断发展，特别是希望工程社会学能够尽快从中国走向世界，逐步发展成为国际范围中影响越来越大的学科。

第二章　工程社会学的基本主题："自然－工程－社会"的多元关系与多重建构

在研究工程社会学时，一个关键问题就是要明确工程社会学的基本主题是什么。不但在对工程社会学进行"全局性""整体性""宏观性"研究时，需要明确"工程社会学的基本主题是什么"，而且在研究工程社会学的具体问题、微观问题时也需要以对工程社会学基本主题的正确认识和理解为研究基础。

本书认为，工程社会学的基本主题是"自然－工程－社会"的多元关系和多重建构问题。本章内容划分为三节，第一节从分析和阐述工程活动的本性和基本特征入手，指明工程社会学的基本主题究竟为何。第二节和第三节分别从两个方面对工程社会学基本主题的内容进行分析和阐述。第二节简要分析和阐述工程与自然的关系，着重于分析"工程与自然的相互建构和相互影响"。第三节讨论"工程与社会的相互建构和相互影响"——一方面是"工程建构和影响社会"（工程对社会物质面貌、制度面貌、精神面貌建构的作用和影响）；另一方面是"社会建构和影响工程"（社会政治、经济、军事、文化对工程建构的作用和影响）。

第一节　工程活动的本性与工程社会学的基本主题

人类社会中的"社会活动方式"多种多样。有些社会活动方式参与人数较少，也有一些活动方式参与人数较多。而工程活动则是参与人数最多的活动，是最普通、最常见、最基础的社会现象和社会活动方式。

有人"直接参与"工程活动，也有人"间接参与"工程活动，经常以"耳闻目睹"的方式对工程活动有所了解。一言以蔽之，社会中所有的人都要受到工程活动的深刻影响，概莫能外。可是，当谈到对工程活动的本性和特征的认识时，就如同《周易·系辞上》所说的那样，要出现"百姓日用而不知"的现象了。恩格斯在《自然辩证法》中曾谈到莫里哀喜剧《醉心贵族的小市民》中的一位汝尔丹先生。"这位汝尔丹先生一生中说的都是散文，但一点也没有想到散文是什么。"[①] 令人遗憾的是，许多人对于工程活动的认识和态度与此颇有相似之处——虽然天天都看到甚至参与工程活动，但对工程活动却缺乏基本认知，陷于"熟视无睹"的状态。

为了认识工程社会学的基本主题，首先需要认识工程活动的本性和特征。

一　工程活动的本性和基本特征

在 20 世纪——特别是 20 世纪下半叶——西方和中国都有一种流行观点，即认为工程是"科学的应用"。这种观点虽然广泛流行，却是一种错误的观点，因为这种观点实质上是把工程看作科学的衍生物或附属物，否认了工程活动在社会生活中的本根性、本体性、基础性地位。《工程哲学》一书已经从理论上分析和批驳了这种错误的观点。[②] 美国学者科恩也在一次国际学术会议的主题报告中尖锐指出，那种把工程看作"科学的应用"的观点是一个必须被破除的神话（myth）。[③]

其实，如果从历史角度看问题，可以很容易地看出那种把工程看作"科学的应用"的观点中有一个显而易见的历史性错误：科学史只有几千年的历史（严格意义上的现代科学史只有几百年的历史），而工程活动和工程演化却有几百万年的历史。[④] 在"科学"形成之前，工程活动显然不可能是科学的应用。而需要进一步强调的是，在科学形成之后，也不能简单化地认为工程是科学的应用——美国学者文森蒂已经通过对现代航空史的案例研究对此进行了雄辩。[⑤]

---

① 恩格斯：《自然辩证法》，于光远等译编，人民出版社，1984，第 81 页。

② 殷瑞钰、汪应洛、李伯聪等：《工程哲学》，高等教育出版社，2013，第 11 ~ 16 页。

③ Billy Vaughn Koen, "Debunking Contemporary Myths Concerning Eegineering," in Diane P., ed., *Philosophy and Engrineering: Reflections on Practice, Principles and Process* (Dordrecht: Springer, 2013), pp. 124 – 126.

④ A. A. Harms, et al., *Engineering in Time* (London: Imperial College Press, 2004).

⑤ 沃尔特 · G. 文森蒂：《工程师知道什么以及他们是如何知道的——基于航空史的分析》，周燕、闫坤如、彭纪南译，浙江大学出版社，2015。

在认识“工程活动的本性”这个问题时，绝不能将其归结为“科学的应用”，绝不能认为工程只有“衍生性”“从属性”地位，相反，必须肯定工程所具有的本根性、本体性地位。

我们可以从以下三个方面认识工程活动的本性。

（一）工程活动是直接的、现实的生产力

科学活动的目的和本性是追求真理、认识世界，而工程活动的目的和本性是适应和满足人类生存和发展的需要。马克思和恩格斯在《德意志意识形态》中说，“可以根据意识、宗教或随便别的什么来区别人和动物。一当人们自己开始生产他们所必需的生活资料的时候（这一步是由他们的肉体组织所决定的），他们就开始把自己和动物区别开来”[①]。

马克思和恩格斯又说：“我们首先应当确定一切人类生存的第一个前提也就是一切历史的第一个前提，这个前提就是：人们为了能够‘创造历史’，必须能够生活。但是为了生活，首先就需要衣、食、住以及其他东西。因此第一个历史活动就是生产满足这些需要的资料，即生产物质生活本身。”[②]

就其本性、过程和意义而言，工程活动正是马克思和恩格斯所说的“生产物质生活本身”的活动，它是人类社会存在和发展的物质前提和物质基础。对于工程活动的本性，工程哲学明确地告诉我们：工程活动是直接的、现实的生产力活动。[③]

马克思和恩格斯所说的“生产物质生活本身”，主要包括衣食住行等生活资料的生产和机器等生产资料的生产两种类型或两个方面。在社会发展和工程演化过程中，工程的规模越来越大，工程的具体类型越来越多，工程活动中的分工越来越细。在工程的历史发展进程中，特别是第一次工业革命以来，人们不但在衣食住行等生活资料方面发生了变化，而且在生产资料领域和所谓的服务业领域的工程活动中也发生了巨大而深刻的变化。

（二）工程是集体性、制度性的社会活动

中国社会学家在追溯古代中国学者的社会学思想时，往往会谈到荀

① 《马克思恩格斯全集》第3卷，人民出版社，1960，第24页。

② 《马克思恩格斯全集》第3卷，人民出版社，1960，第31页。

③ 殷瑞钰、汪应洛、李伯聪等：《工程哲学》，高等教育出版社，2013，第14～15页。

子的一个观点："（人）力不若牛，走不若马，而牛马为用，何也？曰：'人能群，彼不能群也。'"（《荀子·王制》）荀子的这个"人能群"的观点，显然是关于人类活动具有"集体性""群体社会性"的最早论述之一。但同时应该强调指出的是，荀子的这个"人能群"的观点主要是从伦理学角度进行分析和立论的。如果从唯物史观和工程社会学角度来看，这种"能群"和"集体活动"特征的最重要、最基本的表现乃是人类"集体进行工程活动"和"工程活动的集体性"。

虽然从现象上看，确实也存在某些"一个人也可以从事工程活动"的情况，例如一个人在荒野中为自己盖一间房子。如果进一步考虑他所掌握的盖房子的"技能来源"，考虑他必然还要与其他人进行交往，我们仍然可以得出一个结论：工程活动在本质上必然是集体性、社会性的活动，它不可能是完全脱离集体和社会的个人活动。换言之，工程活动在本质上是社会集体活动而不是个体活动。

另外，承认工程活动在本质上是社会集体活动而不是个体活动又绝不意味着可以否认工程活动要以个人为集体活动的"成员"。

如果没有"个人"作为集体性工程活动的成员，"集体"就无从组成，也就无所谓"集体"。在"个人"组成集体时，有关制度——在工程活动中主要是指工程制度——发挥了重要"纽带"或"黏合剂"的作用。

在20世纪的经济学理论发展中，新制度主义经济学的兴起是一个重要事件。[①] 作为一种理论思潮，制度主义不但表现在经济学领域，而且表现和反映在政治学领域[②]和社会学领域[③]。

什么是社会学中的新制度主义呢？美国康奈尔大学社会学系主任倪志伟说："从其诞生之日起，作为一门学科的社会学就与社会制度研究和对制度变迁的比较分析紧密联系在一起。社会学家们一直认为，制度对社会和经济行动产生着某种后果。然而，与塔尔科特·帕森斯（Talcott

---

① 马尔科姆·卢瑟福：《经济学中的制度：老制度主义和新制度主义》，中国社会科学出版社，1999。

② B. 盖伊·彼得斯：《政治科学中的制度理论：新制度主义》，王向民、段红伟译，上海人民出版社，2016。

③ 在何俊志、任军锋、朱德米编译的《新制度主义政治学译文精选》（天津人民出版社，2007）中选辑了三篇有关社会学制度主义的文章作为该书的"第四部分"。

Parsons）所开创的早期社会学制度主义不同的是，新制度主义力图解释制度，而不是简单地设定它们存在。在这些努力中，社会科学中的新制度主义者一般都假定，尽管存在着不充分的信息、不准确的认知模式和昂贵的交易成本，个人行动仍然是有目的的。这些条件常见于日常生活中社会和经济交易。”在分析和对比了新制度主义与古典经济学和古典社会学范式的关系后，倪志伟得出一个结论：“（社会学中的）新制度主义路径可能被看作社会学的新古典转向（引者按：这个结论的学术史背景是古典社会学与古典经济学在基本理论立场上有很大区别）。社会学新制度主义拓展了古典社会学家和早期社会学制度主义的知识遗产。”①

我们在此无意具体分析和对比社会学中的新制度主义和经济学中的新制度主义的关系，以及它们与经济学中的老制度主义和社会学中的老制度主义的关系。我们只想指出，在社会经济活动、政治活动、工程活动中，相关的制度都是一个关键要素，发挥着关键作用。

在工程社会学中，研究工程活动中的各种制度问题是一个关键内容。为研究工程领域中的制度问题，一方面，工程社会学需要借鉴和参考经济学和政治学中的相关研究，因为工程制度与经济制度、政治制度、文化制度存在密切联系和共同性；另一方面，必须特别注意揭示和研究工程制度的特殊表现和自身特点，因为工程制度与经济制度、政治制度、文化制度相比又存在自身特殊性，同时要注意研究工程制度与经济制度、政治制度、文化制度的相互渗透与相互影响。

在现代社会中，工程制度的具体内容和具体表现是多种多样、形形色色、千变万化的。在分析和研究工程制度时，不但要一般性地研究工程管理和工程组织制度（例如工场制度、工厂制度、公司制度、项目部制度）、工程技术制度（例如工程师制度、研发实验室制度、中间实验制度）、工程经济制度（例如工程投资制度、工程财务制度）、工程法律制度（例如专利法制度）、工程评估制度等，也要注意研究工程制度的演化发展和各国工程制度的不同表现和不同具体形态。

在研究工程制度时，不但必须注意分析和研究有关工程制度的“制

① 倪志伟：《社会学制度主义的来源》，载何俊志、任军锋、朱德米编译《新制度主义政治学译文精选》，天津人民出版社，2007，第228、239页。

度安排"的诸多规范性问题，而且必须注意分析和研究有关工程制度的"制度运行"的诸多实证性问题，并且进一步把规范性研究和实证性研究结合起来。

很显然，在认识工程活动的基本性质和基本特征时，工程活动的集体性和制度性特征是最重要的内容之一。

（三）工程的三个层次：微观、中观和宏观

工程活动的第三个基本特征是可以和需要同时从微观、中观、宏观三个层次看待工程，需要从这三个层次的相互渗透和相互影响中认识工程。

1. 工程社会学中对微观、中观和宏观的层次划分

所谓微观、宏观之分，最初来自物理学。物理学的微观世界指尺度非常小的原子、基本粒子（小于 10^{-7}cm）世界，具有波粒二象性，服从量子力学规律；而宏观世界指尺度较大的世界，是牛顿物理学研究的世界。后来，经济学中借鉴物理学中宏观、微观之分而划分出微观经济学和宏观经济学，区分了微观经济现象和宏观经济现象。但必须注意的是，经济学中的"宏观和微观"如果"依照物理学标准"区分的话都属于（物理学中的）宏观世界。与经济学的情况相似，社会学中也划分了微观社会学和宏观社会学。后来，经济学中又提出应该关注"中观"这个处于微观和宏观之间的层次。

受到经济学的影响，经济伦理学领域的学者也划分了微观、中观、宏观这三个层次。但耐人寻味的是，经济伦理学家在划分和界定伦理学领域的微观、中观、宏观的含义时，"故意"对其含义做出了与经济学不同的解释。① 双方分歧的关键点之一是经济伦理学家只把"个人"划在"微观"范围，而把"企业"划在了"中观"范围，② 而经济学则把

① business ethics 被我国一些学者译为"经济伦理学"（例如高国希、吴新文等所译之《面向行动的经济伦理学》，上海社会科学院出版社，2002），但也有人将其译为"商业伦理学"（例如杨斌、石坚、郭阅所译之《商业伦理学》，机械工业出版社，1999）。经济伦理学中对微观、中观、宏观的划分见《面向行动的经济伦理学》（上海社会科学院出版社，2002）。

② 乔治·恩德勒：《面向行动的经济伦理学》，高国希、吴新文等译，上海社会科学院出版社，2002，第46、53页。

"单个家庭""单个厂商、公司、企业"都划到"微观经济学"领域。[①]

那么，在研究工程活动时，应该怎样界定和划分工程活动的微观、中观、宏观这三个层次呢？在这个问题上，工程社会学应该更倾向于赞同经济学的观点还是应该更倾向于赞同经济伦理学的观点呢？

我国研究工程哲学和工程伦理学的学者在比较了经济伦理学家和经济学家对微观、中观、宏观这三个层次的不同界定后，更加赞同经济学家的观点。更具体地说，在界定工程活动的微观、中观、宏观层次时，应该"把'个人'和'企业'界定为工程活动的'微观'层次主体，把对'行业'、'产业'、'区域'和'产业集群'范围的工程研究界定为对工程活动的中观研究，把对'国家'和'全球'范围的工程研究界定为对工程活动的宏观研究"[②]。工程社会学显然也应该采取相同的观点。

在此需要顺便指出的是，与汉语"工程"相对应的英文词有两个，一是 engineering（工程），一是 project（项目）。汉语的"三峡工程""青藏铁路工程"等词语在翻译为英语时，其中的"工程"一词都被翻译为 project。为什么要把汉语的"工程"翻译为 project 呢？原因就在于工程的"活动单位"是项目。更具体地说，工程活动是一个项目一个项目地进行的。例如，铁路工程是依照"吴淞铁路工程""京张铁路工程""钱塘江大桥工程""武汉长江大桥工程""青藏铁路工程"等具体项目"一项一项地"推进的，于是，汉语的工程也就常常被翻译为英语的 project 了。工程项目有大有小，大型项目如"西气东输""大型电站建设""高速铁路建设"等，小型项目如住宅建设项目、村庄道路建设等，不胜枚举。也就是说，从概念界定和理论分析角度看，工程从业者个人、企业和工程项目都属于工程活动的微观层次。

---

① 应该承认，经济学与经济伦理学在界定"微观"对象和范围时之所以出现不同观点，与两门学科在研究对象和学科性质上的不同有密切联系。经济学与经济伦理学对"微观"的不同理解和界定都是有道理的，不能认为其中必然一对一错。实际上，物理学和经济学所理解和界定的"微观"完全不同，但没有人认为二者中必然有一种观点是错误的。

② 李伯聪：《工程的三个"层次"：微观、中观和宏观》，《自然辩证法通讯》2011 年第 3 期。

2. 工程三个层次的相互渗透与相互作用

应该注意，在分析和研究工程活动时，不但必须承认工程活动中存在不同层次的分野，而且要注意不同层次之间的相互渗透和相互影响。

例如，城市居民要为自己盖一座房子，这显然属于微观层次工程的范围。可是，这个微观层次的工程活动又必然同时受到中观层次乃至宏观层次的制约和影响。

在微观工程活动的层次上，一位城市居民能够想怎样为自己盖房子就怎样盖吗？不能。因为他必须在城市营建制度和相关建筑制度——这些都属于中观层次——允许的范围内盖房子，而不能违反制度。也就是说，微观工程问题和中观工程问题是相互渗透，联系在一起的。

回顾中国建筑史和城市史，我们知道我国的城市营建制度、建筑制度和"市政管理制度"曾经长期实行"里坊制"。这种制度"把全城分割为若干封闭的'里'作为居住区，商业与手工业则限制在一些定时开闭的'市'中。统治者们的宫殿和衙署占有全城最有利的地位，并用城墙保护起来。'里'和'市'都环以高墙，设里门与市门，由吏卒和市令管理，全城实行宵禁"①。中观层次的"里坊制"规定了微观层次的居民房屋建筑"不能"面向"街道""开门"，以保持"里坊"的"封闭性"。

可是，在隋朝时期，汴州却出现了有人盖房或"改造房屋"时不遵守里坊制的规定，擅自"向街开门"的情况。②《隋书·令狐熙传》："（高祖杨坚）上祠太山还，次汴州，恶其殷盛，多有奸侠，于是以熙为汴州刺史。下车，禁游食，抑工商。民有向街开门者，杜（禁止）之。"也就是说，隋代——唐代亦然——是严禁城市居民在盖房时"向街开门"的——这就是微观工程活动受中观制度制约的一个典型事例。

在工程活动的历史长河中，微观层次、中观层次、宏观层次及其相互关系都是不断演进的。

再回到我国城市居民盖房子这种工程活动上。正如有学者指出的那样，至迟在南北朝，汴州就已出现——甚至流行——"破墙开店"现

① 百度百科条目"里坊制"。

② 何时最早出现"向街开门"的城市建筑，无考。有人推测，至晚在南北朝时期已经有人破坏里坊制，盖"向街开门"的房子了。

象，但隋文帝派令狐熙下令堵上了“向街所开之门”。可是，到了北宋时期，开封百姓家无不向街开门，《清明上河图》所表现的开封市容就是如此。宋代城市居民盖房子时，可以说是“皆要”“向街开门”了。

到了宋代，汉唐时期朝市分立的制度被打破。“宋代的朝，几乎全被市所淹没。连宣德门（相当于天安门）前的御道，也曾允许商人摆摊设点。”①

从工程层次来看，城市中“一家住宅建筑”“是否向街开门”是一个微观层次的问题；“城市营建制度”和“城市规划”实行“里坊制”，不允许住户建筑“向街开门”，属于“中观”层次的问题；而“全国城市结构”和“‘面朝后市’与‘里坊制’到‘新城市建筑制度’的演变”又涉及宏观层次的问题了。

对于中国建筑史发展从“汉唐城市建筑工程”到“宋代城市建筑工程”的演变过程，学者们已经有许多研究成果。这里无意关注其具体过程和诸多细节，关注的只是这个进程中所表现的工程活动的微观层次、中观层次和宏观层次相互渗透、相互影响的关系。

二　工程社会学的基本主题是“自然－工程－社会”的多元关系与多重建构

从以上对工程本性和基本特征（工程的生产力本性、工程的集体性和制度性特征以及工程的微观、中观、宏观三个层次相互关系）的分析中可以看出，工程活动的核心内容“直指”人与自然的关系，但它又绝不仅仅局限于人与自然的关系，而是同时深刻涉及和介入人与人的关系和人与社会的关系。这就意味着，工程活动中深刻涉及和介入的不是单纯的“人与自然”的“二元关系”，也不是单纯的“人与社会”的“二元关系”，而是复杂的“人－自然－工程－社会”的“多元关系”，为叙述简便，可称之为“自然－工程－社会”的多元关系。

工程社会学认为，“自然－工程－社会”的多元关系是复杂的动态关系。在这种复杂的动态关系中，“自然－工程－社会”的“多重建构”是最重要的内容和最突出的特征。

---

① 张良皋：《匠学七说》，中国建筑工业出版社，2002，第174页。

所谓"自然－工程－社会"的多重建构，不但包括工程与自然的相互建构，而且包括工程对社会的建构和社会对工程的建构。本章以下两节将简要分析和阐述与其有关的一些内容和问题。

在本节最后，需要顺便对"建构"这个概念的含义和所谓的社会建构主义谈一些看法。

本书经常出现和使用"建构"一词。"建构"一词在汉语语境中有"制造、建造、创造、构造、造物、塑造、造成"等含义，与英语中的"make，construct，manufacture，do，shape，create"等单词含义相通。应该特别注意，所谓"建构"，其含义和所指都很复杂，在不同语境中可有不同所指和不同含义，其含义不但可以指"建构对象"和"建构活动"，而且可以指"建构原则""建构过程"和"建构结果"等。

出于对"建构"问题的关注和研究，西方学术界出现和形成了影响颇大的"社会建构主义"。

对于这个学术流派，有学者认为："20 世纪 80 ~ 90 年代以来，西方社会学理论呈现许多新的发展趋势。特别是受后现代主义、后人文主义等古典的影响，西方社会学理论在基本观点、理论取向以及特征等方面都与以往有明显的不同……其中，社会建构论就是最有影响的思潮之一。近年来，社会建构论作为一种试图超越西方传统社会理论的新观念得到了广泛流传，各种形式的社会建构论观点从不同层面试图颠覆传统社会学的基本和理论形式。"①

对于社会建构主义的定义，《剑桥哲学词典》的解释是："社会建构主义，它虽有不同的形式，但一个共性的观点是，某些领域的知识是我们的社会实践和社会制度的产物，或者相关的社会群体互动和协商的结果。温和的社会建构主义观点坚持（认为）社会要素形成了世界的解释。激进的社会建构主义则认为，世界或它的某些重要部分，在某种程度上是理论、实践和制度的建构。"②

林聚任等认为，社会建构主义的基本意图和观点是"试图解构传统的经验解释模式，主张我们所获得的一切知识并不是对客观'实在'的

---

① 林聚任等：《西方社会建构论思潮研究》，社会科学文献出版社，2016，第 1 页。

② 转引自刘保、肖锋《社会建构主义——一种新的哲学范式》，中国社会科学出版社，2011，第 1 页。

反映，而是与社会和文化因素密切相关”①。

大体而言，所谓社会建构主义（社会建构论）——特别是知识社会学领域的“社会建构主义”——所关注的主要问题是“知识的建构”和“文化的建构”。

在工程社会学中，“建构”无疑也是一个基本概念，我们可以参考和借鉴“社会建构主义”研究知识建构问题的某些观点和结论，但同时必须清醒地意识到，“知识的建构”和“工程的建构”是两种不同类型和不同性质的建构，它们在建构对象和内容、建构原理和原则、建构过程和结果上都有许多根本性的区别，绝不能把“社会建构主义”研究知识建构问题的观点和结论“教条化地移植”到工程社会学领域中。就此而言，我们肯定建构概念是工程社会学的基本范畴之一，承认与工程建构有关的许多问题在工程社会学中有非常重要的地位和作用，但我们不认为可以把工程社会学中的有关研究归属到“社会建构主义”流派中，因为它对“工程建构”问题有许多不同于“社会建构主义”流派的新观点和新认识。

第二节　工程与自然的相互建构和相互影响

如上所述，工程社会学以“自然－工程－社会”的多元关系和多重建构为基本主题。本节先谈工程与自然的关系和“人工物世界”的建构问题，下一节再谈工程与社会的相互建构与相互影响问题。

一　工程与自然的关系和“人工物世界”的建构

工程与自然之间存在非常复杂的相互渗透、相互建构的关系，以下主要围绕“人工物世界”的“建构”及其影响问题而展开一些分析和论述。为此需要先区分“天然自然界”和“人工物世界”这两个概念。

（一）天然自然界和人工物世界

观察我们周围的世界，可以看到有两类事物。一类事物，例如银河系、太阳、月亮、山川、流水、翠竹、古柏、老虎、大雁、昆虫等，它

① 林聚任等：《西方社会建构论思潮研究》，社会科学文献出版社，2016，第19页。

们都是"自然物"，而不是工程活动的产物，不是人类有目的、有意识创造活动的结果。另外一类事物，例如电冰箱、电视机、手机、房屋、家具、飞机、汽车、电动机、拖拉机等，它们是人工物，是工程活动的产物和结果。前者是"自然物"，形成了"天然自然界"；后者是"人工物"，形成了"人工物世界"。与"人工物世界"密切联系在一起的还有"人工自然"这个概念。①

"人工物"不是可以无中生有、凭空出现的，它要由人通过工程活动而"制造"（或曰"建构"）出来。"天然自然界"不但为"建构人工物"提供必需的"资源"和"材料"，而且成为人工物发挥其功能的条件和环境。对于人工物和天然自然界的关系，已有学者进行了许多论述，本章后文也会适当涉及，这里不再赘言。

（二）人工物、人工自然、人工环境的建构

当人类最初出现时，他们生存在"天然自然界"中。可是，这个"天然自然界"在很多方面都不适合人类生存，甚至可以说，基本上不适宜于人类的生存。于是，人类不得不发挥自己的能动性、创造性和主动性，通过工程活动而建构各种各样的人工物，从而构造出一个相对来说比较适合人类生存的"人工环境世界"或"人工自然界"。

虽然各种动物都"生存"在"天然自然"的空间和环境中，但人却"不能"和"不愿意""直接生活"在"天然自然界"中，而必须"生活"在一个"人工建构的世界"中。

从建筑工程、建筑学和建筑史的角度看，这首先意味着人类要为自己建筑一个"住所"，要"居住"和"生活"在"房屋"之中，而不是"睡在""露天的旷野"之中和"星光"之下。

美国的梭罗是许多中国人——特别是知识分子——熟悉的人物，他所著的《瓦尔登湖》② 也是影响很大的名著。梭罗生活在 19 世纪，毕业于哈佛大学，但他执意要到大自然中体验原生态生活，亲近自然，尽可

---

① 对于"天然自然"与"人工自然"的联系与区别和"人工自然"的性质、层次、类型等问题，陈昌曙在《试谈对"人工自然"的研究》（《哲学研究》1985 年第 1 期）一文中有简要而切中肯綮的分析和论述。

② 梭罗所著《瓦尔登湖》有不止一个中文译本。需要申明，本节无意在此全面评价梭罗及其《瓦尔登湖》。本节作者在访美期间也曾特意造访瓦尔登湖。

能地远离现代工程活动及其影响，于是就选择到瓦尔登湖畔生活。但他作为人类却不可能完全脱离“人工物”而“百分之百地亲近”自然，不但他“不可能离开”现代文明所提供的食品和一定的生活资料，并且他在瓦尔登湖畔仍然建筑了一个“小房子”并“住在其中”，而不是“不要任何人工物地睡在大地上”。事实表明，梭罗确实可以远离和隔离许多现代其他类型的人工物，但他至少仍然必须“建构一个房子”生活于其中。

在人类历史和工程发展史上，“居所”的“建构”是最重要、影响最深远的工程活动方式（建构活动方式）之一。

中国古代传说中追溯人类社会发展进程时，首先提到的是“有巢氏”和“燧人氏”。从现代观点看，“有巢氏”所反映的就是原始人进行原始建筑工程的历史，而“巢居”正是最原始的建筑方式之一。

“巢居”显然有许多不便之处，其进一步发展就成为“干栏”。

干栏式建筑，即俗称为“吊脚楼”（由巢居演变而来的“高足”式建筑）。这种建筑方式有很久远的历史。“从考古发掘看，中国剑川海门口、余姚河姆渡、吴兴前三漾、丹阳香草河、吴江海堰、黄陂盘龙城、圻春毛家嘴、荆门车桥、偃师二里头……都发现了干栏遗存。也可以说，古中国除黄土高原之外，都可见到干栏遗踪。除考古发掘外，甲骨文上出现的大量干栏形象，说明干栏之分布与商王朝的领域同其辽阔。”① 如果再放眼于欧亚更广大的区域，则西至欧洲、北至堪察加半岛、南至南洋群岛都有干栏的遗踪。②

根据自然环境和自然条件的不同，原始人发明和创造了三种不同的居所建筑方式——干栏、窑洞、帐幕。这三种居所和居住方式，在历史进程中各自有演化发展路径。③ 后来又演化出了砖石建筑的房子，现代更有了钢筋混凝土的现代住宅建筑。

尽管考古发掘和建筑史告诉我们，人类的“居所”在具体形态和表现上有很大变化，古代的建筑和现代相比更不可同日而语，但它们有一个共同点——都是为了满足人类的居住需要而“建构”的“人工物”。

---

① 张良皋：《匠学七说》，中国建筑工业出版社，2002，第34页。

② 张良皋：《匠学七说》，中国建筑工业出版社，2002，第34页。

③ 张良皋：《匠学七说》，中国建筑工业出版社，2002，第33~68页。

单体的房子成为"一家人"的"微观"的生活居所和环境。许多建筑"聚集"在一起，形成了村镇或城市。不同的城市——例如中国的北京、美国的底特律、欧洲的雅典、非洲的开罗——有不同的建筑方式、建筑类型、建筑历史和建筑特征，而"城市"也成为许多人生活的"中观"生活环境。

人类需要的"人工物"绝不仅仅是"居所"这一种类型。工程活动和人工物的类型多种多样、千变万化。人类的发展史首先就表现为工程活动和人工物的发展史。而所谓"现代社会"，从直接形态和表现方式来看，首先就表现在"现代人""生活在""现代的人工物和人工自然"之中。

（三）"人工物"和"人工自然"自20世纪下半叶起成为专题学术研究对象

虽然就现实生活状况和社会事实而言，"人工物"和"人工自然"早就出现了，并且也不能说古人对这两个方面的问题完全没有思考，但毕竟应该承认东西方的古代思想家在整体上都没有特别关注"人工物"这个概念和比较深入地研究这方面的问题。①

"人工物"和"人工自然"这两个概念都是20世纪下半叶以来才被越来越多的人关注和使用，学者们也开始对其有了更多的关注和研究。②

美国学者赫伯特·西蒙（1975年图灵奖和1978年诺贝尔经济学奖获得者）于1969年出版了*The Science of the Artificial*（按：可译为《人工科学》或《关于人为事物的科学》）③一书。这本书的出版标志着现代思想家对"人工物"的认识有了新发现和新进展。

20世纪80年代，在改革开放和思想解放的大环境中，我国的自然

① 李伯聪在《工程哲学引论——我造物故我在》（大象出版社，2002）第1章中讨论了这方面的问题。

② 这里无意对中文的"人工物"和英文的artifact进行词源考证和语义演变考证。西蒙在《人工科学》中涉及了artifact的不同含义问题。

③ 赫伯特·西蒙（Herbert Simon）为自己起了个中文名字司马贺。*The Science of the Artificial*一书最初出版于1969年，后来修订出版了第二版和第三版。中文译本有两个，一是武夷山译本（《人工科学》，商务印书馆，1987；上海科技教育出版社，2004），一是杨砾译本（《关于人为事物的科学》，解放军出版社，1985）。两个中文译本的书名略有不同。其实，书名译为《人工物科学》可能更好一些。

辩证法研究进入新阶段。中国自然辩证法领域的一些学者——特别是研究技术哲学和自然观的学者——关注了对人工自然的研究。陈昌曙发表了《试谈对“人工自然”的研究》，对“人工自然”的一些重要问题，特别是关于天然自然和人工自然的联系与区别以及人工自然的性质、层次、发展机制、演化规律等问题发表了精辟的看法。[①]

我国自然辩证法领域的领军人物于光远更明确指出，中国的自然辩证法研究已经形成了一个新的哲学学派，这个学派的一个基本特点就是认为应该区分“天然的自然”和“社会的自然”（即“人工自然”），“这个学派有一个与别的学派不一样的地方……把对社会的自然研究提到了更重要的地位。而这种研究过去是往往被哲学界所忽视的”[②]。

20世纪末和21世纪之初，我国学者发表了一些关于人工自然的论文，许多自然辩证法教材中也有论述“人工自然”的章节，但鲜有理论专著出版，这也是我国学者对人工自然问题研究在深度上还有欠缺的直接反映。

进入21世纪，西方学者在对人工物的研究方面有了重要的新进展。2000年，荷兰代尔夫特理工大学克洛斯教授和艾因霍恩理工大学梅耶斯教授等组建了研究“技术人工物的双重属性”的国际项目组。这个项目研究成果产生了较大影响，不但生成了许多论文，而且生成了学术专著——《技术的功能：面向人工物的使用与设计》[③] 和 *Technical Artefacts*: *Creations of Mind and Design*（中国译名为《技术人工物：心和物的创造》）[④]。我国学者对西方学者在这方面的进展也有所介绍。[⑤]

《技术的功能：面向人工物的使用与设计》一书的作者霍克斯和弗玛斯是参与“技术人工物的双重属性”研究的重要成员，这本书也是反映这个研究成果的一本代表性著作。这本书的“作者前言”说：“这是

---

① 陈昌曙：《试谈对“人工自然”的研究》，《哲学研究》1985年第1期。

② 于光远：《一个哲学学派正在中国兴起》，《自然辩证法研究》1992年第6期。

③ 威伯·霍克斯、彼得·弗玛斯：《技术的功能：面向人工物的使用与设计》，刘本英译，科学出版社，2015。英文版出版于2010年。

④ Kroes Peter, *Technical Artefacts*: *Creations of Mind and Design* (Dordrecht: Springer, 2012).

⑤ 刘宝杰：《关于技术人工物的两重性理论的述评》，《自然辩证法研究》2011年第5期；潘恩荣：《工程设计哲学：技术人工物的结构与功能的关系》，中国社会科学出版社，2011。

一本关于技术人工物的功能的著作，这些人工物是出于实践目的制作而成的实物，涵盖了从阿司匹林药片到协和式客机、从木屐到核潜艇所有这些物体。"霍克斯和弗玛斯又说："我们的主张从根本上说是一种建构。"[①] 这表明，霍克斯和弗玛斯明确地把"建构"看作人工物问题研究中的一个基本概念。

人工物构成了人工物世界，而这个人工物世界成为人类生活的"直接环境"。

由于天然自然具有对于人工自然的"历史优先性"和"现实基础性"，许多学者把"天然自然"称为"第一自然"，把"人工自然"称为"第二自然"。可是，如果从人类的"直接生活体验"、"直接感受"和"重要性"角度看问题，我们又可以把"人工自然"称为"人类生活的第一环境"，把"天然自然"称为"人类生活的第二环境"。

在认识"人工物世界"和"天然自然界"的相互关系时，一方面，要承认这种关系是相互渗透的关系，不能把二者割裂开来；另一方面，又要注意这个"人工物世界"是人类通过工程活动而"建构"出来的，从而使"建构关系""建构过程""建构活动"成为二者相互关系的核心内容。

"人工物世界"和"天然自然界"及其动态关系不但是哲学的研究对象，而且是社会学的研究对象。对于工程社会学来说，"人工物世界"和"天然自然界"及其动态关系甚至成为其"基本研究对象"。

二　环境社会学的"诞生"和意义

几百万年前，人最初出现地球上时，主要生活在天然自然的环境中。在最初的以百万年计的旧石器时代，人类能够制造的"旧石器"的数量和种类都很有限，在蛮荒的自然力面前，显得孱弱无力。

《道德经》第五章云："天地不仁，以万物为刍狗；圣人不仁，以百姓为刍狗。"虽然后世哲学家对这两句话有许多哲理上的解释，但许多读者大概对这两句话有另外一番"直觉感受"和"普通人解释"——自然

---

① 威伯·霍克斯、彼得·弗玛斯：《技术的功能：面向人工物的使用与设计》，科学出版社，2015，第Ⅴ页。

界是把人当作“刍狗”看待的，并不特别优待人类，人类生活的“第一情景”就是必须“面对”“不人道的天然自然”的“野蛮威胁”。

如果我们能够“设身处地”地想象原始人的生活条件和环境——包括洪水猛兽、雷电交加等，便会深刻同情和理解到在那种“不人道的天然自然的野蛮威胁”之下，原始人必须“竭力”通过工程活动而努力改变自身所处的条件和环境。可是，在整个以百万年计的旧石器时代，人类的这种竭力改变自身生活条件和环境的效果并不显著。在原始人的心理中，自然是“敬畏”的对象——尽管天然自然并不因为人类的“敬畏”而“不把人类视为刍狗”和“更加善待人类”。

到了大约一万年前的新石器时代，人类开始进行农业生产，后来又开始进行手工业生产，人类对抗那种“不人道的天然自然的野蛮威胁”的力量大大增长。特别是第一次工业革命之后，人类的工程建造能力大大提升，工程规模不断扩大。在自然界面前，人类的工程力量和建构人工物的力量极大增长，人类从“婴幼儿时期”成长为“巨人”，他们“雄心勃勃”地要“征服自然”了。

当人类把“天然自然”当作“应该被征服的对象”去“征服”时，他们很快发现，“自然”是“不可能被征服”的——“处于被征服状态和境遇”的“自然”以“相同的力度或甚至更大的力度”“报复”了人类。这种“报复”的一种重要表现和重要形式便是“环境污染”现象越来越严重。

面对越来越严重的环境污染现象，社会学家也开始从社会学角度进行了自己的理论反思和实证研究，这就使“环境社会学”产生和发展起来。[①] 如果说“环境污染和生态破坏状况及其分析和研究”是环境社会学产生的原因，那么这个学科的主要内容和任务就是要研究人类应该如何应对、处理“环境污染和生态破坏这个社会问题”。

许多学者把1978年卡顿和邓拉普发表 *Environmental Sociology: A New Paradigm* 看作环境社会学形成的标志。[②] 环境社会学诞生以来，参与研究的学者越来越多，研究内容越来越丰富，研究成果越来越丰硕，其社

① 陈阿江：《环境社会学的由来与发展》，《河海大学学报》（哲学社会科学版）2015 年第 5 期。

② 洪大用：《环境社会学的研究与反思》，《思想战线》2014 年第 4 期。

会影响也越来越大。

三 “工程与自然的关系”和“工程社会学和环境社会学的关系”

(一)“工程与自然的关系”是工程社会学和环境社会学的共同主题

从以上分析和叙述中可以看出,工程社会学与环境社会学的研究对象和学科主题都可以一般性地概括为“工程与自然的相互建构和相互影响”,但二者在直接主题和研究重点上又各有偏重。

如果从“理论和学理逻辑”角度看工程社会学与环境社会学这两个学科可知,正是由于有了“工程与自然的关系”这个共同主题和共同研究对象,才有可能形成工程社会学和环境社会学这两门学科。

可是,如果回顾“思想史进程和学科发展史进程”,人们又看到了“理论和学理逻辑”与“思想史进程和学科发展史进程”之间出现了某些不一致的现象。

如果我们从“理论和学理逻辑”看工程社会学与环境社会学的相互关系,那么,因为必须有“工程存在”“在先”,然后才可能出现“工程的环境影响”,这就意味着如果从“理论和学理逻辑”看问题,其“学理逻辑”关系是研究“工程存在”的“工程社会学”“本应”“形成在先”,而研究“工程的环境影响”的“环境社会学”“本应”“形成在后”。也就是说,“本应”先形成工程社会学,再出现“环境社会学”。可是,学科形成的“实际历史进程”却是环境社会学形成在先,工程社会学形成在后,这就使得“理论和学理逻辑”与“思想史进程和学科发展史进程”出现了“不一致”的现象。

出现这个“不一致”的主要原因何在呢?

主要原因不在于“环境社会学”的“早熟”——因为“环境社会学”不但没有“早熟”反而应该说它是“环境恶化压力下”的“被动结果”——而在于“工程社会学”的“难产”。

对于工程社会学在学科形成中的“难产”问题,本书绪论中已经有所论及,这里不再赘言。

(二)环境社会学的“诞生”“早于”工程社会学的原因

如果进一步“循名责实”和从“理论和学理逻辑”看工程社会学与

环境社会学的研究任务和研究对象，可以得出，如果要“循名责实”地认定工程社会学的学科主题，那么，它的“学科名称”中本来就已经“蕴含”了对工程活动进行“全面研究”的要求。可是，上文谈到了“第一次工业革命后”“征服自然思想潮流广为流行”的社会思想背景，当时的“思想家”普遍地把“征服自然的片面自然观”当作“人与自然关系的全部内容”，这就导致了对工程活动“负面影响”的严重忽视，等到环境污染问题给人类以“连续的当头棒击”之后，人类才有所觉醒，发觉原先那种“征服自然”的思想绝不是对“工程与自然关系”的“全面认识”，在警醒之后，痛定思痛，承认了原先那种“征服自然”的思想是一种“片面的”“对工程活动的哲学和社会学认识”。在这种形势和状况中，环境社会学也就应运而生了。从这个工程发展和思想发展线索来看，环境社会学的诞生“早于”工程社会学的“学科发展史关系”，也并不是什么“无根据”的“反常现象”，反而是人类认识工程与自然相互关系的深层辩证法的反映了。

（三）工程社会学与环境社会学的联系和区别

从理论上看，“工程与自然的关系”是工程社会学与环境社会学的共同研究对象，这显示了二者的密切联系，但这两个学科的研究视角却并不完全相同。

上文谈到，环境社会学以“环境污染和生态破坏”状况作为研究对象，而“环境污染和生态破坏”正是工程活动的后果——如果没有工程活动就无所谓“环境污染和生态破坏”的产生。从这个角度看，可以认为环境社会学无意对工程活动进行“全面研究”，而是侧重于分析和研究工程活动的“负面环境后果和生态后果”问题。

与环境社会学不同，工程社会学以“工程与自然的相互建构和相互影响”为基本主题。从学科理论体系和学术逻辑看，工程社会学应该以对工程活动的“全面研究”为己任。可是，历史上的“工程社会学思想”曾经严重忽视生态环境这个方面，教训严重，今后不能再犯类似的错误了。

（四）工程社会学与环境社会学的互补、互动与协调

上文所说的工程社会学以对工程活动的“全面研究”为己任，绝不

意味着“不需要”或不需要形成“其他的”以“研究工程活动的某个侧面为己任”的学科了。相反,即使有了以对工程活动的“全面研究”为己任的工程社会学,它也绝不能“取代”“替代”“取消”形成其他一些以“研究工程活动的某个侧面为己任”的学科必要性,因为“系统研究与要素研究”必须相互补充,“整体性研究与局部性研究”也必须相互补充,绝不能因为承认“系统研究”“整体性研究”的重要性就轻视和忽视“要素研究”“局部性研究”的意义与重要性。

如上所述,在社会学领域的二级学科中,作为二级学科的环境社会学形成在先,而工程社会学反而形成在后。这个学科史的历史轨迹有多方面的启示和教训,而其中之一就是绝不能忽视“要素研究”的意义与重要性。

在环境社会学和工程社会学都成为社会学领域的分支学科后,应该如何认识二者的相互关系呢?

在认识和处理二者的相互关系时,首先必须肯定二者是社会学中“并列”“平行”的二级学科,在两个学科都“已经形成”的“现实状况”下,不能再企图用某一个学科取代、吞并或取消另一个学科,最关键的是正确认识和处理两个学科的互补、互动与协调关系。

(1)工程社会学与环境社会学在理论研究上的互补、互动与协调

上文谈到,从理论上和学科任务方面看,环境社会学的学科特点和基本任务是研究“环境污染和生态破坏状况”及其“解决之道”;而工程社会学的学科特点和基本任务是着重于“全面”地研究“工程”“自然”“社会”的相互关系问题。应该强调指出,这个论断和认识中绝不包含工程社会学研究“高于”环境社会学研究的含义,也绝不包含环境社会学研究是“片面性研究”的含义。

从理论上看,工程社会学研究如果忽视了工程的环境和生态影响,缺少了与环境社会学的互补、互助和协调关系,就势必“蜕化”为忽视环境问题的“片面研究”,这方面的历史教训已经足够沉重了。另外,环境社会学研究中,如果“矫枉过正”,把“环境问题的重要性夸大到不适当的程度”,甚至出现把“非人类中心主义”推进到“极端形态”的现象,出现某种程度、某种倾向的“敌视人类”的态度,那就不对了。我们不赞成在工程与自然关系上的“乌托邦”(utopia)观点,也不

赞成在工程与自然关系上的“敌托邦”（dystopia）[①] 观点。

总而言之，工程社会学与环境社会学在理论研究上必须互补、互动与协调，而不能相互割裂和相互排斥。

（2）工程社会学与环境社会学在实证研究、政策研究、现实问题研究方面的互补、互动与协调

工程社会学与环境社会学不但要面对许多理论问题和进行理论研究，而且要面对许多现实问题，要进行实证研究、政策研究和现实问题研究。于是，工程社会学与环境社会学的互补、互动与协调，不但表现在理论领域，而且表现在现实生活领域。

一般来说，在认识、分析和处理许多现实的工程和环境问题时，既需要进行工程社会学角度的分析，又需要进行环境社会学角度的分析，需要把两个角度的认识和分析相融合。在处理二者的互补和互动关系时，相关的协调和权衡问题常常会成为关键点。

这里谈一个具体案例。为了解决严重的大气污染问题，2017 年冬季我国北方的许多地区提出了“煤改气”的要求。我国有关部门制定了关于大气污染防治的工作方案，要求部分城市冬季不准用燃煤供暖，淘汰燃煤小锅炉。从环境社会学角度看，这个要求淘汰小煤炉、防治燃煤污染、改善大气环境的政策无疑是正确的。可是，在冬季到来时，河北省不少地方并未完成“燃气取暖”的替代工程措施，某些地方政府却又要“坚决执行”“不准燃煤供暖”的政策。这样，当冬季来临时，从群众生活需要方面看，生活取暖成为大众的“刚性需求”，这就出现了某县多所小学由于不能供暖学生在操场跑步取暖的现象。

可以看出，这个案例反映了“不准燃煤供暖的环保要求”和“在没有燃气供暖条件下只能燃煤供暖的生活要求”之间的矛盾。无论从理论上还是从政策上看，“治理污染”都是完全正确的。可是，人们在“治理污染”的同时还有“维持各种正常生活条件”的“需求”，例如夏季用空调降温，冬季用燃煤、燃气或用电取暖。如果有了燃气或用电供暖的条件，自然可以取消“燃煤取暖”以利“治理污染”。如果一时还未能采取其他工程措施，那么，“权衡利弊得失”后，冬季到来时就只能

---

① dystopia 与乌托邦相对，指充满丑恶与不幸之地。

仍然允许"燃煤取暖"，尽管这样会造成一定的大气污染，但不能"禁止燃煤取暖"致使许多民众"冬季受冷"。

在以上这个事例中，由于类似状况得以及时报道和反映，环保部及时下发了《关于请做好散煤综合治理确保群众温暖过冬工作的函》特急文件，提出"凡属（煤改气、煤改电工程）没有完工的项目或地方，继续沿用过去的燃煤取暖方式或其他替代方式"。①

这个事例有许多重要启示。而其中最重要的启示之一就是，"权衡"和"协调"不但往往是认识"工程与环境的相互关系"和"工程社会学与环境社会学的相互关系"的关键点，而且是认识工程本身的许多问题的关键点，本书第四章将会进一步分析和讨论这个问题。

第三节　工程与社会的相互建构和相互影响

上一节讨论了工程社会学基本主题的第一个"亚主题"——"工程与自然的相互建构和相互影响"，本节将讨论工程社会学基本主题的第二个"亚主题"——"工程与社会的相互建构和相互影响"。这个"亚主题"又可分为"工程建构和影响社会"与"社会建构和影响工程"这两个方面。

一　工程建构和影响社会

所谓"工程建构社会"是强调工程活动的目的和结果不但表现为工程对人工物和人工自然领域的建构活动与建构效果，而且表现为同时在社会结构、社会面貌、社会存在方式、社会生活方式方面进行的诸多建构活动和影响效果。

（一）工程对社会物质面貌的建构和影响

恩格斯在《自然辩证法》一书的"历史导论"中指出："狭义的动物也有工具，然而这只是它们的身躯的肢体，蚂蚁、蜜蜂、海狸就是这样；动物也进行生产，但是它们的生产对周围自然界的作用在自然界面

① 《煤改气没有完工的紧急暂停，允许烧煤取暖》，铁血网，http://bbs.tiexue.net/post2_12798118_1.html，最后访问日期：2018年1月22日。

前只等于零。只有人能够做到给自然界打上自己的印记，因为他们不仅迁移动植物，而且也改变了他们的居住地的面貌、气候，甚至还改变了动植物本身，以致他们活动的结果只能和地球的普遍灭亡一起消失。”①

在人类作为主体的工程活动产生之前，沧海桑田和地动山移都是自然界本身固有的活动，但是当人类从动物界分离出来，产生了主体意识并能通过制造工具来进行工程活动的时候，原来混沌一体的自然自此分化了，天然自然与人工自然成为人类面对的两个语境，理所当然地，工程随之出场并成为不断侵入天然自然领地的“不速之客”。人类通过工程活动制造的人工物在类型上和数量上都越来越多；工程活动所重新塑造的人工自然的面貌越来越清晰独特和千变万化，人类的历史和社会的发展史也首先表现为社会物质面貌改变的历史。

当人们把社会历史进程和状况叙述和概括为“旧石器时代”“新石器时代”“农业时代”“青铜器时代”“铁器时代”“手工业时代”“蒸汽机时代”“电气时代”“计算机时代”时，可以看出，这是对“社会物质面貌”的概括。

在历史上，“旧石器时代”的社会物质面貌不同于“新石器时代”的社会物质面貌；“青铜器时代”的社会物质面貌不同于“铁器时代”的社会物质面貌。

在原始社会和古代史时期，社会物质面貌变化的速度比较缓慢。到了近几百年，由于人类的工程能力和生产力发展到新阶段，社会物质面貌产生了日新月异的变化。正如马克思和恩格斯在《共产党宣言》中所指出的那样：“资产阶级在它的不到一百年的阶级统治中所创造的生产力，比过去一切世代创造的全部生产力还要多，还要大。自然力的征服，机器的采用，化学在工业和农业中的应用，轮船的行驶，铁路的通行，电报的使用，整个大陆的开垦，河川的通航，仿佛用法术从地下呼唤出来的大量人口——过去哪一个世纪料想到在社会劳动里蕴藏有这样的生产力呢？”② 如今，距离马克思、恩格斯生活的19世纪又过去了100多年，回顾这一时期工程对社会物质面貌的建构以及工程活动对人类世界

① 《马克思恩格斯选集》第3卷，人民出版社，2012，第859页。

② 《马克思恩格斯选集》第1卷，人民出版社，2012，第405页。

图景的改造，用"换了人间"来比喻，可以说是毫不夸张。

工程以及工程活动对社会物质面貌的改变，不但表现在宏观层面，而且表现在中观和微观层面。

工程活动彻底改变了人们的衣食住行方式和状况。

从张择端的《清明上河图》中，我们可以看到北宋时期汴京的物质生活面貌；从现代欧洲现实主义画家的绘画和现代欧美摄影家的摄影作品中，我们可看到现代欧美社会的物质生活面貌。每个时代的物质生活面貌都是由当时的工程活动建构出来的。

现代纺织工程提供了现代服装面料，现代食品工程提供了古人无法想象的食物类型和食品标准，汽车、高铁、飞机、火箭以及航天飞机等实现了以往仅仅在神话中存在的出行方式，而互联网和计算机技术则在人们的交往方式上实现了重大革命。也许可以说，"工程对社会物质面貌的建构和影响"已经是一个不需要进一步论证的命题了。

（二）工程对社会的制度面貌的建构

在谈到工程对社会的制度面貌的作用和影响问题时，我们首先会想到恩格斯的一段话。恩格斯在评价马克思的伟大贡献的时候指出："正像达尔文发现有机界的发展规律一样，马克思发现了人类历史的发展规律，即历来为繁芜丛杂的意识形态所掩盖着的一个简单事实：人们首先必须吃、喝、住、穿，然后才能从事政治、科学、艺术、宗教等等；所以，直接的物质的生活资料的生产，从而一个民族或一个时代的一定的经济发展阶段，便构成基础，人们的国家设施、法的观点、艺术以至宗教观念，就是从这个基础上发展起来的，因而，也必须由这个基础来解释，而不是像过去那样做得相反。"① 这就是马克思主义理论关于经济基础决定上层建筑的全部要旨。虽然我们不能把这段话的内容简单化地解释为工程活动直接决定社会中形形色色的制度（institution），但马克思主义关于生产力决定生产关系和经济基础决定上层建筑的基本观点中无疑蕴含着宏观、中观和微观的工程活动要以一定的方式影响社会的制度建构的含义。考虑到这个问题的理论复杂性和避免在理解有关问题时出现简单化错误，这里权且使用更有"弹性"的"制度面貌"一语。

---

① 《马克思恩格斯选集》第3卷，人民出版社，2012，第1002页。

马克思说："手推磨产生的是封建主的社会，蒸汽磨产生的是工业资本家的社会。"[①] 这句话中，明白无误地肯定了工程活动对社会宏观制度建构的影响。从唯物史观、工程哲学和工程社会学角度来看，虽然绝不能把这句话的含义解释为社会制度的"技术决定论"或"工程决定论"，但那种无视和忽视工程对社会制度建构的作用和影响的观点，显然也是错误的。

在现代经济学中，新制度主义（the new institutionalism）兴起后，制度这个范畴引起了越来越多的关注。卢瑟福说："把与制度及制度变迁有关的问题纳入经济学学科的努力，贯穿经济思想史的始终。"[②] 在西方经济学传统中，许多经济学家，例如古典经济学家亚当·斯密、马歇尔，老制度主义者凡勃伦、康芒斯，奥地利学派的门格尔、维赛尔、哈耶克，创新经济学家熊彼特，等等，都关注了经济制度问题，而马克思主义经济学对于制度问题又有更深刻的理解、分析和阐述。

放眼更广的学术领域，我们看到"制度主义"流派不但在经济学领域大显身手，而且在政治学[③]、社会学[④]领域也产生了巨大影响。实际上，在社会学领域，制度问题受到了更多的关注，社会学家一向也比经济学家更加关注制度问题。

这里不讨论经济学领域中形形色色的经济制度（例如税收制度、财务制度、货币制度等）与形形色色的社会制度（例如户口制度、婚姻制度、城市消防制度等）的区别，只指出一个事实：手工作坊制度、工厂制度、现代公司制度都既是工程活动的制度，又是经济领域的制度和社会领域的制度。

工程活动是必须进行劳动分工的，于是，这就出现了有关工程分工的制度问题。

马克思说："现代工业从来不把某一生产过程的现存形式看成和当作

① 《马克思恩格斯文集》第1卷，人民出版社，2009，第602页。

② 马尔科姆·卢瑟福：《经济学中的制度：老制度主义和新制度主义》，陈建波、郁仲莉译，中国社会科学出版社，1999，第1页。

③ B. 盖伊·彼得斯：《政治科学中的制度理论：新制度主义》，王向民、段红伟译，上海人民出版社，2016。

④ 在何俊志、任军锋、朱德米编译的《新制度主义政治学译文精选》（天津人民出版社，2007）中选辑了三篇有关社会学制度主义的文章作为该书的"第四部分"。

最后的形式。因此，现代工业的技术基础是革命的，而所有以往的生产方式的技术基础本质上是保守的。现代工业通过机器、化学过程和其他方法，使工人的职能和劳动过程的社会结合不断地随着生产的技术基础发生变革。这样，它也同样不断地使社会内部的分工发生革命，不断地把大量资本和大批工人从一个生产部门投到另一个生产部门。因此，大工业的本性决定了劳动的变换、职能的更动和工人的全面流动性。"①

对于工程活动，许多人往往倾向于只从人与自然的关系和物质产品方面认识工程活动，似乎工程与社会变迁及其制度无涉一样，这种认识和观点是非常片面的。

在认识、分析和研究工程活动时，绝不能忽视对工程与社会相互关系的关注，也绝不能忽视工程活动在社会制度面貌建构中的作用和影响。

"工程对社会的制度面貌的建构"是一个理论性、历史性、现实性都很强的复杂问题，是工程社会学研究的最重要的内容之一。例如，许多古代文献谈到了京杭大运行和漕运的问题。在水利工程史领域，学者们已经对京杭大运河的工程问题进行了许多研究。在中国经济史领域，学者们从经济史和经济制度角度也对漕运进行了许多研究，其成果之丰富，令人赞叹。

从工程社会学角度看问题，需要注意的是，"漕运"不但是一种"经济制度"，也是一种具有政治意义和政治影响的"社会制度"。

上面谈了一个工程史方面的问题，下面再谈一个现实问题——工程活动对城镇化制度和进程的影响问题。

如果从制度角度看问题，所谓"城市"不但是"地域"和"空间"概念，更是"社会制度"概念和"社会制度"的重要表现形式。工程活动对城市的影响不但表现在没有工程建设和工程集聚就没有城市可言，而且表现在工程活动的类型、规模和特点要深刻影响城市制度特点和表现的许多方面。对于这方面的一些问题在本书第十一章会有更具体的分析和阐述。

（三）工程对社会精神面貌的建构和影响

如果说工程以及工程活动对社会物质面貌、制度面貌的建构是显性

---

① 马克思：《资本论》第1卷，人民出版社，2004，第560页。

或相对显性的，那么工程对于社会精神面貌的建构和影响就既可能是显性的，又可能是相对隐性的。

一个社会的精神面貌从来不是自然天成的，也不是凭空而来的，而是在长期的生产力和生产关系、经济基础和上层建筑的矛盾运动中逐渐形成的。作为生产力和经济基础范畴的工程以及工程活动，必然会参与到属于上层建筑范畴的社会精神面貌的建构当中。

从原始社会到农耕社会再到现代社会，从欧美社会的海洋文明到东亚地区的农耕文明，正是由于工程以及工程活动的发展，形成了不同的生产、生活以及交往空间，反映在社会的精神面貌上，也表现出了不同的精神特征。

如果没有现代的交通方式，没有现代意义的城市人口的大量聚集，就不会出现熟人社会向陌生人社会的转变；如果没有互联网和移动通信工程的飞速发展，那么虚拟空间的情感交流和手机成为人们戏谑的“第三者”的情况也就不会发生。即使在同一个时代同一个国家，市民和农民、南方人和北方人的社会精神面貌也有差异，形成这种差异的原因可能有很多，但是不同的工程活动环境也是潜移默化地形成人们不同的社会精神面貌的重要因素之一。

大型工程对于特定人群的精神面貌的建构值得特别关注。比如，电影导演贾樟柯多年前拍过一部电影，记录了三峡库区建设过程中，由于三峡工程的直接和间接影响，水库移民和其后的工程建设等导致普通人的工作、家庭发生了巨大的变化，这种变化导致婚姻、家庭以及情感等各方面的跌宕起伏。如果说电影只是聚焦到一个点上用艺术的方式记录工程活动对于部分人精神面貌的建构，那么放眼三峡库区上百万移民的搬迁安置，这个群体的精神情感和精神面貌所发生的变化更是无比复杂。

在工程对社会精神面貌的建构中，新中国工程建设中出现和形成的“大庆精神”“航天精神”都是典型实例。由于对“大庆精神”“航天精神”已经有了许多研究成果本节中就不再赘言了。

二　社会建构和影响工程

工程活动绝不是社会之外的活动；工程过程也绝不是社会之外的过程。

工程活动不仅是技术性的建构活动和过程，更是社会性的建构活动和过程。换言之，各种社会因素都会以不同的方式和在不同的程度上影响工程的建构，在工程活动上打上自己的烙印。

一方面，必须承认工程系统是整体社会系统的一个组成部分；另一方面，又要强调工程系统绝不是社会中孤立存在、封闭运行的系统。工程建构活动包括工程的发动、计划、进行、运行和发展，必然要受到社会政治、经济、军事、文化等因素的深刻作用和影响。

如果我们把工程建构社会作为一种正向建构，那么社会建构工程就可以称作逆向建构，反之亦然。

上文谈了"工程建构和影响社会"问题，这里再简要分析"社会建构和影响工程"问题。

所谓"社会建构和影响工程"，包含的内容很丰富——不但包含经济、政治要素对工程建构的作用和影响，而且包括管理、军事、伦理、文化、宗教等要素对工程建构的作用和影响。在研究和分析具体的"社会建构和影响工程"问题时，不同的社会要素对于工程建构所发挥的作用在"具体权重"和"建构方式"上可能有所不同，但作为"社会要素"的总体而言，无人能够否认"社会建构和影响工程"的必然性和重要性。

以下简要阐述经济要素、政治要素、军事要素、文化要素对工程建构活动的作用和影响。

（一）经济要素对工程建构活动的作用和影响

经济要素对工程活动的建构作用不但表现在经济目的对工程活动的影响上，而且表现在资金筹集对工程建构的影响上。

工程活动与经济要素的紧密联系是许多人都熟知的社会现象。

在社会生活中——特别是市场经济条件下——经济要素常常是决定工程项目能否上马的首要要素。在一般情况下，工程项目也都有自身的经济目的。不只对于大型和特大型工程项目来说，必需的资金筹措是进行相应工程项目的前提条件，就是对于中型和小型工程项目来说，如果没有相应的资金准备，也都只能是空中楼阁，让人望洋兴叹。

以英法英吉利海峡隧道项目为例，项目计划前后横跨了百年，正式实施历经 8 年，1.1 万名工程技术人员参与了直接的工程项目，项目投资动员了英、法、美等多个国家的政府和私人财团，总耗资103亿美元。[①] 中国的三峡水利工程，前后勘测调研历时70多年，总投资概算为1800亿元人民币，修建大坝需动迁113万人，涉及湖北省和重庆市20个县、市，大坝建成后的水域面积达到638平方公里，蓄水位达175米，总库容为393亿立方米。[②] 如果没有巨额的资金支持，大型工程便只能仅仅是停留在图纸上的美好愿景。

经济要素是工程活动的基础，同时很多工程活动的目的最终也指向经济发展。老百姓常说的“要想富先修路”便是一种朴素的认知，是经济目的影响交通工程发展的典型事例。

（二）政治要素对工程建构活动的作用和影响

政治要素对工程建构的影响，可分两种情况。

第一种情况，对有些工程项目来说，政治要素是决定性要素。可以认为，这些工程项目在本质上是政治性工程——是为了政治目的而兴建或实施的工程。

比如古代皇陵的兴建。由于掌握世俗绝对权威的皇帝希望自己在去世后依然能够享受和生前一样的荣华富贵，无不生前就开始建造皇陵，大兴土木，使“皇陵工程”成为中国封建社会中典型的“政治工程形式”之一。

类似地，至今仍然矗立在尼罗河畔的金字塔，也是古埃及时期的“政治工程”的“硕果”。

应该强调的是，从价值评价和价值判断方面看，由于政治目的和政治意义的不同，所谓“政治工程”既可能是值得称赞的，也可能是被谴责的。

第二种情况，对许多工程项目而言，虽然不能说政治要素是决定性因素，但政治要素要以不同程度和不同方式发挥作用。此类工程项目往往不直接与政治要素相关联，而是与水利、交通、能源以及其他民生目标的关系更加紧密。但政治要素仍然会以不同的方式对工程活动发挥影

① 李伯聪等：《工程创新：突破壁垒和躲避陷阱》，浙江大学出版社，2010，第260~275页。

② 殷瑞钰、汪应洛、李伯聪等：《工程哲学》（第二版），高等教育出版社，2007，第313~331页。

响。以中国古代的水利工程为例，如果没有政治要素的介入，中国古代的许多运河工程，例如灵渠工程和大运河工程是不可能兴建的。在现代社会，对于许多大型工程项目来说，虽然从"明线"上看，其规划、设计、招投标和施工等资源配置都是通过市场来实现的，但是如果考察与"明线"相伴的"暗线"，往往还会发现影响工程项目建构的政治要素。

（三）军事要素对工程建构活动的作用和影响

军事要素对工程建构活动的作用和影响主要表现为两种形式和类型。

第一种形式和类型是军事工程。从 engineering 的词源学考察看，最早的工程就与军事密切相关，在欧洲最早的工程师就是直接为军队服务的。在各个时代，各个国家直接为军事目的服务的工程比比皆是，比如军事要塞、军事训练基地、兵器制造厂等。中国古代的长城更是世界闻名的直接服务于军事目的的工程，中国近代史上洋务派在早期建立的各类枪炮制造局也都属于这个范畴。

第二种形式和类型是军事要素对许多民用工程的建构也会发挥重要作用和影响。在工程活动中，军事要素从来不会孤立地存在和发挥作用，一旦其中的某一个要素作为实体被建构出来，往往会延伸到民用工程的建构方面，对民间的市场、生活产生影响。如果我们去参观迄今保存最完好的西安古城墙，会发现在城墙的外围，是一圈发挥防御功能的护城河，而在城墙的里面，有一条马道和护城河形成几乎对应的环形快速交通系统。这条马道在战争状态下是人员和物资供应的大动脉，在和平时期则是市民赶集和交易的集散地。我们大家熟知的计算机和互联网，最早都是出于军事目的修建的工程，后期才演化为民用工程，在军民融合中成为这个时代先进生产力的载体。

（四）文化要素对工程建构活动的作用和影响

文化要素在工程活动中有可能是隐性的基因，但在一定意义上又是最富有生命力的建构力量。文化不同于政治、经济等要素，后两者在工程建构中的脉络是清晰可见的，而文化要素却是一种渗透性要素，它弥散在工程活动的每一个环节，成为工程和工程建构活动中看不见却始终在场的精神气场，深刻影响工程的建构方向、建构形态和建构结果。在一定意义上，甚至可以认为文化要素是工程建构活动一以贯之的灵魂。

不同地域不同民族的文化特质不同，不同行业工程活动的文化构成也不同，在形成工程建构活动的文化要素中，既有主干性的文化要素，也有枝节性的文化要素，所有的文化要素综合在一起，形成了繁茂的文化之树，渗透在每一个工程建构活动之中。

（五）社会建构工程的系统性和整体性特征问题

以上分别讨论了政治、经济、军事、文化等社会要素参与建构工程的问题。必须注意和必须承认，如果离开了对政治、经济、军事、文化等社会要素参与建构工程的“分别研究”和“个别问题”，所谓“社会建构工程和影响工程”就会成为一句“空话”。可是，还有另外一个问题，就是我们必须同时注意研究“社会建构和影响工程”的系统性和整体性特征。

我们不能把对“社会建构工程的系统性和整体性特征”的认识“还原为”对“各个社会要素建构和影响工程”的问题，不能以对“各个社会要素建构和影响工程”问题的研究“消解”对“社会建构工程的系统性和整体性特征”的认识。必须承认，经济、政治、军事、文化等要素作用于工程建构活动的时候，构成了一个“系统性整体”，尽管其中的各个要素都发挥了“各自的作用”，但是这种各自的要素性建构功能都是在“系统性”和“整体性”特征的“背景和约束”下发挥作用和影响的。在分析和研究“社会建构和影响工程”问题时必须把“社会建构工程的系统性和整体性特征”当作一个首要性的问题。

在本章的最后，需要补充说明的一点是，由于本章的主题——“自然 - 工程 - 社会”的多元关系与多重建构是工程社会学的基本主题——对于本书内容而言具有“提纲性作用”，本章在写法上也就只是意在对这个基本主题进行“点题”，而本书的其他章节在一定意义上甚至也可以认为就是对这个基本主题的逐渐展开和次第发挥。

第三章　工程角色、利益相关者和工程共同体

工程是由多种角色的人群共同体相互协作而实现预期目标、利益和价值的活动，是工程共同体进行的社会性活动，关涉众多的工程角色、利益相关者。在工程社会学理论体系中，“工程共同体”是工程社会学特有的概念，“工程角色”是“角色”这个一般性的社会学概念在工程社会学中的“落实”或“具体化”，“利益相关者”[①] 是从管理学“移植”过来的概念。本章的任务就是要对工程角色、利益相关者、工程共同体这几个重要概念进行分析和阐述。

第一节　工程共同体的性质和特征

在社会生活中，工程共同体是最重要的共同体类型之一，本节将对其性质和特征进行一些分析和阐述。

一　“共同体”和“工程共同体”

“共同体”的英文是 community，它有三个意思。一是公社、村社、社会、集体、乡镇、村落以及生物学的群落、群社；二是共有、共用，共同体，共同组织联营（机构）；三是共（通）性、一致性、类似性。[②] 这三个意思恰好反映出“共同体”作为“人群共同体”的各种形式和组织方式，表明共同体具有某种性质，以及其成员具有某种共同属性，如共同的活动、共同隶属于同一组织机构或社群等。在许多中文著作中，community 也被译为“社群”或“社区”。

默顿（Merton）说：“历史学家和其他学者长期使用‘科学家共同

---

① R. 爱德华·弗里曼：《战略管理——利益相关者方法》，王彦华、梁豪译，上海译文出版社，2006。

② 郑易里、曹成修编《英华大词典》，商务印书馆，1984，第 275 页。

体’这一术语。在大多数情况下这一术语仍是一个比喻，而没有成为一个有生命力的概念。”[①]

在《共同体：在一个不确定的世界中寻找安全》一书的作者齐格蒙特·鲍曼（Zygmunt Bauman）那里，共同体有了更宽泛的所指。[②] 我们倾向于鲍曼对共同体的解读。本节的主要任务是考察工程共同体，只要人类还存在，工程共同体就不会在地球上消亡，只是会改变自身的活动领域、活动方式和其成员的关系等而已。从内涵和性质上看，工程共同体与斐迪南·滕尼斯（Ferdinand Tönnies）[③]、罗伯特·雷德菲尔德（Robert Redfield）[④]、左克杨（Jock Young）[⑤] 所讲的“共同体”都不相同。

科学、技术和工程是人类把握世界的三个重要维度。这三种活动的产生和发展，都有赖于它们各自的活动共同体，即科学共同体、技术共同体和工程共同体。

科学共同体（scientific community）首先由波兰尼（M. Polanyi）在《科学的自治》一文中引出，然后在默顿那里，又基于科学交流而得以进一步界定。[⑥] 后来，科学史家和科学哲学家库恩把科学共同体与科学范式定为两个互释的范畴，即拥有同一种或同一套科学范式的科学家，便构成了科学共同体。在《科学革命的结构》的后记中，库恩还详细地讨论了科学共同体的结构、分层、角色或功能以及科学共同体的特征等，使针对科学共同体的研究达到了一个新的高度。[⑦]

技术共同体（technological community）作为技术社会学范畴，是指“在一定范围与研究领域中，由具有比较一致的价值观念、知识背景，并

---

① Robert K. Merton, *The Sociology of Science: Theoretical and Emprical Investigation* (Chicago: University of Chicago Press, 1973).

② 齐格蒙特·鲍曼：《共同体：在一个不确定的世界中寻找安全》，欧阳景根译，江苏人民出版社，2003.

③ Ferdinand Tönnies, *Community and Society*, trans. by Charles P. Loomis (New York: Harper, 1963).

④ Robert Redfield, *The Little Community, and Peasant Society and Culture* (Chicago: University of Chicago Press, 1971).

⑤ Jock Young, *The Exclusive Society* (Lonton: Sange, 1999), p. 164.

⑥ 张勇、王海波、郭胜伟：《技术共同体透视：一个比较的视角》，《中国科技论坛》2003年第2期。

⑦ 托马斯·库恩：《科学革命的结构》，金吾伦、胡新和译，北京大学出版社，2003。

从事技术问题研究、开发、生产等的工程师、技术专家和技术人员通过技术交流所维系的集合体。这个集合体同样是相对独立的，有自身的评价系统，奖励系统等，可以不受外界的干扰。技术共同体的表现形式很多，如国际技术共同体，国家技术共同体、行业技术共同体等"[①]。

工程共同体属于工程社会学范畴。工程活动作为人类应用最多的生存方式，在其变革自然、变"自在之物"为"为我之物"的过程中，往往最具有社会性与集体性，更需要结成有一定关系的、有组织与有目的的工程共同体。所谓工程共同体是指集结在特定工程活动下，为实现同一工程目标而组成的有层次、多角色、分工协作、利益多元的复杂工程活动主体的系统，是从事某一工程活动的个人"总体"，以及社会上从事工程活动的人的总体，进而可与从事其他活动的人群共同体区别开来。

工程共同体由不同角色的人组成，包括工程师、工人、投资者、管理者和其他利益相关者。

二　工程共同体的特征

我们可以通过对工程共同体、科学共同体、技术共同体的比较而更鲜明地认识工程共同体的特征。

在组织性质上，工程共同体与科学共同体乃至技术共同体一样，都属于社会的亚文化群，与其他的社会亚文化群，如宗教共同体、艺术共同体、政治共同体、大众传媒共同体等并列，在人们的社会生活中发挥着作用。与其他各类亚共同体相比较，工程共同体是更基本的共同体，其活动的性质和状况决定其他共同体活动的水平和状况。同时，其他共同体的活动也在一定程度上影响着工程共同体活动的开展。

在动力机制上，科学共同体从事科学研究活动的动力来自科学家对探索自然奥秘的兴趣、"默顿命题"[②] 所揭示的清教伦理对科学研究的拉动，以及库恩所描述的科学家对科学共同体范式的信仰[③]（在库恩看来，

① 张勇、王海波、郭胜伟：《技术共同体透视：一个比较的视角》，《中国科技论坛》2003年第2期。

② 罗伯特·金·默顿：《十七世纪英格兰的科学、技术与社会》，范岱年、吴忠、蒋效东译，商务印书馆，2000。

③ 托马斯·库恩：《科学革命的结构》，金吾伦、胡新和译，北京大学出版社，2003。

科学共同体成员对范式的信念，就像宗教信仰，一旦改变就会“改宗”）。技术共同体从事技术发明的“具体动力来源”多种多样，常常是来自生活中实际问题的社会需要，但也可能来自技术奖励系统的激励与专利制度所获得的社会承认。工程共同体从事工程活动的动力则来自人们生存和生活的现实需要，即不断满足人们日益增长的物质和文化生活的需要。同时，工程共同体行动的动力也来自共同体内部的认同、奖励和共同体外部——社会的奖励，表现为工程共同体的工程活动成果获得较好的社会实现效果。因此，实现工程的预期目标就是对工程共同体的最佳奖励。这种来自社会回报的奖励，往往也同科学奖励系统、技术奖励系统一样，表现为奖励的不平衡性的“马太效应”。越是获得社会实现的工程，其所在的工程共同体越有生命力，越是更容易获得社会的资金、政策支持，越能在项目的招标和市场竞争中获胜，也相对有资格得到政府主管部门的奖励。

在结构分层上，科学共同体和技术共同体都存在明显的等级区别，但其等级的划分标准一般是业务水平和对社会的贡献。也就是说，对应着不同等级的科学共同体或技术共同体的成员，拥有不同的条件和不同角色的职能。相对于科学共同体和技术共同体的结构分层，工程共同体的结构分层要复杂得多。在一个工程活动的共同体的组织，如企业或公司中，有纵向的职位等级分层，表现为科层制，上层有董事会，管理层有总经理、总工程师，中层有各职能科室和生产车间的管理人员、工程技术人员，下层是生产工段长和班长、组长以及最基层的工人等。而在不同职能的工程共同体的人群中，又有不同的等级，如工程技术人员所组成的子共同体中又有总工程师、高级工程师、工程师、助理工程师和技术员；工人中又有高级技师、技师以及不同等级的工人等。

在主体成员构成上，科学共同体和技术共同体比较单一，前者由科学家或科学工作者构成，后者由技术专家或技术工作者构成，尽管也有些技术人员兼任一定的管理职务，扮演着“双重角色”，但其主体还是单一的，都属于“同质结构”的共同体。由于工程活动的复杂性，它要求各类人员相互组合，工程活动的共同体在主体的构成上是多元的，属于“异质结构”的共同体，包含投资人、管理者、工程师、工人和其他利益相关者，他们在工程行动中各自发挥着不可替代的作用，也就是说每一类人群或者说子共同体都具有其存在的必然合法性。

在获得承认的路径上，科学共同体的成员获得承认的路径仅限于科学共同体内部。因为科学是自治的事业，不看重外部的评价，或者说外部根本就没有资格评价。只有在共同体内部，那些有着诸多共同点的成员，经受过近似的教育和专业训练，钻研过同样的技术文献，从中获取同样的教益，是追求共有目标的人。成员交流比较充分，专业判断也基本一致。技术共同体的成员获得的承认不仅来自共同体内部，而且来自社会专利发放机构和技术专利使用者。工程共同体成员获得承认的路径也有多条，一种是工程共同体内部，无论是工程活动共同体，还是工程职业共同体，都通过相应的制度规范和评价体系或奖励，让其成员的工作获得承认，进而获得共同体内部的认同感。另一种是工程活动共同体的成员还会通过工程活动成果最终得到社会实现来肯定自己，看到自己团队的力量和对社会的贡献，这表现为工程建设者的集体荣誉感以及自我价值实现的满足感。最终达到通过对象化的活动——工程实践，来肯定人、确证人的本质力量并提升人的类本质的目的。当然，在不合理的制度下，工人的这种劳动不仅不能作为对自己的肯定力量，反而会成为反对自己的否定力量，这表现为劳动的异化。[①] 这一点在马克思的《1844 年经济学哲学手稿》中得到了深刻的阐释。在不合理的制度下，工程共同体其他成员的贡献不能得到合理承认的情况也有可能出现。

在制度性目标上，科学共同体的制度性目标是帮助人们增长准确无误的确定性的科学知识；技术共同体的制度性目标是面向社会解决实际应用问题，即改善人们生产、生活中所使用的方法、手段，进而增长技术知识；工程共同体的制度性目标则在于赢获市场，实现社会价值，即应用科学和技术创造满足人们物质和精神生活的需要，变“自在之物”为“为我之物”，建构人工世界，拓展人类的生存空间，提升人类的生存质量，增进人类的幸福感。

---

① 马克思：《1844 年经济学哲学手稿》，人民出版社，2018。

第二节 工程共同体的成员、角色和利益相关者

在成员构成上，工程活动共同体不同于科学共同体和技术共同体，后两者都是单一化的“同质性结构”，而工程活动共同体则是“异质性结构”，表现为其组成人员的多元化以及组织角色的多样性，是一个包含了众多异质成员要素子系统的主体系统。

一 工程活动共同体的角色构成

任何一项工程活动，即使最粗陋的工程都总是在一定的秩序下完成的。通过有组织、有计划的集体分工协作的过程来实现工程预期目标，往往需要不同角色，这是由社会劳动的基本分工决定的。在现代工程活动中，工程活动共同体内部的分工更为精细，主要由工程师、工人、投资者、管理者和利益相关者角色的子要素共同体构成。工程活动共同体在结构上具有异质性，不同于具有同质性结构的科学共同体和技术共同体，是“异质共同体”，或者说它拥有“异质成员”。

这些“异质成员”作为不同构成要素的子共同体，在工程活动中扮演着不同角色，发挥着各自的作用。可以形象地把它们比喻成军队中的“司令员”、“参谋长”、“士兵”和提供“军需资源”的“后勤部”。在功能上，“如果把工程活动比喻为一部坦克车或铲土机，那么，投资人可比喻为油箱和燃料，管理者（企业家）可比喻为方向盘，工程师可比喻为发动机，工人可比喻为火炮或铲斗，其中每个部分对于整部机器的功能都是不可缺少的”[①]。

二 工程活动共同体的角色与职能

工程活动的参与者包括工程师、工人、投资者、管理者等成员，这些成员作为工程活动共同体的不同角色，分别承担着各自的基本职能。

（一）工程师

所有的“具体的工程活动”都要经历一个有开始、有终结的过程。

① 李伯聪等：《工程社会学导论：工程共同体研究》，浙江大学出版社，2010，封底。

《工程方法论》一书中把工程活动的全生命周期划分为五个阶段：工程规划与决策阶段、工程设计阶段、工程的建造实施阶段、工程运行和维护阶段、工程退役阶段。①

工程活动共同体的有些成员只参与工程活动“全生命周期”的部分阶段，例如，工人就不参与“工程规划与决策阶段”的工作。而工程师却要参与工程全生命周期的工作，要在工程全生命周期的每个阶段都发挥自身的作用。

（1）工程规划与决策阶段

在这个阶段，工程师作为工程方案的提供者、阐释者和工程决策的参谋，不仅为自己所坚持和信奉的方案辩护，而且能理性地协助决策者，在比较和竞争中选择更好的最终方案。

在工程的设计阶段，工程师作为工程活动的设计者，为拟进行的工程活动绘制蓝图，围绕着要达成的工程目标调研和分析论证，在比较各种可能方案后挑选出工程的最后设计方案。

（2）工程设计阶段

在这个阶段，工程师是设计工作的灵魂和“最终设计方案”的完成者，工程师的创造性、主动性、专业知识、专业能力都可以在这个阶段表现、释放和发挥。

（3）工程的建造实施阶段

在这个阶段，工程师作为工程活动的执行者，一方面为各工序的生产提供生产技术和工艺；另一方面作为生产调度直接编制并下达生产计划，直接调控工程活动的进度。此外，工程师还充当着各类管理人员的角色。在这一过程中，工程师共同体的职责就是通过提供并实施各种切实可行的技术和工艺手段以及组织管理方法，以确保工程活动的工期、质量和工程项目的最终完成乃至获得社会实现。

（4）工程运行和维护阶段

在这个阶段，工程师不但要对工程的运行和维护进行专业指导，而且要分析、研究和处理工程运行和维护中出现的新问题。

---

① 殷瑞钰、李伯聪、汪应洛等：《工程方法论》，高等教育出版社，2017，第107～108页。

(5) 工程退役阶段

以往的许多人忽视了这个阶段的重要性，出现了许多严重问题。[①]对于那些原先没有考虑工程退役问题的工程项目，显然必须根据实际情况制定工程退役的方案，而工程师在制定和实施退役方案中都要发挥重要作用。

（二）工人

在现代工程活动中，工程师是工程技术规则的制定者，工人是规则的操作者和执行者，离开他们，再好的规则也没有意义。任何工程活动都需要通过工人的具体操作和实施执行才能使工程方案最终落到实处。

以往，人们仅仅把工人看成机械的、被动的执行者，认为他们只是按照工艺规程和操作标准去工作，好像大机器的部件一样。

实际上，在操作环节还有许多技能、技巧问题，它们作为不可言说的意会或隐性知识潜藏在个体之中，具有重要作用和意义。常常会出现这种情况，工程师能够说明白，但做不明白；工人中的技师说不明白，却做得明白。操作本身就蕴含着智能和智慧，这种智慧是海德格尔所说的“寻视”（umsicht），而非单单的“视”。

（三）投资者

投资者是工程活动的投资人或投资群体。工程活动是需要成本的，离不开资金支持。没有资金投入的工程不可能被实施。于是，投资者就成为工程活动共同体的重要成员，并且往往会成为工程活动的发起人。投资者作为工程活动的发起人，拥有主动权，在工程决策中占主导地位，在某种程度上影响和决定着工程的规模和品位，而工程师、管理者或经理人以及工人都是被雇佣者。在这个意义上，工程师、管理者和工人都要对投资者负责。当然，工程伦理学又告诉我们，工程师、管理者和工人不但要对投资者负责，更要对社会和消费者负责。[②]

（四）管理者

工程活动的管理者主要指工程活动共同体中处于不同层次和岗位上

---

① 殷瑞钰、李伯聪、汪应洛等：《工程方法论》，高等教育出版社，2017，第124~127页。

② 爱德温·T. 莱顿：《工程师的反叛——社会责任与美国工程职业》，丛杭青、沈琪、叶芬斌等译，浙江大学出版社，2018。

的领导者或负责人，相较于工程师和工人，他们是具有综合、协调和指挥、决策才能的复合型人才，善于从总体和全局出发考虑问题，把自己所负责的部门目标紧紧地与工程的总体目标关联起来，维护工程总目标的权威性，通过卓有成效的组织领导，形成部门合力，提高工作效率，优化工程质量。如果说工程师是从工程技术上保证工程的顺利进行，那么管理者则主要是从组织制度上来统筹安排人力、物力和财力，以解决工程活动中的各种矛盾，包括福利待遇和分配上公平公正问题、劳资矛盾、人际矛盾、人机矛盾、资金和物资瓶颈等。他们工作的绩效直接涉及工程活动是否人尽其才、物尽其用的时效问题，涉及该工程活动共同体的凝聚力、美誉度、信誉度、工程理念的先进性以及工程活动所达到的境界。

需要说明的是，以上工程活动共同体的各构成要素在角色上有时会出现复合与转换情况。

从复合情况看，以总工程师为例，他首先是一个工程师，承担着解决工程技术问题的职责，可他又作为高层管理者，承担着组织管理和人员调配及使用的职责，起着宏观调控的作用。实际上，随着干部队伍专业化的趋势，在各个层次上的领导人和管理者本身都具有工程师资格和身份，并参与到解决技术问题的生产与项目开发活动之中。工人中的工头既属于工人的一分子，又是工程活动中的组织者和管理者。无论是管理者、工程师、工人，还是受众都可能持有企业或公司的股份而成为投资者之一。

从角色的转换看，任何一个工程师都有可能进入管理层成为管理者，而一个懂业务的管理者也有可能转为工程师。工人中特别有才干的人员同样有机会晋升为管理人员。

三　工程的其他利益相关者

工程活动除了以上担任主要角色的工程共同体成员，还离不开众多的其他利益相关者，如相关政府部门、工程的受众、工程用户、工程所在社区的居民、社会公众等。

有人对利益相关者做广义解释，使其包括工程的设计、决策、施工、评估以及获得社会实现全过程相关的成员、部门和群体，认为凡是“能对项目施加影响的人或组织都是项目的利益相关者"[①]。这样解释的"利益相关者"就把本节以上所述的工程共同体成员都包括在"利益相关者"之中了。因为本节中已经对工程共同体成员进行了专门阐述和讨论，我们就对"利益相关者"作狭义解释，将其称为"其他利益相关者"，即除了上述工程活动的直接参与者，对工程进展和实现发生影响或受到影响的诸多人员或"方面"，包括有关政府部门、受众、被影响的社区居民以及社会公众等。

（一）政府及其职能部门

工程活动往往要同政府部门打交道，如工程用地问题必须得到规划部门或市政部门的批准；工程的环保问题是由各级政府的环保部门来监督和问责的；防火、安全问题是由各级政府的安全生产管理部门把关的。于是，政府各职能部门就成为工程的利益相关者之一，而且有时会成为主要的利益相关者之一。政府职能部门可能直接决定着一个工程项目能否上马，并负责监督工程施工中的安全生产、环境保护问题，各级司法部门还要处理工程活动中的利益冲突和纠纷问题，以确保工程的顺利进行。无论是国家大型公益性工程项目，还是地方政府、集体或者企业的工程项目，对于绝大部分工程项目而言，政府是重要的利益相关者。各级政府及其职能部门在工程的规划立项、投资建设、审查监督、运行评估等方面发挥着极其重要的作用，甚至有些工程本身就是由政府及其职能部门主导的。对于那些由政府出资建设的大型公益性项目，政府更是主导性力量；对于那些非政府投资和主导的项目，政府也发挥着重要作用。[②] 政府总是通过其职能部门，借助多条渠道和多种方式方法在土地、资源、环境和文化生态等多个方面按照法律的有关规定对工程活动给予约束、限定和干预。在某种意义上，中国的工程项目都离不开政府相关职能部门的审批、监督、指导，这就使得政府相关职能部门必然成为工程活动不可剥离的利益相关者。特别是立法和司法系统对于工程活动发挥着独特的功能和作用。由于工程共同体结构的多元性和工程主体利益诉求的多样性，在工程建设活动中出现利益冲突或纠纷是在所难免的。

① 李伯聪等：《工程社会学导论：工程共同体研究》，浙江大学出版社，2010，第153页。

② 李伯聪等：《工程社会学导论：工程共同体研究》，浙江大学出版社，2010，第155页。

代表国家行驶裁判权的法院时常要处理和裁决工程活动中的利益冲突和纠纷。例如，处理和调解工程征地、拆迁、移民安置中遇到的突出矛盾和问题等。

（二）工程用户

工程用户主要指工程活动成果的消费者，是工程直接或间接服务的对象。工程用户无疑地要成为工程的主要利益相关者之一，因为工程总是从满足某种社会需要的角度出发，这意味着它一定有服务的对象，这个特定的对象是确认和肯定该工程的合理性和必要性的根据。因此，该利益相关者作为工程活动创造并实现价值的指向和渠道，必然在工程决策之初就被纳入或考虑进来，并作为预期的利益共同体的一部分。工程与用户并非外在的关系，而是具有十分密切的内在关系的统一体。正如有的学者所看到的：在人类工程建设史上，只存在工程用户特定和不特定的工程项目，而不存在没有工程用户的项目。一方面，工程用户的实际需求决定了工程项目的目的和运作；另一方面，工程项目本身的功能和属性也决定了工程用户的规模及其需求的满足程度，后者直接决定着人们对工程项目的评价和工程的生存状态。① 因此，好的工程应主动给予工程用户以知情权、话语权和决策权。工程活动不但需要在设计之初充分考虑其用户的需求、偏好，而且必须在建设中确保工程和产品的质量，避免产品销售后在使用过程中产生不良后果。

（三）相关社区的居民

由于任何工程总是在一定的时空中得以建造的，是被嵌入社区或环境的。因此，一个工程的上马总会与所在社区居民发生互动关系。一方面表现为工程对社区居民生活的影响或改变：一是工程改变了原住民生存的自然环境，也改变了他们的社会空间环境，甚至改变了他们的生产和生活方式；二是出现了新的风险，包括社会风险和环境风险，如在三峡工程建设中，有数百万人口要迁移，离开他们熟悉的生活家园，必须重新安排其生产、生活。② 另一方面则表现为社区居民对工程活动的影响。从肯定的意义来说，表现为居民对工程建设项目的支持，即不仅积

① 李伯聪等：《工程社会学导论：工程共同体研究》，浙江大学出版社，2010，第156页。
② 李伯聪等：《工程社会学导论：工程共同体研究》，浙江大学出版社，2010，第157页。

极为工程建设提供意见和建议，而且参与工程建设，同时，以社区自身原有的文化、风俗影响工程建设方的企业文化。另外，从否定或消极的意义来说，居民在工程建设之初就表现出拒斥的态度，甚至以激进的行为干扰工程建设，有的还发生与工程建设方的冲突，最为严重的情形是，社区居民坚决拒斥，最终导致拖延工期或者取消工程建设方案。这就要求建设方在工程活动中必须考察工程所在社区的民情、民意，主动与居民进行良性互动，而避免盲目筹建、被迫废除情况的发生。

（四）其他对工程行动产生影响的利益相关者

除上述利益相关者外，社会公众、社会组织与社会团体、新闻媒体、流动人口等也是可以对工程行动产生影响或受到影响的利益相关者。1988 年美国工程院首次提出“公众理解工程计划”以来，争取社会公众对工程的理解与支持已经成为业内的普遍意识。[①] 工程活动主体应自觉邀请社会公众参与工程决策、“开展工程批评”[②]。具有公益性的社会组织、社会团体，如各类环保组织、“绿色和平组织”等也直接或间接地影响着工程建设，成为工程活动不可忽视的又一利益相关者。新闻媒体以其特有的方式和广泛的传播渠道，发挥着对工程的舆论监督、发布信息、引导社会评价导向的作用，成为越来越受重视的工程利益相关者。随着中国社会的转型提速以及城乡和地域间流动政策的出台，流动人口的存在已成为工程所在社区的一个普遍现象，特别是涌入城市的大量农民工占据了流动人口比例的绝大多数。建设方在处理与社区居民关系时，应把流动人口考虑进去，在利益补偿等社区福利上不要将那些弱势群体的流动人口排除出去。

四　工程共同体的维系纽带

工程共同体是通过一定的纽带维系在一起的，[③] 本部分主要从“工程共同体的共同需要、利益与认同”与“工程共同体的规范及其制定原

---

① 胡志强、肖显静：《从“公众理解科学”到“公众理解工程”》，《工程研究——跨学科视野中的工程》2004 年第 0 期。

② 张秀华：《历史与实践——工程生存论引论》，北京出版社，2011，第 62 页。

③ 李伯聪等：《工程社会学导论：工程共同体研究》，浙江大学出版社，2010，第 207 ~ 216 页。

则”两个方面分析工程共同体的维系纽带问题。

（一）工程共同体的共同需要、利益与认同

如果没有工程共同体成员“一定程度”和“一定形式”的共同需要、共同利益和对工程体集体的认同，工程共同体就不可能形成。于是，这种“一定程度”和“一定形式”的共同需要、共同利益和对工程体集体的认同就成为工程共同体的重要维系纽带之一。

从需要和利益来看，任何工程活动都是从一定的社会需要出发，并最终满足该需要，进而获得相应利益的。于是，社会需要就成为工程活动的动力之源和基本纽带。那些建立在充分考虑社会需要的工程项目，才有存在的合理性。对于工程共同体来说，共同体成员的共同需要和利益保障问题十分重要，正确处理社会需要、集体需要、个人需要的相互关系是非常重要而困难的，如果能够处理好这些方面的诸多问题，工程共同体就能够正常存在、正常运行，否则，工程共同体就可能维系困难，甚至崩溃、瓦解。

对于工程共同体的认同问题，我们可以从内部认同与外部认同两个方面加以考察。

工程活动是一个创造价值、形成价值和实现价值的过程。[①] 在工程活动过程中，工程共同体内部与外部对工程本身的认同都很重要，它们必然与工程活动的去与留、成与败相关联，影响工程共同体的维系状态，甚至是生死存亡。

所谓内部认同主要指工程共同体成员对工程共同体的价值观和所从事的工程活动的价值意义的认同。如果有了这种认同，工程共同体的成员就会同心同德，共同体就有凝聚力和向心力，反之，就会出现离心离德的现象。

工程活动还需要有来自共同体外部的认同，比如工程活动所在社区公众、所隶属的主管部门以及相关部门，如环保局、环卫局、卫生局、安全办、技术监督局等的认同。否则，就难以顺利实施工程计划，甚至可能中途破产。随着现代工程决策的民主化程度的提高，让社会公众理解工程、参与工程决策、开展工程批评是不可缺少的环节。所以，如何

① 张秀华：《工程价值及其评价》，《哲学动态》2006 年第 12 期。

通过主动向公众宣传工程，征得公众对工程意义本身的理解和价值认同，就自然成为不能回避的问题。

（二）工程共同体的规范及其制定原则

工程活动是众多共同体成员参与的活动，为了确保行动的一致性，以尽量减少组织的不必要内耗，就需要有共同遵守和依循的一系列规范，要把诸多不同成员凝结为一个工程共同体。共同的规范具有关键性作用。

工程共同体的规范与科学共同体和技术共同体的规范有许多不同。工程共同体的具体规范内容复杂、多种多样，以下仅讨论关于制定工程共同体规范的原则的若干问题。在制定工程共同体的各种规范时，需要遵循以下重要原则。

（1）合目的性和合规律性的统一

工程共同体的建造活动有合目的性。工程活动中不但有“为我关系”或“内在尺度”，也有“从他关系”或“外在尺度”。这就使工程活动必须表现为合目的性与合规律性的统一。如果说合规律性诉求导致普遍主义，那么合目的性的诉求必然崇尚建构主义，即按照人的目的、意志、客观规律来重新安排世界，让世界为我所用。但实现合目的性的前提是尊重客观规律、按客观规律办事，否则，再怎么想做都做不成，只能盲目空想，无法获得存在的现实性。

（2）普遍性和特殊性的统一

任何工程活动都一方面具有共性和普遍性，另一方面又有特殊性和个性。从工程规范需要被遵循这个方面看，工程规范在本性上必须有反映普遍性的方面，否则就失去了遵循工程规范的必要。另外，任何工程活动都是有条件的，都只能是在一定的时空条件下进行的工程，工程活动必然具有特殊性，具有自身的当时当地性特点。工程的有条件性、时空条件的改变，都可能影响到工程本身的改变。这种当时当地性必然使工程呈现为某个工程的特殊性或个性。工程作为新的创造物而存在，就应该展现出自身的个性，体现出建设者的独特理念。在制定工程规范时，必须既要考虑到反映工程普遍性的方面，又要考虑到反映工程特殊性的方面。

（3）承认权威的工程管理和对各方利益合理协调的统一

工程活动必须有合理的管理。在管理活动中，势必要承认权威的作用和意义。好比一支乐队的演奏，要取得好的效果，每位演奏者必须学会与他人合作、听从指挥，并力图弹奏出和谐的美妙音符，否则只能给团队带来损失。一个乐队需要一个演奏指挥，一支部队需要一个作战指挥，一项工程同样需要行动总指挥。这个指挥的存在就表明，工程是一个行动的整体，在这个整体中有权威，整体在权威的意志和统筹安排下行动。共同体成员要有全局意识、整体观念，要服从命令、听从指挥。另外，工程活动必然涉及多方的利益。由于各方的利益难免会出现矛盾、冲突，这时要合理协调有关各方的利益，不能只照顾某一方的利益而罔顾另一方的利益，更不能强行以武断命令的方式侵害相关方的合理利益。为此，必须把承认权威的工程管理和对各方利益的合理协调统一起来。

（4）利己利他和互利互惠的统一

工程共同体具有异质性结构，不仅表现在不同岗位人员的配置上，而且表现在共同体内部的利益主体的多元化上。如果既要确保组织整体利益目标的实现，又要使共同体各方面成员的根本利益得到保障，就需要本着互利互惠的利益分配原则，在利己与利他的理性博弈中求解。否则，那种严重的利益分配偏向、厚此薄彼的做法，难以调和利益冲突，更谈不上调动各方积极性了。在工程共同体中，必须贯彻“互利互惠”“共赢”的原则，贯彻互利互惠和利己利他的原则。

（5）追求满意的功利原则、伦理原则和审美原则的统一

工程活动无论从发生学还是价值论的角度来看，都是讲求功利的，要有利可图，这是工程本身的社会性所决定的。问题是工程能否通过合理的途径追求功利。有些企业和项目中，主管人员唯利是图，罔顾工人的利益和社会的利益，造成工人的劳动异化、生存异化，严重的甚至造成环境污染，危害社会。

工程共同体和工程活动在追求功利目标时，由于人的理性的局限性，再加之工程本身的复杂性——对不确定问题和条件的确定性求解，尽管可有多个行动方案，但每个方案都不是最佳的、没有缺陷的，只是相对可行罢了。正如西蒙所说，不存在完全的理性人，经济人的理性决策，只是有限理性人的有限理性决策，没有决策的“最优原则”，只有决策的“满意原则”。所谓“满意”，不但指功利、效用上的满意，应该也是指伦理和审美上的满意。对于工程中的伦理原则问题，工程伦理学中已

经有许多研究，这里不再赘言。

如果能够依据正确合理的原则制定出合理恰当的工程规范，工程共同体的维系就有了基本保证，否则，就难免出现这样或那样的问题。

第三节 工程共同体的两种类型

工程共同体有两种不同的类型：工程活动共同体和工程职业共同体，二者无论是在结构上还是在功能上都有不同特性。第一种类型，即工程活动共同体是实际从事具体工程活动的共同体，在现代社会中主要以企业、公司、工程项目部等形式存在。第二类工程共同体主要指工程师协会、工会和雇主协会，它们是不从事具体工程活动的工程职业共同体。第一种类型的共同体是基本类型的工程共同体，而第二类工程共同体可谓“派生类型的”“工程共同体”。下面就分别讨论和分析工程共同体的这两种类型。

一 工程活动共同体

下面将着重从工程活动共同体的结构特性与社会功能方面加以探讨。

（一）工程活动共同体的结构特性

工程活动共同体的多元性就决定了其结构本身具有以下特性。

一是工程活动共同体结构的异质性。这是由工程活动本身的复杂性决定的，它有社会基本劳动分工即脑力劳动与体力劳动的区别。由这种劳动分工所决定的脑力劳动者与体力劳动者的分工、管理者与被管理者的分工，涉及许多专业知识和技能，需要不同层次、不同工种人员的组合与互补，这就客观上要求有不同角色和职责的员工。因此，工程活动共同体的结构必然是多元、异质的。这种异质性结构与科学共同体、技术共同体一元的同质性结构明显不同。

二是工程活动共同体结构的层级性。也就是说工程活动共同体内部在组织方式和责任的轻重上是分层次、有差别的。从组织层次上看，有最高领导层——指挥中心及其参谋部，有中间管理层（包括各种职能部门），还有基层的生产工段和小组等。从职能定位的分层看，有董事长、正副总经理、正副部门经理、正副车间主任、正副工段长、正副班组长；

总工程师、部门工程师、助理工程师、技术员；高级会计师、统计师、会计师、统计师、助理会计师、统计师、会计员、统计员；以及具有不同技术等级区分的工人等。

三是工程活动共同体结构的秩序性。工程活动是复杂的，也是有序的，是在统一指挥下的分工与协作，而且这种分工与协作体现在生产机器装备的不同与按比例配置中，以及由设备所决定的工人分工与协作中。这种分工与协作的和谐是工程活动所必需的，也只有在这样的分工与协作的有序运行中，才能确保工程的顺利进行和高效率作业，进而体现一种和谐有序的美。可以说，任何一种失序或紊乱都是工程活动所要避免和克服的问题。正是工程活动的有序性要求工程共同体的结构也必须有序，表现为按比例定岗定编的人员配备，以防止人员过剩或不及。

四是工程活动共同体结构的利益主体多元性。这是由工程活动共同体的异质性结构所决定的。共同体内部不同的人群有着不同的利益要求与期待，他们都会追逐各自利益目标，并且试图实现目标利益最大化，这就难免会造成不同利益共同体之间的利益冲突。比如，投资人要想获得较高的资金投入回报率，就会千方百计地降低工程的生产与运营成本，而降低员工的工资和津贴就是一条渠道，这就会引发劳资矛盾，影响员工的工作积极性。再如，工程的产权所有者或投资人与受众之间也存在利益冲突，前者希望以较高的价位出售，而后者则指望以优惠价买入。解决这种利益冲突，就需要通过博弈达成各方都认可的“收益度”。因此，工程共同体的利益主体多元化特征，是工程活动管理者不得不面对的，而且面对其引发的矛盾必须认真加以解决，否则就会因共同体内部的利益冲突而影响工程活动的顺利进行，甚至影响到工程的最终社会实现。

五是工程活动共同体结构的紧密性。工程活动共同体内部成员之间的关系，不同于科学共同体或技术共同体成员之间的关系，后两者的成员或个体有着较高的活动自主性和独立性，他们可以有不同的工作场所。而工程活动共同体成员在工作任务、内容上有着严格的分工与协作关系，他们是按照完成工程活动总目标的需要，被有计划、有目的地安置在不同活动环节中的不可或缺的一分子。只有共同努力和精诚合作，才能更好地实现预期目标，保障个人利益。就工程产品是他们共同劳作的结果而言，他们同属一个一荣俱荣、一损俱损的利益共同体。这种关系的紧密性表现为相互依存、不可分割，反映在他们所共同遵守的整体原则与合作精神上。

六是工程活动共同体结构的整体性。工程活动共同体构成要素的子共同体存在的合法性来自作为整体的工程活动共同体。离开了整体，作为构成要素的部分也就不成为部分了。部分存在于整体之中，部分特性和功能由整体所赋予和规定，整体功能不等于各部分之和，而是各部分所形成的合力。

七是工程活动共同体结构的流动性。工程活动共同体作为一个系统，一方面，它是开放的，与外界环境保持着互动与交流的关系，会根据系统工作目标的需要，随时从外部引入各类人才或接纳新成员，也会将不称职的员工辞退，或允许共同体成员的自愿退出或调出，从而显现为人员的进入或迁出的流动性；另一方面，这种共同体结构的流动性还体现在社会角色的复合和转化上，这主要依托共同体内部的人员任用或职称聘用制度的实施。根据员工的才能和业绩情况，共同体成员都有升职的机会，也有被降职或低聘的可能。

（二）工程活动共同体的社会功能

工程活动共同体的社会功能主要体现在以下几个方面。

（1）创造物质财富，创造人们生存和生活所需要的物质资料，满足人的基本需要

创造物质财富是工程活动共同体最基本的、也是最重要的社会功能。实际上，人始终生活在他们所结成的工程活动共同体建构和重新安排了的工程世界，即人工世界中。在马克思看来，尽管原生态的、自在的自然界具有先在性——人是自然界长期进化的产物，人首先是自然的存在物，但这种先于人的自然界对人来说等于无，只有打上人的实践活动烙印的人工自然和人类社会才是人们生活的现实世界，而且这个现实世界是通过人的劳动而诞生并通过人的劳动不断得以持续的。用他自己的话说，“整个所谓世界历史不外是人通过人的劳动而诞生的过程”①。而劳动不是单个人的劳动，而是工程活动共同体的劳动。

① 马克思：《1844年经济学哲学手稿》，人民出版社，2018，第89页。

因此，可以毫不夸张地说，工程活动共同体的集体劳动使人们赖以生存的人工自然成为可能，让人拥有了适合其生存、发展的属人世界，创造了世世代代所需要的一切物质财富，而且不同时代、不同地域的工程活动共同体的造物能力和水平总能表明其所处社会的生产力状况。因为工程直接整合了生产力的各种要素，表现为现实的社会生产力。

（2）吸纳社会劳动力，提供个体必要的就业场所

吸纳社会劳动力这方面突出地表现在现代社会。人类步入现代社会以来，工业化所伴随的都市化致使更多的人涌向大城市，这就增加了城市和社区本身的就业压力，也使人们之间的生存竞争加剧。正是工程活动向各个领域的拓展，以及各类工程共同体对社会劳动力的接纳，为不同层次的待就业人员与苦于无生活来源的失业人员提供了必要的就业场所、去向和生存空间，进而也提供了最为基本的福利保障。让人有劳动的场所和机会，就是保障人的生存权利。

诚然，工程活动技术含量提高，大机器本身也排挤着工人，造成新的失业，但工程活动共同体活动领域的增加以及分工的细化，又不断提供更多的新的就业机会，必须辩证地分析和认识这个问题。

马克思说："任何一个民族，如果停止劳动，不用说一年，就是几个星期，也要灭亡，这是每一个小孩子都知道的。"① 因此，工程活动共同体不只是为个人提供谋生的场所，而且满足了民族国家乃至人类生存的需要。它不仅为个人或个体提供生存和福利保障，而且把为人类本身谋求福祉当成自身的社会责任。

（3）塑造人文价值，丰富人们的精神生活

工程活动共同体的生产活动不同于动物的本能的生产活动，后者服从必然律，受自然法则的约束，它只能按照它所在种的尺度去生产，而前者作为人的生产活动，是自由自觉的活动，不仅遵从他律的客观尺度，而且依循内在尺度，并且主要是从自身的需要和目的出发，按照"为我的原则"、美的尺度去重新安排世界。物质生产本身凝结着人们的自由之本质或者是人的本质的对象化，包含着对美好事物的向往，因而表达和塑造着人文价值，也只有如此才能满足人的精神生活的需要。

---

① 《马克思恩格斯选集》第4卷，人民出版社，2012，第473页。

工程之美不仅体现在工程活动共同体和谐有序的劳动中，而且体现在工程设计的理念与工程产品的形式美以及给社会公众所带来的美的感受中。人类就是在富有美的建造活动和对美的产品的消费中，确证、提升着人的类本质和人的精神境界的。

(4) 建造“属人世界”，拓展“类”生存空间

工程活动共同体的建造活动使世界二分化，即世界二分化为自在的世界（自在自然）和自为的世界（人工自然或属人世界），人首先就生活在属人世界中。

工程活动共同体建构了属人世界。属人世界是作为类存在物的人的类生活——工程实践——的产物，它不是一层不变的，而是随着工程共同体所从事的工程活动范围的拓展而扩展的，是一个不断生成的过程，也拓展着人类的类生存空间。

(5) 打造生活样式，成就人类文明

工程活动共同体的工程行动建构着属人世界、人工世界，拓展着人们的生存空间，同时也意味着有什么样的工程，就有什么样的生活方式。或者说工程活动共同体活动的水平——生产力状况，直接组建着人们生活世界的生存样式，成就着人类不同阶段的文明。因为“随着新生产力的获得，人们改变自己的生产方式，随着生产方式即谋生的方式的改变，人们也就会改变自己的一切社会关系。手推磨产生的是封建主的社会，蒸汽磨产生的是工业资本家的社会”①。而生产方式、社会关系的改变，又必然引起观念、原理、范畴的改变，决定着人们的精神生产活动和精神文明建设。

大体来说，在前工业社会，工程活动共同体所进行的以农业为主导的“自在工程”，力量弱小，它给人的是依顺自然，效仿自然，日出而作，日落而息，春种秋获的田园生活方式，对应的是自然经济模式。在自然观上，是一种有机论、整体论和给自然附魅的自然观。“自然在耕田人的眼里几乎可以说是效仿的榜样，是阐释人生的模式。”在思维方式上看，是一种向后看的还原思维。总体上说，其文化的价值取向是“自然的逻辑”，成就的是农业文明。

---

① 《马克思恩格斯选集》第1卷，人民出版社，2012，第222页。

在工业社会，工程活动共同体所从事的以工业为主导的“自为工程”力量强大，打断了自然时间的链条，按照人的意志和需要重新安排世界，不是等待、效仿，而是促逼、宰制，塑造的是资产阶级生活方式，发展的是商品经济。在自然观上，自然界成为一架运转着的机器，即崇尚机械的自然观，自然被祛魅了，成为“工业人”随时开发和用不尽的大资源库，自然丧失了其自身存在的本体论根据，从“自在之物”变为“为我之物”，成为被征服、宰制的对象；在思维方式上，一种知识论的二元对立的思维产生，人与自然的关系成为统治与被统治、征服与被征服的对立关系。与此同时，人与人之间的关系也变成人与物之间的关系，人被当成物来对待。这一变化几乎伴随着整个由现代工程活动共同体所从事的现代工程活动，成就的是以资本的逻辑为价值取向的工业文明。

在现代工程发展过程中，曾经出现了“福特制”生产模式，后来又出现了“后福特制”生产模式。“福特制”与“后福特制”，不但反映和表现了不同的生产模式，而且反映和表现了不同的生活样式。

进入21世纪，特别是伴随“工业4.0”引发的第4次工业革命的到来，必然要求要有与之相适应的“工程4.0”出场，[①] 从而使工程类型和工程活动进入一个新阶段，人们对工程的认识也进入一个新阶段，可以期望，人类的生活样式和人类文明也会进入一个新阶段。

二　工程职业共同体

工程活动共同体是实际从事工程活动的共同体，而工程职业共同体则不同，不仅在结构上，而且在结构所决定的功能上都与工程活动共同体有明显差异。

（一）工程职业共同体的结构特性

与工程活动共同体不同，工程职业共同体在结构上具有同质性、灵活性、非营利性、权益的一致性和相对的稳定性等特性。

同质性是说不同类型的职业共同体结构的单一性。从世界各国的情况看，工程职业共同体成员一般是同种职业从业人员。工程师协会以工

① 张秀华：《工程哲学视野中的“工程4.0”》，《光明日报》2015年11月14日，第11版。

程师为主体，工会以工人为主体，[①] 雇主协会以雇主为主体。

灵活性是说与工程活动共同体的紧密性特点相比较，工程职业共同体成员有来去的自由权，不涉及组织人事关系和劳资关系问题，没有严格的隶属关系。只要不违反共同体的规定和章程，就不会因为某些活动没有到场而受到批评或指责。组织对成员或成员之间没有过多的约束。

非营利性是说工程职业共同体不以创收、营利为目的，是社会服务性组织。该组织的存在主要是满足各类工程活动共同体成员职业认同与相互交流的需要，以及维护成员合法权益等。会员所缴纳的会费，均用于公共活动本身。

权益的一致性是说工程职业共同体内部成员不分职别和级别，他们所享有的权利和所尽的义务是一样的。由于结构的同质性，成员之间也无利益冲突或价值冲突。

相对的稳定性是说相对于以营利为目的的工程活动共同体，工程职业共同体不存在破产、解体的问题。除非因特殊情况没有成员加入，只要有成员自愿加入，就有其存在的合理性。

（二）几种主要的工程职业共同体及其功能

以下分别讨论工程师学会（协会）、工会和雇主协会及其功能。

1. 工程师学会

工程师学会或工程社团等作为一种主要的工程职业共同体，一般而言，是工程师自愿参加的，很少是强制性的。这些组织往往通过举办博览会、召开技术会议、出版专业杂志或期刊、进行教育培训等，促进会员职业的发展，提升他们的专业知识和技能、职业道德规范等。对工程师而言，加入学会，参与学会活动，可以谋得为社会提供各种服务的机会，提升职业精神和意识，为职业整体的荣誉和发展、社会地位的维护和提高做出贡献。[②]

历史最悠久的工程师学会是英国土木工程师学会，它成立于 1818 年。英国机械工程师学会成立于 1847 年。在 19 世纪，英国还成立了其

---

① 由于中国的特殊国情，中国的工会组织成员除工人外，还可包括知识分子、干部、工程师，因为他们也是工人阶级的一分子。

② 李伯聪等：《工程社会学导论：工程共同体研究》，浙江大学出版社，2010，第 179 页。

他几个职业工程师学会。

美国有80多个工程职业组织，大体可以被划归为以下三类。第一类是伞形组织，它吸收所有的工程师或所有的工程社团。美国工程师学会联合会（American Association of Engineering Societies，AAES）成立于1980年，包括化学、电子、机械和土木工程等方面的17个社团成员，8个伙伴社团和3个地区性社团。而1934年成立的美国全国职业工程师协会（National Society of Professional Engineers，NSPE），格外关注工程师的职业发展、工程师注册及其他与工程职业化相关的事宜，其会员都是工程师个人，而不是社团，现有会员6万人。第二类工程社团是那些代表主要工程学科的社团，如美国土木工程师协会（American Society of Civil Engineers，ASCE）于1852年成立，有会员11万多人；美国机械工程师学会（American Society of Mechanical Engineers，ASME）于1880年成立，有会员14万多人；电气与电子工程师协会（Institute of Electrical and Electronics Engineers，IEEE）于1884年成立，有会员30多万人；美国化学工程师学会（American Institute of Chemical Engineers，AICE）于1908年成立，有会员15万人。第三类社团是更专业化的社团，会员人数相对较少。与第二类社团关注各自领域内工程技术知识的进步的旨趣不同，该类社团更注重工程知识在产业或制造业中的应用。例如成立于1913年的美国环境工程师学会（American Academy of Environmental Engineers，AAEE）仅有会员2500人。①

德国最大的工程师协会（Verein Deutscher Ingenieure，VDI）成立于1856年，现有会员12.6万人（包括1/4以上在校大学生和33岁以下的年轻工程师会员），是欧洲最重要的工程师组织。它的职能主要有以下几点。其一，工程教育、培训和咨询。该协会有1.2万多名志愿者，他们以各种专业委员会、专家小组或者协作人员的身份向在职与未来的工程师传递工程技术知识，通过课程培训、国际会议、专业论坛等形式向工程师介绍广泛的专业知识，并提供专业发展等方面的信息咨询。其二，开展工程技术领域的项目研发与咨询服务。VDI在工程技术领域促成了

① 哈里斯、普里查德、雷宾斯：《工程伦理：概念和案例》，丛杭青等译，北京理工大学出版社，2006，第201~211页。

无数重大研究开发项目，包括技术监督、制定各项规则和标准、调查报告、产权保护及专利法等方面的研究，还应德国政府的需求提供有关德国自然科学与技术发展方向的咨询。[①] 其三，特别重视工程师的人文素养提升与责任意识的形成。它下设的哲学与技术委员会促使工程师与哲学家合作，不仅起草技术评价等方面的文件，提出技术评价的理论和方法，而且在发表《工程师专业责任手册》（1950 年）的基础上，于 1956 年成立了一个特殊的“人与技术”研究组，下设教育、宗教、语言、社会学和哲学工作委员会，在 2002 年还通过了一个关于工程师特殊职业责任的文件，即《工程伦理的基本准则》，用以规范从业工程师的行为。[②]

中国工程师学会的发展情况，在《中国近现代工程史纲》中有简要介绍，此不赘言。[③]

2. 工会

工会作为以工人为主体自愿组成的工程职业共同体，其核心目的在于维护劳动者根本权益，简称维权。从历史角度看，其产生与由工程共同体的多元化决定的多元利益需求，以及由利益诉求所产生的利益冲突有关。由于工人在工程共同体中所处的地位决定了其利益容易受到侵害，特别是在劳资矛盾加剧的情况下，也就有了联合起来以维护自身合法的经济和政治等权益的必要。《牛津法律大词典》把工会定义为：“现代工业条件下雇佣工人自我保护的社团。”工联主义者韦伯夫妇则主张：工会是为维护或改善其劳动生活状况而成立的永续存在的工人之团体。我国 2001 年修正的《中华人民共和国工会法》规定：中华全国总工会及其各工会组织代表职工的利益，依法维护职工的合法权益。也就是说，劳动关系冲突是工会产生的主要原因，而工会一经产生就代表着会员的意志并以维护会员利益为己任，集体谈判也就必然成为工会维权的主要手段。

从工会的类型看，着眼于不同的工会功能，西方工会运动的古典理论把工会划分为四大类：一是经济工会（economic unions），主要功能是

① 清华大学工程教育认证考察团：《德国工程教育认证及改革与发展的考察报告》，《高等工程教育研究》2006 年第 1 期。

② 李伯聪等：《工程社会学导论：工程共同体研究》，浙江大学出版社，2010，第 179 页。

③ 李伯聪、李三虎、李斌：《中国近现代工程史纲》，浙江教育出版社，2017，第 295 ~ 296、393 ~ 395、555 ~ 557 页。

争取会员的经济权益；二是福利工会（welfare unions），除了经济利益，还争取一些福利，如雇主给雇员买劳动保险，政府提供必要的教育、医疗、文娱等社会保障；三是全面工会（life-embracing unions），全面照顾工人生活，一如社区照料其成员一般，满足工人的所有需求；四是意理公会（ideological unions），争取超出经济利益的社会目标——改造社会，使工会拥有政治诉求，并借助政治手段去实现社会理想。

按照工会的组织模式与工会运动的宗旨，现行的工会大致可以分为不同的类型，如职业工会、产业工会、企业工会、区域工会等。①

大体上说，美国的工会多是职业结构与产业结构并存的工会；英国的工会多以职业结构为其基本的工会形式；法国的工会以职业原则为主；德国的工会以产业原则为主；日本的工会以企业为主；我国的工会组织则具有上述多种类型。

工会作为工业化、都市化和现代化的产物，在市场经济体制中发挥着重要作用。现代工会组织作为工程职业共同体的一种形式，不仅有助于改善工人的工作条件和工资福利待遇、推动产业和企业的民主进程，而且在提高工作时效、维护社会公正等方面都起到了不可或缺的积极作用。

3. 雇主协会

如果说工程职业共同体是伴随工程活动共同体的发展而产生和不断壮大的，那么，雇主协会这一工程职业共同体的组织形式之一，又是因工会组织的发展壮大而建立起来的。

早期的雇主组织是一些自发性的“俱乐部”或“行会”，被称为“贸易协会”，主要关注贸易和关税问题。直到19世纪90年代，才开始出现现代意义上的雇主组织，即雇主协会。19世纪末20世纪初，工会运动空前高涨，加上许多国家的社会立法日益加强，英、法、荷兰等国家纷纷采取关闭工厂等行动，并成立雇主协会，以平衡与工会之间的力量，对抗工会对资方的冲击。第一次世界大战结束到20世纪30年代，西方国家普遍面临经济困难，雇主协会发挥了积极作用。由于雇主协会

① 李伯聪等：《工程社会学导论：工程共同体研究》，浙江大学出版社，2010，第185～186页。

在与工会的博弈过程中，其内部与外部环境发生了有利的变化，特别是与工会的协商与合作方面取得一定成效，劳资双方之间的集体谈判走上正轨，也推动了关于基本劳资关系的法规和社会立法的形成。在第二次世界大战中及战后一段时间，许多西方国家的雇主协会得到稳定发展。尤其是20世纪六七十年代，各国普遍发挥了政府在协调劳资关系和经济生活中的作用，在客观上也确立起全国雇主协会作为雇主发言人的地位，同时要求各级雇主协会为其成员提供更多、更广范围的服务，了解、掌握企业需求，以便有效处理政府与工会的关系。20世纪末以来，各国雇主组织又出现新的发展趋势，不仅开展劳动关系等方面的社会性事务和活动，而且开始关注经济事务，并在国家的政治、经济和社会生活中逐渐发挥重要作用。[①] 由此可见，雇主协会具有在产生时间上晚于工会，在组织性质上的自由结社、自我规范，以及组织率高等特点。

目前，雇主协会已有多种组织形式，如行业协会、地区协会、国家级雇主联合会等。

行业协会是指由某一行业企业组成的单一的全国性行业协会。在一些国家这类行会被视为经济组织。因为它不处理劳动关系，而主要负责行业规范、税务政策、产品标准化等事宜。在另一些国家，行业协会则作为地区和国家级雇主组织的中间环节，直接参与劳资谈判，确定行业性集体协议框架。

地区协会是由某一地区的多种企业组成的地区性雇主协会，代表该地区雇主的共同利益。它主要负责处理劳动关系等涉及的雇主利益的事宜。

国家级雇主联合会由全国性行业协会和地区性雇主协会组成，也是通常所说的国家级雇主组织。它主要负责处理劳资关系各个方面的事务，包括与工会协商劳资关系、劳资政策、参与劳动立法、行政管理和仲裁，其中与工会协商劳资关系是其主要职能。

无论何种形式的雇主组织，大体说来其根本宗旨在于维护雇主利益，建立协调的劳资关系，促进社会合作。它们的基本任务和职能不外乎以

① 李伯聪等：《工程社会学导论：工程共同体研究》，浙江大学出版社，2010，第189～190页。

下几项：为雇主服务，提高雇主适应事业挑战及发展的能力；促进和谐、稳定的雇主－雇员关系，即劳动关系形成，预防劳资纠纷，公平而有效地解决争议；在国家和国际上代表和增加雇主利益；提高雇员的工作效率和工作自觉性；创造就业机会及更好的就业条件。[①]

需要说明的是，由于各个国家经济发展的不平衡性，发展中国家、经济转型国家和发达国家的雇主组织的职能定位是有差别的。发展中国家的雇主组织还需要在赢得雇主信任、壮大组织规模、增强影响力特别是要使政府听到雇主的声音等方面下功夫。经济转型国家的雇主组织面临的问题是，针对政府过多的干预如何适应市场经济发展、转变观念、吸引非公有企业加入雇主组织等。发达国家的就业关系变化快、集体谈判方式多样化，需要其雇主组织改进服务方式，通过降低企业成本、提高工作绩效等方式提升企业的市场竞争力。

---

① 李伯聪等：《工程社会学导论：工程共同体研究》，浙江大学出版社，2010，第192～193页。

第四章　工程活动中的合作、摩擦、权衡、协调与协同

工程活动不是“互不相关”的个体的紊乱活动，而是有目的、有计划的集体活动。所谓集体活动，也就是以合作方式进行的活动。虽然合作中难免有摩擦和博弈，但摩擦和博弈又以合作为“目的”和“约束条件”，如果突破这个“约束条件”，工程集体就要瓦解，工程活动就无法继续进行。

从“抽象而纯粹”的工程技术或管理学视角看，工程活动是一个按照预定设计图纸和预定计划一步步实施并达到目标的“执行性”“程序性”过程。可是，从社会学角度看，这是一个多角色、多维度、多层次错综互动的“合作、摩擦、博弈、权衡、协调、协同”的社会运行过程。

在这个多角色、多维度、多层次的错综互动的过程中，不但有合作和协同，而且必然有摩擦、博弈、权衡、让步和妥协，这是一个不断协调、磨合的过程。在有摩擦的情况下，权衡、协调、让步、妥协的重要性就凸显出来了。

工程活动不是一个“无摩擦理想世界中的最优化”过程，而是“有摩擦现实世界中的博弈、权衡、协调、相互让步、互利共赢”的过程。在工程活动中，权衡和协调工作可能取得成功但也可能不太成功，甚至有可能失败。工程合作中难免有摩擦，协调工作效果也有差别，这就使工程活动既可能处于良性运行状态也有可能处于病态运行状态。于是，工程运行态势的“诊断”也成为一个具有重大现实意义的问题。

在工程活动中，所谓合作、摩擦、权衡、协调不但发生在微观层次，而且发生在中观和宏观层次，三个层次密切联系、相互渗透、相互影响。现实生活中许多微观层次的问题往往也不能仅在微观层次上寻求解决方案。出于多种原因，本章的内容将以讨论微观层次的合作、摩擦、权衡、协调问题为主，只附带性地涉及中观和宏观层次的某些问题。

本书的绪论指出，工程社会学的基本人性假设是“工程人”，工程

社会学的基本研究对象是工程活动（包括工程活动主体、工程运行、“工程－自然－社会的多重互动与建构”等），工程社会学的基本问题是工程人如何合作进行工程活动以解决人类的生存和发展问题。本章的主要任务就是集中讨论作为工程社会学重要内容的工程合作问题。本章内容划分为两节。第一节着重讨论工程社会学中的工程人假设和作为工程社会学基本概念的工程合作范畴，第二节着重讨论工程合作的内部结构、耦合机制以及工程活动中的摩擦、博弈、权衡、让步、妥协、协调、协同等问题，同时简要论及工程运行的态势诊断问题。

第一节 “工程人”和工程合作

工程活动是工程人进行的集体活动，“工程人的工程合作”是工程活动的基本内容和基本场景，这就决定了必须把工程合作看作工程社会学的一个基本范畴。

工程活动中也可能出现工程合作“破裂”的情况，但合作破裂就意味着工程活动的停止或失败。在合作破裂后，有关方经过谈判也可能恢复合作，在恢复合作后，工程活动得以继续进行。但这种情况实际上又进一步从反面显示“合作”是工程活动得以进行的基本条件、基本内容和基本场景。

一 “工程人的工程合作”和“经济人的市场竞争”的对比分析

为了更清楚地认识和显示工程合作的本性和意义，有必要先对“工程人的工程合作”和“经济人的市场竞争”进行若干对比分析。

（一）关于“经济人－看不见的手－市场竞争”

经济人假设是亚当·斯密首先提出来的。在经济人假设中，经济人在主观上只考虑自己的利益，而不考虑是否“有利于别人”。[①] 在这个意义上，经济人在市场经济中进行市场竞争，相互之间“无合作关系”。

① 应该注意，经济人假设中的“自利”与“日常语言”中“道德”解释的“自利”在含义上和本质上都有许多不同。从理论上和语义上看，经济人的“自利”不包含“损人利己”的含义，而日常语言中“道德”解释的“利己”往往是指“损人利己”。

亚当·斯密在提出经济人假设的同时又提出了“看不见的手”这个著名的隐喻，意蕴深刻，影响深远。

在“看不见的手”这个隐喻中，我们看到了市场经济和经济人的另一面。虽然在市场经济机制下，各个经济人并无合作愿望也无明确的合作关系，可是，由于“看不见的手”的作用，众多的经济人却能够从市场交易中获利。换言之，这意味着经济人在市场经济机制下达到了“客观上互利互惠共赢”的结果。从这个方面看问题，又可以说经济人之间存在“结果上的互利合作关系”。据此，我们可以把所谓“看不见的手”解释为可以使“无合作愿望和无合作关系的个人行动”产生“互利结果”的“经济机制”或“经济规律”。

在认识经济人和市场经济的性质和特征时，一方面需要承认经济人是市场经济中自利的、无合作关系的、相互博弈的主体；另一方面要承认他们在市场经济的“看不见的手”的作用下能够取得互惠合作共赢的结果。

（二）工程人、“有明有暗的手”和“工程合作”

西方经济学的经济人假设认为在市场经济机制中不存在主观上的合作关系和合作机制，这就使西方经济学在很大程度上轻视了对合作范畴的研究，使得“合作范畴”在经济学理论体系和范畴体系中只能处于“边缘”地位。

可是，在工程社会学理论体系和范畴体系中，工程人假设取代了经济人假设，工程人以进行集体性工程活动为特征。集体活动以合作为特征，这就使“工程人的工程合作”成为工程活动的基本条件、基本内容、基本场景和基本特征。工程合作范畴在工程社会学理论体系中不再处于边缘地位，而是从边缘走到了中心区域。

在工程合作中，工程人不是“各自单独行动”，而是要“合作”，要受到“管理”，要协调和协同行动。

1977年，钱德勒出版了《看得见的手——美国企业的管理革命》，明确地把“企业管理之手”称为“看得见的手（管理之手）”。[①]

---

① 小艾尔弗雷德·D. 钱德勒：《看得见的手——美国企业的管理革命》，重武译，商务印书馆，1987。

从理论上看，亚当·斯密所说的“看不见的手”指的就是客观的市场经济规律，特别是指尚未被经济人明确认识到的市场经济规律，而钱德勒所说的“看得见的手”指的是规范性的企业管理制度，特别是比较明确的制度和习惯。

按照以上解释，可以认为，经济学的基本主题是研究经济人在“看不见的手”的作用下如何实现“结果上的合作共赢”问题，管理学的基本主题是研究在“看得见的手”的作用下如何实现“管理规范下合作共赢”的问题。那么，工程社会学中相应的基本主题是什么呢？

在此，我们有必要先回顾关于“干净的模型”（clean models）和“肮脏的手”（dirty hands）的争论。

现代经济学家喜欢使用数学方法为经济现象建立数学模型。现代经济学中的边际革命就是这种潮流的一个代表和反映。在有些经济学家心目中，简直只有那些使用了一定数学方法的论著才有资格被定性为经济学论著。

有学者把经济学中的数学模型称为“干净的模型”，其不但是指数学方法的严密和推导之无可挑剔，而且是指其建立模型的理论假设“清楚明确”，“摆脱了可能的污染”。与“干净的模型”不同，在研究社会现实时，社会学家不能闭眼不看“尘世”，他们必须面对社会现实中的“尘世现象”，看到“尘世”中的“肮脏的手”。

饶有趣味的是，对于那些相互敌视的经济学家和社会学家来说，clean models 和 dirty hands 都成为被指责的对象。一方面，有社会学家指责前者虽然有高度概括、抽象和理论性强的特点，但难免脱离现实，表现出“天真、脱离现实”的特征；另一方面，有经济学家指责后者虽然有注重细节、充分挖掘社会现实的特点，但往往缺乏理论高度，表现出“不能胜任理论概括工作”的特征，并且 dirty hands 一语本身就带有某些贬义色彩。①

应该注意，对于“干净的模型”和“肮脏的手”之间的分野，也可以从“描述性”和“中性”的观点进行分析和评价。例如，已有学者认为二者的分野实际上是经济学和社会学这两个学科有不同研究路径的集

---

①　陆德梅、朱国宏：《新经济社会学的兴起和发展探微》，《国外社会科学》2003 年第 3 期。

中表现。[①]

如果说经济学家在经济学领域“发现”了“看不见的手”，管理学家在管理学领域看到了“看得见的手”，那么是否可以说社会学家在社会学领域看到了“肮脏的手”呢？

必须承认，所有现实社会中的手都难免有细菌、尘土，甚至可能有伤口和血痕（既可能是由于卑劣行为而留下的血痕也可能是由于正义行为而留下的血痕），在这个“描述性”意义上，可以认为所有现实社会中的手都是各种各样的“肮脏的手”，而不可能是“纯净无菌之手”。社会学所研究、所面对的就是这个“中性”意义的、“描述性”含义的“肮脏的手”。

可是，从科学修辞学和隐喻方法角度看，最好不使用“肮脏的手”一语，因为在很多语境中，“肮脏的手”往往是带有贬义的词语，而不是“中性”和“描述性”的词语。因此，我们应该换用一个更恰切的隐喻：与经济学关注“看不见的手”和管理学关注“看得见的手”不同，社会学关注社会生活中“有明有暗的手”，而工程社会学则具体关注工程活动中的“有明有暗的手”。

所谓“有明有暗的手”，包括三重含义。一是指“看不见的手”[②]，二是指“看得见的手”，三是指“看不见的手”和“看得见的手”的“相互渗透”。三重含义结合就成为“有明有暗的手”。

根据以上对“有明有暗的手”的解释，可以认为，社会活动是在“有明有暗的手”的作用下的活动，社会学是研究“有明有暗的手”的学科。而工程社会学则是研究工程活动中“有明有暗的手”的学科。更具体地说，工程社会学要分析和研究以下一些方面的复杂现象和内容：第一，要分析和研究“可以看得见的”工程规则、工程惯俗、工程制度的成因、机制、影响、演化路径等一系列问题；第二，要分析和研究“看不见的”工程发展规律、演化规律、社会规律等一系列问题；第三，要“努力发现和透视出”与工程活动中“隐藏和潜在的”“看不见的东

① 董才生：《经济学、社会学研究路径之比较》，《社会科学家》2001年第3期。

② 在“社会学”中，可以认为“看不见的手”有两种含义，一是指“客观存在而未被人认识的自然规律和社会规律”，二是指“暗箱操作”和“隐蔽行为”等“看不见的行为”。而亚当·斯密提出的“看不见的手”只有第一种含义。

西”有关的诸多问题。这种所谓的“看不见的东西”既可能是“正面要素性质的”，例如“深藏的精神力量”，也可能是“负面要素性质的”，例如“阴谋势力”和“阴谋活动”。

工程活动是手牵手的集体活动。在工程活动中，不但有“企业管理者之手”，而且有“被管理者之手”，还有众多的“利益相关者之手”。这些“众多的手”都在发挥作用。

于是，工程活动就成为“许多”“利益相关者之手”相互协调①的合作活动。

在进行“手拉手”的集体活动时，“众多的手”不可能完全“向同一个方向”“发力”。而“发力方向”不可能“完全一致”也就意味着“合作集体”的内部必然有各种各样的矛盾和摩擦。

工程合作是工程社会学的基本范畴。更一般地说，合作是一个重要的社会学范畴。为了深入分析“工程合作”范畴，我们有必要对“合作”范畴研究的学术史做一简短回顾。

二 对“合作”范畴研究的学术史回顾和合作的类型划分问题

（一）对“合作”范畴研究的学术史回顾

1. 早期史概述

合作②是常见的社会现象，它早就成为伦理学、经济学、政治学、社会学、生物学、进化论、人类学领域的研究对象和内容之一。许多学者对这个问题进行了思考和分析，提出了自己的分析、认识和观点，其中包括一些堪称独树一帜的观点。韦森认为，霍布斯的“利维坦论”、卢梭的“社会契约论”和奥尔森的“集体行动的逻辑”，在本质上都是

① 与“管理”相比，“协调”具有更丰富、复杂的含义。

② “合作”的活动是一致的和协调的行动。但一致的和协调的行动并不一定都是“合作”的活动。例如，在大街上，骤雨来时，众人一同撑开伞，表现出一致和协调的特征，但他们这时的行动并不能认定为“合作”。这种行动是“无合作关系的个体”的“一致行动”，属于“个体活动”范畴。可是，在舞台上，当演员集体表演下雨时一起撑伞，这就属于“集体合作活动”了。进行巷战时，当交战双方的战斗人员由于某种原因而不得不“各自为战”时，这种“各自为战”的“巷战”仍然是“两个战斗集体”的“战斗”，“各自为战”的“同一方战斗人员”之间存在“合作”关系。

关于合作的理论。[①]

虽然确实可以认为霍布斯的“利维坦论”、卢梭的“社会契约论”和奥尔森的“集体行动的逻辑”，就其本质而言都是关于合作的理论，可是，就三人的“学术理论体系”而言，“合作”并未成为三人学术理论体系的第一主题词。对于霍布斯来说，其理论体系的第一主题词是“政治利维坦”；对于卢梭来说，其理论体系的第一主题词是“社会契约”；对于奥尔森来说，其理论体系的第一主题词是“公共选择理论”。也就是说，“合作”并未成为这三位学者学术体系最核心的概念。此外，还可顺便提及，虽然伦理学早就注意到对“友谊”的研究，并且友谊与合作有密切联系，二者含义中也常有互相包含之处，但二者毕竟是两个不同的概念。也就是说，在伦理学这个古老学科的发展史上，合作也未成为其重要对象和范畴。

因此，虽然不能说“合作”是被学术界完全遗忘的角落，但它也未能成为一个受到特别关注的概念。古今理论家大多未把合作作为一个重要概念放在理论研究的焦点位置，而常常仅是附带性地涉及了合作概念。总而言之，合作没有在哲学社会科学中成为一个引起特别关注的概念。

可是，合作的研究史上又出现了一个看来有些吊诡的现象。

我们知道，近代曾经出现了所谓的“无政府主义思潮”和“无政府主义者”。对于无政府主义理论家来说，乍看起来，他们应该赞同“个人游离于社会”的观点而不应重视合作和互助范畴。可是，作为无政府主义者的克鲁泡特金却撰写了《互助论》一书，以自己的方式强调了互助的重要性。[②]

这个吊诡现象也许可以解释为“物极必反”的结果，它反映出人类无论如何也离不开互助和合作。

但如果仔细品味起来，互助与合作是区别颇大的概念。在一定意义上可以认为，“互助”概念在本质上更倾向于“个体主义观点”（individualism），而“合作”概念在本质上更倾向于“整体主义观点”（holism）。因

---

① 韦森：《从合作的进化到合作的复杂性》，载罗伯特·阿克塞尔罗德：《合作的复杂性——基于参与者竞争与合作的模型》，梁捷、高笑梅等译，上海世纪出版集团，2008，第1~20页。

② 克鲁泡特金：《互助论》，李平沤译，商务印书馆，2011。

而，克鲁泡特金的《互助论》终究未能成为“合作论”研究的新起点。

2. 对合作范畴的新关注：从“非合作博弈”向“合作”研究的转向

轻视和忽视合作范畴的状况在20世纪80年代后有了改变。

回顾学者们为何走上研究合作范畴之路，可以看出，这不是一条“起初便目标明确”之路，而是一条“曲径通幽”——甚至可以说具有某种“南辕北辙”特征——之路。因为最初的研究并不是要研究合作范畴，而是要研究“不合作”所产生的问题，后来发生“研究转向”，这才走上了研究合作范畴之路。

回顾学术史，这个学术轨迹的“起点”是研究“不合作”而形成的“囚徒困境”（the prisoner's dilemma）。

如今已经名声大噪的“囚徒困境”，最初是由社会心理学家梅里尔·M. 弗勒德（Merril M. Flood）和经济学家梅尔文·德雷希尔（Melvin Dresher）在1950年提出来的，但他们并未将其写成文章，后来艾伯特·W. 塔克（Albert W. Tucker）在其文章中明确地叙述了这种“困境”。[①] 大约同时，约翰·纳什（J. Nash）有两篇关于非合作博弈的重要文章分别发表于1950年和1951年。有人认为，塔克的这项工作同纳什的著作基本上共同奠定了现代非合作博弈论的基础。1994年，瑞典皇家科学院宣布授予约翰·纳什（J. Nash）、约翰·豪尔绍尼（J. Harsanyi）和莱因哈德·泽尔腾（Reinhard Selten）诺贝尔经济学奖，以表彰他们把博弈论应用于现代经济分析所做的卓越贡献。

在20世纪下半叶，“囚徒困境”和“博弈论”引起了越来越多的关注和研究。

就问题的性质而言，“囚徒困境”属于“博弈论”中的“非合作博弈”。可是，阿克塞尔罗德扭转了原初的问题方向，这就使其成为转向研究合作范畴的关键人物。如果借鉴曾经流行的“语言学转向”这个术语，我们也许可以把这个转向称为从“非合作”向“合作”的“合作研究转向”。

阿克塞尔罗德以研究“重复囚徒困境”的方式把“研究方向”转向了对“合作”问题的研究。他问道：“在什么条件下才能从没有集权的

① R. Campbel and L. Sowden, eds., *Paradoxes of Rationality and Cooperation, Prisoner's Dilemma and Newcomb's Problem* (Vancouver: The University of British Columbia Press, 1995), p. 3.

利己主义者中产生合作？这个问题已经困惑人们很长时间。大家都知道人不是天使，他们往往首先关心自己的利益。然而，合作现象四处可见，它是文明的基础。那么，在每一个人都有自私动机的情况下，怎样才能产生合作呢？"①

为了研究这个问题，阿克塞尔罗德组织了三届"计算机程序""重复囚徒困境博弈奥林匹克竞赛"，有力地推动了对合作问题的研究。他在研究中得出了一系列令人耳目一新的观点和新结论，先后出版了《合作的进化》②、《合作的复杂性——基于参与者竞争与合作的模型》③ 等著作，产生了巨大的学术影响。

韦森说："人与人之间的合作，是人类文明社会的基础。在对人类合作生发机制及其道德基础的理论探源方面，阿克塞尔罗德教授及其合作者们的研究已经取得了丰硕的研究成果，并对经济学、政治学、社会学、人类学、伦理学、法学，甚至生物学等学科产生了广泛而深远的影响。这种重复囚徒困境计算机程序博弈竞赛，已把人类合作机制的一些原初动因和内在机理较清晰地揭示出来，从而使以前人们的一些模糊的经验感悟和直观猜测（如中文谚语'善有善报，恶有恶报，不是不报，时候未到'），现在已经成了计算机模型所证实的精确计算结果，这显然是人类认识史上的一个巨大的理论进步。"④

除阿克塞尔罗德外，还有一些学者也从多学科和跨学科（包括生物学、进化论、博弈论、伦理学、行为经济学、心理学、社会学、人类学、神经生物学等诸多学科及其交叉融合角度）的进路研究了合作问题。目前已经出版了一些研究合作问题的重要著作，例如《超级合作者》⑤、

① 罗伯特·阿克塞尔罗德：《合作的进化》（修订版），吴坚忠译，上海世纪出版集团，2007，第3页。

② 罗伯特·阿克塞尔罗德：《合作的进化》（修订版），吴坚忠译，上海世纪出版集团，2007。英文版出版于1984年。

③ 罗伯特·阿克塞尔罗德：《合作的复杂性——基于参与者竞争与合作的模型》，梁捷、高笑梅等译，上海世纪出版集团，2008。英文版出版于1997年。

④ 韦森：《从合作的进化到合作的复杂性》，载罗伯特·阿克塞尔罗德《合作的复杂性——基于参与者竞争与合作的模型》，梁捷、高笑梅等译，上海世纪出版集团，2008，第16~17页。

⑤ 马丁·诺瓦克、罗杰·海菲尔德：《超级合作者》，龙志勇、魏薇译，浙江人民出版社，2013。

《合作的物种：人类的互惠性及其演化》[①]、《美德的起源：人类本能与协作的进化》[②] 等。

耐人寻味的是，《自私的基因》的作者道金斯竟然为2006年再版的《合作的进化》撰写了序言。在这个序言中，道金斯特意用图示的方式告诉人们：引用阿克塞尔罗德观点的论文数量起初还不算太多，可是自1985年起急剧增长，每年超过了100篇；1990年起每年超过了200篇；1998年起每年超过了300篇；2003年更接近每年400篇；2004年和2005年略有下降，但仍保持在每年370篇以上。如果说这些数字反映了阿克塞尔罗德的论文和观点的影响范围，那么，道金斯在其序言中更加关注的是阿克塞尔罗德观点的理论意义和影响。他说："按照达尔文的说法，我们悲观地假设生命在自然选择这一层面是极端自私的，对苦难无情地冷漠，残忍地损人利己。然而从这个被扭曲的起点开始，即使不必是刻意的，类似于友善的兄弟姐妹般的伙伴关系（引者按：指合作关系）也会出现。这就是罗伯特·阿克塞尔罗德这本不平凡的书要传递的令人振奋的信息。"道金斯认为："毫不夸张地说，在《合作的进化》出版20年来，它已经形成一个新的研究领域。"[③]

回顾学术史，从理论导向和理论旨趣看，以往的进化论更强调生存斗争；经济学强调利己的经济人和市场竞争；在政治学中，霍布斯突出了"一切人对一切人的战争"；在哲学领域中，斗争哲学独领风骚，甚至囚徒困境的起点也是"不合作的博弈者"。总而言之，许多著名理论家关注的"学术第一焦点"是"不合作的个体"，可是，阿克塞尔罗德和其他一些学者的研究却走向了一个研究"合作"的跨学科领域，这不能不说是社会科学领域在理论导向和理论旨趣上的一个重大变化。

我国经济学家汪丁丁认为行为经济学的"基本问题"是"合作何以

---

① 塞缪尔·鲍尔斯、赫伯特·金迪斯：《合作的物种：人类的互惠性及其演化》，张弘译，浙江大学出版社，2015。

② 马特·利德利：《美德的起源：人类本能与协作的进化》，吴礼敬译，机械工业出版社，2015。

③ 罗伯特·阿克塞尔罗德：《合作的进化》（修订版），吴坚忠译，上海世纪出版集团，2007，序，第1、3页。

可能”，美国学者诺瓦克说：“合作是人类的基本特性。”① 这就把合作范畴的“理论意义”和“理论地位”讲得更加明确和突出了。

如果思考和分析上述过程的来龙去脉，可以看到一个显得颇为吊诡的情况：“当前研究合作概念的新局面”和“对合作概念关键重要性新认识”的“起点”竟然是对“自利经济人”“不合作博弈者”的理论研究。这就意味着，从研究进路和研究内容上看，以上所述的对合作范畴的“新研究”主要是“对合作的起源”和“合作的演化”问题的研究；从主导学科和主导方法上看，主要是经济学学科、博弈论进路和演化论领域的研究。

3. 合作范畴研究向社会学领域的“扩散”与“回家”

由于本书在一级学科分类上属于社会学，所以我们关注的焦点还是社会学领域的合作范畴。

虽然古代时期的哲学曾经是一门包罗万象的学科，但近现代时期出现了学科分化现象，在学科分化之后又出现了“再分化”（一级学科下的二级乃至三级学科）现象。分化后的学科又相互交叉、相互渗透，出现多学科、跨学科等现象。这就是现代“学术生态”和“学科生态”的基本状况。

在现代学术生态和学科生态中，一方面，必须承认学科交叉、学科再分化、跨学科、多学科的重要性；另一方面，必须承认“学科划分”和“学科分野”之存在也并未被完全颠覆，需要承认学科划分和学科自立的重要性。

一方面，在这个学术背景下，对于那种从其他学科的合作范畴研究转向社会学领域的合作范畴研究，我们可称为合作范畴研究的“扩散”；另一方面，由于合作范畴研究本是社会学学科领域的“内蕴范畴”，我们又可以说这是合作范畴研究在社会学学科外“漂泊”后的“回家”。

在现代学术王国中，社会学是最重要的门类之一。社会学中学派林立，不同的理论家提出了许多重要的社会学范畴。在社会学的“范畴体

---

① 马丁·诺瓦克、罗杰·海菲尔德：《超级合作者》，龙志勇、魏薇译，浙江人民出版社，2013，中文版序，第Ⅸ页。

系”中，可以把“社会”和“个体”看作社会学研究的“起始性”范畴。从理论逻辑上看，在有了许多不同的个人存在之后，如果没有“合作”，就必然出现“一切人对一切人的战争”，则任何集体、任何“社会”都不可能存在。由此来看，没有个体之间的合作也就不会形成社会。在这个意义上，“合作”理应成为社会学范畴体系最重要的范畴之一。可是，在社会学的理论发展进程中，“合作论”竟然未能在社会学的“理论丛林”中占有一席之地，“合作范畴”也未能在社会学的“范畴体系”中崭露头角。

特纳在《现代西方社会学理论》中把众多社会学家的理论观点体系划分为五大类——功能论、冲突论、交换论、互动论和结构论，[①] 其中明显地缺少了“合作论”这个类型。

在社会学概念体系方面，卡泽纳弗认为社会学有“十大概念”——社会组织、文明、知识社会学、类型学、古代性、进化论（文化的和社会的）、角色与地位、分层、社会阶级、社会流动（纵向）。[②] 在这“社会学十大概念”中，“合作”也成为一个“缺席”的概念。

从以上所述特纳对社会学五大类理论观点体系的总结和卡泽纳弗对社会学十大概念的总结中可以看出，在以往的社会学理论体系中，“合作”是一个被严重忽视的概念。虽然不能说以往的社会学家完全遗忘了对合作问题的研究，但至少也必须说合作在以往的社会学理论体系和概念体系中仅仅占据一个被冷落的边缘性位置。

进入 21 世纪，我国明确提出建设和谐社会的任务。最近几十年中，我国社会学家在研究和谐社会和社会和谐方面做了许多工作，在这方面发表和出版了许多论著，取得了许多学术成果。

很显然，在和谐社会的建设中，“合作”是一个内蕴性的概念。因为没有合作就不可能有和谐。这也就意味着，“合作”理所当然地应该成为和谐社会和社会和谐研究的关键要素和内容之一。可是，目前我国学术界还没有对合作范畴的研究给予足够的重视。

虽然本书只聚焦于“工程合作”这个特定的合作方式和类型，但我

---

① 乔纳森·H. 特纳：《现代西方社会学理论》，范伟达主译，天津人民出版社，1988。

② 让·卡泽纳弗：《社会学十大概念》，杨捷译，上海人民出版社，2011。

们希望能够借此推进对合作范畴的一般性研究。

在聚焦于具体分析工程合作范畴之前，我们想先对合作的类型划分问题进行一些简要讨论。

（二）合作的类型划分问题

不同的合作类型有不同的特点，虽然有时也需要在不区分具体类型的情况下对合作问题进行整体性研究，但往往更需要对不同类型的合作分别进行类型性研究。

在划分合作的类型时，主要有两种分类方法和标准。

第一，可以依据“合作活动的社会内容和社会性质”进行分类，这是最常用的对合作的分类方法。

根据这个标准可以划分出经济合作、政治合作、军事合作、文化合作、技术合作、科学合作、工程合作等。在这方面，由于经济合作、科技合作等类型的合作已经是社会生活中的重要现实问题，对这些问题已经有了一些经验研究和政策研究论著。

第二，可以依据“合作的方式特征”进行分类，这也是一种重要的分类标准和分类方法。可是，迄今还鲜见有人依据“合作的方式特征”来讨论合作的不同类型问题。

如果以“合作的方式特征”为分类标准，可以划分出哪些不同的“合作”类型呢？以下就着重讨论由于合作“方式不同”而出现的不同的合作类型问题。

一是可以着眼于相关的因果关系划分出“以合作为结果的合作”和“以合作为前提的合作”这两种不同的类型。实际上，在《合作的进化》一书中就既有“以合作为结果的合作”，又有“以合作为前提的合作”，只是书中未明确指出这是两种不同类型而已。[①] 可以看出，在工程社会学领域，以“项目部”“企业”为组织形式的合作都属于“以合作为前提的合作”。

二是可以划分出“外部合作”和“内部合作”这两个不同的合作类型。回顾历史，我国20世纪50年代的农村社会主义改造中出现过互助

---

① 罗伯特·阿克塞尔罗德：《合作的进化》（修订版），吴坚忠译，上海世纪出版集团，2007。

组、初级农业合作社和高级合作社等不同的农业合作类型；城市工商业领域出现过“加工订货”“代购代销”“公私合营”等不同的合作类型。当前我国农村出现了“龙头企业”、农业技术协会、“农业专业合作社”等不同的合作方式。如果依照“外部合作”和“内部合作”进行分类，可以看出，农业的互助组、工商业的加工订货和代购代销，以及当前我国农业中的“公司加农户”大体上属于“外部合作”类型，而高级合作社和“公私合营”则基本上属于“内部合作”。当前我国农业中的“农业专业合作社”则情况多样，其中有一些属于“内部合作”类型，有一些属于“外部合作”类型，也有一些属于“外部合作”和“内部合作”的“中间类型”。

本书关注的对象是工程活动中的合作问题。如果以企业或项目部为研究单位，则工程合作既涉及内部合作又涉及外部合作。[①] 内部合作和外部合作都很重要，限于篇幅，本节以下内容主要讨论内部合作问题。

三 工程合作：工程社会学的一个基本范畴

（一）工程合作的本性及其与人类其他合作方式的比较

在人类多种多样的合作类型中，工程合作是最重要的合作方式和类型之一。应该怎样认识工程合作的本性呢？

恩格斯认为，“马克思发现了人类历史的发展规律，即历来为繁芜丛杂的意识形态所掩盖着的一个简单事实：人们首先必须吃、喝、住、穿，然后才能从事政治、科学、艺术、宗教等等”[②]，而工程活动正是人类为了满足“吃、喝、住、穿”的需要而进行的合作。

马克思说：“人是类存在物，不仅因为人在实践上和理论上都把类——他自身的类以及其他物的类——当做自己的对象；而且因为——这只是同一种事情的另一种说法——人把自身当做现有的、有生命的类来对待，因为人把自身当做普遍的因而也是自由的存在物来对待。”马克思又说：“生产生活就是类生活。”[③] 由于在“类存在物”和“类生活”

---

① 在《工程社会学导论：工程共同体研究》（李伯聪等，浙江大学出版社）一书第十二章中讨论了有关外部关系和外部合作的一些问题，

② 《马克思恩格斯选集》第3卷，人民出版社，2012，第1002页。

③ 马克思：《1844年经济学哲学手稿》，人民出版社，2014，第204、205页。

概念中包含着人与人合作的含义，我们就可以认为工程合作是人的“类本质”的表现和体现。

工程合作与军事合作、科学合作等其他方式的合作相比，有许多自身的特点。

工程活动是政治要素、经济要素、技术要素、资源要素、伦理要素等许多要素的集成，这就使一些工程活动甚至可能带有较强的“政治色彩”，但这并不妨碍我们肯定政治活动和工程活动是两类不同的社会活动，政治合作和工程合作是两类不同的合作。

在原因、性质、目的、方式、过程、结果等方面，政治合作、军事合作、科学合作与工程合作都有许多不同之处。

在政治合作，特别是军事合作中，往往可以看到“敌对双方”面对“敌对的第三方”而“暂时合作”的情况，这时的合作仅仅是“敌对双方”出于暂时性策略而进行的合作，这就使这种合作成为“策略考虑的结果”。从合作方式的特点看，政治合作、军事合作活动中常常出现“作为结果的合作”，而工程合作基本上属于“作为原因和前提的合作”。

科学合作的目的是追求和探索真理，军事合作的目的是克敌（共同的敌人）制胜，而工程合作的目的是互利共赢、创造使用价值、适应人类生存和发展的需要。

在工程活动中，“我、你、他”“团结”为“我们”。“我们”通过工程合作而互利共赢、共同生存、共同发展，而不是像战争活动和军事合作那样以“保存自己，消灭敌人”为目的。还应该强调指出，我们可以设想在工程活动中出现和实现“全人类”的合作，却不可能出现“全人类”的“军事合作”，因为“全人类”的“军事合作”实际上就意味着“战争的消灭”和“军事合作”的“消亡”。由此可以看出，工程合作与军事合作在本性上是存在根本性区别的。

与追求真理的科学共同体不同，工程共同体是追求利益和效用的共同体，工程人以利益和效用为行动的目的。与经济人假设中只强调经济人的个人目的不同，工程人假设不但承认在工程活动中有“个人目的”，而且承认和强调工程活动中有“工程集体”的“集体目的”和“集体利益”。工程人（工程从业者）必须组织成为工程共同体（企业、项目部等）进行集体合作，才能实现集体的目的和个人的目的。①

（二）工程合作在工程社会学中的位置和意义

在工程社会学理论体系中，工程合作是工程社会学的基本范畴之一，在工程社会学理论体系中占据了核心性位置。

同样是合作，家庭成员的合作活动缘于“天然的血缘关系”。与“先天性”的家庭合作关系不同，工程活动是“后天形成”的合作关系。在工程活动中，“成员的合作愿望和形成合作关系”是进行工程活动的必要“前提条件”。没有这个前提条件，工程活动就不可能进行。在工程活动中，工程合作不但是工程活动的必要前提，而且是工程活动的基本内容和直接场景。

工程活动是以合作为前提的合作，这就使合作成为个体在进行工程活动时的直接场景（context）。如果说经济人的活动场景首先是“市场竞争场景”，那么，工程人进行工程活动的直接场景就是“工程合作场景”。

在西方经济学理论体系中，经济人是一个基本概念，而合作概念只是一个“派生性”的概念，“要合作”是经济人进行“理性算计”的“结果”。

在工程社会学领域，“合作”却成为一个基础性概念。对于工程活动来说，“合作”成为工程活动的前提条件，而不仅仅是最后的结果。在工程活动过程中，“工程人”免不了也会有诸多“理性算计”，但这些“理性算计”都是在工程合作“前提下”和“范围内”的“理性算计”。这就意味着在工程社会学的理论体系中，“合作”是一个比“理性算计”更基本的概念。

以上分析告诉我们，“工程合作”范畴是工程社会学最重要的范畴之一。

（三）工程合作的目的、条件、纽带和过程

1. 工程合作的“集体目的”和成员的“认同”问题

工程活动是有目的的人类活动，它不同于无目的的自然进程。由于

---

① 李伯聪：《略论社会实在——以企业为范例的研究》，《哲学研究》2009年第5期。

工程活动是集体活动，这就出现了“集体目的”问题。

虽然在中国学术界基本不存在关于是否应该承认有无“集体意识”和“集体目的”的问题，可是，在个体主义方法论占主流的西方学术界，许多学者只承认有“个人意识”和“个人的目的”，而否认在“个人意识”之外还存在“集体意识”，至多承认可以把“集体意识”“还原”为“个体意识”。可是，也有塞尔（J. R. Searle）和图莫拉（R. Tuomela）等学者提出了相反的观点。图莫拉提出必须区分“我－模式”（i-mode）和“我们－模式”（we-mode）。[①] 塞尔也力主“我们意识”不能“还原”为“我意识”。他说：“‘我意识’（i consciousnesses）的集合，甚至加上信念，并不意味着形成‘我们意识’（we consciousnesses）。集体意向性的关键要素是一种共同做（需要、信念等）某事的感觉，而每个人所有的个体意向性派生于他们共同享有的集体意向性。”[②]

如果从社会心理学观点看“个体目的”和“集体目的”的相互关系问题，可以认为在二者之间架起桥梁的是“社会认同”。如果有了许多个人对集体目的的“认同”，这个集体目的就是“实在”的；如果有某个人提出了某个“集体目的”但它没有取得任何一个其他个体的社会认同，那么这个所谓的“集体目的”就不是一个“实在”的“集体目的”，而只是一个“虚幻”的“集体目的”。

在一个集体中，其不同个体在“认同”集体目的程度和方式上可能有很大差异，这就导致在“个体目的”“集体目的”“对集体目的的个体认同程度和方式”三者之间出现了复杂的关系和情况。本章第二节中将再度涉及这个问题，并进一步进行分析。

2. 工程合作的前提、条件和纽带

与家庭合作以先天的血缘关系为前提不同，工程合作活动以树立共同认同的集体目的为前提，我们也可称之为工程合作的“思想前提和条件”。

工程合作不但需要有思想方面的前提和条件，而且需要具备物质方面的前提和条件。所谓物质方面的前提和条件不单是指必须具备先期的

---

① R. Tuomela, “The We-mode and the I-mode,” in F. F. Schmitt, ed., *Socializing Metaphysics: The Nature of Social Reality* (Lanham: Rowman & Littlefield Publishing, 2003), p. 93.

② J. R. Searle, *The Construction of Social Reality* (London: The Penguin Press, 1995), p. 26.

“资源要素”“资本要素（投资）”，更是指土地、工具、工程设备和机器等生产资料。在工程活动中，人不是赤手空拳地行动，而是依靠和运用生产资料进行工程活动的。没有必需的生产资料作为物质前提或基础，就不可能进行工程活动。

富兰克林提出人是制造工具的动物，技术哲学家又进一步指出人不但是工具的制造者而且是工具的使用者。

在西方经济学和社会科学中，方法论个人主义和方法论整体主义曾经进行了长期的争论。[①] 双方在个人的实在性和集体（群体）的实在性问题上观点不同，其中许多分析和观点不但涉及经济学问题，而且涉及了哲学、社会心理学、经济社会学和工程社会学问题。

在研究工程活动时，由于工程活动是集体活动，而集体又是通过一定的纽带把社会中“离散”的个人连接在一起而形成的，这就凸显了纽带问题。

不同的纽带和不同的纽带连接方式形成了不同类型的集体。对于从事工程活动的集体来说，“工程合作集体的形成”和“工程合作活动的进行”主要依靠三个纽带——思想纽带、物质纽带和制度纽带。

上文谈到的思想方面的前提和条件与物质方面的前提与条件也就是思想纽带和物质纽带。以下再谈制度纽带问题。

对于制度（institution）问题，凡勃伦、康芒斯等人早就给予了关注，他们创立了老制度经济学。后来，科斯、诺斯、威廉姆森等人创立了新制度经济学，[②] 科斯、诺斯、威廉姆森三人都获得了诺贝尔经济学奖。更值得注意的是，制度主义（institutionalism）不但在经济学中大显身手，而且在政治学、社会学等领域中也产生了较大影响。[③] 制度早已成为了一个重要的社会科学概念。在研究工程合作问题时，制度纽带的作用是无论如何也不能忽视的。

如果三条合作纽带强大而有力，工程合作的集体就是“良性集体”，

---

① 马尔科姆·卢瑟福：《经济学中的制度：老制度主义和新制度主义》，陈建波、郁仲莉译，中国社会科学出版社，1999，第32~61页。

② 马尔科姆·卢瑟福：《经济学中的制度：老制度经济学和新制度经济学》，陈建波、郁仲莉译，中国社会科学出版社，1999。

③ 何俊志、任军锋、朱德米编译《新制度主义政治学译文精选》，天津人民出版社，2007。按：该书“第四部分”为“社会学制度主义”，收录了三篇文章。

工程合作活动就会“良性运行”；如果三条合作纽带出现问题变得松弛，工程合作的集体就会成为“病态集体”，工程活动就只能“病态运行”；如果这三条纽带瓦解或消失，工程合作集体就要瓦解，工程合作活动就要停止或崩溃。

第二节　工程合作的结构、机制、摩擦、权衡和协调

上文指出了“工程人的工程合作”是工程活动的基本内容和基本场景，工程合作是工程社会学基本范畴。本节将着重论述“工程合作”的内部岗位结构及集成和耦合机制问题，以及“工程合作”中的摩擦、博弈、权衡和协调等问题。

一　工程合作的“内部岗位结构”及“集成和耦合机制”问题

（一）工程合作中“工程人”的“角色分化”和工程合作中的“内部岗位结构”问题

1. 工程合作中“工程人”的“角色分化”和“岗位分工”：“经济学视角”的分工概念和“工程社会学视角”的分工概念

上文在认识和分析“工程人”概念时着重强调的是“工程人”的共同本质和共性特征。可是，在进行实际的、具体的、现实的工程活动时，工程活动的“诸多参与者”又必然发生“角色分化”，必须进行合理、适当的“分工”，在“不同的岗位”上各司其职、协同努力，才能够实施和完成具体的工程活动和工程任务。

工程活动没有角色分化和岗位分工不行，没有分工后的合作也不行。工程活动必须是既有分工又有合作的结构、机制和过程。

经济学家已经对分工有了许多研究，斯密在《国富论》中和马克思在《资本论》中的研究更是许多人都熟悉的。马克思《资本论》中不但有专章（第十一章、第十二章）分别讨论协作和分工，而且其他章节中也有许多对这个问题的精辟分析和阐述。

孙广振在《劳动分工经济学说史》中说：“在政治经济学作为一门独立学科，从17世纪与18世纪早期的科学探究中分立出来时，劳动分工作为重要的研究课题，不仅在重商主义者以及前斯密时代从事体系化

努力的学者们各种不同著述中受到了非比寻常的关注，而且还常常被当作统摄全局的核心概念或核心概念之一，用来分析财富和商业现象。"①

经济学是一门特别注重研究效率，特别是经济效率的学科。经济学家关注分工问题的首要原因也是分工可以提高效率。因为分工与合作是一个硬币的两面，经济学家在研究分工时也不可避免地涉及了合作问题。

正因为分工与合作是一个硬币的两面，工程社会学在研究工程合作时也不可避免地要涉及分工问题。

也就是说，从研究对象方面看，分工不但要成为经济学的研究对象而且要成为工程社会学的研究对象。于是，分工就不但要成为一个"经济学概念"，而且要成为一个"工程社会学概念"。

那么，经济学的分工概念和工程社会学中的分工概念有何关系呢？

一方面，必须承认，经济学的分工概念和工程社会学中的分工概念绝不是两个互不相关的概念；另一方面，又要注意，二者在"含义重心"和"学科旨趣"上又是有许多差别的概念。

从对象上看，经济学的分工概念和工程社会学中的分工概念所面对的是"统一"的"现实生活中的分工现象和分工现实"，这就导致了经济学的分工概念和工程社会学中的分工概念存在密切联系，二者在含义上有许多共同和相通之处。但这也并不意味着经济学的分工概念和工程社会学中的分工概念是两个完全相同的概念，因为经济学和社会学毕竟有不同的理论观点、理论视角和研究方法。②

作为两门不同的学科，经济学和工程社会学在认识和分析社会现象时有不同的观点、视角和方法，这就使得经济学的分工概念和工程社会学中的分工概念在"含义重心"和"认识旨趣"上有了一定的差别。

从概念的"含义重心"来看，经济学分工概念的"含义重心"和"认识旨趣"首先在于"提高经济效益"，而工程社会学中分工概念却另外有其首要的"含义重心"和认识旨趣。

那么，工程社会学中分工概念的"含义重心"和工程社会学认识

① 孙广振：《劳动分工经济学说史》，格致出版社、上海三联书店、上海人民出版社，2015，第2页。

② 可以顺便指出，经济学中的"宏观""微观"概念与物理学中的"宏观""微观"概念是"内涵"互不相关的概念。

“分工”的“认识旨趣”和理论重点是什么呢?

工程社会学分工概念的“含义重心”是“在分工基础上的合作”,其“认识旨趣”和理论重点是“通过分工合作而创造新的工程能力,完成新的工程任务”。

在一定意义上可以认为,经济学理论体系更关注对分工的研究,而工程社会学理论体系要更关注对工程合作的研究。

斯密对分工的经典研究就鲜明而突出地体现了经济学研究分工概念的特点和“认识旨趣”。

而值得特别注意和深入辨析的是马克思对分工问题的认识和研究。

马克思是一位经济学家,《资本论》是一本经济学著作,但马克思同时也是公认的社会学先驱,《资本论》中也有许多精辟的社会学观点、深入的社会学分析和发人深思的社会学思想。我们完全可以说,马克思不但是经济学家,也是社会学家。

在分析马克思的分工观点和分工理论时,可以看出,“马克思的分工理论”不但表现出了浓重的“经济学内涵”和“经济学色彩”,而且表现出了浓重的“社会学内涵”和“社会学色彩”。对比斯密《国富论》中对分工的认识和马克思《资本论》中对分工的认识,我们甚至可以认为,斯密对分工的认识更多体现了经济学的观点和旨趣,而马克思对分工的认识更多体现了社会学的观点和旨趣。

本书是一本工程社会学著作,这里不再涉及“马克思的分工理论”中的“经济学内涵”问题,而仅仅着重于分析和阐述“马克思的分工理论”中的“社会学内涵”和“社会学旨趣”问题。

为此,需要首先关注马克思对机器范畴的认识。

对于机器范畴,马克思明确指出:“把机器说成一种同分工、竞争、信贷等等并列的经济范畴,这根本就是极其荒谬的。机器不是经济范畴,正像拉犁的牛不是经济范畴一样。”①

可是,马克思在《资本论》第1卷(中文版)中写了篇幅很长的“第十三章”分析和研究“机器和大工业”。第十三章有173页,其长度远远超过了第十一章“协作”的15页和第十二章“分工和工场手工业”

① 《马克思恩格斯选集》第4卷,人民出版社,2012,第412页。

的36页。从这个数字对比中，特别是从对这三章有关内容的分析中，我们可以得出一个结论：马克思在这三章中分析和研究分工问题时，不但运用了“经济学观点和方法”而且更加重视运用“社会学观点和方法”。

马克思运用“社会学观点和方法”提出了对分工的基本认识。

马克思说：“一个骑兵连的进攻力量或一个步兵团的抵抗力量，与每个骑兵分散展开的进攻力量的总和或每个步兵分散展开的抵抗力量的总和有本质的差别，同样，单个劳动者的力量的机械总和，与许多人手同时共同完成同一不可分割的操作（例如举起重物、转绞车、清除道路上的障碍物等）所发挥的社会力量有本质的差别。”“这里的问题不仅是通过协作提高了个人生产力，而且是创造了一种生产力，这种生产力本身必然是集体力。”①

马克思还深入分析和阐述了机器生产时代“工程合作”的原因、意义和重要性。马克思指出：“在工场手工业中，社会劳动过程的组织纯粹是主观的，是局部工人的结合；在机器体系中，大工业具有完全客观的生产有机体，这个有机体作为现成的物质生产条件出现在工人面前。”“因此，劳动过程的协作性质，现在成了由劳动资料本身的性质所决定的技术上的必要了。”②

根据马克思的这些分析，结合当代工程合作的现实表现，我们可以清楚看出工程活动中分工概念的“含义重心”和“分工旨趣”所在——“通过在分工基础上的合作关系而完成个体所不可能完成的任务”，创造出与“个体能力”不同的“集体生产力”。

经济学研究分工的旨趣更偏重于效率问题，而工程社会学研究分工的旨趣更偏重于作为集体的“整体能力提升”和“整体结构与功能”。

2. 作为“合作活动的整体”的企业：没有内部结构的“黑箱”还是有复杂内部结构的整体？

工业革命以来，工程活动的常见主体是工厂、公司、企业（firm、enterprise）。一般来说，没有人否认企业是一个从事经济活动和工程活动的整体，因而，企业无可置疑地成为一个重要的经济学概念。可是，在

---

① 马克思：《资本论》第1卷，人民出版社，2004，第378页。

② 马克思：《资本论》第1卷，人民出版社，2004，第443页。

西方主流经济学理论中企业却成为一个“黑箱”。

普特曼说：“工商企业（business enterprises）或企业（firms）在经济理论中处于核心地位。但是，直到最近，主流经济学对它们的描述还是相当不完整的。虽然很多经济学分析把个人作为分析单位，但企业自身被看作是经济中的‘原子’，几乎没有人深入到企业内部了解它们的构成方式。”[①] 诺贝尔经济学得主德姆塞茨说：“在新古典理论中，企业不仅仅是一个‘黑箱’，而且是一个专业化的黑箱。”[②] 钱颖一说：“传统的新古典微观经济学，无论是‘局部均衡’理论，还是‘一般均衡理论’，都是研究市场均衡的理论，其主题是研究价格在平衡供求关系中的作用。为了这一目的，企业则被简化为一个假定，即‘使利润最大化’，正如消费者使效用最大化一样。在这种研究传统下，企业本身是一个‘黑匣子’。”[③] 在许多西方主流经济学家的心目中，“从论证价格机制有效性的角度，企业内部组织及其活动方式是无关紧要的，只要把它假设为一个向市场提供产品的、充分有效的专业化生产者就足够了。因而，在新古典经济理论中，企业不仅仅是一个‘黑箱’，更重要的是一个完全同质的从事专业化生产的‘黑箱’”[④]。

在现实社会中，企业是具有复杂内部结构的进行工程活动的主体。为了打开这个黑箱，具体揭示其内在本性和复杂结构，需要经济学、法学、社会学、管理学、工程学、心理学等不同学科的跨学科协作和共同努力。

如果运用社会学方法打开这个黑箱，可以看到企业是由不同角色、形形色色的岗位有机结合在一起而构成的集体。不同的企业、不同的项目有不同的角色结构、岗位结构和岗位设置。

角色本是一个戏剧学术语，后来又成为一个重要的社会学和社会心理学术语。对于角色的定义，主要有两种观点。“一种是社会角色的社会学观点，这种观点侧重于从社会关系、社会规范、社会地位、社会身份

① 路易斯·普特曼、兰德尔·克罗茨纳编《企业的经济性质》，孙经纬译，上海财经大学出版社，2000，“中文版序”第2页。

② 哈罗德·德姆塞茨：《企业经济学》，梁小民译，中国社会科学出版社，1999，第10页。

③ 钱颖一：《现代经济学与中国经济改革》，中国人民大学出版社，2003，第81页。

④ 刘刚：《企业的异质性假设——对企业本质和行为的演化经济学解释》，中国人民大学出版社，2005，第11页。

的角度下定义。”“另一种是社会角色的社会心理学观点，这种观点侧重于从个体行为、行为模式的角度下定义。”① 在工程社会学研究中需要把这两种观点和定义结合起来。

由于工程社会学的研究对象更加具体，在工程社会学研究中，不但需要运用一般社会学理论中的角色概念，而且有必要运用更具体、更常用的“职位（职务）”和“岗位”这两个概念。

“岗位”的百度百科条目显示：“职位是组织重要的构成部分，泛指一个阶层（类），面更宽泛，而岗位则具体得多。”“岗位与人对应，通常只能由一个人担任，一个或若干个岗位的共性体现就是职位，语义拓展则代表职务即职位可以由一个或多个岗位组成。比如：制造型企业的生产部门的操作员是一个职位，这个职位由很多岗位的员工担任。如果具体到某个工序的，即是岗位了，比如钻孔操作员，操作员的职位可能由钻孔操作员、层压操作员、丝印操作员等岗位组成。”②

也就是说，在工程社会学中，角色（例如管理者角色、工人角色）是比职位（例如“副主任”“科员”“操作员”等）更宽泛的概念，职位是比岗位更宽泛的概念，而岗位则是指与个人联系在一起的概念。工程社会学在今后的发展中如果能够把角色理论和工程现实中的职位和岗位问题结合起来进行分析和研究，一定会取得许多新的研究成果。

不同的角色、不同的职位、不同的岗位就意味着分工。

虽然分工是许多人都熟悉的经济学概念，亚当·斯密关于手工工场中分工的记述在经济学领域无人不知，甚至还有少数经济学家认为分工与市场的关系在古典（政治）经济学中占据核心地位，可是，经济学历史和现实的实际情况却是，在亚当·斯密之后，“作为一个研究主题，劳动分工要么只是被大多数经济学家浅尝辄止地涉及，要么就是完全为他们所忽略”③。

“分工”是极其重要的。分工的重要性不但表现为可以通过分工而提高工作熟练程度和效率，更表现为如果没有分工，许多“复杂”的工

① 奚从清：《角色论——个人与社会的互动》，浙江大学出版社，2010，第5页。

② 百度百科条目“岗位”。

③ 孙广振：《劳动分工经济学说史》，格致出版社、上海三联书店、上海人民出版社，2015，第2页。

程活动都不可能实施和完成。

从哲学、社会学和经济学角度看，“工程分工”的本质是把“工程活动的整体性结构和功能”“下行分解”。

工程合作是“工程分工”的“对立面”。工程活动中不可以没有分工，同时也不可以没有合作。工程合作的本质就是要把“工程活动的个体化和要素化岗位和角色”“上行集成（或曰综合）”为“具有完整功能和结构的整体”。

在工程社会学中，不但分工问题重新得到重视，作为分工对立面的合作问题也被关注到。工程活动、工程组织、工程管理的核心问题不但表现为如何合理进行“下行分工”，而且表现为如何“上行集成合作”，如何把不同的“工种”（这里对其做“广义解释”，使其不但适用于“工人群体”而且适用于“工程师群体” “管理人员群体”）和“岗位”，“集成”“结合”“建构”为一个拥有“整体性岗位结构和整体性功能”，“可以实施完整的工程活动”。

在工程社会学中，企业、项目部等工程活动整体的“岗位结构”问题成为一个核心性的内容和主题。

（二）工程合作的集成和耦合机制问题

在研究工程合作问题时，不但必须研究“岗位结构”这个关键问题，而且必须研究集成和耦合机制这个关键的问题。

工程活动的集体或整体不是混沌的整体，不是凭空而来的，而是通过“集成和耦合过程”形成的，是通过集成和耦合机制来保障其正常运行的。

所谓的集成和耦合有两个含义：一是指把“个体”集成和耦合为“整体”，二是指把“部分”（例如小组、车间、工序、部门等）集成和耦合为“整体”。

一个人如果想进入一个工程集体，或者从另一方面说，一个工程集体如果想“吸收”某个人进入这个集体，一个前提条件就是这个人需要在这个集体中占据一个特定的“结构性位置”，更具体地说是一个岗位。如果没有相应的职务设置或岗位无空缺，这个人就不能进入这个集体。[①]

---

① 这里不讨论“冗员”之类的情况。

企业必须根据“合理岗位结构”的需求把“不同角色”“不同岗位”的“个人”“集成”为一个有机的整体，而不能把“随便的”“个体”胡乱拼凑在一起。这些都是常识，无须多言。

一般来说，岗位是就个体而言的，岗位结构是就整体而言的，集成和耦合是就岗位之间的动态关系而言的。

集成和耦合既是过程又是机制。耦合的方式既可以是横向耦合（例如公司各事业部的耦合），也可以是纵向耦合（例如工程活动中的“垂直领导关系”）。

在工程活动中，不同职业、不同岗位的成员必须根据工程活动的需要密切合作、合理集成、有机耦合，这才能使工程活动顺利进行。

工程合作的集成和耦合机制涉及许多问题，但对这些问题的深入研究尚不多见。

二 工程合作中的内部摩擦和博弈问题

（一）企业和工程活动中的摩擦

古典政治经济学理论体系承认个人是市场中的决策主体，是消费的主体。可是，古典政治经济学在研究劳动过程时，不承认“有分工的劳动者”是公司内部的单独利益主体和个人行动的决策主体，因此也没有考虑“相互分工的有关角色”可能出现的各种矛盾问题。可是，工程社会学在分析和研究工程活动时必须把这些矛盾摩擦问题纳入研究视野，把工程共同体和工程活动的运行过程看作有内部矛盾、有内部摩擦的运行过程。

在工程活动进行过程中，工程共同体成员间难免会出现这样或那样的矛盾和摩擦，这就使工程活动过程势必成为一个充满摩擦的过程。

1. 交易费用经济学的摩擦概念和工程社会学的摩擦概念

以上的许多分析和研究中，常常把经济学的相关概念或相关理论作为“研究背景”或“理论参照系”。以下要研究工程活动中的摩擦问题，我们也不妨仍然把经济学对摩擦的认识作为“研究背景”和“理论参照系”。

摩擦原来是一个物理学概念。在日常语言中，人们常常在贬义上用“摩擦不断”来相容一个集体中“不正常的”“内耗”现象。好像没有摩擦才是正常现象。

那么，在工程共同体和工程活动中，能否没有摩擦呢？

从理论上和方法论角度看，确实可以先不考虑摩擦问题，并且许多理论家（这里先关注经济学领域）在进行理论研究时也没有考虑摩擦问题和摩擦现象。

在经济学中，“交易费用经济学家”首先在理论上关注了“经济摩擦”问题。交易费用经济学的开创者是科斯，而威廉姆森在推进交易费用经济学上功绩卓著。他们都获得了诺贝尔经济学奖。

早先的经济学家没有考虑经济活动的交易费用问题，从理论上看也就是假设交易费用为零。威廉姆森把交易费用比喻为物理学中的摩擦力，他认为正像现实物理世界不是没有摩擦力的世界一样，现实的经济活动也不可能是没有交易费用的经济活动，他批评那种忽视制度和交易费用的经济学是脱离实际的经济学。[①] 根据这种理解和解释，交易费用，即经济摩擦力成为正常的经济现象，那种没有交易费用的经济活动就成为脱离实际的乌托邦。按照这种理解和解释，摩擦成为一个不带贬义的、中性的隐喻。本书有时也在这种“描述性”和“中性”的含义上使用摩擦这个隐喻。

目前，交易费用已经成为影响很大的理论概念。工程社会学有必要借鉴交易费用经济学的有关思路和方法，把摩擦概念“移植”到工程社会学中当作一个“工程社会学概念”进行分析和研究。

如果说，在交易费用经济学中，摩擦主要是指交易费用，那么在工程社会学中，摩擦的含义和所指就更加广泛而复杂，可指在集体合作的工程共同体和工程活动中的各种矛盾。

工程活动中的摩擦在本性和基本特征上有何特点呢？

工程活动以工程合作为基本内容、基本目的和基本场景，这就使工程活动中的摩擦不是“对抗性矛盾”，而是以合作为目的和以合作为约束条件的矛盾，这就是工程摩擦的基本性质和基本特征。

从“摩擦主体”和“相互关系”上看，“摩擦主体”不但可以是工程共同体内部的诸多个体（包括作为个人工程师、工人、各级管理者乃

---

① 奥利弗·E. 威廉姆森：《资本主义经济制度：论企业签约与市场签约》，段毅才、王伟译，商务印书馆，2004，第31~33页。

至总经理）和“作为整体的集体”，也可以是“工程活动集体”中的“部门”、“部分”或其他多种多样的“小集体”。这就使工程活动和工程共同体中的“摩擦关系”变得极其多样、变化万千。

一般来说，摩擦首先是指工程集体中的“内摩擦”。内摩擦也就是“内博弈”。同时我们也要承认和高度注意“外摩擦”（工程活动集体与外部环境的摩擦）现象。

从规范研究和实证研究角度看，在摩擦这个概念和摩擦现象中，既需要研究作为“中性现象”的摩擦（下文将把摩擦这个术语与博弈联系在一起），又需要研究作为“病态现象”和“非正常现象”的摩擦。

2. 工程活动和工程共同体中摩擦的原因和处理摩擦的机制问题

本章第一节谈到了合作的前提、条件和纽带，可以说它们也是合作的原因。耐人寻味的是，这些合作的原因也蕴含了（或曰“埋伏”了）摩擦的原因。

以下仅着重对合作的“纽带”问题进行一些分析。

工程共同体是利益共同体。这就决定了“共同利益”“共同目的”成为工程共同体成员进行合作的首要纽带。这个纽带的一个“直接的”表现就是个体对工程项目目的、对企业目的的某种认同和企业对个人利益的某种承诺。如果没有相应的认同和承诺，一个人就不可能加入某个工程共同体，成为其中的一个成员。

这里出现的问题是，一方面，对于不同的成员来说，其“认同程度”和“认同方式”可能有许多不同；另一方面，对于不同的项目和不同的企业来说，其“承诺条件”和“承诺方式”也可能有许多不同。尤其是许多成员在加入某个企业成为其一员时又怀有或明或暗的“个人目的”。这些情况就导致了“集体目的和集体利益”、“企业承诺”与“个人认同、个人利益、个人目的”三者不可能完全一致，而是会出现这样或那样的差别和矛盾，这就导致难免出现形形色色的摩擦。

除了由于认同差距、目的差异和利益不同而产生的摩擦，制度设计缺陷等原因也会产生许多摩擦。

从直接意义上看，摩擦有损于合作，破坏了合作。可是，由于合作不是“单方面”的事情，企业和工程活动中都会有一定的通过“磨合”而减小摩擦和加强合作的过程和机制。尤其是对于工程活动中的摩擦而言，“摩擦各方”都“以合作为目的”，“要受到合作的约束”。换言之，“摩擦各方”出现摩擦的目的并不是要“瓦解合作”。从这个角度看，我们甚至可以把摩擦“定义”为“通过调整合作方式和条件而重构合作”的行动。应该承认，在现实生活中，确实也往往存在“摩擦各方”无法“重构合作”，合作彻底瓦解的情况。但如果出现了那种情况，工程共同体就不复存在，摩擦也就不存在了。一般来说，出现这种结果时往往是没有真正“赢家”的。

“摩擦各方”都认识到合作彻底破裂对各方都不是最好的选择，换言之，“摩擦各方”都愿意在一定条件下保持合作和继续合作，这就使任何工程共同体和工程活动中都必然有适当的处理摩擦、保持合作的机制，这种机制可以称之为“摩擦处理机制”。

正是由于合作中不可能没有摩擦，特别是摩擦的具体原因和情况、处理摩擦的机制形式多样、态势多样，对于不同的工程共同体和不同的工程活动来说，其合作的态势就会有很大不同。

我们可以借用“连续统”这个术语来表述合作的态势和程度。“连续统”的一端是高度有机合作和较少摩擦的状态，而另外一端是摩擦极其严重、合作濒临瓦解的状态，而在两端之间的是合作程度递减而摩擦程度递增的状态。在工程社会学今后的发展中，应该对这个“合作态势连续统”和“摩擦处理连续统”有更深入的理论概括和更具体的描述方法。

（二）企业和工程活动中的博弈

依据博弈论思路和术语，上文谈到的摩擦过程也就是有关主体做出相应决策和进行博弈的过程。

博弈论把博弈类型划分为合作博弈和非合作博弈、完全信息博弈和非完全信息博弈、静态博弈和动态博弈等。这个基本思路无疑也可以用于研究工程社会学问题，但需要注意，博弈论中对合作博弈和非合作博弈概念的理解与工程社会学中对工程合作和工程摩擦（博弈）的理解并不完全相同。博弈论研究博弈问题时往往更加关注一个“理论上明确设定的博弈条件”，而工程社会学要更加关注工程活动中博弈的“现实条件和情景”。

1. 企业和工程活动中的复杂博弈关系和博弈主体

工程社会学对摩擦内容和含义的解释比交易费用经济学更宽泛，这就使工程社会学中对摩擦主体——博弈主体——的理解更加宽泛。所谓博弈主体不但可以是个人，而且可以是多种多样的“正式组织”（部门、车间、小组等），甚至是“非正式组织群体”。由于这些多种多样的主体在集体中的位置不同，各自的利益诉求不同，对“自身”与“他人”（包括其他“部门”“小组”等）的关系、对“自身”与“整体”的关系认识不同，就必然会出现复杂主体间的复杂博弈关系。特别是工程活动不但涉及微观层面的问题，而且涉及中观和宏观层面的问题，这就使工程活动中的博弈主体和博弈关系变得更加复杂化了。例如，已有学者分析了我国在非洲投资的企业在工程活动中遇到了远比国内复杂的博弈主体和博弈关系。[①]

对于工程活动中作为博弈主体的工人，在劳动社会学中已有许多研究。对于作为博弈主体的投资者和管理者，经济学和管理学中也有许多研究。相形之下，学术界鲜有把工程师当作博弈主体而进行的研究。在这方面，*The Revolt of the Engineers*（可译为《工程师的反叛》）[②] 是一本独树一帜的著作，但这本书的作者莱顿又主要把它看作研究工程伦理学的著作而未把它看作工程社会学著作。

应该特别注意的是，工程师的职业特点和工程师在工程活动的复杂博弈关系中所处的位置都有颇多“微妙之处”。谢帕德把工程师称为“边缘人”（marginal men），因为工程师的“职业和岗位特征”既有劳动者的成分，又有管理者的成分；既有科学家的成分，又有商人（businessmen）的成分。[③] 莱顿（Layton）说：“工程师既是科学家又是商人”，“科学和商业把工程师拉向对立的方向”。[④] 在工程社会学今后的发展中，应该特别注意分析和研究工程师在工程活动和有关博弈中地位和作用

① 李国武、陈姝妤：《东道国政党政治下的劳资博弈：以中色集团在赞比亚的遭遇为例》，载刘世定主编《经济社会学研究》（第三辑），社会科学文献出版社，2016，第1～15页。

② E. T. Layton, *The Revolt of the Engineers* (Baltimore: The Johns Hopkins University Press, 1986).

③ S. Beder, *The New Enginee* (South Yarra: Macmillan Education PTY Ltd., 1998), p. 25.

④ E. T. Layton, *The Revolt of the Ehgineere* (Baltimore: The Johns Hopkins University Press, 1986), p. 1.

问题。

2. 企业和工程活动中的博弈方式和博弈策略

本书已经多次指出，工程活动博弈的突出特点是“其博弈主体以合作为目的”。这就决定了工程活动中的博弈方式主要是正式谈判、暗中较劲、消极敷衍（工人方面表现为怠工，管理者方面表现为敷衍塞责）等。在这些方式不能解决问题的情况下，博弈方式可能从“温和方式”“升级”为“激烈方式”。所谓“激烈方式”就是指“罢工”（工人方面）或“威胁关闭工厂”（管理者方面）等方式。应该注意，罢工行动的真正目的仍然是“以本方的条件重建合作”，而“不是中止和结束合作”。正是因为罢工的真正目的“不是中止和结束合作”，这才使工人在大多数情况下能够通过与罢工同时进行的谈判而在一定条件下结束罢工，工程合作得以在新条件下继续进行。

以上所述并不是说所有博弈都以达成“新条件下的合作”为结果，如果有关博弈主体不能在博弈“谈判”中或其他博弈方式中达成妥协，也会出现合作终止的情况。所谓合作终止，主要有两种方式。对于“个人和集体的博弈”来说，所谓“合作终止”意味着以“辞职”或“解雇”的方式结束“个人与集体的合作关系”。对于“事关整体的有关博弈来说”，就是“集体瓦解”，工程合作彻底终止，原先共同体的成员“散伙”后“各奔前程”。

三　工程活动中的权衡、协调和协同

（一）对权衡、协调和协同的概念分析

1. 权衡的含义和意义

依据最优化理论，博弈主体在制定博弈策略和进行博弈决策时，要以最优化为标准。可是，在现实的企业和工程活动中，博弈主体往往是依据权衡原则进行决策的。权衡的“目的”不是达到“最优化”的目标，而是要在约束条件下达成“次于最优”但可以“满意”的结果。

权衡二字在直接意义上是指秤锤和秤杆，可泛指称量物体轻重的器具、操作和过程。在伦理学和社会学中，权衡成为一个进行现实分析和行动决策的原则和准则。

《孟子·离娄上》云：“男女授受不亲，礼也；嫂溺援之以手者，权

也。”在中国儒家理论中，经与权的关系是一个重大问题。古人和今人都有许多论述。①

在中国传统文化中，孔子已经强烈意识到权衡过程和权衡原则的重要性。孔子说：“可与共学，未可与适道；可与适道，未可与立；可与立，未可与权。”（《论语·子罕》）应该注意，这段话绝不是孔子的贸然言论或即兴话语，而是孔子对人生经验和社会经验的深刻总结和深刻体会。在这段话中，孔子强调了权衡原则的重要性和贯彻权衡原则的难度。

对于工程活动和工程博弈而言，不但必须进行技术领域的权衡，而且需要进行有关的经济、政治、社会、伦理、生态领域的权衡，特别是综合性的权衡，这就大大增加了工程活动和工程博弈中进行权衡和运用权衡原则的难度。

从理论方面看，权衡问题在工程社会学中具有头等重要性和内涵复杂性；从现实方面看，权衡问题对于工程活动的得失和成败具有关键性甚至决定性意义。在工程社会学今后的发展中，应该大力加强和深化对权衡原则和工程合作、工程博弈场景中现实权衡问题的分析和研究。

2. 协调和协同的含义和意义

工程活动中摩擦不断，有关主体常常进行各种博弈。在处理这些形形色色、千变万化的摩擦和博弈问题时，有关主体，特别是代表“整体”的领导者和管理者，必须依照一定的协调原则进行协调工作。一般来说，协调原则及其执行情况往往就是工程合作和工程活动能否得以顺利进行和能否成功的关键。

“协调”、“协同”和“权衡”是三个密切联系又有区别的概念。“权衡”是指对得失、轻重、缓急、取舍的分析和评判，因为工程活动中的所有主体都要进行权衡，所以他们都是进行权衡的主体。“协同”主要是指有“并列”“平行”关系的主体之间的相互配合关系，从而“协同”的主体主要是指工程活动中有“并列”“平行”关系的主体。而“协调”② 主要是指领导者、决策者对“不同的下属”“诸多被领导者”相互矛盾关系的合理处理与分歧要求的适当调整，使之达到的“整体性的相

① 陈瑛主编《中国伦理思想史》，湖南教育出版社，2004，第351～358页。

② 这里暂不涉及所谓“外部协调”问题。

互配合”状态，因而，进行“协调”的主体主要是指工程活动中的领导者、决策者。在工程活动中，摩擦是普遍存在的，有时甚至会出现复杂、严重的摩擦关系，如果领导者、决策者不能合理进行协调，工程活动就难以顺利进行。

在工程活动中，协调是一个处理摩擦、博弈关系和进行合作的基本原则。由于在协调的含义中包含某种“妥协”或“让步”的成分，“协调”原则就与数学中所谓的“最优化”和伦理学中所谓的“绝对命令”有了含义上的差别。

从理论角度看，工程活动中确实应该重视数学中的“最优化”原则与方法，重视伦理学中的“绝对命令”伦理学的严肃含义，但它们都只能作为运用工程方法时的参考要素。工程活动主体不能不加分析地、教条主义地依据数学“最优化”原则和伦理学的“绝对命令”原则办事。

从理论上看和从现实情况进行分析，必须进行协调的原因和坚持协调原则的重要性常常源于具体工程活动所具有的“特殊条件”、“具体环境”和“工程的当时当地性”。

“协调”的含义中包含着某种程度和某种含义的“妥协”“让步”，但这绝不是说可以把“协调原则”与“无原则的妥协”混为一谈。

对于科学活动、科学方法和科学目标来说，在“硬性”的真理标准面前，不能讲“妥协”，不能讲“协调”，不能让“真理”“委曲求全”——“委曲求全”的“真理”便不再是“真理”。可是，在工程活动中，各项矛盾的“要求”和“标准”往往是需要进行“妥协”和“协调”的，对于工程活动来说，必要的“妥协”、高明的“协调”、巧妙的“权衡”往往是工程活动中决定成败得失的关键环节，在“权衡”和“协调”上的失败往往就意味着工程活动的失败。

（二）权衡、妥协、协调和协同与有限理性、合作共赢的关系

在工程伦理学中，有人提出，绝对命令伦理学和协调伦理学是两种不同的伦理学，而工程伦理学属于后一种伦理学。“从理论和方法上看，绝对命令伦理学和协调伦理学是两种不同的伦理学系统和伦理学方法。它们的不同主要表现在六个方面：（一）前者是‘无差别主体’或‘普遍主体’的伦理学，后者是‘类型主体’和‘具体主体’的伦理学；（二）前者是至善、最优、别无选择的伦理学，后者是‘满意’、决策和

协调的伦理学；（三）前者是‘完全理性’假设的伦理学，后者是‘有限理性’假设的伦理学；（四）前者是命令式伦理学，后者是程序和协商的伦理学；（五）前者是普遍性伦理学，后者是情景性伦理学；（六）前者是轻视地方性知识的伦理学，后者是重视地方性知识的伦理学。”①

上述对工程伦理学和协调伦理学的性质和特点的认识基本上也适用于认识工程社会学和工程活动中的协调问题。

20世纪下半叶，著名学者西蒙在《管理行为》②《管理决策新科学》③等著作中提出了有限理性理论和满意决策原则，在管理学、经济学、心理学等领域产生了广泛、巨大的影响。从理论和解决现实问题的角度看，协调和协同的机制和过程并非数学最优化的过程和结果，而是贯彻“有限理性”精神的过程。

在运筹学、管理学中，更加强调最优化，可是，在工程社会学研究工程合作问题时，要更加强调博弈主体的权衡、妥协、协调和协同，强调通过权衡、妥协、协调和协同达到合作共赢的目的。

四 工程运行和工程运行的诊断

（一）工程运行的含义和类型划分——技术运行、经济运行、社会运行、生态运行

我国著名社会学家郑杭生提出“社会学是关于社会良性运行和协调发展的条件和机制的综合性具体社会科学”④。依据这个观点，对于工程社会学来说，其核心问题之一就是要研究工程活动的良性运行问题。

工程活动的运行包括多方面内容——工程的技术运行、工程的经济运行、工程的社会运行、工程的生态运行等。

对于工程的技术运行、经济运行和生态运行的情况，需要分别运用技术知识和方法、经济学知识和方法、生态学知识和方法进行分析和评价。

① 李伯聪：《绝对命令伦理学和协调伦理学——四谈工程伦理学》，《伦理学研究》2008年第5期，第43页。

② 赫伯特·A. 西蒙：《管理行为》，詹正茂译，机械工业出版社，2007。

③ 赫伯特·A. 西蒙：《管理决策新科学》，中国社会科学出版社，1982。

④ 郑杭生：《社会运行论及其在中国的表现——中国特色社会学理论探索的梳理和回顾之一》，《广西民族学院学报》（社会科学版）2003年第4期。

如果从广义上理解社会学的内容，则以上内容都可以包含在工程社会运行的“概念”之内，可是在工程的技术运行、经济运行、生态运行内容都要进行“单独研究”的情况下，我们有必要提出狭义的工程社会运行概念，用于特指除工程的技术运行、经济运行、生态运行之外的内容，上文与工程的技术运行“并列”的工程社会运行概念主要就是狭义概念。

（二）工程运行态势的分析和诊断

人们都希望工程活动处于良性运行状态，可是由于工程活动中不可避免地要出现这样或那样的摩擦，存在多重复杂的博弈关系，有关主体在进行权衡和协调时，有可能比较成功，也可能不那么成功，甚至相当失败，这就使工程活动既可能处于良性运行状态，也可能处于病态运行状态。

探究具体的企业和具体的工程活动究竟处于什么样的运行状态，就是关于企业和工程活动运行状态的诊断问题了。

在进行有关诊断时，正像中医需要通过望闻问切得出诊断结论一样，“工程活动诊断者”（往往是“自我诊断”）也需要通过对上面谈到的有关工程合作的前提、条件、纽带、摩擦、博弈、权衡、妥协、协调等方面情况的调查和分析来做出诊断结论，具体判断工程活动究竟是处于良性运行状态，还是处于病态运行状态。

（三）工程活动的生命周期和工程活动的结局

正像一个人的生命不是永恒的一样，任何具体的工程活动也都不可能永恒存在。正像一个人的生命要经历一个从生到死的生命周期过程一样，工程项目也有自身的生命周期。一般来说，工程活动的生命周期（主要指工程项目的生命周期）包括工程规划、工程决策、工程设计、工程实施、工程运行、工程维修、工程退役等阶段。[①]

在工程活动周期的不同阶段，参与工程活动的具体成员及其结构可能会大有不同。例如参与工程设计阶段的人员组成和人员结构与工程实施阶段会大相径庭，参与工程实施阶段的人员组成和人员结构与工程运行阶段相比又会有巨大变化。尤其是在不同的阶段，可能出现的摩擦内容、博弈主体、博弈方式、权衡主体、协调对象、协调内容等也都会有

① 殷瑞钰、李伯聪、汪应洛等：《工程方法论》，高等教育出版社，2017，第105～133页。

很大变化。所谓工程活动的良性运行或病态运行，在不同阶段，其具体诊断内容和诊断标准也会有许多不同。

在此需要特别指出的是，工程活动最后也要经历“终结阶段”。

工程活动的终结方式，既可能是生命周期完成后的“正常终结”，也可能是不正常的终结。在工程活动的诸多要素（技术要素、经济要素、社会要素、政治要素等）中，不论哪个要素出现了“颠覆性”问题，例如资金严重短缺、关键原材料供应的断绝，都会导致工程活动非正常终结。但这里更关注的是社会要素而导致的“非正常终结”。上文谈到了工程活动的摩擦、博弈都以合作为目的，但同时指出，如果在博弈过程中博弈各方不能达成妥协，协调失败，也可能出现合作最终破裂的情况。在这种情况下，工程活动就不得不在未完成的情况下终止。一般来说，这种结果是有关各方“共输”的结果。

除“非正常终结”外，也有许多工程活动得以完成自己生命周期的全过程，得以“正常终结”。

有人把工程活动的终结阶段称为退役阶段。“工程退役的社会学问题可能涉及如下方面：工程退役后，赖退役工程以生存或发展的人员安置、社会保障问题，如拆迁安置问题、工程移民问题；工程退役所导致的区域社会的结构和秩序的调整，甚至社会变迁问题；由于工程退役涉及社会方方面面，退役过程可能包含巨大经济利益，也可能诱发越轨行为及社会冲突问题；再有就是社会系统动力问题。工程退役的决策和安排，应考虑社会系统动力问题，应该具备成长性原则。也就是说，除非来自于外力的、突发的、不得已的退役，在决策之初就应充分考虑系统动力和成长性因素。而对于外力导致的不得已的工程退役，也要在后续的处置中考虑这个因素，避免社会因工程退役而发生秩序混乱和负向变迁。”①

从工程社会学角度看，在不少情况下，就困难和严重程度而言，在工程退役阶段可能出现的种种摩擦、博弈、协调问题甚至要超过工程活动的其他阶段。因此，需要及早考虑有关问题，慎重权衡和协调各方关系和可能出现的诸多问题，努力使工程活动不但能够“良性运行”，而且“良性退役”。

① 范春萍：《工程退役问题》，《工程研究——跨学科视野中的工程》2014 年第 4 期。

第五章　工程活动的制度安排、生命周期和社会运行

工程活动中，制度安排、生命周期、社会运行是三个重大问题，下面分三节阐述这三个问题。

第一节　工程活动的制度安排和组织形式

人们依据一定的制度组织进行相关的工程活动。虽然在经济学、政治学、（一般）社会学中已经对制度问题进行了许多研究，但是工程社会学仍然需要从自身角度“面向工程实践”，研究工程领域的各种制度问题，特别是分析和揭示工程活动和工程领域的特定制度安排和组织形式。

一　工程活动的制度安排

（一）工程制度

一般来说，制度可定义为社会或共同体所遵守的办事规程或行动准则，也指在一定历史条件下形成的法令、礼俗等规范或一定的规格。

制度不是“天然”存在的，而是通过一定的方式和过程建立的，是通过所谓的“制度安排”而形成的。工程活动的制度安排依据工程规律、社会结构及时代特征等而展开，支配与规范工程活动中经济单位之间合作或竞争的方式，具有鲜明的合法性、普遍性及强制性等特征。借鉴新制度主义经济学家道格拉斯·诺斯对制度的分类，我们可以把工程活动制度安排分为以下三类：一是正式制度安排，如国家制定的相关法律、行政法规、行业规范，即社会制度安排、组织内部制度安排等；二是反映价值观念、伦理规范、道德观念和风俗习惯的非正式制度安排；三是制度执行机制，主要包括工程报批程序、建设项目资本金制、项目法人责任制、建造师资格准许、市场信用考核、组织内部制度安排等。

（二）正式制度安排

1. 社会制度安排——工程活动的法规设置

工程活动的正式制度安排，既包括由国家强制力保障实施的法律，也包括行业内共同遵守的规章制度。工程的“社会嵌入性”使得工程制度因工程的存在发展需要而确定，工程组织和工程共同体也需要根据制度安排而进行工程活动。

法律是体现国家意志的制度安排，规章制度及规范侧重对工程规律的遵循。以建筑工程为例，目前，我国建筑法规体系框架已经基本形成，全国范围内各种法规近400多项，其中《中华人民共和国招标投标法》、《中华人民共和国建筑法》与《中华人民共和国合同法》构成了规范建筑活动的三大法律支柱，其他如《中华人民共和国政府采购法》《中华人民共和国城乡规划法》形成了有效的法律补充。在法律框架下，由国务院、地方政府、人大及其委员会出台了相关行政法规，国务院所属部门及地方行业部门出台了相关行政规章。国务院发布了行政法规，如《建设工程安全生产管理条例》《建设工程勘察设计管理条例》《建设工程质量管理条例》等，相关主管部门也出台了许多行政规章，如《建筑工程施工发包与承包计价管理办法》（住建部）、《工程建设标准强制性条文》（多部委）、《关于实行建设项目法人责任制的暂行规定》（国计委，现已废止）等。行业主管部门和地方主管部门也发布了一些标准规范，如建设部（现住建部）出台的《建筑地面工程施工质量验收规范》，公安部出台的《安全防范工程技术规范》，《上海市建筑市场管理条例》（上海市人大常委会）、《天津市城市房屋拆迁管理规定》（天津市政府，现已废止）等。总体上我国建筑工程法律法规体系主要由法律、行业规范、行政规章等组成（见图5-1）。

2. 组织内部制度安排

工程活动的目标保障需要企业内部的制度安排实现，这也是一种正式制度安排。法规设置反映了社会对工程活动的基本要求，是保障工程活动顺利“嵌入”社会的制度安排，没有这些外部制度安排工程活动就可能失控，出现严重越轨行为。在确定了工程“嵌入”社会结构中的规则与要求后，为了实现工程活动的目标，还需要有工程组织的内部制度安排来保障。

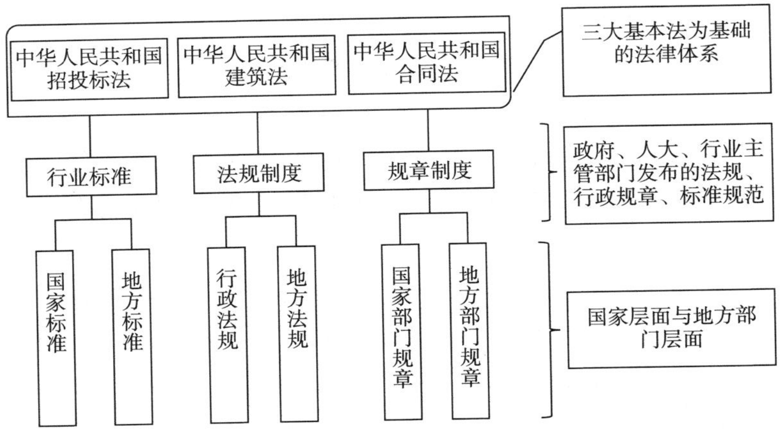

图 5－1 我国建筑工程法律法规体系

我国常常通过指挥部、企业、项目部等组织形式进行工程活动。指挥部与企业的关系比较复杂，而项目部则依附于企业。

在市场经济环境中，企业是工程活动的基本组织形式。企业保障工程活动正常运行的制度分为两个方面，一是组织制度，二是组织管理制度。组织制度主要由组织结构形式决定，包括直线制、职能制、模拟分权制、直线职能、事业部制、矩阵制、多维立体等不同形式，不同企业根据自身特征采用不同的组织结构形式。组织结构一般分为职能结构、层次结构、部门结构、职权结构四个维度，可以从这四个维度评价组织结构的状况、与外部环境是否匹配，必要时应进行组织变革。

组织管理制度是工程活动目标实现的另一个重要方面。科学合理的组织管理制度是组织有效运转的有力保障，合理的组织管理制度是工程活动顺利“嵌入”社会结构的组织内部制度安排，与社会制度安排相辅相成。我们可以把组织管理制度分为管理制度、规范设计及流程设计。常见的企业管理制度有薪酬制度、目标责任制度、员工管理制度等，常见的规范设计有公文范本、文件存档、合同样式、工作标准、绩效考核标准等，常见的流程设计有工作流程、招投标流程、费用报销流程等。管理制度是规则，约束了可与不可的行为；规范设计了行为的标准，便于考核度量；流程是把活动的关键环节串联起来，利于活动的进行。一般项目部会遵守母体企业的制度，同时项目部还有自己的内部制度，如工作时间安排、人员管理、安全生产规定等。

（三）非正式制度安排

非正式制度是指人们在长期社会交往中逐步形成并得到社会认可的一系列约束性规则，一般包括价值信念、伦理道德、文化传统、风俗习惯、意识形态等，从工程社会学角度看，还包括引导人类行动的由符号系统、认知图式和道德模板构成的意义框架，具体到工程活动领域，就包括工程惯例、工程信用、工程伦理、工程社会责任与工程价值观等。与正式制度相比，非正式制度具有自发性、非强制性、广泛性和持续性的特点，其变迁是缓慢渐进的，具有顽固性。非正式制度是工程活动中必不可少的非正式社会规范，源于工程活动长期实践过程，并与一般非正式社会规范内化而生。

在政治学、经济学、社会学中，对于有关非正式制度的许多问题，国内外学者已有不少研究，[①] 特别是与政府行为相关的一些非正式制度问题，更引起许多学者的关注，但有关工程活动中非正式制度的许多问题，仍然有待进行具体、深入的研究。

（四）制度执行机制

社会学制度主义突出制度化过程的影响与作用，制度化的过程既表现为人们根据规则行事，也表现为共同体（community）对不遵循规则的成员实施某种惩罚。对于工程制度安排来说，最大的奖惩机制由国家这个强力工具实施，其次由行业内部实施，最后由组织内部实施。虽然就其内容和现实状况而言，可以认为所谓制度执行机制，既涉及相关的正式制度，又涉及相关的非正式制度，在这个意义上，上面谈到的正式制度和非正式制度中都包含了某些与制度执行机制有关的内容。可是，从另一角度看，我们又可以把制度执行机制本身看作一个相对独立的问题，因此，我们就又把它单独提出来进行分析和阐述了。

就建设工程而言，工程活动主要的制度执行机制有建设项目资本金制、项目法人责任制、工程监理制、工程合同管理制、建设工程招标投标制、建造师资格制等。

---

① 唐绍欣：《非正式制度经济学》，山东大学出版社，2010；伍装：《非正式制度论》，上海财经大学出版社，2011；谢志岿、曹景钧：《低制度化治理与非正式制度——对国家治理体系与能力现代化一个难题的考察》，《国外社会科学》2014 年第 5 期。

(五) 现有制度的修正完善机制问题

任何已有的制度都不可能没有缺点和不足之处。从制度设计和制度运行角度看，如何修正已有制度中的缺陷和不足，如何在实践中逐步使制度更加完善，都是既有重大理论意义又有重大现实意义的问题。

以建设工程为例，有一些建设工程从业者认为我国当前的工程活动制度中存在系统性不足、部分制度缺位、前期报批效率不高、执行力不足等问题。

二 工程活动的组织形式——以中国建设工程的组织形式为例

工程活动是集体活动，任何工程活动都需要通过一定的组织形式来实施和完成。不同行业的工程活动在组织形式上难免会有许多差别，但也有共性。[①]

在现代社会，从事工程活动的基本组织形式是企业或公司。经济学、管理学和法学中已经对企业制度、公司制度有了许多研究[②]，各种研究论著堪称汗牛充栋；也有学者从实在论和工程哲学角度研究了企业制度的一些问题[③]。本节不再介绍和分析这方面的成果和观点。

由于工程活动的基本单位是“项目”，相应地，“项目部”就成为组织实施和完成“特定项目”的基本组织形式。在我国，往往也会采用“建设工程指挥部”的组织形式实施工程项目。以下就简要地对这两种组织形式进行一些分析。

(一) 项目部——工程活动的组织单元

首先应该指出，“项目”一词，既可指“大项目”，亦可指“小项目”（“独立的”“小项目”）。人们常常又会把“大项目”分解为许多“子项目”（“从属于大项目”的“小项目”）。由于可能会有不同的“定义”、“标准”和“理解”，某些“子项目”也可能被看作“相对独立的”“项目”。但这里所讨论的主要是那种“子项目”的情况。

---

① 本节讨论有关问题时，其分析和阐述的基础往往更多地结合了建设行业的情况。

② 迈克尔·詹森：《企业理论——治理、剩余索取权和组织形式》，童英译，上海财经大学出版社，2008；高程德主编《现代公司理论》，北京大学出版社，2000；罗伯塔·罗曼诺编《公司法基础》，法律出版社，2005。

③ 李伯聪：《略论社会实在——以企业为范例的研究》，《哲学研究》2009 年第 5 期。

在分析和研究经济-工程活动中的理论和现实问题时，经济学家提出了“委托-代理”、产权理论，法学家提出了“法人”理论，管理学家提出了“组织方式”“管理模式”理论，社会学家提出了“角色理论”“关系理论”“组织理论”，等等。

虽然不同的项目部在规模、人数、工程内容、工程特点上，会有很大不同，特别是对照“法人”概念，项目部甚至不具备“法人资格”，但项目部是工程活动的基层单位，如果没有一个一个的“子项目”，所谓的“工程活动”就会成为海市蜃楼、不能充饥的“画饼”。所以，在研究工程活动和工程组织形式时，绝不能忽视对项目和项目部的分析和研究。

如果说“项目”是一个“活动单元”的概念，那么项目部就是一个“组织单元”的概念。项目部往往是工程活动的基本“组织单元”，它是工程活动的主要承担单位。从工程活动全过程来看，工程活动最初由倡议者、决策者发动，在项目立项和进入实施阶段时才会组建项目部。也就是说，项目部是工程活动的“实行者”与“操作者”，它一般不参与工程活动的发起及工程退役环节。从工程资质角度看，项目部不具备完成一个完整工程活动的资质。从法律角度讲，项目部本身没有法人资格。但从工程实施角度看，项目部是具体实施和完成工程项目建设的行为主体，项目部基本可以独立运行，在得到公司授权的情况下，可以以公司的名义对外实行招聘、采购、签署合同等民事主体行为，这也为项目部完成工程项目提供了必要的条件。

项目部是实施或参与项目管理工作，且有明确的职责、权限和相互关系的人员及设施的集合部门（见图5-2）。项目部的主要职能是制订项目计划和目标，组织实施工作，管理、监督项目运作过程，确保项目顺利完成。一般来说项目部主要由项目经理、项目总工、项目经理办、项目副经理、现场工程师等组成，是工程活动共同体的最小单元。不同的项目可能项目部人员配置及职位设置不同，但是工程活动共同体的角色是一一对应的。

工程活动会牵涉多个有关主体或组织——建设单位、设计单位、监理单位、施工单位、供货单位、咨询单位、政府等。建设单位一般指项目的投资者或开发者，负责项目的策划和启动；设计单位通常指设计院或者设计事务所，受建设单位委托，负责承担工程项目的设计任务；施工单位作为项目的实行者与操作者，与建设单位签订工程承包合同，负责工程项目的施工；咨询单位则主要为建设单位提供技术和管理方面的咨询。这些参与工程活动的建设主体在建设工程项目层面上都需要组建项目部，以便有效组织开展各项目管理工作，确保项目顺利完成。

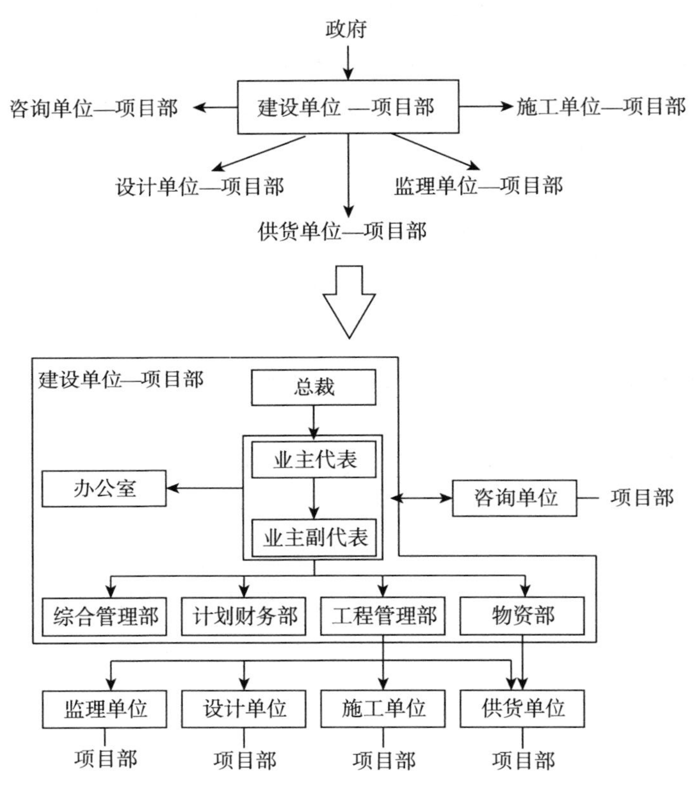

图 5－2　各建设主体共同参与下的项目管理组织结构

（二）建设工程指挥部——工程活动的外部协调和内部管理

（1）建设工程指挥部的内涵及作用

“指挥部”的概念源于军事学，作为一种组织管理模式应用于我国建设项目管理领域，始于20世纪50年代的计划经济时期。1961年4月，原国家计委正式发出《〈关于成立基本建设指挥部〉的通知》，明确了指挥部模式的概念，规定重点项目要组织建设、设计、施工单位成立指挥部，统一指挥重点项目的建设，大、中型工业、交通、水利项目和其他重点建设项目都必须组建指挥部。2000 年，上海市政府明确指出：“为组织协调某项建设项目而设置的非常设机构，一般称指挥部。”①

工程指挥部作为一个临时议事协调机构，常常与我国大型和特大型工程的实践和运行联系在一起，发挥跨部门的议事协调作用，但是它一般并不进行直接的工程活动，其主要功能是协调与管理。建设工程指挥部可分为两类，一类是国家重大投资工程，或达到一定规模的建设工程成立的工程指挥部，另一类是企业内部为了协调多个项目而成立的指挥部。这两类指挥部主要功能都是协调与管理，并不进行直接的工程生产活动。但是显然前者协调管理的难度要大，所属的层面往往较高，后面谈到的建设工程指挥部就是指这一类型。

（2）建设工程指挥部的特征

第一，以行政权力为主导的政府治理。建设工程指挥部以行政权力为主导，自上而下地对工程项目进行控制，主要借助政策、指令、命令等方式对项目实施管理，具有非常显著的职权链接关系。

第二，强烈的“等级性”。等级性意味着在重大工程项目组织顶层的领导者、中层管理者及执行层管理者之间，是具有层级划分的，避免了多头领导，符合统一指挥统一作战的原则，低一级的管理者要服从上一级管理者的指挥与命令。

第三，极强的统筹、组织、协调能力。由于建设工程指挥部的负责人主要从政府有关部门抽调，权力集中，有利于采纳各方面的意见，可较快地完成项目，同时具有很强的指令性和协调能力，能有效地解决征地、移民安置、地区利益协调等社会问题。

第四，临时性和非专业性。建设工程指挥部多为一次性组织，即由政府相关部门牵头，从各相关部门中抽调人员，组建一个临时性的基建班子，统一指挥项目实施，待基建任务完成后，基建班子解散。这种临时性导致责、权、利不明确，会带来易超支、容易滋生腐败、不利于对项目质量进行责任追诉等问题，同时专业性的不足还会影响工程活动的有序开展。

---

① 乐云、张云霞、李永奎：《政府投资重大工程建设指挥部模式的形成、演化及发展趋势研究》，《项目管理技术》2014 年第 9 期。

第二节 工程的全生命周期

正像一个人有其生命周期一样，工程项目也有其生命周期。

一 工程项目全生命周期的阶段划分和工程共同体参与不同阶段的情况

（一）工程项目全生命周期的阶段划分

项目作为创造独特产品与服务的一次性活动是有始有终的，项目从始至终的整个过程构成了一个项目的生命周期。对项目生命周期的阶段划分有多种方式。例如美国项目管理协会、英国皇家特许测量师学会和国际标准化组织（International Organization for Standardization，ISO）对工程项目全生命周期就各有自己的划分方式。

我国近年出版的《工程方法论》一书有专章研究工程全生命周期问题，把全生命周期划分为5个阶段：规划决策阶段、设计阶段、建造阶段、运行维护阶段、退役阶段。①

（二）工程共同体参与不同阶段的情况

一方面，工程活动的投资方、设计方、施工方、使用方等不同“组成方”所参与全生命周期的情况会有不同，比如在规划决策阶段，主要参与方就是投资方、开发方、设计方和使用方（见图5-3）。另一方面，由于工程活动全生命周期的各个阶段具有“内在的连续性和关联性”，各有关方“更全面地”参与全生命周期的各个阶段正在成为一个发展趋势。但总体来看，工程共同体的不同成员、不同“组成成分”在参与全生命周期的不同阶段时，在程度上会有差别。

工程的社会性决定了工程过程是一个社会过程，突出表现在工程决策、实施、运行、退役等环节上。工程社会学研究工程项目对社会的影响，同时需要剖析工程项目的全生命周期，从社会层面对工程项目的规划决策阶段、设计阶段、建造阶段、运行维护阶段和退役阶段给出评价和建议。

---

① 殷瑞钰、李伯聪、汪应洛等：《工程方法论》，高等教育出版社，2017，第105～133页。

	规划决策阶段	设计阶段	建造阶段	运行维护阶段	退役阶段
投资方					
开发方					
设计方					
施工方					
供货方					
使用方					

图5-4 工程共同体组成成分的全生命周期参与情况

注：虚线表示“间接或反馈性”参与。

应该承认，对于工程运行概念可有广义理解，也可有狭义理解。广义理解的工程运行贯彻于工程全生命周期之中，而狭义理解时主要将其解释为工程建造阶段。实际上，建造阶段确实往往也是工程活动中出现各种问题最多、最复杂的阶段。对于工程运行问题本章第三节还要进行专题分析和讨论，以下仅讨论工程规划决策阶段和工程退役阶段的一些问题。

二 工程规划决策阶段及其社会学问题

（一）工程规划决策的社会性

在工程规划决策阶段，决策者需要解决工程技术问题，同时进行工程价值判断。工程技术问题是显性的，易受到人们的关注和重视，但随着社会的发展，工程规划决策的核心并不仅在于技术问题，而更多地体现在价值问题上。对于规划决策中的工程服务对象、工程建设规模及是否应该立项建设等问题，首先应该进行价值判断。当今社会价值观日益多元化，一项工程必然涉及不同的利益主体，社会评价是多维度的，这就意味着工程规划决策是一个多方博弈的过程。因此，工程规划决策具有社会性，需要考虑多方面的社会因素。

（二）工程规划决策中的社会冲突

建设工程的本质目标是服务社会，方便人们的生活，但是近年来，我国在一些重大建设工程项目的规划决策阶段出现社会冲突事件，从而使得工程决策和具体实施内容不得不做出重大的调整甚至导致项目流产。

利益冲突是人类社会一切冲突的最终根源，也是所有冲突的实质所在。[①] 作为一项社会活动，工程项目本身是一个复杂利益的系统，[②] 建设工程规划决策阶段的社会冲突也是基于利益冲突产生的，是由于在决策过程中缺乏对公众诉求的考虑而形成的。

工程项目规划决策阶段的社会冲突危害工程判断的可靠性，威胁工程的功能和作用，同时会大大增加工程规划决策的社会成本，属于规划决策失当，应当予以避免。

三　工程退役阶段的社会学问题

工程退役是工程全生命周期的末端环节。对于工程退役问题，以往的关注和研究较少，而现实中存在的问题却很严重。

（一）工程退役的原因

虽然工程最后的结局都是退役，但导致其退役的具体原因却可能多种多样。大体而言，有六个主要原因。

（1）工程目标完成

工程目标完成是工程退役的当然理由。对于具有短期目标、一次性目标或阶段性目标的工程，如临时性建筑、只负载了少量阶段性目标的航天器等，工程目标完成工程即可退役。

（2）工程功能丧失

工程功能丧失，是工程无可辩驳的退役理由，但也不是功能丧失了就一定退役。工程功能丧失可能存在几种情况。

一是出于年代久远、物料变性、风雨剥蚀等原因，导致功能丧失，如一些古建筑等。这是功能丧失的最自然的一种情况。

二是对资源有依赖的工程因资源的枯竭而退役。这是资源工程（如煤矿、铁矿等）的典型情况。

三是因工程质量存在问题并在运行中暴露出来，或因发生事故使工程功能难以实现。例如，2009 年春节中央电视台新址大火，致使副楼功

---

① 朱力：《中国社会风险解析——群体性事件的社会冲突性质》，《学海》2009 年第 1 期。

② 晏永刚、任宏、范刚：《大型工程项目系统复杂性分析与复杂性管理》，《科技管理研究》2009 年第 6 期。

能丧失，却因其与周围建筑的力学关系而难以拆除。

四是由于经济环境和条件变化，既有工程不能适应新环境的要求而被淘汰，如落后的生产线和厂房等。

（3）工程设计寿命完结

工程的设计寿命，一般由工程目标、工程技术能力、工程材料寿命、工程环境条件等因素决定。因设计寿命完结而使工程退役，是最正常的、最符合预期的退役，从退役原因的角度来看也是最能为各方所接受的结果。然而，设计寿命完成却不意味着必然退役，如国内外很多数百年的老建筑依然在服役中，这涉及退役决策的问题。

（4）危害生态环境

危害生态环境成为工程退役的一大原因，与人类社会的发展阶段及人类的认识水平有关。过去，工程上马之时，所在环境系统的承载力较强，或当时人类具体到决策者和设计者不能认识到所建工程对环境的影响。随着工程的运行以及周边环境及社会的变迁，一些工程带来的环境危害显现出来或逐渐被认识到。这时需要采取措施减少或消除危害。在环境保护及危害消除措施不能奏效的情况下，就需要论证工程退役问题。

（5）人为原因

人为原因导致工程退役，既包括人为决策原因，也包括人为责任原因。具体包括以下几种情况。

一是行政决策，包括工程的草率上马导致短期内退役。

二是工程质量，包括所有建设过程中因人为因素出现的质量问题，导致工程不能实现功能或存在隐患，不得不退役。

三是责任事故，由于人为因素发生事故致使工程丧失功能而退役，或工程的建设过程不得不因此终止等。

四是渎职、犯罪行为等，包括利益输送，获取暴利等。

（6）不可抗力

不可抗力原因导致工程退役的具体情况有以下几种。

一是自然灾害，如地震、海啸、强风暴、火山爆发等。

二是强制性规划征地，即国家为重大战略或国防需要而规划征地，具有强制性。

（二）工程退役的方式

工程项目的退役方式，因行业的不同、项目类型和性质的不同、处置主体目的的不同等，会有多种不同的处理方式，以下为常见的几种。[①]

（1）更新改造

随着社会经济技术水平的发展，当项目使用功能落后，不能满足社会发展需求时，项目的功能寿命就结束了，或项目长期经济效益不好，亏损严重时，可以考虑采用更新改造的方式，提升原项目的使用功能，摆脱亏损的局面。这种更新改造一般是需要重新立项的。原项目尽管设计寿命未到，也需要提前终结，开始更新改造项目。

（2）旧建筑物改造利用

工程项目出于某种原因终结，如果项目建筑物的物理寿命、设计寿命尚未结束，新的建设项目就可以利用并改造这些建筑物，这是国际建筑业的通行做法。

（3）整体搬迁

有的建设项目尚处在全生命周期的运行阶段，而且效益不错，经济寿命、功能寿命未结束，但出于区域或城镇总体规划等方面的原因，项目的载体企业必须让出土地搬迁到另外的规划地，这时，项目也因内外部原因被强制进入了生命终结期。在新的规划地，以原项目为基础，开始了新的项目，一般来说，新项目的水平比原项目会有所提升。

原项目物质形态中的建筑物将被拆除，设备及其他固定资产将搬迁到新规划地，纳入新建设工程项目全生命周期的轨道予以安装使用。原项目的无形资产和人员也随企业的迁移进入新规划地的新建设项目。

（4）旧建筑物的拆除

如果新的建设工程项目不能利用原项目的建筑物，就要对旧建筑物进行拆除。拆除一般有两种方式：建筑拆解和建筑拆毁。

（三）工程退役阶段存在的问题

由于以往很多国家严重忽视了工程退役阶段，所以在这个环节上出现过许多严重问题。例如，苏联、美国等都有一些煤矿、石油等资源性

① 范春萍：《工程退役问题》，《工程研究——跨学科视野中的工程》2014 年第 4 期。

城市，它们在资源枯竭时会出现严重的经济社会问题。如果追究其原因，人们发现千错万错，第一错就是未能在资源工程的设计和运行阶段认真考虑工程退役阶段要出现的问题，没有未雨绸缪。

目前，不但工程退役的一般理论问题已经引起越来越多的关注，而且对某些具体工程类型，例如大坝及水电工程①的退役问题甚至也已有更深入、更具体的研究。

在我国，建筑平均寿命期较短并不是偶然的，造成这一现象的主要原因有以下几点。

（1）质量原因

设计标准过低。我国《民用建筑设计通则（GB 50352—2005）》对民用建筑的设计寿命做出了明确的规定（见表5－1），但是在实际操作中，有的设计和施工单位将规范的最低要求作为标准，造成国内近年建成的大部分建筑自身设计寿命短于世界上其他国家同类建筑的设计寿命。

表5－1　我国民用建筑设计寿命

建筑级别	耐久年限	适用建筑类型
一级	50～100年	特别重要（如有纪念性）的建筑和高层建筑
二级	25～50年	一般性建筑
三级	5～25年	次要建筑（易于替换的结构构件）
四级	5年以下	临时性建筑

资料来源：中华人民共和国建设部、中华人民共和国国家质量监督检验检疫总局《民用建筑设计通则（GB 50352—2005）》，中国建筑工业出版社，2005。

施工现场质量控制不到位。一方面在人员上由于规范标准体系跟不上建设速度，工地上充斥着大量没有经过技术培训的务工者；另一方面在材料上部分伪劣建筑材料流入现场，降低了建筑的整体质量。

建筑成本制约房屋质量。在建筑市场竞争日趋激烈的今天，为了降低建设成本，建筑工程大量使用未经培训的农民工、要求设计单位减少用钢量等做法，在一定程度上影响了建筑结构安全和可靠度。大量农民

① 美国土木工程协会能源分会水电委员会、《大坝及水电设施退役指南》工作委员会编《大坝及水电设施退役指南》，马福恒、向衍、刘成栋、李子阳译，中国水利水电出版社，2010。

工的使用在降低了建筑施工成本的同时也制约了建筑技术的提升。

（2）规划原因

城市规划的频繁变更和缺乏科学性，导致大批处于合理使用期内的建筑被拆除。规划不合理既有客观原因，也有人为原因。

城市规划无序、滞后，缺乏整体眼光和长远打算，规划跟不上城市发展的速度。

建设观念上的急功近利，为推进城市建设，把表面的光鲜豪华当成是改善城市面貌的目的，盲目地大拆大建。

规划随意性强，一些地方甚至存在“规划跟着领导变”的怪现象，领导换一届，规划就要改一次，规划赶不上变化。

受到利益的驱使而随意调整规划，使得规划缺乏连贯性。

（3）政绩原因

一些地方官员把建设高楼大厦作为政绩工程来抓，将拆迁视为增加GDP的有效手段，这样必然导致一些本来还可以改造使用的建筑被推倒重来。同时，一些地方官员也把房产开发经济当作财政收入的重要组成部分，这样必然导致一些建筑建得快、拆得猛。

第三节　工程活动的社会运行

许多社会学家高度关注了社会运行问题。我国社会学家郑杭生甚至认为“社会学是关于社会良性运行和协调发展的条件和机制的综合性具体社会科学”[①]。

现实社会中存在许多不同类型的社会活动方式和类型。社会学不但要研究有关社会“整体运行”机制、状态和条件的诸多问题，而且要研究有关“具体类型的社会活动的运行”机制、状态和条件的诸多问题。对于工程社会学来说，其任务就是要研究工程活动的社会运行问题。

社会运行的含义可以理解为社会要素的总量、类别、结构的即时状态以及它们之间由于相互影响、相互交叉、相互转换而带来的交互状态，这两种状态决定了社会状态的多样性、动态性及复杂性。社会运行主要

① 郑杭生主编《社会学概论新修》（第三版），中国人民大学出版社，2003，第3页。

包括横向以及纵向两种类型：横向运行是指在某一时间点上社会要素间的作用力，这些力量包括约束、推动、交叉、转换等多种类型；纵向运行则指在某一时间段内社会要素的演进和转变，可以具体表现为遗传、突变、改进等不同形式。社会运行作为一种外生力量，能对组织进行干预，导致制度变革，从而有助于新兴产业的增加。[①] 工程活动是社会活动的重要组成部分，工程项目是工程活动的外在形式，也是社会活动的重要构成部分。类似地，工程活动和工程项目的社会运行可以被界定为工程参与主体构建形成的一种场域，该场域通过内外动态发展机制发挥作用，产生工程活动和工程项目特有的社会功能和社会影响。下面分别针对工程社会运行的参与主体、场域、动态发展机制、效果评价与改进对策这四个方面进行阐述。

一　工程社会运行的参与主体与工程活动建构

工程社会运行的参与主体包括各种利益相关者。一个具体的工程项目由多个利益相关者共同参与实施，它们之间相互影响共同决定了工程项目的价值、目标、程序、实体样式和风险大小，所以，工程项目是多个利益相关者共同建构的成果。因此，多个利益相关者共同决定了工程社会运行的目标、过程、结果和预后等多方面的内容。[②] 例如，工程目标是在项目前期经过多个利益相关者协商、谈判、妥协、折中的产物，这一产物在诞生前是十分不确定的，取决于各个利益相关者的地位、影响力、综合实力等多种因素。同样地，在工程社会运行过程中，其流程设置、关键阶段、质量标准也需要多个利益相关者共同遵守和执行。作为实体的工程运行结果也要获得工程业主、工程实施者、政府等多个利益相关者的验收和认可。在工程运营过程中，可以检验工程社会运行的预后情况，特别是取得用户的信赖和赞赏。另外，不同的利益相关者对工程社会运行的建构作用也是不一样的，具体如下。

---

① Desirée F. Pacheco, Jeffrey G. York, Timothy J. Hargrave, “The Coevolution of Industries, Social Movements, and Institutions: Wind Power in the United States,” *Organization Science* 6 (2014): 1609 - 1632.

② 段伟文：《工程的社会运行》，《工程研究——跨学科视野中的工程》2007 年第 0 期。

（一）工程业主

工程业主是工程投资者直接委托的代表，也是工程的决策者和管理者，是最核心的工程利益相关者。工程业主的需求直接决定了工程的主要目标、使用功能、质量要求等方面的内容。工程业主是工程活动的发起人和策划者，也是工程建构的组织者，需要统筹考虑工程利益相关者的诉求、工程的内外部环境等多方面因素，也需要综合考虑工程全生命周期的效益，整体优化工程社会运行的建构过程。

（二）工程实施者

工程实施者是工程活动的主要承担者，同时也是工程活动的设计者、建造者和咨询者。对于大型项目，工程实施者可能又包含了不同的实施单位，如总承包单位、分包单位、设计咨询单位、管理咨询单位等。在工程建构过程中，不同的实施主体要特别关注工程活动对社会资源环境的各种影响，如设计单位要尽量采用绿色节能技术，施工单位要使用绿色施工方法，以降低工程项目在建造中的能源和资源消耗，尽量减少工程活动产生的扬尘、噪音、废水、建筑废弃物等负面影响。

（三）政府

政府是工程活动的重要建构主体，是工程项目的监督者、协调者和维护者。政府制定的各种规章制度是工程社会运行的法制保障。对于基础设施项目等政府投资项目来说，政府同时也是工程活动的业主。政府是保障工程活动顺利开展的坚强后盾，监督处理工程活动中出现的各种问题，对于产生积极影响的工程运行活动进行表彰，对于产生负面影响的工程运行活动进行处罚。在工程建构过程中，政府作为宏观管理者，应站在客观公正的立场处理利益相关者之间的矛盾，综合平衡各方的利益诉求，降低工程社会运行的成本。

（四）社会公众

社会公众是重要的工程利益相关者，起到社会监督的作用。如很多大型基础设施项目，在建设准备阶段会进行大量拆迁和移民安置工程，原有的被拆迁者会被迫放弃原来的家园，由此带来物质财富和精神依托的损失，工程业主和投资者应正确衡量这些损失，公平足额地进行损失补偿，以获得被拆迁者的支持和认可。相反，在现实社会中，有工程业主和投资者假借维护公众利益之名而进行野蛮暴力拆迁，造成了恶劣的社会影响。另外，很多大型公共工程，如垃圾填埋厂、污水处理厂、大型机场、轨道交通等项目，由于会产生臭味、噪声等，出现严重的邻避效应，使得项目无法推动。针对这些问题，也应该合理衡量影响范围，合理补偿相关损失，并采用技术手段最大限度地降低负面影响。

（五）媒体

媒体能够影响并营造和谐的工程运行环境，也是工程社会运行的重要监督者。很多积极的工程活动经过媒体报道，能扩大该活动的传播范围，推广先进的工程运行经验和技术。一些负面的工程活动经过媒体宣传，也能够引起警醒督促的作用，提高工程参与者的自律水平，从而从整体上促进良性的工程社会运行。

（六）用户

用户是工程活动的使用者和监督者，是检验工程建构效果的直接感知者。工程项目是否合理、功能是否完善、质量是否满意、价格是否能够接受，都取决于用户的评价。在很多工程活动中，最突出的问题就是用户的地位和作用。在产能过剩和产业调整的当下，这一问题产生的后果更加严重。如果一个项目不能被用户认可，那么项目建成之日也就是项目报废之时，不仅会导致项目投资无法获得回报，更会带来严重的资源浪费和环境污染，很多烂尾楼就是明显的例子。产生忽视用户这一问题的根本原因是工程业主在项目决策时过多地对用户角色进行了替代，没有经过严谨科学的用户调查就想当然地确定项目方案，从而造成难以弥补的严重损失和无法挽回的重大失败。

二　工程社会运行场域构建

（一）工程社会运行场域构成要素

工程社会运行是一个动态、非线性的复杂系统。工程社会运行系统也有特定的结构，这一结构及其内在运行机制又反过来决定了系统的功能。工程社会运行系统可以从硬件、软件和活件三个要素来考虑。[①] 在

① 汪浩：《社会经济系统结构、运行机制与功能的系统思考——祝贺〈系统工程〉创办100期》，《系统工程》2000年第4期。

工程活动中，硬件、软件、活件三要素表现为工程实体、规章制度、组织人员，它们共同构成工程社会运行场域。硬件是工程建构的对象和客体，包括各种材料、设备、构件、设施、过程性工程实体等。硬件是工程社会运行的结果，也是工程活动目标的实现载体，是能被感知、被使用的客观存在和现实反映。软件是工程社会运行的组织依据和实施规则，如工程活动中的各种施工方案、管理制度、技术图纸、经济合同、质量规范等。软件是工程社会运行内在规律的外在表现，是联接硬件和活件的桥梁，使得各利益相关者按照这些规律进行活动和操作，有秩序地、可预见地引导工程硬件。活件是指工程活动的参与主体，即各种利益相关者。在工程社会运行场域构成三要素中，活件居于核心地位，只有活件具有主动性、创造性，是工程建构的主体。活件不仅遵守各种软件的要求，也能更改调整软件，以使其更加合理。活件直接决定了硬件的实现方案和最终形式，同样也能在工程建构过程中对其进行变更修改，以符合实际需求。

（二）工程社会运行场域划分

按照关系紧密度和权利强制度两个维度，业主、实施者、政府、社会公众、媒体、用户等六个主要的工程参与者可以构成四种工程社会运行场域类型。

（1）高关系紧密度－高权力强制度

在这种场域内，业主－实施者、业主－用户是主要的社会联系形式。在这两种形式中，业主和实施者或用户之间既有密切的利益关系，也受资源价值分配等强制的行政权力制约。这两种社会联系形式也是决定工程活动能否顺利进行的关键所在。

（2）高关系紧密度－低权力强制度

在此种场域内，业主－社会公众、业主－媒体、实施者－社会公众是主要的社会联系形式。在这三种形式中，各利益相关者之间有较高的关系紧密度，但没有合同约束，也没有强制的行政权力的制约。但业主要和社会公众及媒体保持良好的关系，实施者要和社会公众进行及时有效的沟通，为工程社会运行提供良好的外部环境。

（3）低关系紧密度－高权力强制度

这种场域和政府有关，包括政府－业主、政府－实施者、政府－社会公众三种形式。政府虽然和业主、实施者、社会公众之间的关系紧密度较低，但存在较强的利益冲突，需要行政权力进行干预和调节。这些冲突往往比较剧烈，所以比较容易引发行政诉讼、群体事件等社会问题，必须加以重视。

（4）低关系紧密度－低权力强制度

此种场域包含的社会联系形式数量最多，分别为媒体－实施者、媒体－政府、媒体－社会公众、媒体－用户、实施者－用户、政府－用户、社会公众－用户。在这些社会联系中，两个利益相关者之间的权力强制度以及关系紧密度都比较低。但由于其社会联系数量多，特别是媒体和用户对工程项目的优劣有直接的体会和评价，很容易引起较大的工程活动的变更和社会矛盾的激化。应建立成熟主动的工程活动宣传引导制度，积极应对工程的潜在影响和长期隐患。

（三）工程社会运行场域构建过程

在工程社会运行过程中，工程社会运行场域是指各种利益相关者之间由于相互作用而发起、建立、维持的关系网络。卡隆将该网络的建构过程总结为简化及并列两个环节。所谓简化是指将利益相关者的作用、关系、性质、资源等复杂要素进行抽象概括，变成易于理解和操作的形式。所谓并列是指将简化而被赋予特定性质和意义的行动者和能动者加以组合，使其协同整合为工程社会运行网络。①

在简化步骤中，可以将业主、实施者、政府、用户、社会公众、媒体简化为六个网络节点，并按照每个社会联系类型两两结合，并产生十五种社会联系不同的网络箭头：第一种社会联系可以设定为双向箭头，并存在资源关系；第二种社会联系可以设定为双向箭头，但不存在资源关系；第三种社会联系可以设定为单向箭头，并存在资源关系；第四种社会联系可以设定为单向箭头，但不存在资源关系。由此可以形成工程活动的社会网络图。

在并列步骤中，可以基于结构视角（形式、阶层、密度、连接度、中心度）、关系视角（信任、责任、期望、共同标准、身份认同）、认知

---

① 段伟文：《工程的社会运行》，《工程研究——跨学科视野中的工程》2007年第0期。

视角（共享的理解、普遍的意义建构、共同文化、共同目标、相互沟通）进行网络分析，研究各个工程参与主体及其社会联系的网络属性，探索工程社会运行的效果。在进行具体分析时，第一种社会联系要从以上三个视角进行详细分析，第二种社会联系可以从关系视角和认知视角进行分析，第三种社会联系可以从结构视角和认知视角进行分析，第四种社会联系可以重点从认知视角进行分析。

（四）工程社会运行场域动态演进

工程利益相关者通过工程社会运行场域，参与和推进了工程的社会运行，工程社会运行是工程利益相关者相互影响的结果。在这一动态演进过程中，各利益相关者之间的价值取向、权力结构、主导地位和利益格局是不断变化的。工程社会运行场域分析的目的是运用网络对其运行过程进行具体剖析。① 根据每个利益相关者对该场域的理解，探讨这些网络属性所内含的运行机理是什么，到底是哪些运行机制起着决定性作用，哪些管理活动支撑着这些运行机制，哪些工程参与方居于主导地位，哪些意外事件又影响了工程活动的正常运行。只有这样，才能把理论和实践结合起来，以有针对性地指导工程的社会运行。下面对工程社会运行的动态发展机制进行探讨。

三 工程社会运行的动态发展机制

（一）内在机制

工程社会运行场域是由所有参与工程活动的各种利益相关者构成的工程活动共同体，具体包括决策者、实施者和管理者等工程参与方。工程社会运行场域不是静态的，而是动态的、合作的，并由“选择－转换”机制、“竞争－协作”机制建构并运行。

（1）“选择－转换”机制

“选择－转换”机制是指在工程实践中，当工程参与主体选择合作对象时，通过投入、引导、利诱、说服等手段将一个工程社会场域无关者转换为网络成员的过程。在社会运行过程中，基于阶层的互动策略是

① 段伟文：《工程的社会运行》，《工程研究——跨学科视野中的工程》2007 年第 0 期。

推动制度变革等社会运行活动的关键因素。[①] 各个工程参与主体由于其权力及影响的不同而具备不同的“选择－转换”能力。[②] 社会运行中的价值观和其他组成要素间是双向互动的过程，并且组织中的个体都可能导致变化。[③] “选择－转换”机制是工程社会运行场域的内在动力机制之一，通过选择和转换，可以扩大工程社会运行场域成员数量，优化网络结构，提高工程社会运行效率。

（2）“竞争－协作”机制

“竞争－协作”机制是指在工程实践中，工程参与主体之间由于利益存在冲突和重叠，通过竞争、谈判、仲裁、协商、妥协等手段合理解决矛盾冲突问题，确保工程活动有序开展。竞争和协作两种力量同时发生作用，不是非此即彼的黑白关系，而是动态演化的共生关系，考验着工程参与主体的项目治理能力和项目管理水平。“竞争－协作”机制促进了工程参与主体间的关系耦合，可以提高工程社会运行成员的关系紧密度和整体协作水平，增强网络强度，改善工程社会运行效果。在应用这种机制时，应注意减少协作成本，并建立信息共享渠道。

（二）外在机制

（1）动力机制

建立工程社会运行的动力机制，首先是要营造尊重人才的内外部环境，激发工程利益相关者的参与动力，大力消除影响工程参与主体积极性的各种障碍，使一切有利于工程社会运行的合理建议得以采纳、积极行为得以支持、知识能力得以发挥、运行成果得以表彰，形成与工程社会运行制度相适应的价值观念和良好氛围。

（2）运转机制

工程社会运转机制应该兼顾效率和公平。公平与效率从根本上应当是统一的，但在局部的问题上，特别是在某些特定条件下，公平与效率

---

① Katherine C. Kellogg, “Making the Cut: Using Status-based Countertacticsto Block Social Movement Implementation and Microinstitutional Change in Surgery,” *Organization Science* 6 (2012): 1546－1570.

② 段伟文：《工程的社会运行》，《工程研究——跨学科视野中的工程》2007 年第 0 期。

③ Devi Vijay, Mukta Kulkarni, “Frame Changes in Social Movements: A Case Study,” *Public Management Review* 6 (2012): 747－770.

间的冲突往往无法回避，因而只能尽量提高相对公平程度。在当前我国工程参与主体利益诉求愈加强烈、工程运行矛盾日益突出的情况下，一方面，要综合衡量公平与效率在不同情况下的优先程度，有重点地加以处理；另一方面，要通过组织、技术、经济、合同等多种手段，建立兼顾公平与效率的工程社会运行评价体系，推动工程活动有序、健康、和谐开展。

（3）均衡机制

马克思有句名言："人们奋斗所争取的一切，都同他们的利益有关。"①工程社会活动想要良好运行，关键是协调好工程参与主体的利益关系。我国很多工程行业比如建筑业已经基本发展成为市场经济，客观上为掌握核心竞争力、社会资源的工程从业者提供了发挥其优势的机会。但由于我国市场制度还不够完善，某些环节的改革不够彻底、新机制不够健全，加之政府监督管理机制不够完善，造成了一定的工程社会运行问题，如招投标环节的串标、围标、阴阳合同等。因此，要规范市场、深化改革、加强监督管理、完善机制，使工程参与主体的利益关系得到均衡协调发展。

（4）保障机制

构建完善的社会保障体系，妥善解决弱势阶层或群体（如农民工）的困境，维护社会弱势阶层或群体的生活需要，解决其居住、医疗、教育等最为关切的问题，建立多层次的社会保障机制，同时，通过提高工程计价定额、建立农民工工资专用账户等方式增加工程社会中弱势群体的收入。利用好政府政策，在工程社会运行过程中，促进各工程参与主体和群体的整合，缓解突出矛盾，促进社会稳定和谐发展。

（三）内外机制整合

工程社会运行的内外机制之间具有紧密的联系。内在机制是推动工程社会运行的发动机和根本动力，外在机制是促进工程社会运行的润滑剂和辅助动力。内在机制决定了外在机制的影响范围和作用对象，外在机制保证了内在机制的正常运行和良好效力，两者之间相互依赖、相互影响，共同保障工程社会的和谐稳定发展。整合内在机制和外在机制，

① 《马克思恩格斯全集》第1卷，人民出版社，1956，第82页。

可以形成一种具有自我调节、自我控制、自我完善、自我发展潜力的新的动态发展机制。[①] 这种动态发展机制的形成，需要各个工程利益相关者共同协商，达成共识，以利于各自战略目标的实现。

四 工程社会运行效果评价与改进对策

（一）工程社会运行效果评价

工程社会运行效果可分为良性运行、中性运行和恶性运行三种类型。良性运行是指工程社会运行场域内部不同类型、不同社会联系之间的相互协调、相互支持、相互促进、相互推动的状态，是好的结果。在这种模式下，往往可以带来工程目标的实现，如我国青藏铁路工程的建设指挥部、参建单位及人员、当地政府及居民之间形成了良好的互动关系，确保了工程的顺利完成。中性运行是指工程社会运行能够正常进行，但不够协调、不够平衡。如很多工程活动由于合同条款设置不合理等导致工程索赔频繁发生，虽然存在不协调问题，但经过处理后仍能继续进行工程建设，即仍能常态运行，这就属于中性运行。恶性运行是指工程社会运行时产生重大问题，导致脱轨、失控等严重后果。恶性运行会带来严重的后果，导致工程的停滞甚至终止，造成极大的资源环境破坏，造成严重的人员伤亡或财产损失，带来恶劣的社会影响，应未雨绸缪，严加防范。

工程社会运行效果可以有不同的评价主体，如工程决策者的主导评价、工程参与主体的辅助评价等，也可以使用多种评价方法，如对比分析法、案例研究法、综合评价法等，通常决策者的评价占主导地位。[②] 由于各个评价主体的评价目的不同，评价内容也会有所不同。业主更多地关注工程项目的经济效益，政府更多地关注工程项目的社会效益，用户、公众和媒体更多地关注工程项目的环境效益，实施者更多地考虑工程项目的成本高低和风险大小。在建立评价体系时，应根据评价目的、评价对象的具体情况，采用适宜的评价内容和评价方法。

---

① 马启民、袁奋光：《科教兴国社会系统工程的构成要素与运行机制研究》，《北京教育学院学报》2000 年第 3 期。

② 汪浩：《社会经济系统结构、运行机制与功能的系统思考——祝贺〈系统工程〉创办 100 期》，《系统工程》2000 年第 4 期。

（二）工程社会运行的不断改进

1. 不断转变思想观念

工程利益相关者应站在对方的角度思考问题，具备换位思考能力，思考如何最大限度地实现双赢或多赢，而非仅仅强调自身的收益最大化。特别是工程业主应统筹考虑各利益相关者的合理诉求，不能依靠业主权力压制弱势方，因为任何一方工程参与者的合理利益不能满足，一定会带来潜在的工程隐患，未来解决该隐患的成本更高。对于工程实施者，应在满足合同要求的前提下，尽量减少工程的负面影响，减少噪声、废水、粉尘等环境污染，实现绿色建造、绿色运营，增加工程价值，提高运行质量。

2. 不断健全运行制度

工程社会运行过程中产生的各种矛盾和冲突，往往源于运行体制模糊不清，给相关工程参与者以可乘之机，甚至助长了种种不正之风。为改进工程的运行状况，必须不断健全工程运行制度。

3. 提高社会资本

世界银行社会资本协会的定义显示，社会资本是指政府和社会为了一个组织的相互利益而采取的集体行动，该组织小可以是一个家庭，大可以是一个国家。社会资本与物质资本、人力资本一样，可以给个人带来未来的收益。社会资本往往是针对某个组织而言的。某个组织社会资本的多少反映了该组织与其他组织之间的联系和交往情况，长期来看，可以给该组织带来额外的收益，如组织声誉、人脉资源、品牌口碑等。作为工程社会网络的组成部分，每个工程利益相关者和工程参加个体都应该基于提高社会资本的理念，本着合作、信任、开放、共享的指导思想实施自己的行为。这样既能提高自身的社会资本存量、增加自身未来发展的空间、增强自身的社会竞争能力，也能促进工程社会和谐有效运行、降低工程社会运行成本、促进工程社会的良性运行。

4. 完善监督体系

在工程社会运行过程中，工程利益相关者思想觉悟再高、运行制度再完善、社会资本再充足，也不能替代监督体系的作用。没有监督就没有惩罚，没有惩罚就没有代价，没有代价就没有教训，没有教训就没有觉悟。很多时候工程社会恶性运行问题的产生，就是因为在工程社会良性运行或中性运行时对一些小的隐患没有警觉、没有重视、没有处罚，积少成多，导致严重社会问题的爆发。完善的监督体系是保障工程社会良性运行的闸刀和减压阀，能及时纠正工程社会运行隐患，保障工程社会连续、健康、稳定运行。

5. 改进评价制度

工程项目是由多个参与方共同构成的工程活动共同体。由于项目的临时性、复杂性、动态性的特点，工程活动共同体内成员的评价往往比较复杂。对其组织绩效进行评价时，不仅要考虑项目绩效水平，也要考虑项目管理水平及由于管理能力的提升而带来的项目持续成功的能力改进情况。而现在的绩效评价制度，往往侧重于项目绩效层面，比如项目是否符合进度、投资、质量、安全等目标要求，关注项目的效率，即把事情“做对”。除此之外，应在评价制度中引入项目管理绩效方面的内容，要考察所做的项目是否符合组织战略，是否能够带来运行效益，即做“对的事情”。另外，也要考核项目持续成功的能力，所做的系列项目都很成功，都能保持较高的项目绩效水平，即把对的事情持续“做对”的能力。在组织绩效评价制度制定时，应补充完善后面两种评价内容，以使工程活动共同体的运行水平能够更加客观、公正地反映出来。

第六章　工程活动中的社会嵌入与社会排斥

工程活动是为满足人类的社会需要而进行的活动。工程活动的基本单位是工程项目。任何具体的工程项目都要经历一个从“诞生”到“终结”的过程。工程项目的诞生过程也就是其“嵌入”社会——特别是在某个具体时间“嵌入”某个具体社会地域——的过程。在现实社会中，许多工程项目能够顺利“诞生”，得以顺利地“嵌入”社会，但也有一些工程项目遇到了社会的抵制和排斥——甚至是强烈的抵制和排斥，使其“嵌入过程”困难重重，甚至最后以“嵌入失败”而告终。

对于“工程活动中的社会嵌入和社会排斥”这个主题来说，不但需要研究工程项目的“社会嵌入和社会排斥”问题，还需要研究工程角色的“社会嵌入和社会排斥”问题，本章就分两节对其进行分析和讨论。

第一节　工程项目的社会嵌入与社会排斥

嵌入（embeddedness）这个概念（亦有人译为“镶嵌”[①]或“嵌含”[②]）是由卡尔·波兰尼（Karl Polanyi）首先提出来的。“至于何人最早使用这一概念已无从考证，波兰尼有可能是从英国煤矿史的研究中借用此隐喻的。英国煤矿技术发展中，对如何挖掘嵌入（按：原译为嵌含）在矿床中的煤炭，有诸多记载。”[③]后来，怀特（Harrison C. White）以及他的学生格兰诺维特（Mark Granovetter）进一步深化了对嵌入概念的理解，使其成为新经济社会学的一个基本概念。在工程活动中，社会嵌入和社会排斥都是常见的社会现象，工程社会学中应该把二者结合起

---

① 马克·格兰诺维特：《镶嵌——社会网与经济行动》，罗家德译，社会科学文献出版社，2007。

② 卡尔·波兰尼：《巨变——当代政治与经济的起源》，黄树民译，社会科学文献出版社，2013。

③ 卡尔·波兰尼：《巨变——当代政治与经济的起源》，黄树民译，社会科学文献出版社，2013，第25页。

来进行分析和研究。[1]

本节先研究工程项目是如何嵌入社会进而产生多方面影响的，如果受到排斥，那么排斥的可能原因有哪些。

一　工程项目的社会嵌入

（一）促使工程项目嵌入社会的需求、动因和条件

一般来说，促使工程项目能够嵌入社会的动因不但存在于工程从业者的主观目的中，也存在于社会需求和社会条件之中。

那些没有社会需求的工程项目不可能嵌入社会，那些社会需求不足的工程项目即使能够暂时地勉强"诞生"而得以"开始嵌入"社会，往往也都难以继续顺利生存和无法"继续嵌在社会之中"。由于对工程和社会需求的关系已有许多研究，这里仅简要讨论工程项目嵌入社会的条件问题。

从工程的基本特征上看，"工程有很强的、集成的知识属性，特别注重诸多技术要素与非技术要素的有效组合与集成创新"[2]。也就是说，工程自身的这种强烈的集成特征已经揭示了社会性因素是工程项目中不可或缺的构成部分，因为土地、劳动力、资本、资源等社会要素构成了一个工程项目能否上马、是否可以顺利实施的基本约束条件。除了与工程项目直接相关的这类基本经济要素是决定工程项目能否"诞生"而嵌入社会的重要因素和条件，文化、政治、法律等要素也是决定工程项目能否嵌入社会的重要因素和条件。以爱迪生的电照明公司向英国的拓展史为例。19 世纪末 20 世纪初的时候，电力系统在美国一些大城市已经基本建立起来，因此爱迪生开始尝试通过世界博览会的形式吸引海外目光，将电力系统向美国以外的国家拓展。当爱迪生打算在英国复制移植美国的电力网络时，却由于英国人守旧的生活方式受到了多重阻挠。在英国人看来，电灯与蜡烛相比，缺少了蜡烛带来的浪漫主义情调，因此使用电灯的都是诸如博物馆等公用事业设施，民用设施使用的非常少。但英

---

① 李伯聪：《工程的社会嵌入与社会排斥——兼论工程社会学和工程社会评估的相互关系》，《自然辩证法通讯》2015 年第 3 期。

② 殷瑞钰、汪应洛、李伯聪等：《工程哲学》，高等教育出版社，2007，第 6 页。

国政府的法律规定，只要一个地方有哪怕一户居民要求用电，电力公司也必须将电输过去，这就造成了成本的极大提高。不但如此，出于对市容的保护，英国政府还要求爱迪生的输电网络不能像在美国那样，在地面树立电线杆来输电，而是要改为地下输电。为了迎合英国政府和法律上近乎苛刻的要求，爱迪生电照明公司开始了对输电线路大规模的改造。不过最终由于收益 - 成本的不平衡，英国电力网络的铺设以失败告终。可以说，如果一个工程项目没有将与人工物运行相关的文化环境、政治环境、民众认知水平等价值观因素有效地集成，很可能会造成该工程项目社会嵌入的失败。

工程活动与诸社会要素之间的关系到底是怎样缠绕在一起的？对于这个问题，我们可以用美国技术史学家托马斯·休斯（Thomas P. Hughes）提出的技术系统（technological system）进路的视角来解释。技术系统[①]、行动者网络[②]、技术的社会建构[③]是美国 20 世纪开发的技术社会学研究的三条主要纲领。技术系统的核心要义是考察技术创新如何从一个实验室中的个体技术发明，如白炽灯泡，到将各类技术的、非技术的元素逐渐纳入成长过程，最终演化成一个在社会中具有固化技术运行轨道的技术系统的过程。我们也可以仿照这样的逻辑来考察工程项目。

在第一阶段，工程项目的设计、方案的部署以应用理性为主，工程师们需要将自然现象还原成一系列可供操作、可以用数学模型表示的函数关系，然后再将这些函数关系在一定的边界条件和约束条件下进行最优化的构建以实现预期的结果。如上文所述，这里尽管会考虑如土地、劳动力这样的经济要素，但这些要素最终也是被剥离了所有复杂性和异质性，简化成数学关系加入工程设计的。然而这仅仅是工程面临的第一层关系（Level I），每一个工程项目现实栖身的是一个由人、自然、社会构成的三元情境。随着工程项目完成了初期的论证和设计进入实施和使用阶段，工程师们用自然法则构建的那个在图纸上可以被描述和预测的

① Bijker Wiebe et al. , *The Social Construction of Technological System: New Directions in the Sociology and History of Technology* (Cambridge: MIT Press, 1987).

② Bijker Wiebe et al. , *The Social Construction of Technological System: New Directions in the Sociology and History of Technology* (Cambridge: MIT Press, 1987).

③ Bijker Wiebe et al. , *The Social Construction of Technological System: New Directions in the Sociology and History of Technology* (Cambridge: MIT Press, 1987).

世界就会经历一场深刻的转变，从一种理想孤立的概念或是客体转变成复杂的互动社会体系下的动态组分，此时它面临的真实操作、运行环境是更高级的技术－社会系统，即第二层级关系（Level II）。这一层级超越了前一层级那种与经验隔绝、高度理想化的特点（相当于将边界相对清晰的工程问题又还原成了复杂模糊的社会问题），当然工程活动本身还是确切、精良的，但不确定性、或然性却由于技术元素与非技术元素的互动突增，这个时候工程项目会遭遇怎样的情况是无法用数理逻辑思维来解释和预测的。要想维持工程在三元情境下的稳定，工程师、管理者们需要吸纳这些非技术要素，与其进行协商、对话和权衡，从而尽可能让项目达致一种稳定。以核电站的建立为例。从第一层级关系上来说，核电站的设计符合有关的数学、科学、技术、工程规范的要求。然而当核电站开始建立时，却经常遭到民众的抵制。事实上“核电站事故目前在记录的伤亡情况非常少，但是人们一般都会认为反应堆事故很严重”[①]，尽管在政府官员、核科学家和核工程师看来，民众的抵制在一定程度上是非理性的，但为了核电站的顺利建设和运行，工程师和政府必须要妥善地解决民众的担心和忧虑。因此，欧洲部分国家通过（公众）参与式设计（participatory design）、共识会议等相关措施来解决工程与其社会环境之间的潜在的或实质的冲突。

可以说，工程的集成本性和特征中蕴含了工程社会嵌入性的条件。随着工程项目从设计到最终的使用，其社会嵌入性程度无论是出于自主还是被迫，都会逐渐加深，并成为保证工程项目顺利运行和衡量评判其运行成效的关键指标之一。

从理论上看，工程项目与其社会嵌入之间的关系常常直接或间接地反映了更深层的工具理性与价值理性之间的关系。这种反映关系和相互关系有时是“正向性和常规性”的，有时却是“悖论性和畸变性”的。在社会生活和工程活动中，人们常常看到理性上符合“合理化”要求的工程项目未必可以成功实现社会嵌入（如我国近年多次出现的PX项目建设遇阻现象），而“成功实现”社会嵌入的工程项目往往也并非“理

---

① 韩自强、顾林生：《核能的公众接受度与影响因素分析》，《中国人口·资源与环境》2015年第6期。

性决策”的结果（例如，某些“政绩项目”和许多具有重复建设、技术落后特点的项目都得以“建设投产”）。

工程项目的社会嵌入涉及很多复杂问题，这里不可能全面分析，以下只简要分析两个方面的问题。

（二）工程决策和设计中的社会嵌入分析

过程决策和工程设计是工程活动的决定性环节。对于投资者、决策者、设计者以及决策过程、设计过程来说，不但必须全面考虑有关“工程本身”的各种问题，而且必须全面考虑有关工程社会嵌入的许多问题。

在工程决策和设计与工程社会嵌入的关系问题上，有三个问题要特别注意。

第一，关于工程决策和设计中的“选择”问题。工程决策者和设计者在决策和设计过程中必须进行一系列的选择。但正如斯科特（Scott）指出的那样，“选择一个目标而放弃另一个意味着在不同目标的相对价值之间做了一个判断，尤其是当这个选择关乎稀有资源的分配和机会成本的时候更是如此”①。每一项工程项目都涉及资源的使用和受益人群的分配，因此选择一个项目而不是另一个其实是将一种“善”凌驾于另一种“善”之上，决策者和设计者每一次的选择或放弃都会对一定的利益相关者产生或正面或负面的影响，从而获得利益相关者或支持或反对的态度。

第二，关于“成功”的界定问题。关于一项工程设计是否获得成功的评价标准从来就不会只看技术层面，“工程的各个社会维度与其是否取得了成功有着直接的关系”②。在这点上我国学者几乎是在工程哲学建立之初就明确表达了自己的立场——“工程是人类为了改善自身的生存、生活条件，并根据当时对自然的认识水平而进行的各类造物活动”③。更具体地说，所谓成功可有不同的衡量标准——技术标准上的成功、商业（特别是利润）标准上的成功、政治标准上的成功、社会福利标准上的

① Dane Scott and Blake Francis, *Debating Science: Deliberation, Values and the Common Good*, (New York: Humanity Books, 2011), p. 214.

② Dane Scott and Blake Francis, *Debating Science: Deliberation, Values and the Common Good*, (New York: Humanity Books, 2011), p. 221.

③ 殷瑞钰、汪应洛、李伯聪等：《工程哲学》（第二版），高等教育出版社，2007，第1页。

成功等。在工程嵌入社会的过程中，不但“个别标准”上的成功问题会表现出来，而且“综合性标准”的成功也会突出。

第三，关于设计中必须“预测”各种手段的使用后果和副产品的产生问题。设计过程中总是会涉及选择怎样的技术来实现目标，但这些技术集成之后总会产生一些意料之外的结果（unintended consequences），尤其对环境带来一定的影响，于是现行的很多设计会使用生命周期评价（Life Cycle Assessment，LCA）来提前预测一个产品在整个生产、使用和废弃过程中花费的环境成本以及带来的潜在收益。这一方面为设计决策提供一些必要的信息，另一方面将负面效应降到最低。可以说，设计过程本身就是在恰当的环境价值观约束下进行的。

（三）工程人工物使用中的社会嵌入分析

任何一个工程项目的开展都不是为了束之高阁，而是要在现实中使用的。因此，工程项目的社会嵌入也表现为工程人工物的使用过程。工程项目在现实世界中的运行就是使用者、消费者与工程师之间的一场持续的协同、对话和建构的过程。

工程嵌入社会后，工程人工物也要进入使用阶段，于是工程人工物的“使用”也就成为“工程社会嵌入”的重要内容和重要表现，对有关工程人工物的使用问题的分析也成为工程社会嵌入分析的重要内容之一。

在许多人的心目中，工程过程是一种单向度的造物模式：“功能”是“用物”的前提，于是通常是由工程师们按照自己对“问题”的界定来找到一种技术上的解决方式，然后强加给社会环境。工程师和管理者不仅试图按照对工程或产品有益的方向来引导社会环境，而且试图通过将自己的观点铭写到工程人工物之中来规定和规范该工程人工物使用者们的角色。然而，需要注意的是，当工程人工物成为“此在”时，使用者们却并不总是完全遵照工程师们的初衷进行使用的，而是在这一过程中充满了误用（设计外的使用）、滥用（加速人工存在物报废的破坏性使用）、不当使用（没能按照正规功能要求使用）。[①] 以桥梁为例，出现诸如乞丐在桥下安身这类的误用并不会带来太多的问题，但若是经常有

① 卡尔·米切姆、布瑞特·霍尔布鲁克、尹文娟：《理解技术设计》，《东北大学学报》（社会科学版）2013 年第 1 期。

人从桥上跳下自杀（例如许多人“特意选择”在旧金山金门大桥自杀）或是朝过往船只扔东西这类事件不断发生，那么该项目的设计者是否有责任“不仅仅着眼于传统的结构安全性问题，而是将这些潜在的负面事件也包括在‘安全设计’（safe design）的概念之内呢”[①]？工程师通常无法预见到产品在未来所有可能的使用方式，这就需要工程师将使用者们的意见持续地纳入后续改进设计方案来规避工程人工物可能被诟病的地方。

使用者的意见除了上述对工程项目本身具有改进的作用，还有一个更重要的积极的修正，即有效帮助人工物克服自身的“政治性”。美国伦斯勒理工学院学者兰登·温纳（Langdon Winner）曾公开宣称“人工物是有政治性”的。他举例说，纽约长岛风景区附近的天桥建造得都非常矮，而这是时任纽约桥梁、公园、道路等众多建筑设施总设计师的罗伯特·摩斯（Robert Moses）故意而为之，原因在于摩斯本人有着严重的社会阶层歧视和种族歧视，他不希望穷人和有色人种进入他所设计的风景区，于是将天桥都建造成只有拥有私家小轿车的富有上层和中产阶级的白人才能通过的高度。对于穷人和有色人种，他们大多只能乘坐3.65米高的公共交通工具，而这样的车是无法通过天桥的，因而也就无法进入这一风景区。斯人已逝，我们无法推断天桥的这般设计是否真的是为了实现某一“政治目的”从而达成的一种“社会安排”，但如果当初可以将天桥所涉及的所有利益相关者的意见都纳入最初工程项目的设计讨论，实现工程师与使用者之间的有效对话，那么至少可以避免赋予工程人工物不必要的“政治性”。笔者更愿意相信，“人工物展现出的特殊权力和权威”[②]是设计师经历、经验的狭隘所致，比如早期的建筑物门前并没有残疾人通道，但这并不是有意侵犯残疾人群体或者腿脚不灵便的年长群体的利益，而很可能是由于早先的设计惯例和教育经验造就了一种设计惯性，再加上设计师本人可能是健康的人，他很难会有意识地为那些身体有残缺的人设计一种专门的通道来满足他们的需求，正是之后这些有着专门需求的群体不断“发声”才使得后来的设计中加入了各式

① Sven Ove Hansson, “Safe Design,” *Techne* 10 (2006): 64.

② Langdon Winner, *The Whale and the Reactor: A Search for Limits in an Age of High Technology* (Chicago: The University of Chicago Press, 1988), p. 19.

残疾人专用通道。

二　工程项目的社会排斥

（一）工程项目的社会排斥现象

在以往一段时期中，我国许多地方大兴各种工程。在许多决策者、官员、工程从业者、工程师心目中，似乎只要是工程项目立项和经费落实了，最初的促进经济和民生的发展的工程“善”就会实现。但如上文所分析的那样，每一个工程项目都是嵌入社会的。对于一个工程项目来说，不但存在项目完成后的社会接受度问题，甚至在项目建设前期就会出现社会接受度问题。

上文谈到，工程的社会嵌入和社会排斥是一个问题的两个方面——如果说“社会嵌入”是有关方面对有关工程的“正面态度”和“正面行动”，那么“社会排斥”就是有关方面对有关工程的“负面态度”和“负面行动”。与工程项目的社会排斥有关的问题也很多，以下也只分析与其有关的两个问题。

（二）工程项目社会排斥的类型分析

社会对工程、技术项目的抵制并不是最近才出现的。“实际上，技术抵制、技术停滞或技术的缓慢前进却已是一种司空见惯的现象。”① 早在1679年，著名的英国古典政治经济学家威廉·配第就这样说道：“尽管发明者往往被自己的想法所陶醉，认为全世界都将为他的创新所折服，但是据我观察大家往往很少使用这些东西，甚至连尝试的欲望都没有……通常的情形是，一项新的发明要经过很长时间才能为人们所接受，而可怜的发明家们此时要么已经去世，或者因为债务危机而无法实施其新的创意。”②

一般而言，工程项目的社会排斥行为可以归结为三种不同的类型。

第一类是新的工程项目的上马和实施“会损失一部分人的利益从而导致他们有目的的主动的抵制”③。这一类型的出现最早可以追溯到英国

---

① 赵华：《技术抵制的产生及规避对策》，《重庆大学学报》（社会科学版）2015年第6期。

② William Petty, *A Treatise of Taxes and Contributions* (Obadiah Blagrave, 1967), p. 85.

③ 赵亚奎：《协调失灵，技术抵制与贫困陷阱》，博士学位论文，复旦大学，2009。

工业革命初期的卢德主义，英国手工业者们认为新的纺纱机和织布机的大量应用破坏了自己的生计，因此开展了一场捣毁机器的运动。后来西方发达国家在进入高速发展的工业社会之后又出现了反对多种现代技术形式的卢德主义的变形——新卢德主义。2013 年底，美国发生了反高科技示威游行。由于抗议者认为当时的高科技行业的发展拉大了贫富差距，于是，“旧金山和奥克兰市的抗议者们围堵了谷歌、苹果等科技公司员工的班车”①。这一类型的社会排斥往往源于新的工程项目带来的技术性失业（technological unemployment）问题和随之而来的利益重新分配问题。国家通过设置贸易壁垒的方式对本国弱势技术和产业进行保护也是这种社会排斥的一种典型表现。可以说，这一类社会排斥既可以以个体为主体实施，也可以以行会甚至国家为主体实施。

第二类社会排斥是出于对工程项目本身风险的不确定性带来的主观上的排斥。欧洲国家民众对于转基因食品和核电站的抵制就属于这一类社会排斥。需要强调的是，邻避（NIMBY）效应是这一类社会排斥的一种特殊表现，从“邻避”这一直抒胸臆的名称——Not in My Backyard（不要建在我的后院）——就可以看出，邻避行为的实施者拒斥的并不是工程项目本身，而是工程项目与自身生存环境的空间距离以及由此可能给自己带来的风险，他们中的很多人甚至根本不关心自己排斥的工程项目究竟是否真的存在潜在的风险。事实上，包括邻避效应在内的这一类型的社会排斥的形成取决于公众对工程项目的风险感知（risk perception）。早期的心理学根据个体对风险可能性和结果的不同心理感知倾向大致区分出民众的三种风险态度——风险厌恶（risk-averse），风险倾向性（risk-prone）和风险中立（risk-neutral），社会排斥的主要群体就是存有风险厌恶态度的民众。不过，需要指出的是，民众的风险心理并不是一成不变的，他们的风险感知依赖直觉、经验思考以及大众媒体的灾难式叙事，由“好恶”或说情感因素决定，因此并非完全理性的、实证主义的。恰是民众对于风险的判断很多时候是非理性的，受周遭环境、传播因素以及过往事件记忆影响极大，因此与专家基于统计学、概率论计算得出的风险判断并不一样，经常会出现这样的情况——公众自身对于

---

① 赵华：《技术抵制的产生及规避对策》，《重庆大学学报》（社会科学版）2015 年第 6 期。

某一工程人工物危害的风险想象与专家提出的可控风险判断相去甚远，例如“一些核能专家认为人们对核能是非理性的害怕”①，毕竟核灾难发生的概率远不及矿难，但公众却对此并不买账，依旧发起各式对核电站的抵制行动。当遭遇这一类型的社会排斥行为时，为了保证工程项目在社会中的顺利运行，“公司或政府不得不在如何捍卫产品、提升企业形象以及影响潜在消费者的态度等公关和营销策略上投入大量的金钱”②，从某种程度上说，这一类社会排斥表现出很强的政治性。

第三种类型的社会排斥是由工程项目的参与者自身发动的，即“揭发者”（whistle-blower）。这些揭发者由于具有专业的技术知识，并且实际参与了工程项目的整个设计和建造过程，出于职业伦理和良知选择将工程项目自身潜在的问题和可能的风险公之于众或者向上级权威部门递交报告，利用社会力量迫使该工程项目做出改变。相对于前面两种消极类型的社会排斥来说，这一类由“揭发者”主动从自身引发的社会排斥是为了促进社会更大的“善”，“这些人的出发点是为了守护自己当初来到这个工作岗位的初心”③。

在这里有一点需要指出的是，工程项目没有遭到社会的排斥并不等同于工程项目被社会心甘情愿地接受，而很有可能是一种“不情愿接受”（reluctant acceptance）的权益选择罢了。因此我们有必要区分“公众接受”（acceptance）与“公众接受度”（acceptablity）这两个概念。“接受”指的是公众已经做了正式的决定。“接受度”则指的是人们愿意严肃对待一个工程项目，公众会参照该工程项目是否最大限度地遵从了社会价值观和规范、是否比其他项目更可靠来对该工程项目进行考量，“技术上可行的工程项目，未必会满足社会接受度的考核。不过接受度是一个连续的过程而不是非黑即白的两极对立，公众接受度会随着时间向消极的或者积极的方面改变”④。“接受度”既可以从积极的层面上指某一工程项目获得了公众的认可、赞同，也可以是拒绝或者抵制行为并不

① 韩自强、顾林生：《核能的公众接受度与影响因素分析》，《中国人口·资源与环境》2015年第6期。

② Oliver Todt, “The Role of Controversy in Engineering Design,” *Futures* 2 (1997): 179.

③ R. Donna, *Engineering and Social Justice* (Morgan & Claypool Publishers, 2008), p. 133.

④ R. Flynn, *Risk and the Public Acceptance of New Technology* (London: Palgrave Macmillan, 2007), p. 7.

现实，比如该项目是政府管制的或者强制的，公众没有太多的选择余地，因此不得不选择对某一工程项目持默许、顺从或消极服从的态度。例如，在核能问题上，英国社会心理学家尼克（Nick Pidgeon）就提出了“当人们考虑到风险问题的时候，由于选择有限，他们会不情愿地接受核能”[①]的观点。可以说，除了上述三类对工程项目公开的社会排斥行为，还有一类消极的社会接受也需要考虑在内。

（三）工程项目社会排斥的原因分析

为什么很多工程项目会遭到不同程度的社会排斥或者社会抵制呢？根据上述三种类型的社会排斥行为，我们可以对其背后的成因进行一个大致的分析。

第一，社会动量的固化，或者说技术轨道的形成。随着一个工程人工物在社会中的成长、壮大、成熟，它会聚集大量政治、文化、法律、经济等方面的动量，而这些动量又会维护该工程人工物继续沿着既定的轨道运行。比如英国工业化初期的纺织业工人，这些人长期以来习得的技能都是关于手动纺纱机和织布机的，形成了专门的手工艺传统，而且有自己的行会和行会制度。引入新的自动织机雇用廉价而没有技术的工人，不仅会使以前的纺织工人失业，而且会使曾经的师徒制体系消失甚至使纺织技艺失传，更重要的是会使经济利益重新分配，因此往往会引发纺织工人大规模的抵制行为。

第二，社会排斥的产生与公众对于专家知识和政府的信任有很大的关系。因为“信任本身是影响风险感知和信息沟通的一个至关重要的变量”[②]。公众对于专家们给出的风险分析的判定与公众对于这一信息来源的社会信任有很大的关系。一般对给出调查结果的专家和机构持较多信任的公众，对于工程项目的潜在风险也会持较积极的态度，因而也就不会出现社会排斥行为，反之则会影响对工程的社会接受度。不过这里有一个比较吊诡的地方，即有时候专家提供的试图消除公众风险恐惧、提高公众风险阈值的科学分析反而会进一步加深公众对于风险的厌恶程度，

① Parkhill K. A., et al., “Laughing it Off? Humour, Affect and Emotion Work in Communities Living with Nuclear Risk,” *The British Journal of Sociology* 62 (2011): 324 - 346.

② R. Flynn, *Risk and the Public Acceptance of New Technology* (London: Palgrave Macmillan, 2007), p. 7.

甚至会招致更多的人厌恶或者抵制这一工程项目。

第三，工程伦理规范和工程师责任伦理的作用和结果。在经历曲折的思想发展和演化过程后，西方工程师执业协会伦理章程将“将公众的安全、健康、福祉放在至高无上的地位”① 作为第一条，这就使得来自工程师的“对有害于社会的工程”的“揭发”和“排斥”引起了更多的社会关注和更大的社会影响。尽管现实中长期存在的实证主义态度在背后隐藏着“对人及其价值的漠视”②，但工程伦理学的发展使得工程领域和工程师界人文主义价值观有力复归。在这种社会思想环境中，那些可能危害社会的工程项目会遇到社会排斥就成为理所当然的事情。

第二节 工程角色的社会嵌入与社会排斥

工程社会学在研究社会嵌入和社会排斥问题时不但要研究工程项目的社会嵌入和社会排斥问题，而且要研究工程角色的社会嵌入和社会排斥问题。

一 一些概述

经济学上提出的“嵌入性”概念对于社会学研究的一个重要启发和贡献就是提醒我们人际关系网络的真实存在性及其重要意义。

嵌入性概念“把人际关系网络作为要素，从而把社会学研究中一个主要关注领域引入进来”③，“从根本上说，人们的经济生活或经济行为的过程中，不是什么制度安排或普遍道德使人们相互间产生有效率的社会互动，而主要是由于人们置身于特定的网络之中，并由此产生了相互的信任，并在这个基础上才产生出有效率的互动”④。也就是说，嵌入问

---

① 爱德温·T. 莱顿：《工程师的反叛——社会责任与美国工程职业》，丛杭青、沈琪、叶芬斌等译，浙江大学出版社，2018。

② 王国豫、李磊：《工程可行性研究的公众可接受性向度》，《自然辩证法通讯》2016 年第 3 期。

③ 李汉林、魏钦恭：《嵌入过程中的主体与结构——对政企关系变迁的社会分析》，中国社会科学出版社，2014，第 22 页。

④ 李汉林、魏钦恭：《嵌入过程中的主体与结构——对政企关系变迁的社会分析》，中国社会科学出版社，2014，第 22 页。

题从一开始考察的就是人与社会网络之间的融合问题，因此除了上一节中谈到的工程项目的社会嵌入和社会排斥问题，社会嵌入和社会排斥现象对于工程的实施者们，即工程角色更是一个无法回避的问题。每一个现实工程活动的具体运作都会涉及一个复杂、动态、异质的人群共同体，中国的工程社会学研究一般将这种人群共同体为统称为工程共同体。“工程共同体是有结构的，由不同角色的人们组成，包括工程师、工人、投资者、管理者和其他利益相关者等。”①

从理论上看，工程社会学在分析和研究工程角色的社会嵌入和社会排斥问题时，应该把涉及工程共同体所有成员（角色）的社会嵌入和社会排斥问题都纳入分析和研究视野，因为对工程共同体所有成员（角色）来说，没有例外地都存在社会嵌入和社会排斥问题。

对于工程共同体中的不同角色来说，出于多种原因，发生在其“角色群体”和“角色身份”上的社会嵌入和社会排斥的状况和因果关系会有很大不同。例如，作为一种特定的社会角色，基层工人和公司总经理都有可能被“解雇”，从而发生“社会角色的社会排斥”现象，但这两种角色的社会排斥现象在“解雇程序”、“出现排斥的原因”和“排斥发生后的影响”等方面都有很大不同。出于政治、保护生态等原因，某些“投资者”被某些国家、某些地区排斥的现象也屡见不鲜。经济学和经济现实情况中发生的“恶意收购”现象告诉人们，在“投资者的社会嵌入与社会排斥”问题上，有待深入研究的问题也是很多的。由于工程共同体角色类型较多，尤其是所涉及的问题都太复杂，限于篇幅，本节不可能逐一对工程共同体中的所有角色的社会嵌入和社会排斥问题进行全面分析和阐述。本节就只对工程师和农民工这两种角色的某些社会嵌入和社会排斥问题进行一些分析。

二 工程师角色的社会嵌入和社会排斥问题

工程师是工程共同体的重要成员。在工程活动中，工程师是不可缺少的重要角色。工程师角色的社会嵌入和社会排斥涉及问题很多，以下只谈三个问题。

---

① 李伯聪等：《工程社会学导论：工程共同体研究》，浙江大学出版社，2010，第23页。

（一）工程师角色在工程共同体网络中的特殊性和工程师的“角色定位困境”问题

在工程共同体的不同角色中，工程师和工人都是“雇主”的“雇员”（工人是“蓝领雇员”，工程师是“白领雇员”），这就使工程师和工人在角色性质和角色关系上，有了相同和相通之处。可是在技术工作中，工程师又是工人的“管理者”，工程师与工人的关系又成为“管理者”与“被管理者”的关系，这就又使工程师在角色关系上与管理者，甚至是投资者有了某种相同和相通之处。

谢波德把工程师称为“边缘人”（marginal man），因为工程师的角色位部分是劳动者，部分是管理者；部分是科学家，部分是商人。[①] 莱顿说：“工程师既是科学家又是商人”，“科学和商业有时要把工程师拉向对立的方向”。[②] 这种矛盾状况使得工程师在“角色定位”上可能会陷入“困境”。

不同角色在嵌入工程共同体之后，形成了一定的既有对立又有合作的角色关系。由于角色性质的不同，不同角色对自己在共同体中的“自我认识”和“自我定位”也有不同。“工人和资本家处于经济利益对立的两级，因而双方都不会在‘自身’的‘阶层认同’上出现眼光迷离、左右摇摆的情况，可是工程师却既不是工人又不是资本家。”“从社会学和社会哲学角度看，工程师不但在整个社会关系的网络关系中而且在从共同体的内部网络关系中都处于了吊诡性的关系和地位中，这就使得不但工程师自身而且使其他人在认识工程师的真正‘位置’和社会作用问题时都容易陷入某种眼光迷离、左右摇摆、莫衷一是的地步。”[③]

关于工程师在工程共同体乃至整个社会网络中的位置和作用，需要进一步研究的问题还有很多，限于篇幅，这里就不赘言了。

---

① Beder, S., *The New Engineer* (South Yarra: Macmillan Education Australia, 1998), p. 25.

② Layton, E. T., *The Revolt of Engineers* (Baltimore: The Johns Hopkins University Press, 1986), p. 1.

③ 李伯聪：《关于工程师的几个问题——“工程共同体”研究之二》，《自然辩证法通讯》2006 年第 2 期。

（二）特殊境况下公众对工程师的“排斥态度”问题

一般来说，工程师最基本的特征就是其具有专业性的工程知识。工程师正是凭借其专业知识获得了在工程共同体中的“地位”，进一步地说，获得了一定的“专业性社会地位”和“专业性社会声誉”，并因此而获得一定的“专业性社会信任”。所以工程师对于很多人来说成为具有吸引力的职业。很多学生，特别是贫困家庭的学生，经常会把工程学作为自己的大学专业，因为工程学“是一个可以实现社会阶层向上流动的学位”[①]。这一点在诸如美国这种读大学成本非常高的国家更是直接影响了许多来自贫困家庭学生的专业选择。

可是，在市场经济环境中，在许多冒用和滥用工程师名义进行危害公众利益案例出现的情况下，人们看到我国一些网民将“专家”称为“砖家”，肆无忌惮地表示了对包括工程师在内的“专家”的“排斥态度”和“不信任态度”。特别是当工程师替某一些引发公众质疑或者抵制的工程项目、工程事件发声时，这种表达“排斥态度”和“不信任态度”的声音更会不绝于耳。这种现象已经引起了一些学者的关注，然而，要想真正认识到形成这种现象的原因，要想透过现象看到本质，特别是要想正确处理有关现象反映出的各种社会问题，实在不是容易的事情。

（三）工程师角色跨国流动“嵌入”其他国家工程共同体的资格认证问题

现代社会早已进入经济全球化时代。在经济和工程的全球化时代，工程师的跨国流动已经成为“平常”现象。

如果从角色“社会嵌入”的角度认识工程师的跨国流动，那么工程师的跨国流动也就是一个国家的工程师嵌入另外一个国家工程共同体中的过程。

在工程共同体的不同角色中，工程师角色有进行“职业认证”的要求，并且不同国家的“职业认证”要求并不完全相同。当一个国家的工程师想流动到另外一个国家时，如果不满足该国对工程师工作认证的要

① 卡尔·米切姆、尹文娟、黄晓伟：《工程面临的真正重大挑战——自我认知》，《东北大学学报》（社会科学版）2016年第5期。

求，那么，他就没有“资格”在该国承担“工程师角色”，从事工程师工作。

当前的中国已经是工程教育大国，“我国高等工程教育规模位居世界第一”①，我国也是世界上的工程大国。据统计，“中国今天业已修建完成的高速铁路总里程比世界其他各国的总和都要多，而且其空间探测项目在技术规模及现有成就方面也已经超过了欧盟”②。我国工程师的人数在世界上也是最多的。可是，由于各国在工程师职业认证上有不同的标准和不同的要求，我国不少工程师虽然具有在中国从事工程活动的资格，但到了国外，并不因为自身的“中国工程师的职业角色”就可以同时拥有在其他国家从事工程活动的资格。

实际上，为了有效解决这种在一个国家取得工程师职业认证的工程师如何才能取得另外国家的认证资格以顺利嵌入其他国家工程共同体，即工程教育学历互认的问题，国际社会先后签署出台了《华盛顿协议》《悉尼协议》《都柏林协议》三个国际性协议。其中“签署时间最早、缔约方最多的是《华盛顿协议》，也是世界范围知名度最高的工程教育国际认证协议”③，2016 年 6 月 2 日，中国正式加入《华盛顿协议》，这意味着我国的工程教育专业认证工作自此也开启了国际互认之旅。由于《华盛顿协议》的核心内容是针对学习成效（outcome）或者说“专业出口”的实质等效性（substantial equivalence），我国在工程教育和工程师职业认证方面随后启动了一系列新举措以达到《华盛顿协议》的认证标准，例如各个高校优势专业逐渐展开自评，在课程设计上将产业界的需求与工程教育更充分地结合起来。随着“一带一路”倡议的推进，中国的工程教育如何满足更加国际化和多元化的需求，从而使中国的工程师和工程产品能够更顺利地走出国门，嵌入其他国家工程共同体是当前中国工程教育面临的一个重要命题。

---

① 王孙禺、赵自强、雷环：《中国工程教育认证制度的构建与完善——国际实质等效的认证制度建设十年回望》，《高等工程教育研究》2014 年第 5 期。

② 卡尔·米切姆、尹文娟、黄晓伟：《工程面临的真正重大挑战——自我认知》，《东北大学学报》（社会科学版）2016 年第 5 期。

③ 王孙禺、孔钢城、雷环：《〈华盛顿协议〉及其对我国工程教育的借鉴意义》，《高等工程教育研究》2007 年第 1 期。

三 农民工角色的社会嵌入与社会排斥问题

（一）农民工——工人角色和群体中的“特殊角色”和“特殊群体”

在工程共同体中，工人是必不可少的重要角色和重要群体。[①] “工程活动的实践特征决定了工人在工程共同体中占据了一个基础性的地位和作用。”[②]

在工人群体中，有人又进行了“分层”研究，划分出“企业白领、蓝领技术工人、普通工人和农民工”等不同层级的工人。其中“企业白领的知识总量一般会比蓝领技术工人要高，蓝领工人的知识总量要比普通工人要高，农民工的知识总量大多数处于较低的水平”[③]。

以下只分析有关农民工的一些问题。

“农民工”是我国改革开放后所出现的一种特殊社会角色和一个特殊社会群体。

我国在改革开放前实行城乡分割的户口制度和粮食统购统销制度。在那种制度环境中，农民就是农民，他们没有可能进城打工，从而也不可能有农民工。

改革开放后，许多具有农业户口的农民进入城市打工。就他们从事的“工作性质”和他们的“实际角色功能”而言，他们的“实际社会角色功能”必然是工人。可是，就他们的“户籍身份”而言，虽然他们已经不从事农业生产了，[④] 但他们仍然是“农民”，在许多方面仍然不属于和不同于我国的那些“有城市户口的工人”。于是，他们就成了农民工。[⑤] 农民工人数最多的行业是采掘业、建筑业等行业。

农民工与“正式工”相比，其角色和群体的特殊性，“来自”并且“表现在”其“身份”的尴尬上——既不是传统意义上的农民，又“受到户籍制度、用工制度以及个人人力资本和社会资本的制约，被隔离在

---

① 李伯聪：《工程共同体中的工人——“工程共同体”研究之一》，《自然辩证法通讯》2005 年第 2 期。

② 李伯聪等：《工程社会学导论：工程共同体研究》，浙江大学出版社，2010，第 93 页。

③ 李伯聪等：《工程社会学导论：工程共同体研究》，浙江大学出版社，2010，第 83 页。

④ 许多农民工仍然需要在农忙时短期回乡从事农业劳动。

⑤ 需要注意，“农民工”和“农业工人”是两个不同的概念。“农民工”是有农业户口的工人，而“农业工人”是“从事农业劳动”的“工人”。

城市社会保障制度之外，无法享受真正意义上的市民待遇"[1]，同时长久的城市打工生活还使得这些人年老之后面临"退回农村，他们做不了合格的农民；融入城市，他们很难逾越横亘在面前的制度、文化、技术之墙"[2] 的问题。

改革开放以来，农民工群体已经成为中国现代化城市建设中的一支重要力量。据国家统计局公布的《中华人民共和国2016年国民经济和社会发展统计公报》，2016年全国农民工总量为28171万人，其中外出农民工为16934万人。[3]

（二）关于农民工的社会排斥问题

农民工虽然是工程共同体中不可或缺的成员之一，并且往往生活在城市。可是，他们却经常会受到这样或那样的社会排斥。

如果说，对工程项目的社会排斥，往往表现为对于"物"——作为工程项目之"物"——的排斥，那么，由于农民工是"人"，对农民工的排斥就表现为对"特定的人"的排斥。有关学者，特别是许多社会学家已经对有关问题进行了许多研究。[4]

在农民工问题上，其中一个比较严重的问题是普遍存在的对农民工的社会排斥现象。我们认为，对农民工的社会排斥主要表现在制度排斥、社会排斥和心理排斥三个方面或维度。

1. 制度排斥

首先，"农民工"这个称呼就是20世纪50年代之后我国逐步建立的一套城乡分割的二元体制中出现的，"这一体制的运行，在诸多方面是两套政策：对城市是一套政策，对农村是另一套政策。几十年下来，逐渐固定化，加上有户籍、身份制作划分标准，就形成了'城乡分治，一国

---

① 石智雷、施念：《农民工的社会保障与城市融入分析》，《人口与发展》2014年第2期。

② 谢建社：《风险社会视野下的农民工融入性教育》，社会科学文献出版社，2009，第20页。

③ 《中华人民共和国2016年国民经济和社会发展统计公报》，国家统计局网站，2017年2月28日，http://www.stats.gov.cn/sj/zxfb/202302/t20230203_1899428.html。

④ 参见徐平《社会排斥与农民工市民化的制度分析——以兰州市农民工为例》，硕士学位论文，西北师范大学，2010；曹莹《农民工"嵌入态"生存的空间社会学分析——以建筑业农民工为例》，《学习与实践》2016年第6期。

两策’的格局”①。截止到2016年我国常住人口城镇化率为57.35%，其中户籍城镇化率为41.20%，这一数据表明我国人口城镇化程度依旧有很大的缺口。

事实上，涉及农民工的许多政策制定问题与二元分割的户籍制度有着不可分割的关系，因为户籍不仅是一种身份，更是一种资源享有权的确认，城乡二元分割的户籍制度会直接影响就业管理制度的制定，而就业管理制度又会影响社会保障制度、教育制度、医疗保障制度等的制定，最后这一系列制度中的双重标准都极大地限制了农民工群体对正常社会公共资源的获取。比如农民工无法与城市工人同工同酬，他们很多时候做着城市工人都不愿意做的污染严重、施工条件很差的工作，却无法享受公平的社会保障待遇，“根据《2012年全国农民工调查监测报告》对外出农民工权益保障的相关描述，有超过半数的农民工没有签订劳动合同，并且农民工整体参与社会保险的比例偏低”②。此外农民工子女的受教育问题也一直是被社会所争议和诟病的，农民工子女要么只能去专门为农民工子女开办的学校接受教育，要么就需要经历烦琐的程序并给公立学校交一部分额外的费用才可以享受与城市孩子同等的教育资源，除此之外他们几乎很难享受到更优质的教育资源。而众所周知，教育是实现向上流动的一条最重要的路径，更多的教育总是与更多的社会资本、人力资本不可避免地缠绕在一起，而农民工子女受教育权享用上的先天不平等相当于阻断了其向上流动的通道。可以说，当前二元对立的户籍制度是农民工遭遇排斥的一个最主要的制度性障碍。

2. 社会排斥

社会排斥主要包括提供的客观工作条件的排斥和市民心理排斥。

一般而言，城市为男性农民工提供的多是些地理位置偏远、生产工艺落后、设备陈旧、工作条件差、安全隐患多的岗位，有时候还是高强度、高空、高温、有毒的工作，同时雇主为了更大程度地获取利益，通常都会延长农民工的工作时长，甚至取消节假日休息。而城市为女性农民工提供的岗位也好不到哪里去，基本都是些低端的第三产业岗位，比

① 谢建社：《风险社会视野下的农民工融入性教育》，社会科学文献出版社，2009，第122页。

② 石智雷、施念：《农民工的社会保障与城市融入分析》，《人口与发展》2014年第2期。

如服务员、保洁员、销售之类的，这类工作同样是工作时间长且收入极低。流入城市自身的生活消费成本的高低，以及该城市能够为农民工提供的工作环境、薪资和社会福利水平、基本的住房条件、接纳其子女接受教育的入学条件等物质条件都表现了一个城市对农民工的吸引程度，同时也反映了这个城市对农民工群体的社会排斥度。显然薪资水平低、社会保障制度安排落后的城市会影响农民工的进入，而相反的那些城市则会吸引农民工的进入。

此外，市民对于农民工的接纳度也体现了这个城市对于农民工的开放度和尊重度。由于过往生活经验的巨大差别，农民工的思维方式、生活方式均与市民有一定的差距，而且当农民工进入城市后还会占用一定的公共资源。在这种情况下，市民经常对农民工持一种否定的排斥或者冷漠态度，特别是当某一件不好的事件的主人公确实是农民工的时候，比如民工律师周立太帮农民工讨薪成功，结果这些农民工在拿到钱后立刻消失，拒绝支付7万律师费的事件，使很多市民会进行扩大联想，从而对整个农民工群体进行污名化想象。事实上“农民工”这个词早就不再是一种客观的社会身份的指称，而是带有强烈的价值取向，当我们形容一个人像农民工的时候，隐含的含义就是这个人言谈举止或者思维方式比较陈旧落伍。不仅如此，由于农民工特别是第一代农民工受教育程度普遍偏低，许多人会给农民工贴上越轨甚至是犯罪的高危人群的标签。事实上，农民工走向犯罪道路的一部分原因是“因为老板剥削程度高，个人劳动强度大，产生了仇恨社会不公的心理和厌恶贫富不均的情绪，这种犯罪占20.4%”①。

3. 心理排斥

所谓心理排斥不但是指市民主观上对农民工的显性或隐性的排斥心理，而且是指农民工自己主观体验到的与流入城市的心理距离。由于城市接纳和文化适应等方面的问题，农民工出现“社会交往‘内卷化’，即社会交往囿于农民工群体内部，形成在城市中的‘自愿性隔离’，出

① 谢建社：《农民工融入城市过程中的冲突与分析——以珠三角S监狱为个案》，《广州大学学报》（社会科学版）2007年第4期。

现社会交往的‘内倾性’与‘趋同性’”①。一项以广东省东莞市农民工为取样样本的调查结果显示，农民工与城市的心理距离要大于城市与农民工的心理距离。② 我们必须承认，农民工的这种自卑心态并不是某一地区群体的孤立现象，而是这个群体普遍存在的心态，同时这种现象也没法归咎于单一因素，我们需要对今天整个社会的经济、政治、历史、文化、民俗等诸多方面进行反思和调节才有可能从根源上解决这个问题。

（三）农民工的社会嵌入和社会融入问题

1. 一个术语问题——“社会嵌入”和“社会融入”

本章以上所使用的术语是“嵌入”。但也有一些社会学研究者在研究农民工问题上更倾向于使用“融入”（cohesion）这个术语。

学界一般认为融入这个概念是涂尔干在对劳动分工的研究上首先提出的，“社会融入的着眼点和研究视角偏重于宏观，是基于人群特征研究整个社会中的社会链接和社会融入”③，这一具有启发性的理论视角后来被西方学者用来研究移民问题，讨论移民在新的社会环境下的融入问题。我国农民工的嵌入问题很大一部分属于中国农业转移人口市民化过程中的社会交往和融合问题，因此我国社会学学者也部分移植和借鉴了西方社会学家们提出的“社会融入”视角。然而，在本节中，我们把嵌入和融入看作含义等同的概念。因为，如前文所述，嵌入尽管是一个经济学上首先使用的概念，但波兰尼最初使用嵌入却是为了突出人类经济行为对于结构和制度的依赖，即嵌入结构和制度中，随后格兰诺维特又进一步深化了这种嵌入性，指出“嵌入性的概念强调的是信任而不是信息”④，于是又提出了嵌入“人际关系网络”⑤，但是无论是嵌入制度、结构，还是嵌入人际网络，都是农民工在融入城市社会中面临的主要问题。

---

① 潘泽泉、林婷婷：《劳动时间、社会交往与农民工的社会融入研究——基于湖南省农民工“三融入”调查的分析》，《中国人口科学》2015 年第 3 期。

② 闫伯汉：《制度排斥、社会距离与农民工社会融入——基于广东省东莞市的分析》，《北京社会科学》2015 年第 5 期。

③ 李培林、田丰：《中国农民工社会融入的代际比较》，《社会》2012 年第 5 期。

④ 李汉林、魏钦恭：《嵌入过程中的主体与结构——对政企关系变迁的社会分析》，中国社会科学出版社，2014，第 22 页。

⑤ 刘世定：《占有、认知与人际关系——对中国乡村制度变迁的经济社会学分析》，华夏出版社，2003，第 72 页。

如何从制度层面（户籍制度、公共政策、社会保障制度等）和社会层面（人际交往、心理调适、身份认同、社会参与等）帮助农民工较好地实现社会融入，长期以来都是社会学研究者们和政策制定者们思考的重点。因此在本章中"融入"和"嵌入"是互换使用的。

农民工的社会融入问题是一个复杂的、动态的系统性社会问题。按照马克斯威尔的观点，"社会融入包括建立共享的价值观，缩减财富和收入差距，总体上让人们感觉到他们融入一个共同体中"[①]，这显然需要国家、地方和农民工自身三方面同时进行有效的努力和改进才有可能得到妥善解决。

2. 制度嵌入过程：逐渐消除制度障碍

"'社会融入'需要基本的制度接纳保证。"[②]

一般来说，农民工的社会融入过程要经历两个阶段。第一个阶段是农民向农民工的转变，第二个阶段是农民工向市民的转变。而这两个阶段的顺利实现，都离不开国家制度设计层面的改进。

长期以来，一些制度障碍，特别是城乡二元对立的户籍制度障碍一直是横亘在农民工面前最亟待解决的问题。户籍制度的改进必然带动与其相关的如就业管理制度、社会福利制度、收入分配制度、教育培训制度、社会保险制度等一系列制度的有效推进。必须承认，从国家统计局公布的数据来看，每年我国的户籍城镇化率都在稳步提升，户籍嵌入会直接提升农民工的经济收入水平，而收入水平的提升又会提升农民工的物质生活水平，他们与市民的收入差距便会缩小，很多农民工开始在流入城市购置房屋，以就业和居住为中心，逐渐建立起比较固定的社交网络，并拥有一定的人力资本和社会资本，告别了过去的流动生活，对城市逐渐产生了一种心理归属感和认同感。在这种环境中成长的农民工的子女较父母一代来说，对于城市融入程度非常高。制度设计的推进必然是推动农民工社会嵌入的最关键一环。

3. 社会嵌入过程：逐步有效改善社会接纳

社会接纳与地方政府的引导和作为方式密不可分的。一方面，流入

---

① 李培林、田丰：《中国农民工社会融入的代际比较》，《社会》2012年第5期。

② 闫伯汉：《制度排斥、社会距离与农民工社会融入——基于广东省东莞市的分析》，《北京社会科学》2015年第5期。

或者嵌入城市的政府应该着力为农民工提供更加多元化的就业机会、提供保障性住房这类经济便宜的居住条件、配备健全的社会保险，同时督促用工企业创造更有益于农民工身心健康的工作环境、降低劳动时间等，良性的客观物质条件对于提高农民工的城市融入度具有重要的影响。如果农民工无法在劳动力市场上找到工作，就意味着他被这个社会排除在外了，所以就业保障和社会保险是吸引农民工进入城市的两个重要变量。就业保障保证了农民工群体的经济物质生活不受影响，而养老、工伤、医疗、失业、生育方面的社会保险，特别是工伤和医疗保险，对于缓解农民工因为在工作中患病特别是发生工伤后的后续经济治疗产生的后顾之忧有着至关重要的意义。

另一方面，“城市融入是一个农民工与本地市民互动的过程，农民工在与市民的交往中获得他们的认可和接纳，才能逐渐消除过客心理，重新定位自己的身份，进而更好地融入城市社会”①。也就是说，社会嵌入的最终实现还需要本地市民和农民工对彼此从心理上进行真正意义上的认同和接受。对于市民来说，要消除那种以偏概全的片面认知，杜绝将个体发生的越轨或者犯罪行为归结为一个群体的情况。媒体和政府都有责任和义务对农民工的集体形象塑造进行客观而正面的引导。很多农民工依旧保持了中国传统农民身上那种由土地赋予的淳朴的本质，例如新闻媒体上经常会出现关于某地农民工担心影响他人上班而主动乘坐下一班地铁这类感人的报道。事实上，大部分的农民工在为城市的现代化建设辛勤劳作着，市民应该更多地看到农民工群体对于城市建设所做出的贡献和牺牲，从而消除那种对农民工的歧视和冷漠。对于农民工而言，要改变以老乡、同事为核心的自我封闭式的人际交往圈，只有更多地参与到本地政治、文化生活中去，才能更好地融入、适应城市生活，规避由于自卑带来的心理疏离感，从而实现“本地人”或者“城市人”的身份认同。

4. 融入性教育：农民工的自我完善

即使身份是市民而且出生或者居住在一个就业保障、生活条件都非常好的城市里，如果这个人既没有一技之长，个人素质又十分低下的话，

① 石智雷、施念：《农民工的社会保障与城市融入分析》，《人口与发展》2014 年第 2 期。

也是难以谋生的。对于农民工，拥有一技之长当然显得更为重要。从本质上说，在现有的社会、制度和文化条件下，想要真正融入社会就必须要求农民工自觉地、有意识地、主动地对自身的工作能力和文化素质进行提升和精进。

众所周知，农民工存在普遍的受教育水平比较低的问题，尽管新生代农民工较老一代农民工在受教育年限上已经有所提升，但整体而言他们的教育水平与市民相比依旧是低的，而且他们在走入城市之前大多没有接受过专门的技术培训，这就注定了他们通常只能做一些粗糙的体力劳动。因此融入性教育的第一层面就是为农民工提供多样化的职业培训、技能培训和创业扶持机会，提升农民工的技术水平和文化素质。第二层面要注重提高农民工的法律意识。农民工的法律意识通常比较淡漠，所以当遭遇各种权益受损如工头恶意拖欠工资的事情时，很多农民工不知道如何用正当的手段和方法维护自己的合法权益，有时候就会演化成“自我救济式犯罪”。鉴于此，融入城市有义务为农民工定期举行各种法制讲堂、法律培训，一方面可以帮助农民工在就业和求职时识别各种合同陷阱，在遭遇各种违反劳动合同的做法时有效维权，至少知道该向哪些部门、哪些人求助；另一方面可以提升农民工的行为修养，城乡生活的差异使得“农民工对城市的交通法规、城市管理规范等不了解、不习惯、不重视，出现违章、违规、违法的概率相对高一些，不仅自我感觉对城市不适应，也容易引起城市居民的反感”[①]。技能的提高，道德、文化素质、法律意识的提升，都会为农民工的城市生活方式、与城市居民的认同、心理体验上的融入以及自身身份认同起到积极的促进作用。

---

① 丁宪浩：《农民工社会融入问题分析》，《财经科学》2006 年第 10 期。

第七章　工程活动中的社会分层、社会流动和社会网络

社会分层、社会流动和社会网络是重要的社会现象，社会学的理论研究和实证研究都已经有了丰硕的研究成果。在一般性的社会分层、社会流动和社会网络“现象和类型”中，工程领域的社会分层、社会流动和社会网络是最常见的“现象和类型”之一，而工程社会学所关注的正是“工程中的社会分层、社会流动和社会网络”问题。

工程社会学在研究“工程中的社会分层、社会流动和社会网络”问题时，自然必须“运用和借鉴”“普通社会学”中相关的理论成果，但其研究的方法和意义绝不在于“公式化地应用”社会学中关于社会分层、社会流动和社会网络的一般性理论或为那些一般性理论提供工程领域的例证。工程社会学要研究“工程中的社会分层、社会流动和社会网络”问题，其研究进路和研究意义不但在于要调查和揭示“工程中的社会分层、社会流动和社会网络的特殊性”，而且在于通过对“工程中的社会分层、社会流动和社会网络的特殊性”问题的研究，进一步“丰富”和“深化”社会学中有关社会分层、社会流动和社会网络的一般性理论。

第一节　工程活动中的社会分层和社会流动

社会分层和社会流动是社会学研究的重要内容，工程社会学也不例外。工程社会学关注的焦点是具有自身特点的工程活动和工程共同体中的社会分层和社会流动问题，并且希望能够由此而丰富和深化对有关问题的理论认识。

一　工程从业者的社会分层和社会流动

（一）社会分层及其理论视角

1. 社会分层的含义

马尔科姆·沃特斯（Malcolm Waters）在《现代社会学理论》一书中指出，社会有两个方面的特征深刻地影响了时代——事实上也是整个社会学——的想象力，那就是社会分化和社会分层。[①]

所谓社会分层，是指在社会（垂直）分化的过程中，由于社会成员在机会、能力等方面存在的差异，一些成员得以享有更多的社会资源，占据更为优越的社会地位，从而使所有社会成员彼此之间呈现高低有序的不同等级、不同层次的现象，它反映了社会成员在社会地位上的一种结构性差异。关于社会分层的这一定义，需要注意以下两个方面。

第一，社会分层反映的是社会成员之间一种结构性的不平等，但这种不平等的存在和表现形态在不同的社会和历史时期是不一样的。奴隶制、种姓制、等级制和现代社会的分层制度是人类历史上出现过的几种典型的社会分层的制度形态。如中国封建时代的皇族、士大夫与庶民的区分，古罗马的贵族、骑士、平民和奴隶的区分等都体现了当时社会的分层结构。

第二，社会成员在社会结构中之所以会有高低不同的地位，享有多寡不均的社会资源，虽然有其个人自身方面（自然差别）的原因，但往往更多地是由非个人、超个人的因素（社会差别）造成的。社会学有一个概念是“社会地位”，就是指社会成员在特定社会关系中的位置，而与这个位置相联系的是不同社会位置上社会成员拥有的、可支配的权力、财富与社会声望等社会资源不同。这些社会资源可以是有形的，也可以是无形的；可以是经济利益、政治权力、社会声望，也可以是教育（文化）水平，甚至是闲暇时间等。但无论是什么资源，它们都有两个共同的特征，即有用性和稀缺性。特别应该强调的是稀缺性。正因为这些有用的资源有人拥有了，别人就可能没有，或者有人占有得多了，其他人就会占有得少，才使得对这种社会资源占有的有无多寡成为社会成员地

---

① 马尔科姆·沃特斯：《现代社会学理论》，杨善华等译，华夏出版社，2000，第309页。

位高低的一种标志。多的、高的就拥有较高的社会地位，反之社会地位就低，社会分层就是社会成员社会地位的差异。

2. 社会分层的理论视角

郑杭生在论述社会结构时说："完整把握社会的宏观结构及其运行状态，除了要考察群体、组织等社会单位，以及由他们之间关系构成的横向机构之外，还必须深入研究由阶级、阶层等不同社会层次及其关系构成的纵向结构。社会分层与社会流动是宏观社会运行分析的重要内容。"①

社会阶级、阶层关系既可以作为分析宏观社会运行的理论视角，又可以作为分析某一群体关系层级状态的具体理论指导。本节希望通过分析工程从业者这一典型群体的分层状态，揭示在工程从业者群体中，不同工种群体间虽然在法律上享有平等的劳资权益，但在能否行使这一权利的手段上以及得到社会公认的程度上存在明显差别，形成事实上的不平等，这是一种隐藏在社会发展背后的不平等。因此，从法律上和事实上、系统内和系统外两个维度考察社会不平等现象，有助于我们全面把握社会的稳定结构和实际运行状态。

（二）工程从业者社会分层

1. 工程从业者及其分类

工程活动不同于自然过程。自然过程是没有人参与的过程，而工程活动是通过工程从业者的劳动——既包括体力劳动又包括脑力劳动——才能完成的过程。现代工程从业者依据不同的划分标准可以划分为不同的类型。

（1）依据工作岗位和技术类型可划分为知识型、技术型及劳动型工程从业者

知识型工程从业者主要是指那些提供工程整体规划与设计方案的工程设计者和工程评估者，即所谓的工程型人才，如设计长江三峡大坝的总工程师，从他们的职业倾向上说，主要从事脑力劳动而不是具体的物质生产，他们的思想具有一定深度和创造性。技术型工程从业者将知识型工程从业者的劳动成果——设计、规划决策（城市规划、经济发展规

① 郑杭生主编《社会学概论新修》（第三版），中国人民大学出版社，2003，第217页。

划、农田水利设计、园林设计、旅游开发规划等）通过自己的劳动转化为物质形态（产品、工程等）或对社会有关方面（城市发展、旅游开发、经济发展、社会治安等）产生具体作用。他们与知识型工程从业者的工作紧密连接，但在实现自己社会功能的过程中，技术型工程从业者又必须与以体力劳动为主的劳动型工程从业者合作，并指导其工作，因此他们常常亲临工程现场指导工作，如某个具体工程项目的负责人。而劳动型工程从业者即处在工程项目第一线，主要从事体力劳动的从业者，如砖瓦工、木工、石灰工等。他们是工程建设的主力军，因而在工程项目建设中所占的人员比例也最大。

（2）依据体制与市场的分割可划分为体制内工程从业者与体制外工程从业者

通常来讲，体制内工程从业者是指在政府、国家事业单位、国有企业内从事工程设计、规划与建设活动的在职职工。体制外工程从业者是指在外资企业、合资企业、私营/民营企业中从事工程活动的在职职工及个体工程从业者。

体制内外两类工程从业者依据所处机制环境的不同体现出从业目标、行为方式、隶属关系、群益关系、收入货币化程度、文化观念等方面的差异。体制内外从事工程活动的团体在社会经济中担负的职能、职责不同，因而工程从业者追求的职业目标、行为方式不同，具体表现为体制内工程从业者往往主要以任务指标为向导，体制外工程从业者往往主要以经济利益为向导。体制内从事工程活动的团队与政府管理机构存在明确的行政隶属关系，因而工程从业者从多方面被纳入社会管理，服务于国家、社会；而体制外工程团队的外在管理直接来自确定的“所有者”，处于政策、执法管理的环境下，自主开展经营活动，因而体制外工程从业者与国家政府不存在明确的隶属关系，服务于工程项目的“所有者”。两类工程活动组织是基于明显不同的社会经济关系组织形式。国家、集体、职工的权益关系不同，所有者、经营者、劳动者的行为方式也有不同，从业者收入的货币化程度也不同。一般来说，体制内工程活动资金主要来自政府、国家，多担负国家大型公共项目建设任务，从业者经济收入相对平稳、固定；而体制外工程活动资金来源多为社会筹集或个人投资，从业者经济收入依工程效益而定，波动相对较大，多表现为工资效益。两类工程活动组织的经营理念、工作氛围不同，两类工程从业者的文化观念也不同。

2. 工程从业者的社会分层

社会分层是指存在于人类社会个人之间和群体之间，基于资源、权利、声望、机会等差异而形成的“结构性不平等”现象。

工程从业者的社会分层可从两个维度进行分析和研究。一是职业系统内部的社会分层，即工程师的社会分层、投资者的社会分层、管理者的社会分层、工人的社会分层等。二是社会系统内（职业系统外）的社会分层，即工程师、管理者、投资者、工人、其他利益相关各群体在整个社会劳动系统中所处的层级位置与社会评价状态。

一般来说，工程从业者在以上两个维度的社会分层都是人们熟悉的现象。工程师中不但有“职称”上的高级职称工程师、中级职称工程师之分，而且有“职务”上的总工程师、部门工程师之分；管理者有高层管理者、中层管理者和基层管理者之分；工人中有普通工人、高级技工、灰领工人之分；投资者中有大股东、中小股东、“基民”（投资基金的持有人）之分。在工程活动中，管理者、工程师和工人之间的关系也是大家习以为常的“管理与被管理”的层级性关系。

工人也是劳动社会学的研究对象，这就使工程社会学在研究工人问题时必须加强与劳动社会学的协调、协同和互补，既学习和借鉴对方的研究成果又努力做出自己的“特有学术贡献”。类似地，工程社会学在研究管理者问题时，也必须加强与管理社会学的协调、协同和互补；工程社会学在研究投资者问题时，必须加强与经济社会学的协调、协同和互补。相比之下，工程师成为鲜有其他社会学分支特别关注的对象，工程社会学也就有了特别关注从社会学角度研究工程师的“学术责任”。根据这个“学术责任”和“学术义务”，“工程社会学从业者”应该尽快在对工程师的社会分层、社会流动等一系列问题的理论研究与实证研究上取得新成果和新进展。

（三）工程从业者的社会流动

社会流动作为社会学研究的一个重要主题最早是由俄裔美国社会学家索罗金（Sorokin）于 1927 年在《社会流动》一书中提出来的。索罗金把社会流动定义为“个人或社会群体从一种社会地位到另一种社会地位的转变”。

以社会流动的方向为标准，可将其划分为垂直流动和水平流动；以社会流动的参照基点不同，可将其划分为代际流动（与父辈相比）和代内流动（与自己初职比）；以是否按照自身意愿为标准，可将其划分为自由流动和结构性流动等。

1. 工程从业者社会流动的主要类型

工程活动团队是开放的，与外界保持着互动与交流，会根据需要适时引入各类人才，吸纳新成员；同时也允许成员自愿退出或调出，将不称职的员工辞退，从而显现出人员进入或迁出的流动性。这种流动性还体现在角色的复合和转化上，主要依托于共同体内部的人员任用或聘用制度。根据才能和业绩情况，共同体成员都有提升晋职的机会，也有被降职或低聘的可能。现阶段，我国工程从业者的社会流动主要包括以下四种类型：水平流动、垂直流动、自由流动与结构流动。

（1）水平流动

水平流动是指一个人在同一社会职业阶层内的横向流动。它更多的是在地区间和行业间的流动，也是包含在同一地区的不同工作群体或组织之间的流动。

工程实践的功能或任务包括从一般的研究、开发、设计和建设发展到生产、操作、管理和销售等各个方面，这种多重工程任务必然意味着工程活动的多样职业角色。工程师、投资者、管理者和工人分担的工程角色与功能迥异。工程活动的空间及时间期限特点又决定了许多工程从业者要常常依据不同的需要而进行组群和地区间的流动。此外，在市场经济体制中，各类工程项目以追求效益为先，而工程从业者多为短期雇佣关系，周期短、变化大，这同样促进了工程从业者的水平流动。因此，水平流动是工程从业者最普遍的流动方式。

虽然水平流动对工程从业者个人来说无法带来职业地位上的变化，但就整个社会资源配置而言，水平流动可以使自然资源、物质财富和人才资源得到合理的分配和使用，影响着人口的地区分布和同一产业的内部结构。水平流动促进了成员的跨行业和跨区域交往，有利于各地区和群体之间的文化交流，能打破地区和人群的封闭状态，有利于社会的融合发展。

（2）垂直流动

垂直流动是指某一行业中的个体从下层地位或职业向上层地位或职业的流动，抑或是从上层地位或职业向下层地位或职业的流动。在工程活动领域中，这一流动类型也十分常见。一方面，因工程活动各阶层之间的技术关联十分紧密，工程从业者常常可通过长期技术经验积累或技术培训而获得向上的垂直流动。例如，一位蓝领体力工人很可能因在长期的工作实践中积累了丰富的技术经验而获得项目经理提拔，升迁为灰领技术工人，或进一步向上流动进入工程管理阶层；一位初级工程师可通过进一步学习专业知识，经资格考试晋级为中级、高级工程师，甚至成为总工程师。当然，这涉及从业者个人的主观能动性与职业追求。另一方面，在现代化工程建设活动中，各类工程设备更新换代速度加快，技术要求不断提高，许多传统技术工人因无法适应工程技术要求而不得不垂直向下流动至普通工人行列。

（3）自由流动

自由流动常发生于工程共同体结构的两端，即顶层的工程设计和工程管理者，或者工程从业者中普通体力工人或低级技术工人群体中。一方面，处于共同体顶端的工程人才，因其突出的口碑和卓越的能力，容易成为其他工程共同体追逐的对象，发生自由流动的概率较高。另一方面，工程活动对普通劳动工人的个人技能要求偏低，因而广泛吸纳了处于社会底层的各类劳动群体。但工程活动的临时机动性、短期性，又决定了无法解决劳动群体的就业稳定性问题，许多从业者只能是“哪里有活儿去哪里”“能干什么干什么”，这就形成了与岗位、职业、地区需求变化相伴随的移动。当然，高端工程从业者如工程师、经理、高级技工因为有较高的人力资本，也常常因工作需要、家庭需要或其他个人因素选择自由流动至其他地区或岗位工作，但与普通工人相比自由流动的频次小。总的来说，自由流动常常表现为个体行为，不会对社会结构和人口的分布产生重大影响。

（4）结构流动

与自由流动相对应的结构流动在工程共同体中也存在。如体制内的工程共同体成员，因为体制结构的制约，流动的自主性不大。再者如特殊行业工程从业者，其所从事的工程项目有独特性，如核电工程、高速铁道工程、石油钻探工程等，就没有普通的建筑工程、水利工程的从业者流动便利。

2. 工程从业者社会流动的机制和途径

一般来说，一项工程总是可以带来一定的经济利益和/或社会利益。理想的情况是这些利益与工程从业者的利益一致，而更普遍的情况是，由于异质性，从业者各自的目的、利益、需要都可能不同，它们与整体利益也未必完全一致，因此，社会流动能够使工程从业者自己的利益或需求得到一定程度的满足。这里的利益或需要可以是经济方面的，还可以是其他方面的。工程从业者获得满足的机制与途径各不相同，主要是人力资本机制、社会网络机制、政策引导机制。

（1）人力资本机制

接受教育和职业培训是促进工程从业者流动的最主要途径之一。学习是获取必要的信息、传播已有知识、创造新知识以及促进相互理解和合作的基本途径。培训实际上是学习的方式之一。在许多情况下，工程从业者要想获得向上流动的机会，就要具备必要的资质，能够承担一定的岗位职能，为此往往需要进行相应的学习和培训，这意味着要有人力资本的投入。事实上，许多相关技能只能在生产环节中习得，特别是那些生产性技能。这个生产环节，既包括物质的、操作的方面，又包括人际交流这一“社会的”方面。特别是在今天这样一个技术创新、产业重构和竞争日趋激烈的时代，技能与资质的提高与知识更新对提高工程从业者的竞争力、促进工程从业者向上流动是极其重要的。日益增长的技能需求以及频繁的职业、岗位的变化，不仅要求从业者具有一定的训练知识、熟练掌握技能、具有较强的创新能力，而且要求他们具有一定的人际沟通能力。

（2）社会网络机制

社会网络（social networking）概念产生于20世纪60年代，是指人与人之间、组织与组织之间由于交流和接触而发生的一种纽带关系。一般把社会网络定义为一群人之间所存在的特定联系，而这些联系的整体特点可以解释这群人的社会行为。

一般来说，联结网络的社会关系主要有符号流（信息、观念、价值、规范等）、物质流（生产资料、产品等，也可能是符号，如货币）、情感流（赞赏、信任、尊敬、喜欢等）等，这些关系包含着重要的资源与信息，可以用来创造价值。例如，通过某种形式的关系以及网络模式帮助企业或个人获取资源，诸如技术流动、人员吸引、信息获取、资金筹措、企业合作、业务推广等。在工程的社会运行实践中，作为主体的相关利益群体在采取行动时，必然要对工程所涉及的包括其自身在内的要素有所认识和理解——明确参与的要素，同时又赋予各要素以一定的角色，而这些认识和理解综合起来并在实践中不断调整的结果就产生了行动者－能动者网络。

此外，网络成员之间有一定的相关性（如利益相关），并通常有共享某种认同感和团结的需要，还可能有某些共同目标、期望，因而存在或强或弱的互动。工程从业者可以通过获取网络中有价值的信息或通过熟人介绍实现职业流动或升迁。

（3）政策引导机制

新中国成立 70 多年来，中国社会流动几乎都与社会经济政治制度的重大变革相联系，尤其是 1978 年改革开放以来，中国社会流动模式发生了巨大变化。在计划经济时期，基于身份制的国家政策和制度基本控制了一切资源配置和社会流动机会。个人社会地位的获得、向上流动与下降基本由政治身份、家庭出身和行政权力决定。一旦身份确定为工人，想要转为干部就相当困难，可以说，当时主要是一种政治许可和制度安排下的社会流动，社会流动的渠道非常狭窄。改革开放后，市场经济体制逐步取代计划经济体制，在经济发展、产业升级的直接推动下，原有的很多体制壁垒开始弱化和消除，社会结构走向开放，流动机制也呈现多元化。但在工程活动领域中，因多数工程项目涉及国家建设与社会公益投入，政府对社会工程项目长期发挥主导作用，引导规划、推进建设。这时，政府为了能够招揽人才、吸收劳动力，往往会制定配套的优惠政策。作为工程从业者，个体常常可以通过紧跟国家政策来实现自身的流动。

二 工程团队的社会分层和社会流动

工程活动是“团体活动”。在工程社会学中，不但必须分析和研究工程活动中“个体”的社会分层和社会流动问题，而且必须同时关注和研究“工程团队”的社会分层和社会流动问题。

（一）工程团队的社会分层

工程社会学把工程共同体划分为工程活动共同体和工程职业共同体两种类型。前者是指企业、项目部等具体从事实际工程活动的共同体，而后者是指不从事具体工程活动的工程师学会、工会、雇主协会等团体。

在分析和研究工程领域中“工程团体的社会分层和社会流动”时，其研究对象只是指第一类工程团体，特别是企业和项目部这两种组织形式。

由于项目部常常是“暂态”的工程活动组织形式，在工程项目完成后，该项目部就要“解散”，并且项目部往往不具有“法人”资格和地位，我们以下只谈企业的社会分层问题。

1. 根据“规模”进行的企业分层

任何社会事物都存在于一定的组织系统中，企业作为一种组织化的社会事物也不例外。企业是人类社会生产协作的产物，作为一种组织形式，企业无疑是存在于社会之中的、多样化的有机组织系统，包含着协作的意愿、共同的目标，以及畅通的信息。企业的运营发展是对社会需求做出的回应，企业存续的价值是能不断满足社会需要。

企业根据其营业收入可以划分为大、中、小、微型企业，不同规模和产生不同影响的企业，发挥的社会功能和承担的社会责任也不相同。

大型企业体量巨大，在推动国家经济增长、推动技术创新和产业升级方面往往发挥关键作用。例如中国的大型国企，以及华为、腾讯、阿里巴巴等“互联网+”时代的新兴企业，它们甚至以其巨大的影响和贡献，引领着行业的发展和创新。大型企业也常常注重社会责任的承担，企业源于社会终要回馈社会。一家公司存在的社会价值不只是赚钱盈利，企业在实现盈利的同时，也要能对社会发展做出贡献，能对社会公益做出担当。目前，我国不但有越来越多的大型企业公布本企业的年度社会责任报告，而且更有研究机构利用客观数据，对中国上市公司的社会责任履行状况进行评估。2017 年，华东政法大学政治学研究院、上海交通大学企业法务中心以及东方公益事业规范与测评中心共同发布了《2017 中国上市企业社会责任指数报告》。“报告的评估对象是 2016 年市值排名前 500 的中国上市公司。其中，国有企业（包括国有控股企业）有 272

家，民营企业有228家。从最终的结果来看，2017中国上市企业社会责任指数排名前三的企业分别是阿里巴巴、天海投资和万科。其中，在民营企业中，占据榜首位置的是阿里巴巴。在国有企业中，排在首位的则是万科。如果对比国有企业和民营企业的社会责任平均得分，在自我责任、社区责任和国家责任三项指标上，民营企业的表现要好于国有企业。在行业责任这一指标上，情况则正好相反。因此，就整体上来说，民营企业的社会责任履行状况相当不错。”① 同时，评估报告也指出，从最终的评估结果来看，中国企业的社会责任推进工作还存在很多不足的地方。

大多数企业有其生命周期，那些不能满足社会需要的公司最终也会被社会所淘汰。作为社会有机体的重要器官，大型或超大规模企业如大型国企、连锁企业集团等往往有数千、数万，甚至数十万员工，加上家属会更多。大企业承载着这些员工和家属的职业和生活。这些企业的健康运行或破产清算，对社会的发展和稳定会有非常大的正面或负面影响。大型企业健康运营不仅能促进经济社会繁荣，还能稳定社会秩序。但在社会保障机制尚未完善的情况下，大型企业一旦破产，断了经济来源的一部分职工的生活就会失去保障。特别是一些生存能力差、家境原本就比较贫困的职工，在当失去经济来源后，可能会选择铤而走险，干起偷窃违法的勾当，严重影响社会治安和稳定。同时，企业破产，债权债务关系宣告终止，债务按比例偿还，但是企业破产资不抵债，清偿债务比例都比较低，损失最大的往往是国家银行，国家资产大量流失。大型企业破产会将原本吸纳的劳动力重新投放到劳动力市场，使劳动力市场出现供大于求的情况，就业形势更加严峻。

我们在重视大型企业的社会功能和社会影响的同时也绝不能忽视和低估中小型企业的社会功能和社会影响。据统计，我国中小型企业占全国企业总数的95%，吸纳就业人数占城镇就业人数的80%，工业产值、实现利税分别占全国的60%、40%。这表明，虽然就单个小微企业而言，其社会功能和社会影响完全无法与大中型企业相比，可是，就“小微企业”整体而言，其“整体社会功能和社会影响”——特别是“吸纳

① 李玉、查建国：《〈2017中国上市企业社会责任指数报告〉发布》，中国社会科学网，2017年12月25日。

就业”这个社会功能——其社会学意义甚至还有大中型企业“无法企及”和“无法相比”的方面。同时，我们还要注意和不能否认“每个”中小企业也各自有其独特的社会功能。

2. 根据“社会声誉”进行的企业分层

不同的企业有不同的社会声誉，从而使社会声誉也可以成为对企业进行社会分层的标准。按照这个标准可以把企业划分为“名牌企业”、“一般企业”和“有恶名的企业”三个层次。以下仅对“名牌企业”进行一些分析。

“名牌企业”是依靠一类或数类名牌产品或高品质服务建构起企业形象，在国内或国际市场的长期竞争中持续保持较高的企业信誉、市场占有率和良好社会反响的企业。名牌企业产生于市场竞争，经营方针强调以竞争为导向，在市场竞争中不仅要做到满足市场需要，而且注意引导市场需要，即以保持相对竞争优势为指南，充分关注研究市场变化，对已有的名牌产品的质量和信誉不断进行维持、改进，并不断开发新的产品，保持市场竞争中的主动权。在企业经营中，能着眼于企业的长远利益和整体利益，而不拘泥于眼前的得失。在全球化时代，名牌企业能征服消费者、拥有良好声誉还在于企业能不断进行技术创新，能持续开发出划时代和引领消费者的伟大产品，如苹果公司之所以成为世界范围内享有盛誉的名牌企业，就是它能持续为世界消费者提供高质量和创新性产品，甚至颠覆了行业发展，塑造了时代内涵，改变了人们的生活。

名牌企业也注重在资本市场、商品市场和社会公众中良好的口碑的建构，以适应市场竞争的需要，着力于通过企业文化、公共关系等手段，树立、维护良好的企业形象和卓越的社会影响力。名牌企业处于企业生态链的顶端，名牌企业一旦形成认可，往往具有很大的影响力和号召力。世界级名牌企业的影响力是跨越国界的，如谷歌、微软、苹果、华为、IBM、阿里、亚马逊等。这些企业在成长速度和创新能力方面始终处于本行业领域的最高峰，相当于行业发展的风向标。名牌企业的领导者经常得到各国领导人的迎见，它们的工厂布局、物流规划和产品供给甚至能影响一国一域的政策。当然，名牌企业的利润巨大，企业领导和员工的工资福利也是领先和一流水平。

对于名牌企业和明星企业来说，良好的企业形象管理体制是必不可少的。在企业内部树立危机意识是企业抵御声誉危机的重要措施，一旦企业中的员工有了危机意识，他们就会在日常工作中认真谨慎，尽量避免不当行为，以消除引发企业危机的各种诱因。即便危机发生企业也可以避免不必要的慌乱，及时采取处理措施，防止危机进一步恶化和扩散。值得特别注意的是，由于多种原因，企业也有可能陷于声誉危机中。当企业发生声誉危机时，危机处理就成为一个棘手的问题。如果能够合理处理危机，尚可转危为安，如果不能合理应对危机，其后果可能是极其严重的。

（二）工程团队的社会流动

在分析和研究工程活动中的社会流动问题时，不但需要分析和研究工程从业者“个人的流动”，更要注意分析和研究工程团队的社会流动问题。

1. 工程团队的流动类型

与工程从业者个体的社会流动一样，由人数不等的工种从业人员组成的工程团队也会有社会流动，并且其流动方式也表现为水平流动与垂直流动两种类型。

（1）水平流动

对于企业形式的工程团队来说，其承接的工程活动项目常常是一项接一项的。虽然“A项工程活动”终结了，但“B项工程活动”又开始了，于是通过这种持续的工程活动与水平流动，企业的“生命力”就得到了维持。关于工程团队的水平流动现象和情况，从“项目共同体”的角度来看，人们仍然可以说：在从事“A项工程活动”的“项目共同体”解体后，又出现了一个从事“B项工程活动”的“项目共同体”。所以“项目共同体”也通过水平的社会流动获得了最基本的重组保障。随着越来越多的工程企业走出去参与国际化经营，工程团队的跨区域、跨国流动也越来越多，这也是更大时空尺度的水平流动。

（2）垂直流动

企业的垂直流动是指企业在其社会分层的“层级”（规模层级或声誉层级）上发生了变化。例如，由“小企业”变为“大企业”，由“一般企业”变为“名牌企业”。

企业或项目部的垂直流动通常是由工程团队的自身因素或政府因素

导致的。表现出优异的工程能力和拥有良好的工程效益声誉往往是工程团队实现向上流动、声名鹊起的重要因素。相反，失败的经历会导致工程团队声誉受损，“向下流动”。例如，当工程团队内部发生不可调和的冲突或工程质量无法达标时，工程团队就会面临巨大的资金和名誉损失，甚至会面临公司破产、项目组非正常解体的危险。在市场经济体制下，人们不难看到某些小企业经过奋斗而在短时间内变为“大企业”，甚至实现企业规模和企业声誉两个方面向上流动的事例。

第二节　工程活动中的社会关系和社会网络

工程活动作为人类有目的、有意识地改造自然的实践活动，不但体现了人与自然的关系，更体现了人与社会、人与人之间的复杂联系。工程中的社会关系主要表现为工程活动中人与社会的关系和工程活动中人与人的关系。人类的工程活动是无法脱离社会结构和社会关系的，它的开展往往受到社会文化和社会关系的影响和制约，又对社会结构产生重要的反作用。工程活动的社会内涵主要表现在：一方面，工程活动建设的各类工程事物可以满足人类生存与发展的需求；另一方面，工程活动是具有高度创新性和建构性的总体性人类活动，工程活动不仅产生了一个能满足社会主体需要的工程事物，而且建构性的工程活动能带动工程活动区域经济社会结构的发展与变迁。因此工程活动是嵌入社会结构的，工程离不开社会。而由于社会分工越来越细化，工程活动越来越复杂，工程活动中各主体之间的联系也就越来越密切，工程中的社会关系和社会网络也成为工程社会学的一个重要主题和内容。

一　工程活动中的社会关系

（一）工程活动中不同角色、不同个体的相互关系

在工程活动中，由于社会分工的出现，从事共同活动的主体分为投资者、管理者、工程师、工人和其他利益相关者等不同角色，各主体之间的相互关系错综复杂。工程师是工程方案的提供者、阐释者和工程决策的参谋，在工程的实施阶段，工程师提供生产技术和工艺，并充当成本、质量的管理者。工人是工程项目方案的执行者，他们付出体力和智

力，使工程方案落到实处。投资者是工程项目的发起人，同时也是工程项目的决策者，投资者的主要目标在于效益。管理者是工程活动不同岗位和层次的领导者和负责人，其主要目的是保证工程项目的顺利实施。

从各主体之间的相互关系来看，投资者是工程的决策者，对整个工程项目具有最高决定权。投资者是工程项目的经济源头，因此与其他各主体属于雇用与被雇用的关系。管理者与工程师、工人之间属于管理与被管理的关系。

投资者是工程共同体中一个不可缺少的基本组成部分。任何工程活动都必须有一定的资本投入。没有投资和投资者就不可能有现实的工程活动，就不可能真正形成一个从事工程活动的共同体。对于工程投资者与工程管理者的关系，经济学家已经有许多研究，经济学家的具体观点也不尽一致，甚至有相互冲突的观点和看法。对于这个重要的理论问题和现实问题，不但要从经济学角度分析和研究，也必须从工程社会学角度进行分析和研究。工程社会学不但需要分析和研究各种角色的社会学特征，[①] 更要注意分析和研究工程活动中的不同角色、不同个体的相互关系问题。

（二）工程活动中不同企业之间的相互关系

正像研究工程社会流动和社会分层时不但需要研究个人的社会流动和社会分层，而且必须同时研究工程团体的社会流动和社会分层一样，在研究工程活动的社会关系时也不但需要研究工程从业者个人之间的社会关系，而且需要研究工程团体之间的相互关系。

不同企业之间关系的性质和类型是多样的，包括经济关系、管理关系、工程技术关系（例如零部件生产商和整车生产商的关系）、时空关系、社会关系等，而社会关系又包括协作关系、借贷关系、控股关系、承包关系、工程集群关系等。

例如承包关系就是一种常见的企业间关系。承包关系有不同类型。在具体的一项工程活动中，按工程承包能力就可以分为工程总承包企业、

---

① 李伯聪：《工程共同体中的工人——“工程共同体”研究之一》，《自然辩证法通讯》2005 年第 2 期；李伯聪：《关于工程师的几个问题——“工程共同体”研究之二》，《自然辩证法通讯》2006 年第 2 期。

施工承包企业和专项分包企业三类。工程总承包企业是指从事工程建设项目全过程承包活动的智力密集型企业，负责工程勘察设计、工程施工管理、材料设备采购、工程技术开发及咨询等。这类企业起到领导性作用，在整个工程活动中处于核心地位。施工承包企业指从事工程建设项目施工阶段承包活动的企业，主要负责承包与施工管理。这类企业受总承包企业的领导和委任，处于中间地位。专项分包企业指从事工程建设项目施工阶段专项分包的企业，负责在工程总承包企业和施工承包企业的管理下进行专项工程分包，对限额以下小型工程实行施工承包与施工管理。这类企业就是工程活动的最直接实现者，直接受上一级委派，拥有程度不同的自主权。上述三种企业在业务上属于上下层级关系。而在具体施工中，又牵扯到工程材料、工程技术、装修等业务，需要相关企业配合，这些企业之间则是一种协作关系。

在经济学、经济地理学、管理学、创新研究领域，许多学者关注了产业集群现象。从工程社会学角度看，产业集群也就是工程集群。

“产业集群（industry cluster）亦称‘产业簇群’‘竞争性集群’‘波特集群’，是某一行业内的竞争性企业以及与这些企业互动关联的合作企业、专业化供应商、服务供应商、相关产业厂商和相关机构（如大学、科研机构、制定标准的机构、产业公会等）聚集在某特定地域的现象。如信息技术企业和相关厂商、相关机构等在美国硅谷的聚集……有助于相互竞争的企业提高竞争力，对特定产业的发展和国家竞争力的增强有重要作用。”① 对于这种集群现象，不但需要从经济学、地理学、管理学、创新研究角度进行分析和研究，也需要从工程社会学角度进行分析和研究。以往在社会学领域，很少有人关注研究工程集群中的社会学问题。在工程社会学兴起后，工程集群问题——包括这里谈到的“企业间关系”和下面要谈到的“企业与政府的相互关系”以及“工程活动中企业与其他社会公共机构的相互关系”等问题——就理所当然地要进入“社会学研究”的视野了。可是，对于本书而言，我们也只能满足于提出问题，而不能进行更深入地分析和讨论了。

---

①　百度百科条目“产业集群”。

（三）工程活动中企业与政府的相互关系

在市场经济体制背景下，工程活动中的企业与政府关系非常紧密，它们相互依靠、相互支持。其中政府是国家行政机构，承担工程建设活动的企业是市场主体，是工程规划和各类工程建设项目的具体承担者。在市场经济体制下，虽然企业不再像计划经济体制下那样“隶属”于政府，但企业仍然要与政府建立多方面的关系，要在法律规定范围内办事，许多事项要获得政府有关部门的批准，例如，有些项目要取得发改部门的审核和批准；如果工程活动牵涉用地问题必须由国土局审批；环保局要对工程项目进行环境影响评价，对工程建设过程进行环境污染监督；行政执法局（城管局）负责施工现场的管理；建工局则涉及工程质量的评价和安全监督；等等。

在各种工程投资项目中，政府投资项目也成为工程活动项目中很重要的组成部分。在全国各地政府投资工程的管理实践过程中，伴随着投资主体的多元化、项目实施方式新要求等，其管理模式发生着深刻的变化。在这种工程管理模式中，企业与政府就不是“下级”和“上级”的关系，而是相互协作的关系，政府作为主要投资人，与工程相关企业保持着紧密的合作关系。

（四）工程活动中企业与其他社会公共机构的相互关系

社会公共机构包括教育机构、公共卫生机构、公共文化服务机构、社会福利机构等，主要有医院、学校、邮局、研究机构、文化宫/文化馆、体育馆、影院、工会、社会保健救助慈善机构、律师事务所等中介机构、职业协会和商业协会以及许多其他机构。

教育机构中的学校和研究机构，一方面设置了许多工程方面的专业，如土木、建筑、电气、物理化学等众多基础学科，培养了大量具有高度专业性的工程人才；另一方面在工程领域产出了许多创新成果，这些先进技术可以通过成果直接转换为生产力，为更高水平的工程建设助力。

容易看出，工程活动中企业与其他社会公共机构的相互关系问题，理应成为工程社会学研究中的一个新的问题域。

二 工程活动中的社会网络

（一）社会网络分析的基本视角

社会网络研究是西方社会学一个重要的分支领域。社会网络的基本观点是把人与人、人与组织、组织与组织之间的纽带关系看成一种客观存在的社会结构，进而分析这些纽带关系对社会行为的影响。整个社会是由一个相互交错或平行的网络所组成的大系统。社会网络的结构及其对社会行为的影响是社会网络研究的对象。社会网络深层的社会结构即隐藏在社会系统的复杂表象之下的固定网络模式。网络分析强调了研究网络结构性质的重要性，集中研究某一网络中的联系模式如何提供机会与限制，以联结一个社会系统中各个交叉点的社会网络为基础。网络分析者将社会系统视为一种依赖性的联系网络，社会成员按照联系点有差别地占有稀缺资源和结构性地分配这些资源。网络分析的一个特征是强调按照行为的结构性限制而不是行动者的内在驱力来解释行为。

（二）社会网络研究的历史渊源

社会网络的研究具有两条不同的历史起源：一是英国的社会人类学；二是美国的社会计量学。社会网络的研究一般认为产生于英国社会人类学，英国人类学家拉德克利夫·布朗首次使用了“社会网”概念，但英国的结构功能主义以网络描述社会结构，网络在这里只是一个隐喻。20世纪50年代，一些人类学家如纳德尔（S. F. Nadel）、巴内斯（J. A. Barnes）开始系统地发展网络概念，他们把网络定义为联系跨界、跨群体的社会成员的一种关系。1954年，巴内斯用“社会网络”去分析挪威一个渔村的跨越亲戚群体和社会阶级的社会联系，这使他精确地描述了渔村的社会结构，也意味着他把“社会网”的隐喻转化为了系统的研究。[①] 不久后，Elizabeth Bott出版了《家庭与社会网络》，第一次发展出了网络结构的明确测量工具——结（knit），并用它分析了家庭关系的紧密程度。英国社会网络的研究在巴里·韦尔曼（Barry Wellman）看来，源于“结构－功能主义”的理论传统。但是韦尔曼进一步指出，社会网络研究摈弃了结

① 约翰·斯科特：《社会网络分析方法》（第2版），重庆大学出版社，2007，第1～32页。

构功能主义中有关“规范对结构具有功能维护作用”的观点，突出强调结构关系的作用。①

社会网络研究的另一起源是美国的社会计量学。1934 年美国社会心理学家莫雷诺运用社会计量学方法分析小群体中的社会关系网；1950 年巴威勒斯（Baveles）采用实验研究揭示了群体内部的社会联系及网络结构。20 世纪 60 年代美国“社会网”的研究进入了快速发展时期，70 年代之后，社会网络分析逐步渗透到社会学研究的各个领域，社会网络成为一个新的社会学范式。

社会网络分析从兴起到现在，经过几十年的时间和众多人的努力，在理论方面也取得了很大的成绩，改变了以往的单纯作为分析工具的局面。值得注意的是，在社会网络分析盛行的美国，从 20 世纪 60 年代社会网络分析刚刚开始时，就存在两个派别。一个派别以林顿·弗里曼（Linton Freeman）为代表，他采用社会计量学的传统研究思路，认为整体网络即一个社会体系中角色关系综合结构，研究的领域是小群体的内部关系；另一个派别以哈里森·怀特（Harrison White）、马克·格兰诺维特和林南等为代表，他们的研究属于结构主义社会学的范畴，关注个体间的自我中心网络，从个体的角度来界定社会网。他们关心的问题是个体行为如何受到其人际网络的影响，个体如何通过人际网络结合为社会团体，关注的是个体间的关系模式。这一领域里的代表理论有“弱关系力量和嵌入性理论”“市场网络观”“网络结构观”“社会资源理论”“社会资本理论”“结构洞理论”“强关系力量假设”等。从结构主义社会学来看，网络分析也存在不同的理论流派，在这里主要关注以下两种理论。

（1）网络结构观

该理论的主要代表人物有哈里森·怀特、马克·格兰诺维特和林南。网络结构观就是把人与人、组织与组织之间的纽带关系看成一种客观存在的社会结构，分析这些纽带关系对人或组织的影响。网络结构观认为，②

① Wellman, Berry, "Network Analysis: Some Basic Principles," *Sociologyical Theory* 1983 (1): 155 - 200.

② Granovetter, Mark, "The Strength of the Weak Ties," *The American Sociology Review* 78 (1973): 1360 - 1380.

任何主体（人或组织）与其他主体的关系都会对主体的行为产生影响。同地位结构观相比，网络结构观具有如下特征：网络结构观通过个体与其他个体的关系（如亲属、朋友或熟人等）来认识个体在社会中的位置；网络结构观将个体按其社会关系分成不同的网络，而地位结构观则按照个体的属性特征对其进行分类；网络结构观分析人们的社会关系面、社会行为的“嵌入性”，而地位结构观注重的是人们的身份和归属感；网络结构观关心人们对社会资源的摄取能力，而地位结构观强调人们占有多少种社会资源；网络结构观指出人们在其社会网络中是否处于中心位置及其网络资源多寡、优劣的重要意义，而地位结构观则将一切都归结为人们的社会地位如阶级阶层地位、教育地位和职业地位等。

（2）弱关系力量和“嵌入性”理论

该理论的主要代表人物是格兰诺维特，他在1973年《美国社会学杂志》上发表了《弱关系的力量》一文。[①] 弱关系力量假设的提出和经验发现对欧美学界的社会网络研究分析产生了巨大的影响。格兰诺维特所说的社会关系是指人与人、组织与组织之间由于交流和接触而实际存在的一种纽带关系，这种关系与传统社会学分析中所使用的表示人们属性和类别特征的抽象关系（如变量关系、阶级阶层关系）不同。他首次提出了“关系力量”的概念，并将关系分为强和弱，认为强弱关系在人与人、组织与组织、个体和社会系统之间发挥着不同的作用。强关系维系着群体、组织内部的关系，弱关系在群体、组织之间建立了纽带关系。他从四个维度来测量关系的强弱：一是互动的频率，二是感情力量，三是亲密程度，四是互惠交换。他在此基础上提出了“弱关系充当信息桥”的判断。在他看来，强关系是在性别、年龄、受教育程度、职根本业身份、收入水平等社会经济特征相似的个体之间发展起来的，群体内部相似性较高，所以通过强关系获得的信息往往重复性很高。而弱关系是在群体之间发生的，由于弱关系的分布范围较广，它比强关系更能充当跨越社会界限去获得信息和其他资源的桥梁，可以将其他群体的重要信息带给不属于这些群体的某个个体。在与其他人的联系中，弱关系可

① Granovetter, Mark, “Economic Action and Social Structure: Embedding Issues,” *American Journal of Sociolcgy* 91 (1985).

以创造例外的社会流动机会如工作变动。格兰诺维特断言，虽然所有的弱关系不一定都能充当信息桥，但能够充当信息桥的必定是弱关系。弱关系能充当信息桥的判断，是格兰诺维特提出的“弱关系力量”的核心依据。

格兰诺维特 1985 年在《美国社会学杂志》上发表了一篇重要的论文：《经济行动和社会结构：嵌入性问题》。他在该文中进一步阐释了卡尔·波拉尼在《大转型》一书中提出的“嵌入性”概念。他认为经济行为嵌入社会结构，而核心的社会结构就是人们生活中的社会网络，嵌入的网络机制是信任。他指出，在经济领域中最基本的行为是交换，而交换行为得以发生的基础是双方必须建立一定程度的相互信任。格兰诺维特认为，信任来自社会网络，信任嵌入社会网络。嵌入性的概念暗指经济交换往往发生于相识者之间，而不是发生于完全陌生的人之间。同弱关系假设相比，“嵌入性”概念强调的是信任而不是信息。而信任的获得与巩固需要交易双方长期的接触、交流并形成共识。实际上，“嵌入性”概念隐含着强关系的重要性。

（三）工程共同体的社会网络内涵与特征

社会网络理论把人与人、组织与组织之间现实发生的联系（通常被称为“纽带关系”）看成一种客观存在的社会结构。任何主体（人、组织）与其他主体的纽带关系都会对主体的行为产生影响。[①] 社会网络分析就是分析这些关系对个人或组织的影响，试图通过具体的社会关系结构来认识人的社会行为。从社会网络分析的角度看，以企业、项目部为组织形式的工程活动共同体就是一种特定的人际关系网络。

在工程的社会运行实践中，作为主体的相关利益群体在采取行动时，必然要对工程所涉及的包括其自身在内的要素有所认识和理解——明确参与的要素，同时又赋予各要素以一定的角色，而这些认识和理解综合起来并在实践中不断调整的结果就产生了行动者 - 能动者网络。在这里，所有参与和影响工程的社会运行过程的要素都可以称为行动者。网络分析方法抓住了社会结构的重要本质——社会单位（个人或集体）间的关

① 边燕杰：《社会网络与求职过程》，载涂肇庆、林益民编《中国改革时期的社会变迁：西方社会学研究论述》，香港牛津大学出版社，1999，第 110 ~ 138 页。

系。网络结构理论与其他方法互补，可以为我们研究工程活动共同体内部的人际关系提供正确的方法。

从网络的观点看，个体（如工人、工程师等）和群体（或组织）都是作用者。他（它）们之间存在各种联系和关系，如职能和岗位的分工与合作、利益的一致与竞争以及情感等。在工程活动共同体中，这几类关系往往是交叉重合的，并且时刻在发生变化。不同的个体或群体之间的联系也有强弱程度的分别。因而工程活动共同体的社会网络是复杂交错的，是动态、多层次地交织的。

工程活动共同体是一个异质性的社会网络。对所谓的异质性，不同学者可能会有不同的理解和解释。例如，有学者将其理解为参与到网络中的、具有不同性质的各种要素。第一，这一社会网络中的要素除了人，还有物（例如物资设备）以及知识、信息等。[①] 第二，这里的人可以是个体，也可以是群体。他们来自社会的不同职业、不同阶层，具有不同的社会文化背景，有着不同利益和需要，如约翰·劳指出的："所有的工程都是异质性要素及相关内容的产物。"[②] 所谓工程活动共同体的异质性，其主要是指工程活动共同体在成员结构方面的异质性。

在工程活动中，如何使多种类型的主体——投资者、设计者、管理者、工人、工程师、其他参与者——联合成为一个结构合理、功能健全的人际网络，使众多成员能够进行充分的交流，实现有效的组合，使不同的主体在工程活动过程中能够进行合理的统筹协调，按照总体目标协同运作，是工程社会学需要研究的重要问题之一。

在研究工程活动中的社会网络问题时，从研究方法论角度来看，如同研究工程活动中的社会流动、社会分层问题一样，不但必须注意分析和研究"以'个人'为组成单元的网络"问题，而且必须注意分析和研究"以'团体'为组成单元的网络"问题。例如，上文谈到的工程集群

---

① 例如，平奇、比克的技术社会建构论和卡隆、约翰·劳等人的行动者网络理论中都提出了"异质性网络"概念。又如，休斯的"技术系统"的组成部分中既包含有技术人工物，如涡轮机、变压器、输电线等，也包含了组织，如制造公司、公用事业公司、投资银行，还包含了科学（知识），如论文、大学教育、研究计划等。

② 转引自希拉·贾撒诺夫、杰拉尔德·马克尔、詹姆斯·彼得森、特雷弗·平奇编《科学技术论手册》，盛晓明、孟强、胡娟、陈蓉蓉译，北京理工大学出版社，2004，第133页。

问题，其本质和核心内容就是“工程团体网络”的形成和发展问题。虽然在以往的社会网络研究中，也谈到了“团体”和社会网络的关系，但研究的重点主要是以“个体”为“结构单元”所形成的“网络”问题，在工程社会学中，学者们必须在关注研究以“个体”为“结构单元”所形成的“网络”问题的同时更加注意研究以“团体”为“结构单元”所形成的“网络”问题。

（四）工程活动共同体社会网络的“差序格局”特质

在分析和研究工程活动中以“个体”为“结构单元”所形成的“网络”问题时，可以看到这个社会网络具有鲜明的“差序格局”特质。

1. 职能、分工和岗位上的差序格局

在工程活动共同体的构成成分中，投资者、管理者等居于领导或主导岗位，而工人和其他一些从事具体的操作性工作的人员，往往处于服从和被领导、被支配的地位。在工程共同体中，投资者、管理者、工程师和工人都要根据自身职能情况对应共同体的“投入要素”、“制度结构”和“机能要求”，以分工合作的方式完成自己的任务，实现共同体的社会职能。

（1）投资者或委托人

工程活动共同体是一个“经济实体”。一定数量资本的投入是工程活动得以进行的基础和前提，资本的多少也影响到项目规模及质量，并且，投资者的意向对工程目标有决定性的作用。因而，投资者在工程共同体中居于支配地位。一项工程的投资者可以是资本家，也可以是政府或公共团体。随着社会主义市场经济体制的日渐完善，中国资本市场的主体结构由过去的单一化向多元化、多层次转变。资本市场发生的新变化反映在工程项目的建设上，就是投资者由过去单方转变为多方，而且其中既有本地的投资者，又有外来的包括国外的投资者；既有大的投资者，又有中小投资者。

（2）管理者

工程的管理者是指对一项具体工程进行决策、计划、组织、指挥、协调与控制的人，是工程活动的实际领导者。工程活动同一般的企业相似，在管理方面基本上实行三级管理制，工程管理人员也相应地划分为三个层次，即高层管理者、中层管理者和基层管理者。工程活动中的高

层管理者包括董事会的董事、总裁、副总裁、总经理等（事实上还应包括总工程师），他们在工程活动的组织中处于决策和统筹地位，是工程活动中最重要的因素，起着主导作用。中层管理者在组织管理中处于中间地位，起着联系上下层的桥梁作用，既要贯彻高层决策，又要对需要解决的问题提供对策、建议或方案，供高层管理者决策时参考。基层管理者的工作在现场，负责具体安排和分配工作任务并监督考核其完成情况。可见，尽管各层次的管理者所担负的基本职责相同，但他们的工作性质、监管范围和作用却有较大区别。

（3）工程师

工程师是指能熟练掌握一定程度的工程技术知识，并带领相关人员从事工程实践活动的专业人才。工程有很强的知识集成属性，是多技术要素的有效组合与集成创新，“从知识角度看，工程可以看成是一种核心专业技术或几种核心专业技术加上相关配套的专业技术知识和其他相关知识所构成的集成性知识体系”①。显然，工程师（包括研发工程师、设计工程师、生产工程师等）是工程活动的中坚力量，他们也以此赢得自己的社会地位和声望。

然而，工程师在工程活动共同体中的地位也具有复杂性。② 工程师作为工程活动的主体，是技术专家，是以业务立足的，同时也受雇于某一企业或政府部门。因而，工程师与工人、管理者等既有相同之处又有不同之处。首先，从工程师与工人的关系看，他们都是被雇用的劳动者，但工人是技术操作者、执行者，工程师是设计者、技术指导者、技术管理者，在专业技术乃至管理等方面处于权威或领导地位。工程师是白领，是知识劳动者；工人是蓝领，是体力劳动者。工程师必须拥有专业性很强的工程知识（例如设计知识），而工人主要需要操作能力，这使得他们的收入乃至所属的社会阶层、文化环境都不相同。其次，从工程师与投资者（资本家或工程的所有者）的关系看，工程师作为知识劳动者是雇员，他们运用自己的专业知识和技能为雇主或客户服务，而投资者则是雇主。这种雇员的身份使工程师处于服从的地位，忠实于雇主。作为

---

① 殷瑞钰、汪应洛、李伯聪等：《工程哲学》，高等教育出版社，2007，第6页。

② 李伯聪：《关于工程师的几个问题——“工程共同体”研究之二》，《自然辩证法通讯》2006年第2期。

忠诚的代理人和受托人为雇主和客户提供职业服务，是工程师群体的一条重要的职业道德原则。

（4）工人

工人是工程活动共同体的一个基本组成部分。他们是在工地、矿井等一线进行直接生产操作（常常是体力劳动类型的操作）的劳动者，不占有生产资料，靠自己的劳动获取收入。尽管可以把工程活动过程划分为计划设计阶段、操作实施阶段和成果使用阶段，但在一定意义上，工程进入操作实施阶段时才成为一个“实际的工程”，因此在工程的三个阶段中，操作实施阶段才是最本质、最核心的阶段，而这个实施行动或实施操作又是由工人进行的，所以，工人也就成为工程活动共同体中的一个关键性的、必不可少的组成部分。

应该承认，在工程活动共同体中，工人是一个在许多方面处于弱势地位的群体。工人的弱势地位突出地表现在以下三个方面。其一，从政治和社会地位方面看，工人的作用和地位常常由于多种因素而被以不同的方式贬低。几千年来形成的轻视和歧视体力劳动者的传统思想至今仍然在社会上有很大影响，社会学调查也表明当前工人在我国所处的经济地位和社会地位都是比较低的。其二，从经济方面看，多数工人不但属于低收入社会群体，他们的经济利益也常常会受到各种形式的侵犯。例如，引起社会广泛关注的拖欠农民工工资问题就是严重侵犯工人经济利益的一个突出表现。其三，从安全和工程风险方面看，工人工作在生产第一线，他们是“施工风险”的最大的也是最直接的承担者。任何工程活动都不可避免地存在风险，忽视安全生产和存在安全方面的缺陷，会使工人的人身安全甚至是生命安全常常缺乏应有的保障。因而大量的工程伦理和法律问题，如安全、健康、公正等都与此有关。如果说在那些唯利是图的资本家眼中，工人的劳动安全仅仅是一个“额外负担”或产生“麻烦”的问题，那么，对于以人为本的工程观来说，“安全第一”就绝不能仅仅是一个口号，而应是一个基本原则。

2. 工程活动中目标和利益的差序格局

工程活动共同体是由不同的个人构成的。如上所述，从企业结构关系上看，工程活动共同体中不同的个人之间存在组织结构上的“差序格局”或“差序性”。

工程活动是一个集成系统，工程活动共同体作为一个复杂的、多元化的、有组织的整体，具有复杂系统的一般特征。一个工程活动共同体必然有其本身的整体目标，它的各组成部分（层次、个体）必须对这个整体目标有一定的认同（否则，就不应该组成或不能进入这个工程活动共同体）。可是，从另一角度看，工程活动共同体中的不同个体也可以有自己的目标，有自己的“内在目的”。不同职业角色、不同阶层的人，参与到同一项工程中，也可以有各自的目的和动机。这些目标、动机与整体的目标可能是一致的，也可能是不一致的，不同要素的目标也可以各不相同。而且，即使总体目的完全一致，但不同层次、不同职务的目标也可能是不一致的。以工程师来说，他们的职务分为多个层次，既有工程的总工程师，也有各个层次和级别的工程师，他们在整个工程活动中有着不同的工作内容和目标。总工程师的工作内容是及时组织解决工程中的技术关键和重大技术问题、协助总经理组织完善公司质量管理体系、对所辖部门实施绩效管理、审核分管部门的月度计划、对部门每周的计划执行效果负责以及完成总经理交办的其他事项等。而下属各层次工程师的工作内容则主要是完成各自负责的技术工作。

一般来说，所谓的“差序关系”不但表现在个人之间的权责结构关系上，而且表现在“目标关系”和“利益关系”上——在整体目标和个人目标、局部目标发生矛盾时，个人目标和局部目标应该“服从”整体目标，在整体利益和个人利益、局部利益发生矛盾时，个人利益和局部利益应该“服从”整体利益。虽然从管理学和伦理学角度看，这个原则并不复杂，可是，如果从社会学角度分析和研究这个问题，其中的万千变化和各种情景差异就显露出来，成为一个难于认识、难于分析和难于处理的问题了。

第八章　工程越轨行为及其社会学问题研究

越轨社会学创立于19世纪末，研究越轨行为的起因及其所产生的影响。越轨社会学创立以来，取得了丰硕的研究成果，也产生了颇大的社会影响。可是，越轨社会学一直忽视了对工程越轨行为的研究，究其原因，与越轨社会学诞生的特定社会背景有密切联系。

第二次世界大战后，随着世界局势趋于平稳，各国的工业化和城市化进程进一步加快，现代工程也呈现快速发展的势头，与其同时，工程腐败、偷工减料、环境污染等越轨现象也有愈演愈烈之势。当前中国正处在高速的现代化发展进程中，工程规模越来越大、工程类型越来越多，但工程腐败、偷工减料、环境污染等工程越轨行为也成为众所厌恶又屡见不鲜的社会现象。工程越轨行为不仅对人民的生命财产、社会安全产生极大的危害，而且对环境生态造成巨大损害。对工程越轨行为的研究再也不能继续在越轨社会学中缺席了，它必须成为越轨社会学的重要研究对象之一。与其他领域或其他形式的越轨行为相比，工程越轨行为在行为主体、产生原因、运行机制等方面都显示出一定的独特性。本章包括两节，第一节界定工程越轨行为的概念并分析工程越轨行为的特点，第二节阐述分析工程越轨行为的类型、原因和表现形式。

第一节　工程越轨行为的概念界定和行为特点

一　越轨行为的一般概念

国内学者在翻译“deviance”一词时，仁者见仁，智者见智，有的译为“越轨行为”，有的译为“偏差行为”“离轨行为”“偏离行为”“反常行为”“异常行为”等。本书作者认为，“deviance”译为“越轨行为”比较合适，许多社会学教材和学术专著也采用了这一译法，而且其涵盖范围更宽泛。

越轨行为是普遍存在的社会行为和社会现象。对于越轨行为，通常可以把它们分为两类。一类越轨行为是与“某个特定类型的社会活动方式”和“越轨者的社会角色”“密切结合在一起”的，可以权且将其称为“行业性或社会活动特定领域性越轨现象”，例如“滥用职权”这种越轨行为只能发生在“有职权的人”身上，“虐待俘虏”这种越轨行为只能发生在“军事活动领域”，而传播“淫秽作品”这种越轨行为只能发生在“文化活动领域”。另外一类越轨行为却与“社会活动方式类型”和“越轨者的社会身份”没有什么关系，可以权且将其称为“一般性越轨现象”，例如杀人、酗酒、吸毒等越轨行为都属于后一类越轨行为。这后一类越轨行为是没有“行业社会活动方式特殊性”和“社会角色特殊性”的。这些越轨行为的存在和状态往往更多反映和表现出“普遍性的社会问题”。

以上所述绝不是主张这两类越轨行为截然不同，不存在相互渗透、相互联系的现象。实际上，不但这两类越轨行为之间没有绝对分明的界限，而且在研究其原因、性质、社会后果时，我们更会发现它们之间存在许多相互渗透、相互联系之处，存在共性的研究内容。

无论是从理论方面看还是从现实需要看，越轨社会学都应该重视对上述两类越轨现象的研究，而不应有意无意地忽视对其中某一类型的研究。可是实际情况却是，在越轨社会学的研究传统中，虽然也可以说同时涉及了对两类越轨现象的研究，但也存在严重的不均衡现象：学者们往往更关注对后一类越轨现象的研究，而轻视甚至忽视了对前一类越轨现象的研究。

前一类越轨现象又包括许多具体类型，而工程越轨现象就是最常见、最值得关注的具体类型之一。从理论上和学科相互关系方面看，可以把对工程越轨现象的研究看作工程社会学和越轨社会学的“交叉研究领域”和“共同研究领域”。

二　工程越轨行为的概念和研究工程越轨行为的重要性

工程越轨行为指的是在从事工程活动的人员或群体中以及与工程活动有相关利益的人员或群体中，所发生的触犯或违反有关社会规范的行为。根据所触犯或违反的规范的类型和程度不同，它既包括一些不法的犯罪行为，也包含那些不违法但违章、违规和违背伦理道德的行为。

在现有的越轨社会学研究中，专门研究工程越轨行为的文献非常少。在越轨社会学的教材中，关于特权越轨行为（即拥有特权而获得高利润的越轨行为）的研究，部分涉及了工程越轨行为，如企业越轨行为、官员腐败等。[①] 在越轨社会学的学术研究成果中，除了部分文献对我国建设工程招标投标中的越轨行为进行了阐释与分析，[②] 其他的文献只是在研究我国社会中的越轨行为时，简要地提及了公职人员和企业（法人）在工程活动中的越轨行为、产生的原因及控制的方法，[③] 或者在追溯挑战者号、BP公司墨西哥湾漏油事件、大众汽车排放门等工程事故时，探讨了工程中的越轨常态化（normalization of deviance）的问题。[④]

尽管工程领域的越轨行为屡见不鲜，但越轨社会学自19世纪末诞生以来，就忽视了对工程越轨行为的研究。究其原因，可能与该学科兴起的特定社会背景有关。第一次世界大战结束之后，随着西方国家加快工业化、城市化的进程，各种社会问题层出不穷，西方国家的一些社会学家通过研究发现，这些社会问题产生的原因和机制以及给社会造成的种种危害与后果有许多相似之处，他们通过对这些社会现象和社会问题进行研究，迅速成立了越轨社会学这个分支学科，并且其研究成果对于减少和防范这些类型的越轨问题也做出了很大贡献。在这些研究主题“积淀”“固化”并形成研究传统的情况下，许多学者“习以为常”地忽视了对工程中的越轨现象及相关理论问题的研究。

在社会生活和工程活动中，工程越轨行为不仅是普遍存在的，而且会直接给工程活动的正常运行、社会秩序和稳定、公众正当利益带来威胁或者对其形成破坏。例如，在工程活动中，某些施工方在工程项目施工时偷工减料，使用不合格的建筑材料、建筑构配件和设备，或者不按

① 亚历克斯·梯尔：《越轨社会学》（第10版），王海霞、范文明、马翠兰、嵇雷译，中国人民大学出版社，2011，第209～212页。

② 柯珠军：《中国建设工程招标投标中越轨行为的阐释与分析》，华中科技大学出版社，2015。

③ 王正：《社会转型时期的越轨行为理论与社会控制》，辽宁民族出版社，2011，第139页；乐国安等：《法制建设与越轨行为控制》，天津人民出版社，2006，第133～135页。

④ Henry Petroski, "Normalization of Deviance," *Design News* 1 (2012); Paul Kedrosky, "An Engineering Theory of the Volkswagen Scandal," *New Yorker* 10 (2015); Catherine H. Tinsley, Robin L. Dillon, and Peter M. Madsen, "How to Avoid Catastrophe," *Harvard Business Review* 4 (2011).

照工程设计图纸或者施工技术标准施工，导致出现工程质量事故；一些官员滥用职权，插手基建工程，破坏了建设市场的秩序，影响工程质量；某些企业为了追求利润最大化，不遵守相关法律法规和政策规定，不正常使用或没有安装污染处理设备，危害员工的生命安全，并造成环境污染。

与其他领域或其他形式的越轨行为相比，工程越轨行为的行为主体、产生原因、运行机制等显示出一定的独特性。例如，工程越轨行为的主体不是只有个体，而是多以群体或组织的形式出现，如企业法人指的是具有民事权利能力和民事行为能力、依法独立享有民事权利和承担民事义务的组织，而且与传统意义上的越轨行为主体相比，他们往往不是社会下层人员或弱势群体人员，从某种程度上说甚至是社会经济活动中的强者，如政府官员、企业和工程师等。如此一来，工程越轨行为的产生并非源于社会压力，而是受到所拥有的特权带来的高额利润的驱使。

工程越轨行为是工程活动中的常见现象，它不可避免地成为工程社会学和越轨社会学的共同研究对象。工程社会学和越轨社会学都必须高度关注工程越轨现象。分析工程越轨行为发生的原因和机制，以及给社会造成的种种危害与不良后果，有利于探索治理和预防工程越轨行为的对策和措施，促进工程活动有序高效地进行，维持社会秩序和稳定，保障公众正当利益。而且，工程越轨行为与传统越轨行为之间具有一定的共同点和相似性，探寻工程越轨行为的原因及治理对策，对于预防其他越轨行为也有一定的借鉴意义。

三　工程越轨行为的特点

工程越轨行为是触犯或违反了特定社会规范的行为，因此，在认识和分析工程越轨行为的特点时，需要首先明确社会规范的含义与特点。

根据《中国大百科全书·社会学》，社会规范指人们社会行为的规矩，是社会活动的准则。它是在社会互动过程中衍生出来的，相习成风，约定俗成，或者说是人类为了共同生活的需要，由人们共同确立并明确施行的。[1] 可以看出，社会规范具有鲜明的社会性，它明确表达了对整

① 中国大百科全书总编辑委员会：《中国大百科全书·社会学》，中国大百科全书出版社，1991，第302页。

个社会中的个人行为和集体或群体行为的要求与期望。因此，工程越轨行为违反了社会规范，实际上就是与社会大多数人或统治集团的利益、意愿或价值观产生矛盾或冲突，是大多数人不赞同的行为。

社会规范虽然普遍地存在于社会之中，但它具有历史性、阶级性、地域性以及民族性，不存在超社会、超阶级的社会规范。[①] 社会规范的历史性和阶级性是相对而言的，对于一定的历史时期或某一个阶级来说，社会规范是进步的、符合现实需要的，而对于另一个历史时期或另一个阶段来说，则可能是守旧的、妨碍社会进步发展的。社会规范的民族性和地域性，指的是每个民族、国家和地区都有着各自的社会规范。因此，社会规范是具有相对性的，它只是在特定的时间、地点和条件下才发挥作用。如此一来，工程越轨行为也具有相对性，它是在特定的时间、地点和条件下才变为越轨行为，一个工程共同体中的某个成员或群体的越轨行为，在另一个工程共同体中可能是正常或正当的行为。

按照《中国大百科全书·社会学》的定义，社会规范可以大致分为两类：一类是制定出来并明确施行的，即正式规范，通常是用明确、具体、稳定的法律或规则形式固定下来，并且能够给予违反者相应的惩罚，如法律法规和政策规定；另一类是不成文的、约定俗成的，即非正式规范，得到了社会成员的普遍理解、接受和认同，舆论批评是非正式规范得以阐明和维持的主要方式，如风俗习惯和道德规范。宗教信仰处于二者之间，它在早期社会中通常是不成文的规范形式，而在现代社会中则是成文的，甚至在某些国家具有同法律一样的权威。不同类型的社会规范对人们社会行为的指导、协调、支配和制约的性质、程度及范围是不同的，越轨行为触犯不同类型的社会规范会招致不同形式以及不同程度的惩罚。因此，工程越轨行为的越轨程度以及受到惩罚的程度取决于该行为触犯的社会规范的类型。

然而，值得注意的是，从事工程活动的群体——工程共同体自身独特的组织形式或制度形式，决定了这一类群体会触犯或违反一系列特殊的社会规范。从工程社会学的角度看，工程共同体的组织形式或制度形

① 王正：《社会转型时期的越轨行为理论与社会控制》，辽宁民族出版社，2011，第120～121页。

式主要有两大类型：一类是“工程职业共同体”，例如工会、工程师学会、雇主协会、企业家协会等，这些“工程职业共同体”必须遵守“本职业群体”制定的职业伦理章程和职业规范；另一类是“工程活动共同体”，也就是不同职业的成员以企业、公司、项目部等形式，组织在一起从事具体工程活动，“工程活动共同体”的成员不仅要遵守职业伦理章程和职业规范，还必须遵守所在企业、公司、项目部的规章制度，以及所属行业的行业标准。[①] 因此，工程共同体将触犯和违反的是具有鲜明的职业性和行业性的社会规范，而这些社会规范在研究抢劫犯、盗窃犯、强奸犯、自杀群体、酗酒群体、吸毒群体等其他越轨行为主体时是不会涉及的。

随着社会的发展，现代工程呈现新的特性，如投资多、规模大、工期长、影响广等，这使得一旦工程越轨行为发生，其引发的后果将具有巨大的社会危害性，不仅会扰乱公正、公平、公开的市场秩序，同时会严重损害国家和公众的利益。中华人民共和国审计署 2003 年度的审计报告公开了长江堤防隐蔽工程建设中的腐败问题，“部分施工单位买通建设和监理单位，采取各种手段弄虚作假，偷工减料，水下护岸抛石少抛多计，水上护坡块石以薄充厚，工程质量令人担忧。抽查 5 个标段发现，虚报水下抛石量 16.54 万立方米，占监理确认抛石量的 20.4%，由此多结工程款 1000 多万元，目前部分堤段的枯水平台已经崩塌；抽查 11 个重点险段发现，水上块石护坡工程不合格的标段达 50% 以上”[②]。因此，工程越轨行为的社会危害性极大，不仅会对人民的生命财产安全带来极大的危害，而且会给社会财富造成巨大损失。

第二节 工程越轨行为的类型、原因和表现形式

与其他领域的越轨行为相比，工程越轨行为具有更鲜明的职业性和行业性的特征，因此，在分析工程越轨行为的类型与越轨原因时，必须

① 李伯聪等：《工程社会学导论：工程共同体研究》，浙江大学出版社，2010，第 12～13 页。

② 任建明、孙晖：《治理建筑工程领域腐败当以制度预防为根本战略》，《国家检察官学院学报》2005 年第 5 期。

特别注意分析和研究工程越轨行为的行为主体所处的工作形态、职业特征或者工作性质的作用和影响。

需要指出的是，工程共同体的成员构成十分复杂，有工程师、工人、投资者、管理者及利益相关者等多种成员，由于篇幅所限，这里无法对所有成员的越轨行为进行一一考察，下面将仅对国家工作人员、“企业”和“企业高层人员”的工程越轨行为进行阐释和分析。

这样做的原因首先在于这两类越轨行为在工程越轨行为中不但最具典型性而且影响最为严重和恶劣。对于这两类工程越轨行为的解析，实际上也是对典型的工程越轨行为的研究。

一 国家工作人员在工程活动中的越轨行为及原因

根据越轨社会学的权势理论，权力的不平等会影响到越轨行为的产生，也就是说，权势是导致越轨行为产生的重要原因。[①] 由于工程活动是“团体性”行为，工程团体中的不同成员有“不同的职位”“不同的权力”，在其行为所产生的影响和后果方面也就会有很大区别。尤其是，工程行为必然受到国家政策和行政机关的管制和约束，这就使得某些国家工作人员有可能成为工程活动的正常进行——甚至是决定工程成败——的关键性、决定性力量。在这种情况下，某些国家工作人员会因为拥有特定的政治地位、经济地位等而做出越轨行为。

国家工作人员指的是一切国家机关、企业、事业单位和其他依照法律从事公务的人员。例如，《中华人民共和国刑法》在总则第93条规定：“本法所称国家工作人员，是指国家机关中从事公务的人员。国有公司、企业、事业单位、人民团体中从事公务的人员和国家机关、国有公司、企业、事业单位委派到非国有公司、企业、事业单位、社会团体从事公务的人员，以及其他依照法律从事公务的人员，以国家工作人员论。”

国家工作人员的本质特征是“从事公务”，即代表国家对公共事务所进行的管理、组织、领导、监督等活动，这通常是因为其所隶属的组织享有一定的监督、管理某项业务领域的职权。由于特殊的工作性质，

① 亚历克斯·梯尔：《越轨社会学》（第10版），王海霞、范文明、马翠兰、嵇雷译，中国人民大学出版社，2011，第29~30页。

国家工作人员拥有了与众不同的权力、地位和身份，就会有人利用职务的便利，做出一些越轨行为。

国家工作人员的工程越轨行为主要表现为建设工程领域的腐败问题。由于建设工程领域的特殊性，此类越轨行为具有涉案人员范围广、涉案金额大、案犯职级高等特点，在全世界范围内是普遍存在的一种现象。“透明国际”发布的《2005年度全球腐败报告》的主题就是建筑工程领域的腐败问题。该组织创始人彼得·艾根在该报告的首发仪式上疾呼“大型公共工程中发生的腐败对可持续发展构成了不可逾越的障碍。发生在公共采购领域的腐败，对发达国家和发展中国家都同样构成困扰”。“建筑领域发生的腐败，极大地扩大了全世界范围内的腐败规模和程度。全球每年为此损失估计达32000亿美元。”①

历史上工程腐败事件层出不穷，国家营建的大型工程项目，如城池、陵寝、宫殿、河工等，都是腐败丛生的领域。② 如今，工程腐败问题不仅依然存在，而且愈演愈烈，已经成为工程建设领域的突出问题。近年来，在国内反腐风暴中落马的官员大多数与工程建设有关。

具体来说，国家工作人员的工程腐败行为包括这样几种类型。一是地方党政“一把手”利用决策权，违背科学决策、民主决策的原则，违法违规决策上马项目，导致出现了劳民伤财的“形象工程”、脱离实际的“政绩工程”和威胁人民生命财产安全的“豆腐渣”工程。二是行业主管部门领导利用行政审批权，违法违规审批和出让土地，擅自改变土地用途，提高建筑容积。三是一些不分管工程建设的其他领导干部，利用执纪执法权，越位插手干预工程项目建设。四是一些招标代理机构和专家，利用市场便利条件，违规违法操作，使评标不公正。五是一些招标人和投标人规避招标、虚假招标、围标串标、转包和违法分包。六是一些单位在工程建设过程中违规征地拆迁、损害群众利益、破坏生态环境、不落实质量和安全责任。③

① 毛如麟、贾广社编著《建设工程社会学导论》，同济大学出版社，2011，第263页。

② 刘绪义：《明清工程腐败的惊天玄机（上）》，《中国人大》2016年第20期。

③ 肖俊奇：《我国公共工程腐败模式的分析及腐败程度的初步测算》，《观察与思考》2014年第8期；《中办国办印发工程建设领域突出问题专项治理意见》，中国政府网，2009年8月19日，http://www.gov.cn/jrzg/2009-08/19/content_1396828.htm。

国家工作人员做出工程越轨行为的原因，可以从以下几个方面来分析。第一，就国家工作人员自身来说，随着职级上升、社会地位显赫、待遇提高、交往范围广泛，以及所涉猎的信息数量、内容及来源增多，特别是随着权势扩大，个人会产生一些不合理的、反常规的需求。为了实现这些需求，他们会置党纪国法于不顾，铤而走险，谋取非法利益。

第二，从社会历史发展规律来看，社会的发展必然会出现新旧社会规范的交替，而任何新旧社会规范的交替，都要经历一个长期的过程。新旧社会规范交替造成的“真空”不仅大大削弱了防止国家工作人员发生越轨行为的外在控制力，而且诱惑他们在行为定向时重视和追求现实利益，驱使他们做出利己的选择。

第三，不同国家的调查显示，国家工作人员产生工程越轨行为在发展中国家比发达国家更普遍。这是因为发展中国家的政府税收无法为国家工作人员提供高工资，再加之人口庞大、缺少有效的相关制度等因素，难以对这些工作人员进行有效监督。[①]

二 “企业”和“企业高层人员”的工程越轨行为及原因

“企业”和“企业高层人员”是两个不同的概念。前者是指“集体”“团体”“组织”，后者是指“个人”。在研究工程越轨现象的特点时，容易看出，工程越轨行为的特点之一是它常常表现为“企业型越轨”，也就是“团体型越轨”（例如企业排污超标就不是个人行为而是团体行为）。一方面，必须承认“企业”的工程越轨行为和“企业高层人员”的工程越轨行为是两个不同概念和两类不同的现象；另一方面，需要承认二者有密切联系。

在分析和研究“企业高层人员”的工程越轨行为时，可以观察到“企业高层人员”的工程越轨行为可以区分为两大类。一类是“企业高层人员”的“个人性”工程越轨行为（例如总经理“个人贪污”），而另一类是“企业高层人员”的越轨行为与企业的团体性越轨行为“合二为一”的工程越轨行为。这里不再分析第一类越轨行为，而只涉及第二

① 亚历克斯·梯尔：《越轨社会学》（第10版），王海霞、范文明、马翠兰、嵇雷译，中国人民大学出版社，2011，第220页。

类越轨行为并且将其与企业的工程越轨现象结合在一起进行综合分析。

企业一般是指以盈利为目的，运用各种生产要素（土地、劳动力、资本、技术和企业家才能等），向市场提供商品或服务，实行自主经营、自负盈亏、独立核算的法人或其他社会经济组织。因此，利润最大化是企业关注的首要目标，没有利润企业就无法生存。

在竞争激烈的市场环境中，为了取得更大的发展成果，创造更高的价值和利润，部分企业和企业管理者铤而走险，做出了违背社会规范的工程越轨行为，近年来媒体已经曝光了许多此类事件。这些越轨行为不仅导致焦点企业遭受市场、声誉等方面的重大损失，还危害到具有相似组织形式的企业甚至行业的利益。①

企业的工程越轨行为可以大致分为四种类型：对员工的工程越轨行为、对客户的工程越轨行为、对政府的工程越轨行为，以及对环境的工程越轨行为。②

对员工的工程越轨行为主要表现为忽视员工的健康和安全，未能为员工创造健康、安全、舒适的工作条件和环境。例如，某些建设工程项目存在高温施工、起重伤害、高处坠落、坍塌等安全生产隐患；企业员工在没有任何防护设备的情况下，长期暴露在有毒化学物质中；长期强制性加班，员工劳动强度极大；等等。

此类越轨行为的产生原因主要有：第一，企业只想利润最大化，消除威胁员工健康和安全的隐患会大大减少公司的利润；第二，管理者只追求短期业绩，以此快速获得回报，他们不愿意在任职期间投入大量资金改善员工的工作条件和环境；第三，政府通常不会对企业采取严厉的惩罚措施以阻止这类行为发生，而是采用让企业和员工进行协商等方法来解决问题，只要企业纠正其“不足之处”就可以减小惩罚力度。

对客户的工程越轨行为最常见的形式是工程质量问题。工程质量问题包括工程质量缺陷、工程质量通病、工程质量事故三类问题。工程质量缺陷是指工程有不符合规定要求的检验项或检验点，严重的工程质量

---

① 王公为、彭纪生：《基于组织特征和产业特征调节作用的企业越轨行为研究》，《管理学报》2013 年第 7 期。

② 亚历克斯·梯尔：《越轨社会学》（第 10 版），王海霞、范文明、马翠兰、嵇雷译，中国人民大学出版社，2011，第 209 ~ 212 页。

缺陷对结构构件的受力性能或安装使用性能有决定性影响。工程质量通病是指各类影响工程结构、使用功能和外形观感的常见性质量损伤。工程质量事故是指对工程结构安全、使用功能和外形观感影响较大、损害较大的质量损伤。

此类越轨行为的产生原因主要有以下几点。第一，为了谋取更多利润，企业在生产和施工过程中，使用了不合格的原材料及设备。第二，企业盲目赶工期，违背建设程序和法规，例如不经过可行性论证，没有搞清工程地质情况就仓促开工；擅自转包或分包，或多次分包；无证设计，无证施工；不按有关的施工质量验收规范和操作规程施工；等等。

对政府的工程越轨行为最典型的形式是向政府官员行贿。近年来，许多国家把控制企业向政府官员行贿作为反腐问题的核心，尤其是随着许多跨国行贿大案的曝光与惩处，如何控制这类越轨行为越发受到国际社会广泛关注。经济发展与合作组织在 2014 年 12 月发布的《跨国行贿报告》中指出：57% 的跨国行贿行为是为获得政府项目合同，3/5 的跨国行贿案例集中在四大行业，分别是采掘业（19%）、建筑业（15%）、交通和仓储业（15%）、信息和通信业（10%）。其中，不仅大型企业跨国行贿案件占案件总量的 60%，而且在超过一半的跨国行贿案件中，跨国公司的高管对行贿有所知情，甚至是参与或主导腐败活动。[①] 此类越轨行为的产生原因主要是部分企业为了谋取不正当利益，如揽到项目、获得投资，或者企业管理者为了追求所谓的业绩与个人的升迁，向政府官员大肆行贿。

对环境的工程越轨行为，主要表现为污染环境、破坏生态。许多企业以一种或多种方式把废水、废气、废渣（液）等废弃物直接排放到土壤、空气和水体中，这些废弃物成分复杂、毒性大，由此引发的环境污染和破坏生态的事件时有发生。20 世纪 30 年代至 70 年代，在世界范围内，由于环境污染而造成了 8 次轰动世界的公害事件，其中有 6 次可以直接归因于企业的工程越轨行为。此后，世界各国通过采取立法和其他措施，力图对企业的环境污染行为予以遏制和防控。

---

① 杜鹃：《经合组织：政府项目成跨国行贿重灾区》，中国日报网，2015 年 2 月 15 日，https://china.chinadaily.com.cn/shizheng/2015-02/15/content_19593224.htm。

此类越轨行为的产生原因主要是：第一，企业是具有自身利益的经济主体，容易出现盲目追求短期经济效益，而不愿意为自身长期发展和竞争力支付社会成本的现象，因此企业为了降低成本、提高利润，不愿安装运行环保设备、承担更高的环保设备运营成本；第二，一些地方政府为了片面追求当地 GDP 增长，放任或容忍大量排污企业违法生产经营，只顾眼前利益不考虑可持续发展，导致环境污染加剧、恶化；第三，一些国家的环境保护法律体系总体不完善，致污赔偿的法律法规不健全，惩罚力度较小，导致企业污染、政府买单的现象出现。

我们通过对以上两类工程越轨行为的分析，可以看出工程越轨行为与一般越轨行为的一个重要差异——工程越轨行为的主体往往不是社会下层或弱势群体人员，而是社会经济活动中的强者，其越轨行为的产生并非源于社会压力，而是受到由其所拥有的特权带来的利诱驱使的结果。

三　以建设工程招标投标为例看工程越轨行为的表现形式

工程越轨行为的表现多种多样、形形色色，本节不可能进行详细、具体的分析，以下只能以建设工程招标投标中的越轨行为为例进行一些分析。

在现代工程活动中，建设工程是非常重要的一个领域，它除了包括传统意义上的住宅、道路和厂房，还包括广泛的延伸部分：铁路建设、水利工程、港口驳岸工程、环境改造工程、军事工程等，种类庞杂，规模巨大。

目前国际上普遍采用的建设工程承发包方式是招标投标制度，这是由英国人在 18 世纪末首先发明和使用的。20 世纪 80 年代以来，随着我国的工业化和城市化进程的迅猛推进，建设工程得以蓬勃发展，招标投标制度也得以引入我国建设工程领域。30 多年来，我国建设工程领域的招标投标发展势头迅猛，招标投标比率逐年上升。尤其是《中华人民共和国建筑法》（1997 年）和《中华人民共和国招标投标法》（1999 年）等法律、法规的相继出台，对于进一步规范和管理建设工程领域的招标投标起到了积极的推动作用。

然而，我国建设工程领域的市场机制的发育尚不完善，这个领域涉及的利益巨大且利益主体多元，导致了建筑市场在高速发展的同时往往伴生一些越轨行为，例如规避招标、虚假招标、围标串标、评标不公等。

这些越轨行为久治不愈、纠而复生，不仅扰乱了建设市场的正常秩序，而且严重影响了建设工程的质量和经济社会成本，甚至成为制约整个工程建设领域发展的“短板”和“瓶颈”。2010年至2012年3月底，全国共查处工程建设领域违纪违法案件21766件，其中涉及招标投标环节的有3305件，占比为15.2%。案件查处情况表明，工程建设领域招标投标环节腐败案件仍然易发多发。①

以下就对建设工程领域招标投标中的越轨行为进行一些分析。

（一）招标投标中的越轨行为的类型和表现形式

招标投标是由交易活动的发起方在一定范围内公布标的特征和部分交易条件，按照依法确定的规则和程序，对多个响应方提交的报价及方案进行评审，择优选择交易主体并确定全部交易条件的一种交易方式，涉及招标人、招标代理机构、投标人和评标人四类主体。相应地，招标投标中的越轨行为可以按照这四类主体进行划分：即招标人的越轨行为、招标代理机构的越轨行为、投标人的越轨行为和评标人的越轨行为。

1. 招标人的越轨行为

招标人是指在招标投标活动中以择优选择中标人为目的的提出招标项目、进行招标的法人或者其他组织。具体来说，工程建设项目招标发包的招标人，通常为该项建设工程的投资人，即项目业主。国家投资的工程建设项目的招标人通常为依法设立的项目法人（就经营性建设项目而言）或者是项目的建设单位（就非经营性建设项目而言）。

招标人是建筑市场中的重要主体之一，也是整个建设工程招标投标活动的发起者。招标人把国家、企业或个人的资金注入建设工程领域，是推动建筑市场形成和发展的原动力。因此，招标人的市场行为的规范对于建设工程的招标投标工作有序进行，乃至整个建筑市场的健康发展都起着至关重要的作用。但是，在建筑市场的大环境中，招标人的不规范行为在某种意义上已经成为引发其他市场主体不良行为的“孵化器”，招标人的越轨行为会成为其他市场主体越轨行为产生的基础。② 具体来

① 《中央公布20起工程建设领域招投标环节典型案件》，正义网，2012年4月27日，http://www.jcrb.com/anticorruption/ffyw/201204/t20120427_850842.html。

② 柯珠军：《中国建设工程招标投标中越轨行为的阐释与分析》，华中科技大学出版社，2015，第42页。

说，招标人的越轨行为主要表现为以下几个方面。

（1）规避公开招标

一是把招标项目分拆，化整为零，使项目达不到招标的规定标准，或者千方百计找各种理由，把应当公开招标的项目变为邀请招标，避免公开竞争。二是在发布招标信息时，限制招标公告的发布地点、发布范围或发布方式，或者不公开发布信息。三是没有把应当招标投标的项目进行公开招标投标，而是把项目直接交给所属单位，内部瓜分。

（2）虚假招标，明招暗定

一是为了内定中标者，擅自改变招标条件或定标办法。二是在招标文件中设置不合理条款限制或排斥潜在投标人，帮助特定投标人中标。三是评标委员会不“独立”，选择“听话”的人当评委，以便暗中控制。

（3）与投标人串标

一是向特定投标人泄露标底、技术指标参数、评标委员会成员等信息。二是在公开开标前，开启标书，并将投标情况告知其他投标者。三是授意或协助投标人撤换、修改投标文件，更改报价。四是与投标人商定，在招标投标时压低或者抬高标价，中标后再给投标人额外补偿。

2. 招标代理机构的越轨行为

招标代理机构是依法设立、从事招标代理业务并提供相关服务的社会中介组织。由于招标代理机构拥有与其所代理业务相适应的能够独立编制有关招标文件、有效组织评标活动的专业队伍和技术设施，这对保证招标质量、提高招标效益起到了积极的作用。因此，招标代理机构在建筑市场中发挥着重要的作用和功能。然而，招标代理机构在实践中也出现了一些越轨行为，具体表现在以下几个方面。

（1）非法挂靠

有些招标代理机构涂改、出租、出借、转让资格证书，帮助其他招标代理机构从事招标代理工作。

（2）与招标人串标

与招标人串通，在编制招标文件时，通过设置不合理条款限制或排斥潜在投标人。

（3）与投标人串标

与投标人串通，通过招标文件中的条款设置、投标报名、资格审查、评标等环节，限制或排斥潜在投标人。

（4）影响评标专家

在评标过程中，向评标专家做出倾向性、诱导性的言论，引导评标专家按照招标代理机构的意图进行评标，达到操控评标结果的目的。

3. 投标人的越轨行为

投标人是响应招标、参加投标竞争的法人或者其他组织。与招标人相对应，投标人也是建筑工程领域招标投标的重要主体之一，招标人发出的招标项目最终都是由潜在的投标人进行施工和建设的。因此，投标人的技术力量、人力资源、品牌效应等因素直接决定着建设项目的质量和安全。然而，投标人在建筑市场中所做出的一些越轨行为，直接影响了招标投标的健康发展，严重干扰了公平竞争的市场秩序。总的来看，投标人的越轨行为具体表现为以下几个方面。

（1）与招标人串标

具体内容见招标人的越轨行为中的“与投标人串标”部分。

（2）投标人之间围标串标

一是相互协商投标报价等投标文件的实质性内容。二是相互约定中标人。三是相互约定部分投标人放弃投标或者中标。四是属于同一集团、协会、商会等组织成员的投标人，按照该组织要求协同投标。五是通过挂靠多家企业、借用他人资质等开展围标串标。

（3）弄虚作假投标

一是使用伪造、变造的许可证件。二是提供虚假的财务状况或者业绩。三是提供虚假的项目负责人或者主要技术人员简历、劳动关系证明。四是提供虚假的信用状况。

4. 评标人的越轨行为

评标工作一般由招标人依法组建的评标委员会负责。评标工作是建设工程领域招标投标的关键环节，作为评标委员会成员的评标人对评标活动的质量起着至关重要的作用。然而，评标人来自社会的各行各业，牵扯到社会的方方面面，他们自身的专业技术水平、个人道德素质、评标能力等参差不齐，这导致了评标人在评标过程中也出现了一些越轨行为，主要表现为：丧失原则，定向评标。一是受到招标代理机构或投标人等关系和利益的影响，在评标过程中故意抬高或压低某些投标人的评分，帮助特定投标人能够顺利中标。二是按招标人的暗示、授意等进行评标，甚至主动去揣摩和询问，成为“暗箱操作”的工具。

（二）招标投标中的越轨行为的产生原因

涂尔干认为，越轨行为的产生，说明社会控制机制在两个维度上出现了问题：集体意识丧失了社会规定性，在日常生活中隐匿了起来；个体意识丧失了自我规定性和对有限性的认识，使欲望本身从日常生活中凸显出来。[①] 因此，越轨行为作为一种社会发展中的非常态现象，其产生不是偶然的，也不是无缘无故发生的，而是与特定的社会结构和社会文化相关的。因此，建设工程领域招标投标中出现的越轨行为，其背后也一定有着深刻的社会层面、制度层面和个体层面的原因。

（1）社会转型时期的“信念空虚”状态

当社会处于经济转型、社会转型的过程和状态时，原有的信念对人们社会行为的约束、指导作用和制约作用减弱，而新的信念又缺乏制约人们社会行为的能力，在这种情况下就会产生所谓的“信念空虚”状态。在这种社会状态下，各种信念、规范、价值体系杂然并存，相互之间的冲突和矛盾加剧，人们的思想和行为由于缺乏明确的参照系而显得混乱不堪、各行其是。

在这种状态和环境中，由于信念、价值、规范的不确定性，社会的容忍度明显提高，每个人都有可能为其行为寻找到一种价值评价标准的辩护与支持，越轨行为受到社会规范制裁的力度和概率大大减小，从而也就大大降低了越轨行为的成本，引发越轨行为的大量产生。

（2）现行招标投标制度尚不完善

现行的招标投标领域的法律、法规，如《中华人民共和国招标投标法》和《中华人民共和国建筑法》等，对招标投标整个过程进行了原则性规定，但对一些细节缺乏严密性和强制性的规定，缺乏可操作性，尤其对资格预审和评标等关键环节规定过粗，甚至有矛盾和漏洞，存在一些可以人为调控的因素。

另外，有些法律、法规本身严密，可惜缺乏配套制度，在一些已经

① 渠敬东：《缺席与断裂——有关失范的社会学研究》，上海人民出版社，1999，第 28 ~ 29 页。

“变种”的手段面前无可奈何。随着我国经济的迅猛发展，建设工程的规模和数量快速增加，招标投标中相继出现了许多新情况、新问题，迫切需要制定和出台新的法律、法规，以及对已经出台的法律、法规进行重新修订。

（3）监管和制约机制尚不健全

招标投标的监督和制约机制尚不健全，缺乏与之配套的制度，造成了监管部门同体监督、角色错位。[①] 例如，工业、水利、交通、铁道等行业招标投标活动的监督执法分别由有关行政主管部门负责，即由工业、水利、交通、铁道等行政主管部门负责，这样的监督没有形成制衡机制，难以实施有效监督。

有时，虽然现有法律、法规中明确规定了惩罚措施，但是惩罚力度小，越轨行为成本低，越轨现象频发。比如，《中华人民共和国刑法》第 223 条规定：投标人相互串通投标报价，损害招标人或者其他投标人利益，情节严重的，处三年以下有期徒刑或者拘役，并处或者单处罚金。因此，串标行为即使被认定，只要情节不是特别严重，一般情况下处罚力度并不大，多数是罚款了事。高利润回报与串通投标违规低成本之间形成较大的反差。

（4）社会信用体系建设严重滞后

我国建筑市场的信用体系建设明显滞后，缺乏专业化、标准化、市场化的信用评价标准，没有构建失信的惩戒机制，导致市场主体信用意识、履约意识较为薄弱，市场主体各方均存在信用缺失问题，形形色色的不守信用者层出不穷。

（三）招标投标中的越轨行为的社会控制

社会控制是一个社会学术语，指的是社会、社会某一组织或群体对其成员运用社会规范及其相应的手段来规范、引导和约束其成员的行为，协调诸方面的社会关系以确保社会生活正常运行的手段和过程。面对社会中屡见不鲜的招标投标越轨行为，必须加强社会控制，加强对越轨行为的防范、制止以及处置。

---

① 柯珠军：《中国建设工程招标投标中越轨行为的阐释与分析》，华中科技大学出版社，2015，第 19 页。

在对越轨行为进行社会控制时，有多种控制手段可以使用。需要特别注意运用的是以下两类手段：一类是舆论、社会评价、宗教、艺术、个人理想与暗示等伦理形式的控制手段，伦理控制的形式源于人的社会情感的力量；另一类是法律、礼仪和教育等政治形式的控制手段，政治控制的形式源于社会契约赋予政权与国家的公共权力。①

应该强调指出的是，不可能单纯依靠其中的某一个主体或者采用其中的某一种控制手段实现对招标投标中的越轨行为的社会控制，而必须综合运用多种手段，把有关主体的控制力量都调动起来。单凭政府和政府的政策及法令，有时不能起到很好的控制效果，因为政策法令毕竟具有滞后性，招标投标越轨主体往往会钻法律漏洞；单凭社会公众的呼吁和监督，有时会显得隔靴搔痒或无关痛痒，往往不了了之；单凭行业自律，在西方一些发达国家执行得不错，但必须有健全的社会诚信体制，在我国目前的社会转型阶段，行业自律还要走很长一段路。②

招标投标的越轨行为的社会控制需要多管齐下、多头并举，形成良好的社会氛围，建立健康的诚信机制，加强政府的宏观控制，发挥媒体和公众的舆论监督作用，促进各行各业的自律，建成社会控制主体和控制手段相对完整的控制机制。

① 爱德华·罗斯：《社会控制》，秦志勇、毛永政等译，华夏出版社，1989，第189～211页。

② 毛如麟、贾广社编著《建设工程社会学导论》，同济大学出版社，2011，第283页。

第九章 工程安全、风险与危机管控的社会学分析

工程活动应该安全，工程活动必须安全。可是，现实生活中，工程事故常常发生，产生复杂的社会影响。工程安全和工程风险是一个问题的两个方面。一般性的工程风险可能演化成为工程危机。研究工程危机不能仅是思辨性的兴趣，而是要有现实性的目的，要为管控危机提供理论基础和理论指导。因此，研究工程安全、风险与危机管控不但具有重要的理论意义，更有重要的现实意义。

第一节 工程安全和工程风险的社会学分析

一 工程安全

（一）工程安全的社会学含义

从社会学视角来说，“安全”是特定的社会行为主体在实际生存和发展过程中所拥有的一种“有保证或有保障的状态”[①]，“工程”是人类最基本的社会活动方式，保证“工程安全”成为人类开展工程实践的内在需求。工程安全包括两方面的社会学内涵：一是实施工程活动的主体工程共同体的有保障、无威胁状态；二是工程及其发展对所处环境的无危害性。

工程共同体的有保障、无威胁状态，体现为工程如何保证人的生存和生命不受到工程的损害，属于底线性的安全层次，如建筑工人的施工环境安全、工程运行时使用者的人身安全等。

工程及其发展对所处环境的无危害性，体现在工程从产生到未来发

① 杨敏：《“个体安全”研究：回顾与展望——现代性的迷局与社会学理论的更新》，《创新》2009年第11期。

展过程中，不影响所处的自然生态环境与社会文化环境，属于发展性的安全层次，如工程实施后带来的土壤与空气污染、国际工程涉及的经济投资与政治不安定因素、市政工程规划不良带来的交通混乱等。

除了具有无危害性，工程安全还具有社会建构性。首先，工程是不同利益相关者在一定的制度安排约束下建构的产物，内嵌于工程中的安全属性也具有建构性，是社会的产物；其次，不同的群体有着不同的“安全”标准，取决于最弱势群体的最大的不安全容忍水平，[①] 由社会决策决定；最后，工程安全制度是社会决策在工程安全上的约束反映。

（二）工程的两种安全状态

随着经济的飞速发展，作为“奇观”（spectacle）的工程在时间与空间、社会生活中扮演愈发重要的角色，成为人们日常生活中不可或缺的一部分。因此，紧密联系着众多群体的工程是否能在建设与运行中保证基本的安全，且不对外部社会生态环境产生不良影响，成为当今风险社会一个长盛不衰的话题。

1. 工程的底线安全

保障工程建设者与工程使用者等工程共同体的生存权，涉及工程的底线安全，而其中最受社会大众关注的问题之一，即工人施工安全与工程品质不达标带来的威胁。

目前，全世界每年发生 2.7 亿起工伤事故，约有 1.6 亿名工人患有与工作相关的疾病，由此造成的相关经济损失高达全球年度国内生产总值的 4% 。[②] 从事工程活动的工人常是社会中的弱势群体，该群体往往呈现临时化、受教育水平低、老龄化状态。工程常具有临时性与一次性，以项目制进行，因此利用农闲时期来补贴家用的乡镇外来务工人员较为常见。老龄化、普遍不高的受教育水平使得建筑工人安全意识不强、自我保护能力不足，在安全保障与社会福利上常常处于信息真空状态，加大了工程不安全的可能性。同时，一些建筑企业在“工具理性”的驱使下，为了节省成本克扣维护工人安全的支出，如未安装脚手架防护网、

---

① 胡志强：《安全：一个工程社会学的分析》，载杜澄、李伯聪主编《工程研究——跨学科视野中的工程》（第 2 卷），北京理工大学出版社，2006。

② 胡志强：《安全：一个工程社会学的分析》，载杜澄、李伯聪主编《工程研究——跨学科视野中的工程》（第 2 卷），北京理工大学出版社，2006。

使用强度不够的建筑材料等，也会加剧工程的不安全。

每到年末屡见不鲜的建筑农民工“讨血汗钱”“要求工伤赔偿”等横幅就反映了这一群体的安全状态得不到保障的现状。如果底线安全问题得不到妥善解决，根据冲突理论，微小的冲突将会积累、扩大，量变达到质变后，将有极大可能转化为工程发展性安全问题，对社会安定形成潜在风险，造成更大的社会动荡，引发一系列连锁反应。

由于工程品质不达标或工程运行积累的不安全因素造成的人员伤亡事故，是社会公众更为关注的工程安全问题。重大工程事故严重威胁到群众的财产与生命安全，经曝光后会引起剧烈的舆论反应，并对国家或地区的政治、经济、社会产生不可逆的影响。可见，随着工程在日常生活中无处不在，人们对于工程是否处于底线安全状态，即保证使用者的生存权，产生了愈发严苛的要求，甚至影响到人们能感受到的社会生活平均安全水平，进而对社会产生更为深刻的影响。

2. 工程的发展安全

随着科学发展观等可持续发展理念的深入人心，人们对于工程的发展对自然与社会环境的影响，提出了更高要求。例如建筑工地扬尘导致空气中粉尘的增加可能加剧雾霾，因而引起人们的抗议。市政工程的发展规划引发大规模拆迁与居民流动安置等问题，逐渐成为公众倒逼决策者重新决策工程是否上马或者是否存续的因素。

工程发展安全甚至与一个地区的经济发展有着重要联系，有关数据显示，工程安全与经济发展水平有一种倒 U 字形关系。[①] 随着 GDP 的增长，工程安全事故也相应增加，而按照发达国家目前的情况来看，GDP 较高的国家，工程安全事故率较低。人均 GDP 为 1000～3000 美元的时期，是工程安全事故以及各种社会问题的多发期。工程发展安全还在政治上产生深远影响，如我国为部分亚非第三世界国家援建了各类大型基础设施项目，其安全水平不仅反映了我国的工程技术水平，也关系到国家形象，工程安全成为地区间长久合作与发展的联系纽带。

工程发展安全是建立在工程底线安全之上的，并在本质上继续揭示

① 胡志强：《安全：一个工程社会学的分析》，载杜澄、李伯聪主编《工程研究——跨学科视野中的工程》（第 2 卷），北京理工大学出版社，2006。

了工程底线安全，自然生态与社会文化环境的稳定从根本上亦是为了人的安全生存。

（三）工程安全的社会决策建构

1. 安全标准的社会建构

一个工程是否安全，没有一成不变的评判标准，而是随着科学技术水平的发展、社会意识形态的改变相应改变安全要求，这是由于工程并非独立于社会，而是具有嵌入性，嵌入政治、经济制度与结构、社会生活、文化等多个维度。

安全标准随着时代变化而变化，如古代金字塔、长城等大型标志性工程修建时，常常耗费大量劳动力，死伤不计其数，随着科学技术水平的提高以及“人人生而平等”的观念深入人心，现在的工程对于安全的标准更加严格，许多工程已经提出“零伤亡”的目标。安全标准在同一时代的不同阶级中也有不同，统治阶级的专属工程在安全标准上有严格的验收标准，如皇城、祭天宫坛、帝王陵寝等，而平民百姓的工程建筑则较为随意，可见工程安全要求往往与阶级权力联系在一起。安全标准还与各个地方不同的文化传统有关，如日本重视居家文化，对于居所的永久存续要求较高，因此十分注意建造过程中的安全防护，目前日本仍完整保留了众多木结构建筑。

工程既是当时技术水平的体现，也具体地外显了不同社会中最深层的、往往是遮蔽着的社会意识形态和政治经济结构。依附在工程上的安全问题，是社会文化的建构产物，也是时代意识形态的一种表征。

2. 工程共同体的不同安全标准

工程是共同体的共同作品。工程可接受的安全水平常取决于利益相关者中最能容忍的不安全水平，[①] 同时也反映了目前社会中最大的不安全容忍水平。因此，工程是否安全，常由工程共同体的集体决策决定。但是，不同群体对于安全的要求和可承受的损失范围并不相同。

工程施工人员对于工程安全的标准往往是满足底线安全，即在保证人身安全的基础上，完成既定建设活动；工程业主则对工程有更多发展

---

① 胡志强：《安全：一个工程社会学的分析》，载杜澄、李伯聪主编《工程研究——跨学科视野中的工程》（第2卷），北京理工大学出版社，2006。

安全的要求，表现为政策响应、法规遵守等；投资者则希望保证工程在经济环境中的安全以带来投资回报；政府及民众则对工程有更多社会安定、保护生态的安全要求。一个煤矿出现安全事故，地方政府的损失可能是政绩，矿主的损失是金钱，而矿工的损失就可能是生命和健康，共同体的安全诉求各有不同，经过博弈、协商，最终形成一个共同体可接受的安全水平。

综上所述，工程安全的标准受到社会的建构，最终表现为社会决策形成合力，推动工程安全的标准不断变化。一个社会中最大的不安全容忍水平，不仅取决于社会经济总体水平，还取决于工程社会决策的制度安排。提高社会中工程安全的总体水平，必须降低最大的不安全容忍水平，根本途径在于提高社会经济总体水平和改革工程的社会决策制度。

（四）海因里希安全法则

著名工程师海因里希提出的安全法则（Heinrich's Law）[①] 与事故因果连锁理论深入人心，成为安全管理的重要理论依据。其中安全法则也被形象地称为安全三角，意为当一个企业有 300 起隐患或违章事故时，非常可能要发生 29 起轻伤或故障事故，另外还会有 1 起重伤、死亡事故。安全法则的内核，其实就是事故因果连锁论，也称“多米诺骨牌理论”，该理论揭示出伤亡事故的发生不是一个孤立的事件，尽管伤害可能在某瞬间突然发生，却是一系列事件相继发生的结果。

海因里希设置了五块“骨牌”，一块导向前一块，如果最后一块是人员伤亡（A），那么前一块“骨牌”则是事故（D），事故的发生是由于人的不安全行为与物的不安全状态（H）造成的，人的不安全行为或物的不安全状态是由于人的缺点（P）造成的，人的缺点是由于不良环境诱发的，或者是由先天的遗传因素（M）造成的。

如果移去连锁中的一颗骨牌，则连锁被破坏，事故过程被中止。海因里希认为，企业安全工作的中心就是防止人的不安全行为，消除机械的或物质的不安全状态，中断事故连锁的进程以避免事故的发生。当然，改善社会环境，可以使人具有更为良好的安全意识；加强培训，可以使人具

---

① Heinrich, H. W., Petersen D., Roos N., *Industrial Accident Prevention* (New York: McGaw-Hill, 1950).

有较好的安全技能；加强应急抢救措施，也能在不同程度上移去事故连锁中的某一骨牌，进而增加整体稳定性，使事故得到预防和控制。

二　工程风险的社会学分析

“风险”是常见的社会现象。风险的类型多种多样，例如经济风险、政治风险、技术风险、工程风险、军事风险等。不同类型的风险在性质特征上有所区别，但也常常相互渗透、相互影响。工程社会学中关注的主要是工程风险。

（一）工程风险的含义与特征

1. 工程风险的含义

不同学者对于风险有不同的定义。Mowbary、Blanchard 等[①]把风险看作一种特殊的不确定性，Rosenbloom[②] 等把风险定义为损失的不确定性，Williams[③] 等把风险看作实际结果与预期的消极差异，也有人把风险看作不确定性和结果的差异性的因果关系，可谓是上述两种观点的综合。

风险是工程活动中必然会遇到的现象和问题，从而也不可避免地要成为一个重要的工程社会学概念。

2. 工程风险的特征

工程风险属于风险的范畴，但又有着自己的独特之处，它具有以下特征。

（1）广泛性

卢曼曾说，“我们生活在一个除了冒险别无选择的社会”[④]，风险在当代生活中无处不在、无时不有，而工程活动是人类社会存在和发展的基本活动，人们在工程中起居、工作、转移，拔地而起的各类工程已经

---

① Mowbray A. H. , Blanchard R. H. , Williams C. A. , *Insurance* (New York: McGraw Hill, 1995).

② Rosenbloom I. , Shar A. , Elharar A. , Dffir D. , “Risk Evaluntion and Risky Behavior of High and Low Sensation Seekers,” *Social Behavior and Personality An International Journal* 31 (2003): 375 - 386.

③ Williams, C. A. , and Heins, R. M. , *Risk Management and Insurance* (Newyork: McGraw-Hill Higher Education, 1985).

④ 转引自乌尔里希·贝克、王武龙《从工业社会到风险社会（下篇）——关于人类生存、社会结构和生态启蒙等问题的思考》，《马克思主义与现实》2003 年第 5 期。

成为人们日常生活中不可缺少的部分，因此，由工程带来的风险，就具有了覆盖大量行业、人群、区域等的深刻广泛性，例如核电站工程如果泄漏，就会危及与之相关的各类工作人员及周边居民的生命安全。值得注意的是，在互联网时代，公民参与社会议事的门槛大大降低，舆论的普及与发酵也使得工程风险在时空上传播得更为广泛，媒体介入风险传播，使得受风险影响的主体范围急剧扩大。

（2）二重性

工程风险具有实在与建构的二重性。首先，无论是持风险社会理论的贝克，还是持风险文化理论的拉什，都承认自然界存在客观的风险，是不以人的意志为转移并超越人们主观意识的客观存在。其次，工程风险也有着不可忽视的社会建构性，风险的评价标准与主体的认知水平会改变风险对象与影响风险后果，这是一个不断被主体的主观意识所建构的过程，如煤矿工程在计划经济时期受到推崇，随着时代的发展和众多矿井事故的发生，人们对于煤矿采集工程风险有了更多的认知，接受程度也随之下降。最后，实在与建构统一于工程风险，表现为主体对于工程风险的感知、识别等过程，建立在以往工程风险实践的反思与建构中，形成“实践－知识”的螺旋交替上升过程，危机事实与主体自觉相融合构成了社会生活中的工程风险。

（3）关联性

工程项目周期长、规模大、范围广，风险因素数量多且种类繁杂，同时许多风险因素并非完全独立的，而是相互关联、相互影响的，容易形成“多米诺骨牌”效应，特别是在全球化背景下，国际工程的风险往往具有跨区域性，正如贝克的风险社会理论，纽约的一只蝴蝶扇动翅膀，东京就会卷起一场风暴，世界某一地区发生的风险，在其他地区也会产生连锁反应。

（4）复杂性

工程风险产生的原因复杂，最后造成的风险后果也十分复杂难以预测，不能单从一个维度衡量，如技术原因造成的建筑塌陷对环境、经济等都有影响。同时，工程还有一个参与主体众多的特点，业主、投资人、建造方、咨询方、使用者等对某个工程的设想以及风险的感受水平都不尽相同，某个工程的项目经理与周边群众对于该项目可能产生的风险必定会有不同的认知，最终也反映在他们应对风险的行为上。如某个桥梁工程在建设过程中出现桥面裂缝形成风险，调查原因往往也涉及工人、分包、总包、监理、设计等多个工程角色，他们对于工程风险的原因分析角度不尽相同，而当风险转化为事故时，往往也有多个主体需要承担责任。

（5）转化性

工程风险的载体是工程项目，工程项目处于动态变化状态，相应的风险也常常改变，另外项目生命周期的不同阶段也常常发生风险的转化，前期阶段社会风险因可行性分析中环评与稳评存在而受关注，到了设计、施工阶段则下降，技术风险上升，但到了运营阶段，社会风险又会因为公众的介入而上升到较高的水平。工程风险还有一个显著特点是长期积累转化为危机的特性。新加坡新世界酒店倒塌造成多人伤亡，经调查，事故原因是制图员只计算了 100 吨的动荷载而没有考虑 6000 吨的静荷载，15 年来微裂缝一直在酒店混凝土柱子中延伸，许多柱子已经达到承载力极限，最终风险转化成了重大事故。工程的寿命周期长，使得风险因素往往也具有长期潜伏性与隐蔽性，一旦累积到某个临界值，就会转化为危机或者工程事故。工程风险往往是社会矛盾激化的体现，如某年发生一起大楼倒塌事件，调查发现是建筑工人怠工，而怠工的原因是业主总包拖欠工程款，进一步挖掘原因是我国部分地区建筑业法制、体制、机制建设不全，而本质上体现的是社会利益分配不均。

（二）工程风险的分类

工程风险有许多种分类方法。按照风险造成的不同后果，可分为纯风险与投机风险；按风险分布情况分为国别或地区风险、行业风险；按风险潜在损失形态可分为财产风险、人身风险和责任风险；按照风险产生不同原因可分为政治风险、社会风险、经济风险、自然风险、技术风险等。另外，从系统论视角出发，可分为系统风险、自然风险与社会风险；从工程哲学视角出发，可分为主体风险与客体风险。由于工程活动存在“微观、中观、宏观”三个不同层次，[①] 相应地，也有微观层次的企业和个人风险，中观层次的产业、行业、区域和产业集群范围风险，

① 李伯聪：《工程的三个“层次”：微观、中观和宏观》，《自然辩证法通讯》2011 年第 3 期。

以及宏观层次的全球和国家范围的风险。

工程风险也可分为建造风险与社会风险。其中建造风险是与工程建造全过程有关的风险，如决策风险、设计风险、施工风险、运行风险和创新风险等，涉及工程内部要素、变量、结构、功能等变化，以及面临的不可控风险，如地震、海啸、火山爆发等危害瞬时发生的自然现象，和可控的风险，如台风雨雪天气等。在每个阶段中出现的质量风险、不合格的材料和工艺安全风险、技术缺陷、管理疏忽等常常以隐患的形式表现出来，具有风险累积性与连续性。

社会风险源于两方面。一方面是指社会环境，包括政治、经济、法律、教育、科技、文化、军事、外交等因素发生变化而给工程带来的风险，如战争、种族骚乱、恐怖袭击、金融风险，利（汇）率风险、物价上涨等。另一方面是指工程的产生与运行伴随的风险将会给社会带来的潜在影响，如工程风险对经济的影响、某港口工程的停航可能会影响到一系列与之相关的贸易行为等。

（三）工程风险转化与分配的社会机制

1. 工程风险与安全、危机的转化

工程安全是工程的一种有保障无威胁的状态，风险是可能产生消极后果的不确定性的集合，危机是工程畸变或突发状况导致的紧急状态与过程。在以往的研究中，往往将“风险/安全”或者“风险/危机”作为二分讨论的主体，而在工程社会学的研究框架下，在一定的社会情境与主观建构中，风险、安全、危机三者存在转化关系。

工程不安全状态未必被识别为风险，但不安全状态常常会在主观意识的建构中转化为风险，并引起人们的警觉。反之，风险因素不一定必然导致工程的不安全，如台风是风险因素，但在台风到来前提早撤离施工人员并不会造成工程的不安全状态。当然，工程的不安全状态大多由风险因素激发而来，因此对潜在风险因素进行识别与排查，采取预防措施，可防止更严重后果的发生。在某些社会情境下，风险发生继而转化为危机，工程进入紧急状态，需要采取措施来进行危机处理，以免造成更大的社会不良影响。应该强调指出的是，风险不仅是内置于工程中的属性，也是内嵌在风险社会中的表征，因而风险总是存在的，无法完全消除。

工程追求的就是不安全、风险、危机的最小值，当该最小值处于社

会可接受的水平内时，工程则被认为是安全的、可接受的、合理的，可以继续产生、建造、完善、运行等。

2. 工程风险的分配机制

如果将工程风险放置到社会的背景下进行分析，必然会注意到社会意识形态及权力对“风险”的建构——谁来定义、评估工程风险？谁来确定工程风险的“可接受”标准？“在工程风险的认知中，重要的不是风险本身，而是辨别风险的技术以及话语权力，换言之，工程风险来自知识和权力的建构。”①

在人们日常的社会生活经验中，风险与利益常常相伴出现，风险的分配常与利益的分配相匹配。推广到工程风险，人们愿意在获得一定利益的基础上承担适度的可接受的工程风险，进而形成多主体的工程风险分配机制。

但由于前面提到的工程风险社会建构性，知识与权力资本往往会垄断风险分配的话语权，各主体为谋求自身利益的博弈往往会形成“强者联盟”，形成风险与利益分配的倒三角，即风险分配以颠倒的方式附着于社会阶层上，即财富在上层聚集，而风险在下层聚集，加大了社会的不平等和非正义。例如在危害性大的工程出现时，上层人士通过变换居住地点远离核辐射或污染性大的工程，而众多无法通过财富及权力改变自身境遇的人，不仅没能享受到工程带来的利益，反而被迫承担工程的风险。

因此，工程风险分配要通过合理的制度安排，使风险与既得利益的水平相匹配而并非平均分配，使工程风险对公众的总体伤害降至最低，实现合理利益的最大化，为“最大多数人”提供“最多的善”，在保障共同体利益最大化以及底线安全得到保障的基础上，充分尊重每个个体的基本自由权利。目前，许多大型基础设施为拆迁用户提供的动拆迁赔偿系列政策，就是风险分配的一个矫正机制，但目前也出现了居民为要求更多赔偿获得博弈资本，坚持不拆迁，最终违背法律的情况，因此也要注意不能“矫枉过正”。

---

① 张铃：《工程的风险分配及其正义刍论》，《马克思主义与现实》2014年第2期。

第二节　工程社会危机的演变、识别、预警和管控

一　危机和工程社会危机含义

危机和风险是两个既有密切联系，又不完全相同的概念。对于那些性质很严重、危害可能很大的风险，人们又会将其称为危机。危机不只是理论问题，更是现实问题。第二次世界大战以后，由于政治、经济、民族、宗教矛盾的激化引发的社会危机在许多国家陆续上演，危机管理这一新兴的研究领域也随之逐渐形成。

在工程活动中，可能出现来源和性质不同的多种类型的危机，例如工程的技术性危机（大桥的断裂危机、大坝的垮塌危机等）、工程的财务危机（工程投资来源枯竭、资金链断裂等）、工程的政治性危机（某国可能突然实行“无核化”政策对“核电工程”形成的危机、突然实行“国有化政策”对外资工程形成的危机）、工程的生态危机（由于工程活动可能造成的生态灾难）、工程的社会性危机等。虽然一般来说，工程社会学应该关注和研究所有类型的工程危机，但本节只着重于分析工程的社会性危机，并将其简称为“工程社会危机”。需要强调的是，工程社会危机不是“凭空”形成和出现的，研究工程社会危机的目的在于应对危机和管控危机，而不是为了某种纯思辨的兴趣或某种单纯的“好玩”心理。

二　工程社会危机的演变、形成过程与机理

（一）工程风险与工程社会危机

在一定环境和条件下，工程风险和工程社会危机有可能发生转化。在理论上，已经有人研究了关于工程社会危机的一些问题，分析了工程活动的畸变或者突发状况所可能导致的巨大社会负面影响。[①] 在现实生活中，涉及垃圾场项目建设的邻避事件，引发了不良的社会影响，并对整个社会造成了威胁和损害。

---

① 毛如麟、贾广社编著《建设工程社会学导论》，同济大学出版社，2011。

因此，深入分析工程风险向工程社会危机演化的内在机理，探寻阻碍工程社会危机形成的应对机制是目前亟须解决的问题。

（二）工程风险向工程社会危机演变的过程和机理

对工程风险向工程社会危机演变的过程和机理进行分析，其实质是试图去解决一个“如何、为什么”的问题。这本来已经是一个困难问题，由于很难——甚至可以说不可能——把工程风险和工程社会危机从“整体社会情境中分离出来”，这就更增加了问题的难度。在分析和研究这方面的问题时，探索性单案例研究方法有许多优点，它有助于分析识别工程风险与工程社会危机实践中涌现出来的新知识，能够针对单个案例进行深入探究。以下就以我国重大安全事故中具有显著社会影响性的天津港危险品仓库爆炸事故为分析样本，探究工程风险向工程社会危机演化的过程和机理问题。

在天津港危险品仓库工程的建设和运行过程中，存在违反天津市滨海新区的整体规划、违规存放危险品、严重超负荷存储运营等风险，而这些风险没有得到有效的识别和管控。2015 年 8 月 12 日，瑞海公司危险品仓库内的硝化棉发生自燃，导致邻近集装箱内的危险货物发生大面积燃烧，进而发生爆炸，造成 165 人遇难，近 800 人受伤，已核定的直接经济损失达 68.66 亿元，经国务院调查组调查后认定为特别重大安全责任事故。[①] 事故由于应急处置能力不足、事故应对机制不完善引发了社会结构、社会价值观等深层问题的出现，破坏了社会正常秩序，造成了工程社会危机的发生。以下就结合天津港危险品仓库爆炸事故这个案例，把从工程风险到工程社会危机的演变路径划分为三个阶段进行一些分析。

（1）阶段一：工程风险累积为工程危机

天津港危险品仓库工程，是在违反天津市滨海新区的整体规划，未办理立项备案、规划许可、环境影响评价审批等必须手续的情况下自行开工建设的。这意味着，一开始就“埋下”了工程风险的种子。在工程运营阶段，又出现违规存放危险品、严重超负荷存储运营等违法状况，这意味着风险的进一步积累。由于政府有关部门履行职责的缺位和业主

① 《天津卷“8·12”瑞海公司危险品仓库特别重大火灾爆炸事故调查报告》，中国政府网，2016 年 2 月 5 日，https://www.gov.cn/foot/2016-02/05/content_5039788.htm。

针对风险管理的意志淡薄，工程风险不但无法被及时、有效识别和规避，反而逐渐累积。工程风险累积到一定程度后，天津港危险品仓库就陷入具有严重威胁和潜在负面影响的状态，工程风险也因此在危险品仓库工程建设和运营过程中演化为带有较大工程影响性的工程危机。

（2）阶段二：工程危机演化为突发事件

在工程风险和危机演化过程中，突发事件往往是一个“拐点”。在天津港危险品仓库运营过程中，存在硝酸铵、氰化钠等多种危险货物严重超量储存、违规混存等情况，而危险品仓库所属的瑞海公司严重缺乏危机管理意识，没有针对性的危机预警机制，这就使得工程危机愈演愈烈。2015 年 8 月 12 日，由于瑞海公司危险品仓库内的硝化棉发生自燃，导致邻近集装箱内的危险货物发生大面积燃烧，进而发生爆炸，造成天津港危险品仓库及周边区域严重受损。至此，处于严重威胁状态的工程危机由于危机管理意识和危机预警机制的缺失在 8 月 12 日这样一个时间节点爆发，形成一个具有广泛影响的突发事件。

（3）阶段三：突发事件演化为工程社会危机

在这起突发事件爆发之后，由于事故企业突发事件应急预案流于形式，应急处置力量、装备严重缺乏，周边企业员工和居民没有经过专业的安全教育培训，没有立即采取安全撤离、安全救援等应对措施，导致多人遇难、数百人受伤。天津港消防支队应急处置能力不足，导致多名参与救援处置的消防人员遇难。由于突发事件应对机制的不完善，爆炸事故造成的冲击波以及二次伤害还导致爆炸区域周边的建筑设施受损，已核定的直接经济损失达 68.66 亿元。爆炸事故还对局部区域的大气环境、水环境和土壤环境造成了不同程度的污染，产生了较为严重的环境问题。正是应急处置能力不足、事故应对机制的不完善导致突发事件逐渐恶化，引起工程活动的畸变，并引发社会结构、社会价值观等深层方面问题，给人民的生命、财产，当地经济与环境都带来了严重的威胁和伤害，最终演化为工程社会危机。

在天津港爆炸事故的救援处置阶段，地方政府披露事件信息严重滞后、公布事件信息不充分、公众参与机制缺乏，导致政府公信力的缺失，引发社会公众强烈的舆论海啸，更滋生出“天津大爆炸死亡人数至少 1000 人”“方圆一公里无活口”“天津已混乱无序、商场被抢”“天津市主要领导调整”等谣言，工程所带来的社会危机随之增强，达到顶峰。

以上演变过程如图 9 - 1 所示。

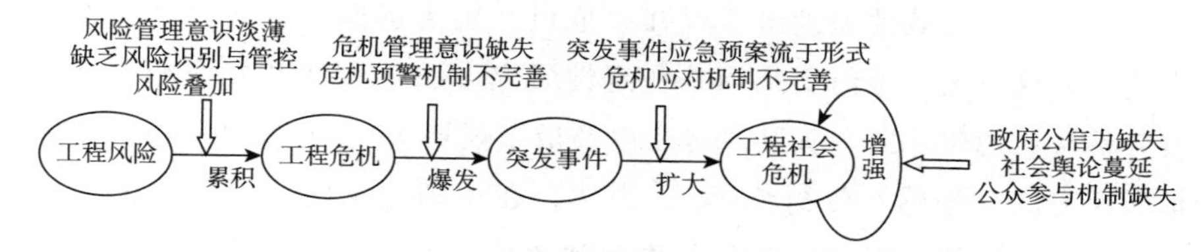

图 9 - 1　工程风险向工程社会危机演变的机理

三　工程社会危机的识别、预警与管控

从理论上研究有关工程社会危机的诸多问题，不是为了满足思辨的兴趣，而是为了预防和管控工程社会危机。以下就分别对工程社会危机的识别、预警和管控问题进行一些分析。

（一）工程社会危机的识别

1. 工程社会危机的产生原因

目前，我国正处在各种社会风险的高发时期，有许多因素可能成为引发工程社会危机的原因。大体而言，主要有以下三方面的因素。一是自然和经济社会环境变化方面的因素，例如在需要建立垃圾焚烧厂、核电站时，有可能引致“某些人群”的强烈反应，甚至引发工程社会危机。二是人为因素，例如贪腐问题引起工程质量缺陷，进而导致桥梁断裂等工程事故，由于工程拆迁赔款等问题而引发的群体性事件也屡见不鲜。三是工程活动本身属性所导致的潜在风险和危机。从哲学观点来看，不可能存在“绝对安全”即“风险概率为零”的工程，于是存在某种风险乃至潜在危机就成为工程建设与运行的内在属性之一。

既然工程活动必然存在一定的风险和潜在危机，有关部门和人员就必须在思想和认识上，做到善于识别工程社会危机；在有关制度和管理上，建立预警机制和做到有效管控工程社会危机。

2. 工程社会危机的识别

在工程社会危机演化发展过程中，常常可能出现虽然危机已经显露端倪甚至“灾难苗头已经暴露在‘脚下’或‘眼前’”，但有关人员仍然浑然不觉、充耳不闻、熟视无睹。类似现象及有关教训告诉我们，提高安全自觉性、强化工程社会危机意识、克服“麻痹意识”是识别工程社会危机的思想前提。

为了及时有效地识别出工程社会危机，还要掌握一定的分析和识别方法。在这方面，不但要采用一些定性研究方法（例如文档回顾法、图表分析法、德尔菲法、头脑风暴法以及情景规划法），而且要采用一些定量研究方法（敏感性分析法等）。当然，在识别危机时，不但要依靠理论分析，也必须重视“经验”的作用和意义。

对危机进行识别后，还要进一步通过对突发性事件的不确定性和危机要素的全面考虑，对危机大小、结果范围、危害程度、持续时间以及发生频率等内容进行估计。识别危险的等级、范围和类型，得出相应的指标和数据，并与传统的安全指标相比较，评估危机的影响程度。

如果说“识别”和“评估”主要还是“思想”和“认识论”领域的概念和工作，那么，在“识别”和“评估”基础上的“预警”主要就是“对策”和“管控”领域的概念和工作了。

（二）工程社会危机的预警

1.“预警”及其发展

“预警”一词源于军事领域，它是指通过飞机、雷达、卫星等工具来提前发现、分析和判断敌人的进攻信号，并把这种进攻信号的威胁程度报告给指挥部门，以提前采取应对措施。后来预警这一概念延伸到社会和自然科学领域，经济预警系统的研制就是仿照了军事预警系统。经济预警最早产生于第二次世界大战后20世纪50年代的美国。[①] 20世纪80年代中期，我国也开始了对经济预警的研究。在90年代，经济预警的应用领域进一步拓展，不仅在宏观经济领域，而且在微观经济领域也得到了广泛的应用。

2.构建工程社会危机预警体系

以上所述，可以说预警就是在预测的基础之上，利用指标和发展趋势来预测未来的发展状况，并由决策人员采取应对措施以规避或减少危机。而工程社会危机预警是指根据工程危机的前兆，利用各种方法及手段，查找引起前兆的根源，控制危险事态的进一步扩大或将危险事件扼

① 顾海兵：《经济预警新论》，《数量经济技术经济研究》1994年第1期。

杀在萌芽状态，以减少工程社会危机的发生或降低危机危害程度的过程。工程社会危机预警是一套制度和体系，它既要考虑工程方面的危机，也要考虑社会方面的危机。

工程社会危机预警体系包括四大系统：监测系统、专家咨询系统、组织网络系统及法规系统。

（1）监测系统

监测系统的主要目的是及时发现危机征兆，准确把握危机诱因、未来发展趋势和演变规律。相应的预警流程为信息收集；运用各种预测方法及技术分析信息或转化为指标体系；将加工整理后的信息和指标与危机预警的临界点进行比较，从而对是否发出警报进行决策；信息到达临界点时发出警报（见图 9－2）。该系统由信息收集、信息分析、有关决策和警报四个子系统构成。

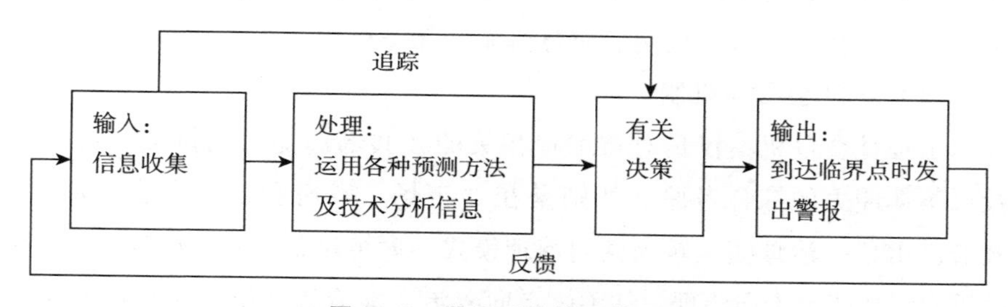

图 9－2　监测系统的预警流程

（2）专家咨询系统

专家咨询系统的主要目的在于，在发生突发公共事件和潜在危机前，充分发挥专家咨询的作用，保证政府决策的科学化。这是由危机预警所涉及领域的复杂性、广泛性和专业性所决定的。在很多情况下，医学专家、军事专家、地震专家、气象专家、水利专家、管理专家、电脑专家、公关专家和法律专家所发挥的作用是其他人无法替代的。

（3）组织网络系统

组织网络系统是化解或阻止危机发生的决策机构或组织网络，是预警系统的合同环节。组织网络系统的一般运行包括静态设置和动态运行操作。静态设置包括权力责任分配、人员配置、组织机构的设置、制度安排、研究教育培训的设置等；动态运行操作包括预警监控、防控救治、信息传播、指挥决策、协作沟通以及危机处理保障等。

(4) 法规系统

危机预警系统是按照系统方法设计的，它将危机管理的条块与时空、危机信息的统一分散、防灾救灾资源的调配与使用、防灾救灾队伍的建设与领导高度耦合在一起。但是要使这个具有自然、技术、社会三重属性的复杂系统高效运行并实现其设计功能，任何行政手段和技术手段都不能单独起作用，必须由法规系统作为根本的保障条件。

3. 工程社会危机预警机制的建设

工程社会危机预警机制的建立可以降低和减少危机事件带来的危害，一个完善的工程社会危机管理预警机制，将极大地促进我国政治、经济、社会文明的和谐发展，意味着我国政府的管理模式由被动应对到积极防御的转变。但是，工程社会危机预警机制的构建是一个系统的、长期的、复杂的工程，它需要政府、专家、社会公众的共同努力。危机预警机制主要包括：全社会参与机制、应急机制和保障机制。

(1) 全社会参与机制

工程社会危机不仅是对与工程相关的公共部门能力的挑战，更是对社会整体能力的综合考验。特别是在“市场、政府和市民社会”时期，政府已由单一治理模式转为共同治理模式。俞可平认为：“人类政治过程的重心正从统治走向治理，从善政走向善治，善治就是使公共利益最大化的社会管理过程，基本特征在于政府与公民对公共生活的合作管理。”① 因此，管控工程的社会危机，不仅是与工程相关的公共部门的职责，应当让全体社会成员也积极参与到危机的预防和救治工作中来。在一个开放的、分权和多中心治理的社会中，没有社会力量的参与是不可想象的，单纯依靠公共部门的力量很难做到高效、快速、协调、灵活应对危机，而各类非政府组织、企业、社区组织、媒体以及公众自身的危机意识、危机预防能力和危机应对水平成为决定政府危机管理质量的重要因素。同时，社会力量的参与能够使信息沟通畅通，公共部门决策的可信度和可行度得到提高，降低了政策的制定和执行成本。

因此，面对工程社会危机预警，一方面政府有责任了解工程所处的

① 俞可平：《善政：走向善治的关键》，载黄卫平、汪永成主编《当代中国政治研究报告》（第 3 辑），社会科学文献出版社，2004。

社会状况，并随时做出反应，有效发挥政府的主导作用，要自觉动员并组织社会各种力量，保障各危机预警主体之间有畅通的信息沟通渠道，尽快完善危机管理的法律法规，制定科学合理的危机管理计划，实现对危机的有效预防和控制，降低危机的发生概率和危害程度；另一方面需要加大其他社会主体的参与力度，这些社会主体在维护社会稳定、促进经济发展中发挥着越来越重要的作用。因此，全社会参与机制的建立、实施和完善，是危机预警机制的保障。

（2）应急机制

建立完备、科学的工程社会应急机制是建立高效的危机预警机制的必然要求，有利于政府对工程社会危机管理中的所有事项，包括对工程社会危机预警的各个过程进行科学部署，使政府部门职责清晰，确保有条不紊地应对危机。

工程社会危机预警中的应急机制的建立过程为：针对工程对社会的影响程度，设立相应的城市应急机构，形成纵向垂直协调指挥、横向互相沟通交流、信息资源和社会资源充分共享、组织机构完备的全社会范围的网络系统。城市应急机构根据工程的重大程度和对社会的影响程度，启用不同的应急措施，建立系统性和层次性的应急管理机制。同时，应急指挥中心的设立也是应急机制中十分重要的环节，它具有双重的功能：当遇到重大紧急事件时，它是政府最高处理紧急事件的指挥部；在日常生活中，它及时收集、反馈各种信息，并进行数据分析，对工程产生的社会影响实施监督和管理，避免重大危机事件的产生。

（3）保障机制

工程社会危机预警机制的顺利运行，离不开完善的保障机制的支持。这个保障机制包括工程社会危机的法律和法规、高素质的工程社会危机预警人才队伍、充分的物质和资金支持。完善的保障机制是工程社会危机预警机制运行的基础和必要条件。

完善工程社会危机的法律和法规，应该努力完善各层次、各领域的预警法律规范，逐步建立和健全与工程社会危机紧密相关的法律制度，包括危机预警行政程序制度、行政强制制度、信息公开制度、行政征收征用制度、行政指导制度、纠纷解决制度以及赔偿补偿制度等，使得工程社会危机预警和预防规范化、制度化。

科学、高效的工程社会危机预警机制离不开高素质的人才队伍。现代工程社会危机十分复杂，往往涉及多个部门、多个专业和多个领域，因此政府应该将具有不同专业背景的危机预警人才进行整合，建立不同专业危机预警人才的交流制度，发挥不同专业人才的优势，这样才能对复杂的危机征兆信息进行分析、判断和预测，保证工程社会危机预警的正确性、权威性和及时性。同时，政府还要重视普通民众危机意识的培养，使他们也成为工程社会危机预警的重要力量。

工程社会危机预警机制的建立，离不开充足的物质和资金支持，如对于工程建设引发的冲突等，需要准备充足的物质资源，这样才能在危机发生时及时提供，最大限度地保证公众的生命和财产安全。同时在资金方面，政府也应该建立工程社会危机预警的财政保障体系，以适应现代工程社会危机预警的需要。

（三）工程社会危机的应对机制与全过程管控

从工程活动和社会现实进度看问题，有关工程风险、危机、预警的认识和理论最终都必须“落实到”和“服务于”对工程社会危机的应对机制与全过程管控上。

1. 工程社会危机的应对原则

对于工程社会危机的应对和处理应坚持以下几个原则。

（1）以人为本

危机事件可能会造成人员伤亡，也会造成生活设施、基础建设、服务等各方面财产损失和破坏，使社会机制的正常运转受到严重妨碍。应对工程社会危机事件首要的目标应该是减少人员伤亡和财产损失。因此，在危机处理过程中，要始终坚持以人为本的基本原则。

（2）注重信息与沟通

危机应对和处理的手段之一是尽可能详细地获取信息。如果管理者获得的信息不足，那么选择行动方案将无从谈起，因此，危机管理者必须尽可能多地获取信息。此外，应注重沟通与合作，打破地方、部门之间的信息垄断和封锁，建立信息、资源共享机制。[①] 政府应及时向社会公众传达准确、积极的信息，这样既可以让民众对危机事态的发展过程

---

① 陈建民：《部门垄断和地区封锁的危害及解决对策》，《探索与求是》2003年第4期。

保持正确的认识，又可以使他们了解政府的行动和措施，从而保持情绪稳定，积极配合政府的决策。

（3）及时决策

时间是危机管理中重要的因素之一。危机应对和处理就是要在有限的时间内，正确分析，快速决策，解决危机事件。因此，政府必须在有限的时间和信息条件下及时迅速做出决策，避免由于优柔寡断、犹豫不定造成更大的生命和财产损失。

（4）应变性

危机应对和处理要具有一定的灵活性。危机最大的特点之一就是不确定性，其中包括决策环境和时间发展态势的不确定，这就要求危机应对机制要随危机形势的改变而随时调整。

2. 工程社会危机的多主体应对机制

传统的社会危机应对模式，以政府为单一主管理体，以减少人员伤亡和财产损失、维护国家利益为首要目标，容易漠视公众的感受、利益和要求，并且公众只是被动的保护对象而非危机应对的参与者，政府的许多应对策略因缺乏与公众的有效沟通而难以奏效。应改变政府单一主体被动应对的局面，大力鼓励支持社会各类救助机构的发展，成立综合危机管理机构，形成以政府为主导、建设单位为辅助，以及社会各种力量和公众广泛参与的危机应对和救助网络，提高政府的预见能力，重视和尊重公众的感受和正当要求，积极主动地保证公众的知情权等基本权利，完善与以人为本和信息社会相适应的危机应对法律法规和应对机制，如图 9 – 3 所示。

政府作为公共事务的管理者，在工程社会危机应中处于主导地位，是第一危机管理主体，承担着领导与组织各相关主体的责任；非政府组织能为公众搭建平台，避免大量个人盲目行动带来的秩序混乱，是一支重要的力量；社会公众作为社会的基本组成单位，其大众性、互动特点决定了其在危机中涉及范围广、参与程度高；媒体作为危机事件的沟通者，负责信息的传递；建设单位在工程社会危机应对和处理过程中也有重要责任和作用，需要及时反映有关情况，贯彻政府指示。

（1）政府

政府和领导者往往是处理工程社会危机的主体和核心决策者。在工

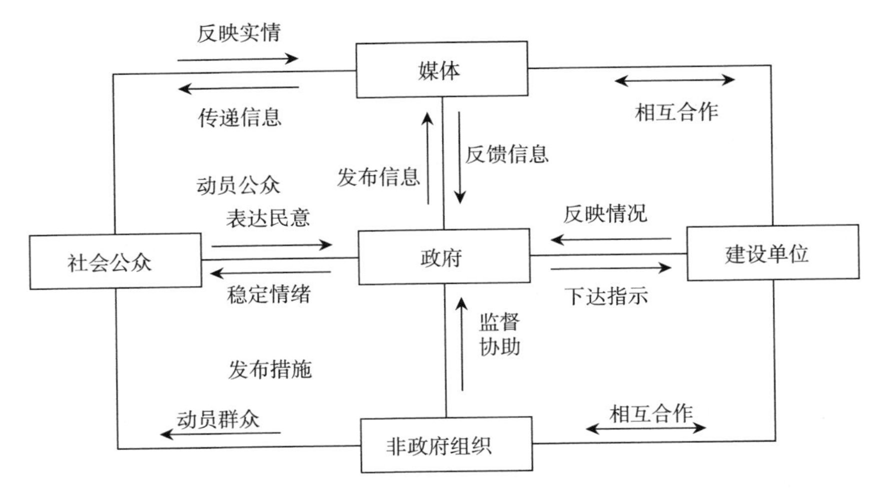

图 9－3 基于多主体参与的工程社会危机应对和处理机制

程社会危机管理中主要充当预防者、领导者、协调者的角色，在危机处理过程中起到危机识别和决策的作用。

危机识别能力。政府的危机处理能力首先表现在其危机识别能力上，只有充分认识到危机发生的可能性、危害性，以及所发生危机的性质，政府才能采取有效的处理措施。这就需要具备相应的危机识别经验和能力，要求政府能够及时认识到危机的性质，并及时做出判断。

危机信息获取及决策能力。在进行危机识别后，政府需要及时获取信息并做出正确决策。在危机状态下，信息的获得对决策者而言尤为重要，然而，在危机状态下，由于事发突然，很难及时获取准确的信息。这些因素加大了政府决策能力的难度，这就要求决策者能够把握好时机，当机立断，做出决定。为此，政府应该做到以下三点：第一，设立专门的危机信息收集小组，以最快的速度收集有关危机的尽可能多的准确信息，满足政府决策层所需；第二，决策层在充分掌握了信息的情况下，要及时做出有效的危机管理决策；第三，善于利用媒体，及时准确发布有关现状及措施，以稳住民心，向公众展示一个负责有能力的政府形象。

（2）建设单位

工程危机未必与社会有直接联系，但是工程社会危机一定与工程有莫大关系。作为工程活动的领导者及发起人，工程社会危机一旦发生，必须向政府部门汇报危机情况并接受政府指示，与媒体保持良好沟通，与非政府组织保持合作。建设单位一定要迅速采取行动，采取一切能采取的措施减少损失，无论是财物损失还是社会声誉损失，注重维护社会的团结稳定。

（3）非政府组织

非政府组织是一种以非营利为宗旨的组织，具有志愿性、自治性、公益性等特征。非政府组织的成立一般是为了解决社会的某一方面的问题，以促进社会和谐，主要分布在扶贫救济、权益维护、环境保护等方面。无论是在发达国家还是在发展中国家非政府组织都发挥着越来越重大的作用，具有不可替代性。首先，非政府组织往往有较高的协调性，它既贴近民众、了解民众，又与政府处于相对独立、平等的位置，因此公众对非政府组织有较强的依赖性和较高的信任度。非政府组织可以利用这种依赖性和信任度来有效调节民众的情绪，引导民众以积极的心态面对危机，同时引导民众配合政府针对危机所采取的措施。其次，非政府组织有较强的灵活性。不同于传统的科层制组织，非政府组织是由某些领域的专业人士或具有爱心的人士组成的，能灵活面对突发性的危机事件，针对危机的具体情况迅速改变其组织机构和工作方式，参与危机管理。最后，非政府组织由于其非营利性特征以及作为危机的非当事人，它的参与往往有利于促进社会公平，非政府组织会更加强调社会公平、人文关怀，关注弱势群体的利益，并对其给予必要的物质和精神支持。

（4）社会公众

社会公众往往是工程社会危机的直接威胁对象，也是危机的直接目击者，因此，公众自身的危机意识、自救能力、危机应对能力往往关系到危机能否及时有效地解决。

首先，公众要有较强的危机意识，要有一定的危机识别能力，当意识到某些危机要爆发时，应积极关注，并向有关部门据实汇报，同时配合政府做好相关预防准备。其次，当危机爆发时，公众要采取主动的姿态，以人身安全为首位，积极开展自我救援，防止事件危及自身，密切关注相关权威媒体的报道，切不可私自采取不正当的行动，以免造成其他损失或使事件扩大化。最后，社会公众应积极配合政府和非营利机构采取的措施，汇报正确的危机信息，处理公共危机。近年来由于公民权利意识的不断觉醒，公众参与危机管理的积极性得到了很大的提高，但公民权利意识的觉醒和参与能力的提高，更要求政府在危机处理中务必要信任而非防范公众、依靠而非管制公众、培育而非压制民间组织，只有这样才能提高公民参与危机管理的热情和能力。

（5）媒体

当今社会是一个信息爆炸式的社会，而信息的传播流动要有媒介，因此，电视、广播、报纸、网络等媒体就成为信息收集与传播的主要媒介，媒体在危机处理中往往起到桥梁的作用。危机事件发生后，媒体迅速的反应、良好的舆论监控导向、信息的及时公布响应非常重要，能够提高危机处理的效率和准确性。一方面，社会公众需要知道事件的来龙去脉，包括危机爆发的原因、现状、发展趋势等，以此来稳定情绪，减少恐慌，采取措施；另一方面，信息也是政府在面临危机时做出正确、有效、及时的决策的重要依据。而这时的媒体恰可以利用自身特有的专业优势，深入调查并向社会发布相关信息。媒体处于政府和社会公众之间，三者形成了一种三角互动关系。它既受政府制约，又在一定程度上影响政府；既引导社会公众，又需要满足社会公众需求。媒体一方面代表社会公众时刻关注、监视危机处理的进展；另一方面，又作为党和政府的喉舌，传达其声音，树立其形象，监督其行为。

工程本身作为“人造物”嵌入社会，在其建造、运营的过程中必然与社会的方方面面存在互动，因此，由工程引发的社会危机不可避免。从社会学的视角审视工程，运用社会危机管理的理论和模型，建立有效的危机识别、预警、应对和处理机制，能够将工程危机事件造成的影响和损失减至最低，对社会稳定、构建和谐社会有重要意义。

3. 工程社会危机爆发后的应对和处理

工程社会危机在爆发之后，各有关方能否恰当合理地应对和管控，至关重要。如果能够恰当合理应对，危机就会得到有效管控，危害性会减小，并尽快“恢复正常或比较正常的状态”。反之，危机会进一步加重，危害会进一步扩大。于是，危机爆发后的应对和处理也成为“危机管理”的一个重要方面和内容。

因此，在危机爆发后，应该更加关注最新信息的收集，及时掌握有关情况，要及时、精准做出应对危机的对策，正确进行“危机后管理”，绝不能一错再错。

4. 工程社会危机的全过程管控机制

工程的最终目的是达成项目前期所制定的工程目标，需要强调的是这里提到的工程目标必须要满足相应的社会目标，例如天津港危险品仓库工程的目标必须要与整个天津港区域的总体目标相契合。随着工程风险逐渐向工程社会危机演化，工程实际情况也将会越来越偏离原定的工程目标，进而导致项目的最终失败，最终给整个社会带来巨大的负面影响。因此，需要对工程风险到工程社会危机这一演化过程进行全过程、分阶段的控制，阻碍工程风险朝着工程社会危机演化，以促进工程目标的实现，或者阻碍工程目标的偏离。基于这样一个思路，可以采用 Robert G. Cooper 提出的阶段 - 关卡（stage-gate）流程模型来建立工程社会危机的全过程管控机制。阶段 - 关卡流程模型广泛应用于产品创新与开发、产品组合管理等领域，是一个多阶段、严格控制新产品从概念形成到发布的系统化模型。[①] 该模型包含阶段和关卡两个要素，阶段（stage）是门径管理系统根据新产品的发展过程切分得到的，这一工作在新产品开发前就需要预设完成。关卡（gate）则对应的是每个阶段的入口，作为一个质量控制点存在，起到新产品发展流程质量检查与管控的作用。

因此，将工程风险向工程社会危机演化的过程看作一个多阶段的系统化流程，经过上述案例分析可知，这一过程可切分为三个阶段（stage1，stage2，stage3），在每个阶段的入口分别设置一个关卡，对每个阶段所对应的演化过程进行阶段性控制，分别根据工程目标的偏离采取相应的应对机制进行纠偏。例如 gate1 控制点，如果不采取相应的应对措施，工程风险则会演化为工程危机，进而越来越偏离原有的工程目标；反之，如果可以在这个关卡对工程风险进行有效识别与控制，偏离的工程目标将得以纠正，如图 9 - 4 所示。工程风险向工程社会危机演化的过程可以看作一个以“S 形曲线”逐渐偏离工程目标的过程：工程风险经过长期累积演化为工程危机（表现为斜率较小，并缓慢增长），工程危机到突发事件这一过程则是一种爆发式的迅速演化（表现为斜率较大，并急剧增长），突发事件由于引发广泛的社会影响而迅速恶化为工程社会危机，后续由于政府以及社会力量的介入而逐渐得到控制（表现为斜率较大，但

---

① 雷瑞、彭彦卿：《门径管理理论的研究和改进》，《管理观察》2016 年第 22 期。

缓慢降低）。

借助改进后的阶段－关卡流程模型，形成了一个基于工程目标纠偏的工程风险向工程社会危机演化的全过程管控机制，以阻断工程风险逐步向工程社会危机演化，保障工程目标的实现。

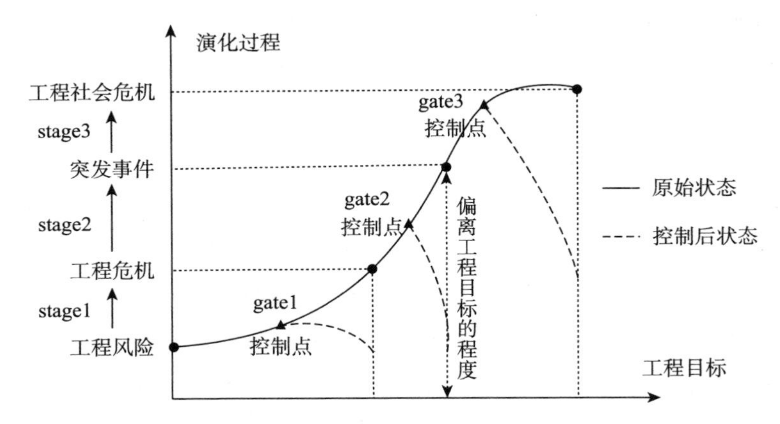

图 9－4 基于工程目标纠偏的工程风险向工程社会危机演化的全过程管控机制

第十章　工程的社会评估

工程活动的目的是创造价值——经济价值、社会价值、生态价值等，这就使利益相关者要对工程活动进行"评估"①。于是，工程活动不但成为"理论研究"的对象，而且成为"评估"的对象。

在进行评估工作时，可能是"全面评估"也可能是"着重于某个方面的评估"。由于工程活动包括多个不同方面——技术、经济、社会、环境等，在工程评估中也就出现了对于工程项目的"经济评估""技术评估""环境评估""社会评估"等评估工作。

本章着重于分析和研究有关工程社会评估的一些问题。第一节概述工程社会评估的缘起模式，阐述工程社会评估与工程社会学的关系。由于我国当前的现实情况，对工程社会评估的要求又聚焦于和落实到了工程项目社会稳定风险评估上面，这也就成了第二节的主题。

第一节　工程社会评估的缘起、模式和工程社会评估与工程社会学的关系

对于工程项目的评估工作而言，技术评估、经济评估工作开展较早，而环境评估和社会评估则是20世纪中期以来才开始逐渐受到关注的。

对于工程的"经济评估""技术评估"和"环境评估"，虽然认识过程也有曲折，但人们还是较快达成了理论上的许多共识，而且这几种"评估"还成为"制度性""程序性"的"硬性要求"。可是，在工程的"社会评估"方面，虽然早在20世纪中期西方就已经有人提出对工程项目还应该进行"社会评估"，并且随后的工程社会评估在理论研究和评

---

① 汉语中的"评价"和"评估"是同义词，英文的 evaluation 和 assessment 也是同义词，它们在语义和用法上多有相同和重叠之处，汉英翻译时也不存在严格的"对应"关系。本章选择使用"评估"这个术语，但在引用文献时，其他作者也常常使用"评价"这个术语。

估实践上也都有进展，但进展比较缓慢。而我国则迟至20世纪末才开始工程的社会评估工作。

2013年2月17日，《国家发展改革委办公厅关于印发重大固定资产投资项目社会稳定风险分析篇章和评估报告编制大纲（试行）的通知》（发改办投资〔2013〕428号）要求对重大固定资产投资项目必须进行“社会稳定风险评估”，这就把我国对国家重大工程进行“社会评估”的要求具体化、政策化了。这是我国工程社会评估领域的一个重大进展和重大事件。与其相伴，工程“社会评估”——具体到当前中国的政策要求就是进行“工程社会稳定风险评估”——也引起了越来越多的现实关注和越来越多的理论关注。

应该强调指出，上面所提到的几种“评估”工作——“经济评估”、“技术评估”和“环境评估”——都是既有现实方面的迫切需要和现实基础，又有相应的理论基础和理论根据的，工程的社会评估也不例外。

1998年，李冬民在为塞尼《把人放在首位——投资项目社会分析》所写的“序言”中说：“社会评价在世界范围内都还是一种太新的科学思想和学科。”①

“社会评估”是一个“新的科学思想和学科”，“社会评估实践”开展时间还不久，这就使工程项目的社会评估无论在理论研究方面还是实际工作方面都难免有许多不成熟的地方，有待进一步发展和深化。

一 工程社会评估的缘起和演进形成过程

无论从“评估思想发展史”上看，还是从现实状况和现实需求看，工程的社会评估都不是“突然冒出来”或“凭空出现”的，就此而言，可以认为，人们早已在某种程度上和以不同方式触及了工程的社会影响和评估问题。

工程活动具有强烈、深刻的社会性，并且工程的社会要素与技术要素、经济要素、环境要素之间有着深刻的相互渗透、相互影响的关系。因此，在以往进行工程的技术评估、经济评估、环境评估时，往往不可

① 迈克尔·M. 塞尼：《把人放在首位——投资项目社会分析》，中国计划出版社，1998，第1~10页。

避免地在某种程度上以及以某种方式涉及工程的社会影响和社会评估问题。另外，出于多种原因人们未能把工程的社会影响和评估问题“单独提出”，未能认识到工程的社会影响和社会评估是一个必须专门研究的问题。

随着现实生活中工程社会影响的日益深广和人们对有关问题的认识日益深化，工程的社会评估在最近几十年中不但逐渐成了一个“新的思想和学科”，而且成为工程评估的一个新类型和工程评估的制度性要求。

对于工程社会评估的总体性缘起、产生背景和发展进程，施国庆和董铭①、朱东恺②都有对投资项目社会评估演进、发展、形成过程的概括分析和叙述。

在2000年和2001年甚至出现了两篇题目几乎完全一样硕士学位论文，更加具体地分析和追溯了社会评估演进、发展、形成过程。

西南农业大学（现属于西南大学）“农业经济管理”专业的卢向虎在其硕士论文《投资项目社会评价研究》中提出，“项目评价理论方法的发展经历了财务评价、国民经济评价、社会评价三个阶段”③。哈尔滨工业大学“管理科学与工程”专业的王强在其硕士论文《投资项目社会评价的研究》中也认为，“根据项目评价内容划分，项目评价的历史可划分为三个阶段：财务分析（FA）、经济分析（EA）和社会分析（SA）”④。

在追溯社会评估的缘起和演进历史时，卢向虎和王强都主要关注和强调了工程的社会评估和工程的经济评估的关系，但也有学者而更加重视和强调工程的社会评估和工程的环境评估的关系。

对于工程社会评估的历史，泰勒说：“社会评估领域的最初确立通常追踪到美国及其1969年的国家环境政策法（National Environmental Policy Act，NEPA）。圣塔芭芭拉石油泄漏事件是促使NEPA法出台的一个主要

① 施国庆、董铭：《投资项目社会评价研究》，《河海大学学报》（哲学社会科学版）2003年第2期。

② 朱东恺：《投资项目社会评价探析》，《中国工程咨询》2004年第7期。

③ 卢向虎：《投资项目社会评价研究》，硕士学位论文，西南农业大学，2000，第7页。

④ 王强：《投资项目社会评价的研究》，硕士学位论文，哈尔滨工业大学，2001，第4页。

动因。”[①] 胡象明等认为：“该法案规定美国联邦政府投资或实施的所有项目和规划必须事先进行环境影响评价，提供环境影响报告书。这里的环境包括自然环境和人文社会环境。由此，初期的社会影响评价被包含在环境影响评价之中，后来才逐步独立出来。”“在美国，社会影响评价最先被应用于水资源开发项目，之后推广到城市建设、土地资源管理等项目中。”[②]

实际上，在追溯工程社会评估的缘起和形成过程时，不但必须关注其与工程的经济评估、环境评估的密切联系，还要关注其与工程的技术评估的密切联系。

回顾历史，在第二次世界大战（以下简称“二战”）之前，美国政府对于除农业研究以外的其他科学技术类活动是不予干涉的，直到1942年6月，美国陆军部曼哈顿计划——组织当时除纳粹德国以外的西方国家顶尖的核科学家一起，借助核裂变反应，进行原子弹的研制计划——的实施，将二战期间和二战后军事技术研究推向了高潮。二战后，各大国之间——特别是美苏之间——在技术方面的竞争愈演愈烈。20世纪50年代后期，美国国家航空航天局（National Aeronautics and Space Administration，NASA）的成立以及60年代初技术评估方法的应用，都为美国在技术竞争中取得竞争优势发挥了作用。再加上美国政府等相关部门考虑到起初的科学技术评估方法尚且属于一种较为新型的科学技术，在经济、政治等领域均存在不完善之处，加强了对技术评估在既定状态下评价活动的重视，旨在探索出有效控制负面影响的途径。

1967年之后，美国的技术评估思想日臻完善。其中，最具代表性的当属达利奥分委员会技术评估座谈会的开办，此次座谈会将技术与政治等多个领域有机联系在一起，就技术评估的职能、机构以及特点等进行了较为系统的分析，并诠释了技术评估的基本规定。第一，规定从社会、经济、政治等多个角度出发，就工程项目技术评估的职能加以分析，并针对各种技术计划在未来一段时期内存在问题的可能性，做好预测分析。

---

① C. 尼古拉斯·泰勒、C. 霍布森·布莱恩、科林·G. 古德里奇：《社会评估：理论、过程与技术》，葛道顺译，重庆大学出版社，2009，第2页。

② 胡象明、王锋、王丽等：《大型工程的社会稳定风险管理》，新华出版社，2013，第14页。

第二，规定在进行技术评估过程中，除了应充分考虑技术专家的专业化推测能力，还应注重吸引政府相关人员、企业所有者以及消费者等社会各方人员的积极参与。第三，规定技术评估不应限于局部利益，应在充分考虑全局的同时，做好科学分析，促进客观公正的技术评估的实现。第四，规定技术评估机构的评估人员应具备较强的专业性和责任心。在1972年的《技术评估法》中，上述几点规定都被纳入其中。

20世纪中期，环境恶化日益严重，环境问题越来越引起社会各界的高度重视。思想家、环保人士、相关学者、相关政府部门认识到人类应以全新的视角进行技术发展趋势的把握。[①] 也正是基于这一背景，1969年美国正式颁布了与那些仅以环境指标为核心的环境法案不同的《国家环境政策法》，该法案在对技术评估的核心思想加以继承与吸收的基础上，加强了对环境指标、环境资料测评的重视，促使技术评估实现了向环境评估领域的首次延伸，为技术评估向工程社会评估的迈进开辟了新思路。

进入20世纪80年代，美国在汽车、钢铁等工业技术领域发展的速度日渐减缓，高新技术微电子产业和生物科技快速发展，在此背景下，经济困境被再一次突破，政府对于新技术的评估、选择等提出了更高的要求。美国联邦政府不仅要负起推动新技术开发的协调重任，还应针对由谁统筹核心基础技术的问题，认真做出规划和选择。这一要求在无形中为工程的社会评估建制化的实现奠定了坚实的基础。

美国是一个三权分立的国家，尽管国家在社会企业的正常运转以及投资方向等方面明确表示不会予以干涉，但是联邦政府在技术评估方面能否给予合理的结果，会对政府如何分配科研费用产生直接性影响，甚至还会在一定程度上影响到国家立法政策的制定等。这就意味着技术影响评估已经辐射到社会评估领域。如果说，原先的社会评估只是技术评估的“附属部分”或“连带内容”，那么，在这时，进行“独立”的社会评估的形势和条件都已经成熟，“独立”的社会评估工作也就应运而生了。

① 顾淑林：《技术评估的缘起与传播——科学技术与社会发展宏观决策》，《自然辩证法通讯》1984年第6期。

由于工程活动是包括技术、经济、政治、社会、资源、伦理等多要素的活动，所以工程的社会评估不但对工程“各要素”需要分别进行评估，而且需要对工程进行综合评估或整体评估。虽然“各要素之间”和“要素与整体之间”必然有相互联系与相互作用，但这并不妨碍承认和进行“要素方面”或“要素角度”评估的必要性和重要性。

最初的工程评估主要是进行技术评估和经济评估，后来又增加了环境评估和社会评估。这几个方面评估的内容、着重点和意义不同，但相互之间又有密切联系。

由于现代工程的规模越来越大，功能和影响越来越复杂，这就要求工程评估必须摆脱“模糊化”状态，努力实现程序化、制度化和专业化，使“工程评估工作”成为一个必备程序。“工程评估”不但成了一个“专门领域”，并且进一步“细分”出了“工程技术评估”“工程经济评估”“工程环境评估”以及“工程社会评估”等具体的评估领域。在进行“工程社会评估”时必须注意其与“工程技术评估”“工程经济评估”“工程环境评估”的相互关系，特别是注意“工程社会评估”与“工程整体评估”的关系，但这些都不否认“工程社会评估”应该成为一个与“工程技术评估”“工程经济评估”“工程环境评估”等“并列”的独立的评估工作和评估领域。

二 工程社会评估的模式

评估工作是现实性很强的工作。实际进行工程社会评估工作时，往往要区分一定的模式。不同模式之间的关系可能是并列和平行关系，也可能是演化和发展关系。

（一）工程社会评估的四种模式

在一定意义上，工程社会评估的出现可追溯到早期预警技术评估的建立。早期预警技术评估（Early Warning Techniques Assessment，EWTA）是一项致力于对人类、社会经济体系等一系列影响加以预测评估的新型方法体系。早期阶段，工程社会评估形成了相应的预警系统，能够对各指标之间的利害关系全面把握，进而增强科学技术发展成果应用于人类社会的契合度，将不良影响发生的可能性降到最低。技术评估还能识别、分析和评估技术对社会、文化、政策和环境的正负面后果。① 它是一种系统评价的方法，是一项技术性程序。② 经过多年的发展，早期预警技术评估的日趋完善极大地推动了工程社会评估的发展。

在早期预警技术评估基础上，又演化和发展出了其他几种进行工程社会评估的模式。

建构性工程社会评估（Constructive Engineering Assessment，CEA）是19世纪80年代荷兰技术评估组织在技术动力学研究和技术的社会建构思潮的影响下形成的。③ 该模式不仅能够有效提高技术决策的民主性，而且能够在一定程度上协调各方利益，合理维护公众利益与社会利益。不管是企业股东权益人、政府要员，还是工程项目的获利方，都有参与该项评估的机会，并且可以对工程立项、工程建设给社会带来的影响进行合理评估。④ 这无形中使社会环境在工程项目中的嵌入度大大提升，为技术评估向工程社会评估的推进提供了有利条件。⑤ CEA 强调动态的分析工程与社会建构的过程，并且指出评估的结果是隐含在当下工程发展趋势之中的。

整合性工程社会评估（Integrated Engineering Assessment，IEA）是荷兰 Rathenau 研究所于 1997 年提出的。相较于 CEA，这一工程社会评估模式对于技术研究人员的要求更高，其要求整合性工程社会评估人员不仅应具备技术研发能力，还应具备预测可能存在的社会后果，并予以及时反馈的能力，以期实现项目对反馈信息中相关技术的系统修正，从而降低因技术产生社会性风险的可能性，并使工程项目受社会环境的排斥程度大大削弱，更好地保障工程项目对社会影响的"健康性"⑥。但也应

① Smits R.，Leyten J.，Hertog D.，"Technology Assessment and Technology Policy in Europe：New Concepts New Goals New Infrastructures，" *Policy Sciences* 28（1995）：271－299.

② Eijndhoven，J.，"Technology Assessment：Product or Process?" *Technological Forecasting & Social Change* 54（1997）：269－286.

③ 朱仁显：《美国科技领先的制度供给》，《自然辩证法研究》2003 年第 9 期。

④ 谈毅、仝允恒：《建构性技术评价：一种新的技术管理模式》，《研究与发展管理》2005 年第 4 期。

⑤ 理查德·斯威德伯格：《经济学与社会学》，安佳译，商务印书馆，2003，第 137 页。

⑥ 李伯聪：《工程的社会嵌入与社会排斥——兼论工程社会学和工程社会评估的相互关系》，《自然辩证法通讯》2015 年第 3 期。

该承认，IEA 仍然存在更重视经济效益的倾向。

还有一种重要模式是风险性社会评估模式。

1987 年，Slovic 提出风险这一概念，用来描述技术和危险活动，并总结出公众对危害的预测和反应以及技术专家与决策者沟通的方式。[①] 1988 年，Kasperson 等提出一个理论框架，寻找社会风险技术评估、社会、文化、制度和相关风险行为之间的系统联系，认为社会风险可能被个人（科学家，人际网络）和社会（新闻媒体，文化团体）放大化。[②] 许多人认为，风险性工程社会评估（Social Risk Engineering Assessment, SREA）是由 Brehmer 等在《未来风险与管理》中以核电、化工工程为实证研究为基础提出的。几位作者分别研究了与风险有关的一系列问题：风险感知，风险决策程序，风险与后果的关系，后果处理上如何拯救价值和生命，运用风险心理模型分析风险、利益与应对措施。该书批判了当下的决策沟通方式，倡导基于美国实用主义哲学的沟通方式，对风险的缓解、正义赔偿的维度和有关工程社会风险许多问题进行了系统详细的论证。[③] Mahmoudi 等认为社会评估应该趋向于采用整合框架下的综合评估方法。他们确定社会影响评估（SIA）和社会风险评估（SRA）的共同特征，并讨论组合方法的优点。[④]

（二）对工程社会评估四种模式的比较分析

以上谈到了工程社会评估的四种模式，这四种模式在许多方面是既有区别又有联系的。

简明起见，现把工程社会评估四种模式的情况列表进行对比分析（见表 10 - 1）。

---

① Slovic P.，"Perception of Risk，" *Science* 236（1987）：280 - 285.

② Kasperson R. E.，Renn O.，Slovic P.，et al.，"The Social Amplification of Risk：A Conceptual Framework，" *Risk Analysis* 8（1988）：177 - 187。

③ Brehmer B.，Sahlin N. E.，*Future Risks and Risk Management*（State University of New York，Albany，USA，Jeryl Mumpower，Ortwin Renn，Center of Technology Assessment，Baden-Wirttemberg，Germany，1994），pp. 1 - 37.

④ Mahmoudi H.，Renn O.，Vanclay F.，et al.，"A Framework for Combining Social Impact Assessment and Risk Assessment，" *Environmental Impact Assessment Review* 43（2013）：1 - 8.

表 10－1　工程社会评估的四种模式对比

评估模式	EWTA（早期预警技术评估）	CEA（建构性工程社会评估）	IEA（整合性工程社会评估）	SREA（风险性工程社会评估）
理论假设	科学和技术带来的各种社会影响都是可预测的；技术可自主发展；决策者能公正地利用这些预测进行决策	技术动力学研究和技术的社会建构思潮；决策者难以保证决策过程的公正	技术动力学研究和技术的社会建构思潮，工程的社会嵌入	技术动力学研究和技术的社会建构思潮，工程社会嵌入；现代性后果；自我认同；强调有效的公众沟通
产生原因	技术的社会负面影响日益显著	EWTA 的科林格里奇困境	价值取向多元化：以人为本思想	社会稳定：人民生命财产安全
分析方法	静态分析，技术是既定状态，重视分析影响的结果	动态分析，工程（技术）是特定状态，重视社会对工程（技术）的建构过程	动态分析，工程（技术）是特定状态，重视事后评估，同时对工程前评估进行合理的修正	动态分析，工程既定状态下社会稳定性分析，重视稳定
关注核心领域	经济	经济、社会	居民（工程移民和周边居民）生活质量	社会稳定和人民安全
社会效果	负面	负面和正面	负面和正面	负面和正面
评估者	政治家、社会科学家	政治家、环境影响评估师、专业 TA 咨询师、建设和设计工程师、自然科学家、社会科学家、工程（技术）哲学家	政治家、环境影响评估师、专业 EA 咨询师、建设和设计工程师、自然科学家、社会科学家、工程（技术）哲学家	政治家、环境影响评估师、专业 EA 咨询师、建设和设计工程师、社会科学家、自然科学家、工程（技术）哲学家
实施途径	通过对技术的社会负面影响进行预测，从而对其进行控制	增加决策参与者的范围，提高 EA 的公正性	实行事前评估、事中监察、事后评估全要素评估，减少工程对人民生活质量的影响	增强工程建设方的社会责任心；政府出台政策、法律法规；建立有效的公众参与平台；向公众普及相关工程技术知识

资料来源：邢怀滨、陈凡《技术评估：从预警到建构的模式演变》，《自然辩证法通讯》2002 年第 1 期。

（三）对工程社会评估四种模式的进一步分析

工程社会评估的以上四种模式各有其优点和应用价值，但也各有其缺陷和问题，有待改进。实际上，从思想发展和模式演化角度看，任何一种模式都难免有不足，有需要改进和可能改进之处，并且正是这些改进的轨迹和趋势形成了相关思想史和模式发展史的关键内容。以下就对这几种模式中的某些缺陷和有关模式的发展演进状况和趋势进行进一步分析。

1. 政府和非营利性组织进行的评估由EWTA向CEA演进

在认识和分析EWTA和CEA的演进关系时以下两点值得特别注意。

第一，EWTA中的积极性假设是有缺陷的假设。虽然在20世纪七八十年代，EWTA经过不断的发展，在工程社会评估方面成就显著，但它的成功是以两种积极性假设为基础的。一是各种社会影响在科学技术的快速发展下，能够被有效预测出来；二是在实际决策过程中，制定政策或决策的相关人员能够充分利用所预测到的结果进行评估。而这两种积极性假设都具有一定的局限性，这无疑削弱了技术评估在工程项目中的重要地位，极易导致技术的社会负面影响加剧。吴强等指出，在某一时期内，参与评估的人员所处立场如何将会直接决定技术评估的结果。[①]但反观Schot的研究结论我们可以看出，很多时候，技术发展究竟会给社会造成哪些影响，是否会对社会造成影响，仅凭借技术评估，并不能从根本上做出客观公正的评判。因为EWTA的大多数参与决策人员难免有其政治立场和倾向，这一点不仅违背了第二条假设原理，还容易导致EWTA信息输出的公平合理性受到影响。

第二，必须注意有关技术演进理论与“社会建构论”思潮下产生的新熊彼特主义于20世纪80年代正式兴起所带来的影响。在20世纪80年代以前，技术决定论占据主导地位，大多数专家、学者或技术工人等认为，经济逻辑或某些内生技术等对于技术的性质以及变迁方向往往具有决定性作用，人类的生活状况以及社会的发展最终还是取决于技术。新熊彼特主义于20世纪80年代对这一观点进行了反驳，指出技术创新活动在动态反馈过程中，不可避免地要受到一些内外部因素的影响或制约，而并非完全由内生技术或经济逻辑等决定。从理论上看，为了更有效地促进EWTA向CTA演化，就需要我们对新古典主义中有关完全信息等的不合理假设予以批判或否定，并借助社会建构理论实现参与评估的

① 吴强、李勇军、吴杰：《技术评估演化趋势的实证分析与存在问题研究》，《科学学与科学技术管理》2005年第7期。

决策者技术评估价值取向的民主化。

2. IEA在金融机构、工商企业等营利性组织中取代CEA的位置

从某种程度来讲，一个工程项目能否实现成功的建造，不仅取决于其经济效益，还离不开社会效应。特别是在一些金融公司、电信企业等具有营利性质的组织中，仅仅注重经济效益而忽视社会效应，或一味强调社会效应而不注重经济效益的发挥等，都不能很好地增加企业的竞争优势。因此就要求各企业在构建工程项目时，应兼顾经济效益和社会效应，只有这样，才能进一步提高自身在激烈的市场竞争环境下占据竞争优势的可能性，避免被整个社会淘汰。CEA的地位之所以可能被IEA取而代之，大概正基于此。由于CEA参与社会影响评估的人员仅仅局限于和技术研发有直接利害关系或提前完成了研究与发展项目活动的人员专家等，但这些从事研究与发展项目活动的专家也仅会为技术研发提供一些见解，很少参与其中，这种模式很难保障技术研发的安全性，甚至容易加重社会负面影响，因而很容易被时代所淘汰。而IEA对于正在从事研究与发展项目活动的专家能否亲自参与到工程社会评估中来则非常重视，希望在增强评估参与者的社会责任感的同时，降低因不合理的技术研发而导致的社会问题加剧的可能性，更好地实现工程项目经济效益与社会环境的优化。①

总的来说，就国际范围而言，结合工程社会评估实际状况，就其组织机构的评估实践加以分析，不难发现，学术型技术评估、工业型技术评估、国会型技术评估、实验型技术评估等组织机构形式都属于技术评估的范畴。而这几种组织机构模式中，最具代表的莫过于工业型技术评估和国会型技术评估，其中，国会型技术评估机构是最典型的由EWTA向CEA过渡的模式，究其根源，很大程度上是因为这一模式主要对国会负责，向CEA转型是其获得长足发展的策略。现如今，为能够研发出“健康经济性”技术，以期实现企业长远持续发展，不少大企业的工程社会评估模式纷纷开始由以往的CEA向更高层次的IEA转变，力求更好地推动社会与经济的正向发展。

① Rboert Berloznik, Van Langenloove, “Integration of Technology Assessment in R&D Management Practices,” *Technological Forecasting and Social Change* 58 (1998): 23-33.

3. 政府和非营利性组织中 SREA 与 IEA 更显优势

伴随现代性后果与公民自我认同的提高，工程社会评估的关注中心部分转移为社会风险评估。社会风险评估在我国已经被纳入政府法规，就此而言，风险性工程社会评估存在明显优势。有关我国开展社会稳定风险评估的情况将在下一节中进行更具体的分析和阐述。

三 工程社会评估和工程社会学的关系

“理论研究”和“评估”是两类存在重大区别的、不同性质的活动和工作，但二者又有密切联系。从性质上看，“评估”是“实践领域”和“实用导向”的工作。“评估实务”需要有其理论基础，否则就是“单凭经验的评估”。

从历史角度看，最初的工程社会评估是在工程社会学没有形成的条件下单独进行的，其理论基础主要是依靠一般社会学理论。本书绪论部分谈到了工程社会评估对于工程社会学在我国形成所发挥的作用。

我国学者开展的相关理论探索和结合工程实践进行的工程社会评估成为促使工程社会学形成的“双链”，两条链的结合和互动使工程社会学在我国诞生。

工程的社会评估是应用性、现实性工作，工程社会学属于理论性、学术性领域，二者的关系正是现实与理论的关系。工程社会学是进行工程社会评估的重要理论基础，而工程社会评估又成为工程社会学重要应用场域。

评估工作是很严肃的事情。评估必须制度化、程序化、专业化，任何评估都必须有自己的理论基础，否则就是“乱评”或“瞎评”，南辕北辙，甚至导致严重后果。目前，工程的技术评估、经济评估和环境评估工作都有自己的坚实理论基础，那么，对于新开展的工程社会评估工作来说，其理论基础是什么呢？上文谈到一般社会学是其理论基础，今后仍是如此。但在当下，社会学领域中又出现了工程社会学，这就使工程社会学成为工程社会评估更直接的理论基础，因为在进行工程社会评估时如果仅仅依靠一般社会学理论那显然是不够的，工程社会学才应该和能够成为工程社会评估的更直接、更踏实的理论基础。

工程社会评估实践中必然会遇到和出现许多复杂的新问题，对这些现实问题的分析和研究将成为推动工程社会学发展的强大动力。

一方面，工程社会学可以和应该成为工程社会评估的理论基础，缺少了这个理论基础的支撑，工程社会评估难免会出现这样或那样的问题和缺陷。回顾历史，工程的社会评估之所以长期受到忽视，其重要原因之一正是工程社会学迟迟未能创立而使社会评估缺乏直接的理论支撑和理论指导。另一方面，工程的社会评估不但成为工程社会学理论体系中的重要内容之一，而且工程的社会评估（特别是当前的“稳评”工作）提出了许多亟待工程社会学研究和解决的现实问题、政策问题和理论问题，成为推动工程社会学发展的强大的现实动力。工程社会评估和工程社会学的相互渗透、相互促进和良性互动将成为工程社会评估和工程社会学“携手并进”的重要条件和有力保证。

从相互关系看，一方面，工程社会学是进行工程社会评估的直接理论基础，是搞好工程社会评估的重要理论指导。工程的社会评估中出现了许多亟待研究和解决的理论问题，这也成了推动工程社会学发展的强大动力。另一方面，工程社会评估是工程社会学的首要“实践场域”，工程社会评估人员必须能够深刻理解和善于运用工程社会学的基本理论和方法，这样才能提高评估的水平，满足开展工程社会评估工作的现实要求。如果没有工程社会学的理论基础和理论支撑，工程社会评估的实际工作不但难以达到较高标准，甚至可能出现南辕北辙、“乱评”或“瞎评”的情况。工程社会学属于应用社会学的范畴，工程社会学的理论来自社会现实，另外，工程社会学的理论形成后又必须回归社会现实，运用到社会现实中去。工程社会学不是象牙塔中的摆设和玩物，工程社会学理论应该有的放矢，把分析和研究现实中涌现和提出的迫切问题——急迫的现实问题和急迫的政策问题放在首位。

应该承认，由于工程社会学刚刚创立，目前工程社会学的理论水平还远远不能满足工程社会评估所提出的理论要求。我们必须把当前的“工程社会学理论”与“工程社会评估工作的现实要求”之间的“差距”作为推动工程社会学发展的强大动力和难得一遇的学科发展契机。

第二节　工程项目社会稳定风险评估

上文言及，2013 年以来，我国已经把对国家重大工程进行“社会稳定风评估”提升为政策化和制度化的要求了。工程的社会稳定风评估涉及问题很多，本节仅着重分析和讨论以下四点。

一　几个相关概念问题

从概念上看，一方面，“工程社会稳定风险评估”和“工程社会评估”既有联系又有区别；另一方面，“工程社会稳定风险评估”和“社会稳定风险评估”也是既有联系又有区别。在进行本节的有关分析之前需要先辨析它们的相互关系。

一般来说，工程社会评估是一个比工程社会稳定风险评估含义更广和包含内容更广的概念。也就是说，在所谓的“社会评估”的内容中，除了要关注“社会稳定风险”还要分析和评估一些其他方面的内容。但在一定情况下，当工程社会稳定风险成为最关键、最突出的问题时，与那种面面俱到、可能失之于空泛的无重点性社会评估相比，把工程社会评估工作聚焦于进行工程社会稳定风险评估反而更能体现进行工程社会评估的本意并抓住要害。于是，在这种情况下我国就出现了在工程社会评估时突出和着重于进行工程社会稳定风险评估的理论导向和政策导向。

再看工程社会稳定风险评估和社会稳定风险评估的相互关系。有人对社会稳定风险评估的范围和内容做了如下解释：“社会稳定风险评估，是指与人民群众利益密切相关的重大决策、重要政策、重大改革措施、重大工程建设项目、与社会公共秩序相关的重大活动等重大事项在制定出台、组织实施或审批审核前，对可能影响社会稳定的因素开展系统的调查，科学的预测、分析和评估，制定风险应对策略和预案。为有效规避、预防、控制重大事项实施过程中可能产生的社会稳定风险，为更好地确保重大事项顺利实施。”① 依照这种认识和理解，社会稳定风险评估的范围和内容要比工程社会稳定风险评估宽泛许多，工程社会稳定风险

① 《社会稳定风险评估》，社会稳定风险评估中心网站，http://www.intpec.com/pinggu.html。

评估只是社会稳定风险评估的内容之一。

我国的社会稳定风险评估源自“遂宁模式”。2004年，遂宁开始探索社会稳定风险评估机制。“2005年初，针对当时容易引发群体性事件的一些重大工程建设项目，遂宁在全国率先出台了《重大工程建设项目稳定风险预测评估制度》，其中明确规定新工程项目未经稳定风险评估不得盲目开工，评估出严重隐患未得到妥善化解不得擅自开工。2006年，遂宁将评估范围扩大到作决策、定政策、搞改革和其他事关群众切身利益的重大事项。”[①] 遂宁市明确了五类“重大事项”：第一类，关系民众切身利益的重大决策；第二类，关系较大范围民众切身利益调整的重大决策；第三类，涉及较多群众利益，且被国家到县级确定为重点工程的项目；第四类，涉及相关数量权力切身利益的重大改革；第五类，关系广大群众切身利益的社会就业、企业排污等敏感问题。[②] 在这五类重大事项中，有两类属于工程领域的社会稳定风险评估，有三类属于政策领域的社会稳定风险评估。继遂宁模式后，国内其他一些地方又形成了一些类似模式。

2010年，党的十七届五中全会明确要求建立社会稳定风险评估机制。“十二五”规划纲要也提出要建立重大工程项目建设和重大政策制定的社会稳定风险评估机制。

从以上所述中可以看出，建立社会稳定风险评估机制主要是从“政府”角度提出和认识问题的，其对象和内涵主要包括“工程项目的社会稳定风险评估”和“政策出台和调整的社会稳定风险评估”两种类型或两类对象。就学术研究和学科领域而言，“工程项目的社会稳定风险评估”与“工程社会学”、“工程管理学”密切相关，而“政策出台和调整的社会稳定风险评估”与“管理社会学”、“行政管理学”密切相关。

二　对工程社会稳定风险评估问题的理论研究和政策研究

虽然“风险”和“社会稳定风险”都不是近来才出现的“新现象”，

---

① 廉如鉴、黄家亮：《关于“遂宁模式”的反思——探索重大事项社会稳定风险评估工作的新思路》，《长春市委党校学报》2012年第1期。

② 许丹：《中国地方政府行政决策风险评估机制研究——以“遂宁模式”为例》，硕士学位论文，黑龙江大学，2016，第28页。

而是早就存在的“老现象”，但人们过去没有把这些现象和问题“单独提出”并进行专门分析和专题研究。在评估工作领域，以往已有人“注意到”了社会稳定风险评估问题，但只是将其涵盖在工程评估的一般框架之中。如 Burton 研究了高密度城市问题，指出改善公共交通、减少隔离、改善经济适用房紧缺、生活空间缺乏的状况，可以提高社会公平程度，降低社会风险。①

在工程活动和现实世界中，随着社会的发展和工程项目建设水平的提升，工程项目建设的数量急速增加，其对所在区域内的经济、政治、文化、生态环境的影响也愈加明显，人们对重大工程项目的社会稳定性风险的研究也越来越多。工程的复杂面貌和复杂后果越来越突出地表现出来，工程活动引发负面社会影响——乃至群体性影响社会稳定的事件频繁发生，使得社会各界和政府部门都不得不重新认识并从多方面研究“工程活动对社会稳定的影响”。在这种新的情况和状态中，关于“工程活动对社会稳定的影响”的理论研究和实际评估工作都日渐增加，而日渐增加的表现就是工程项目社会稳定评估成为“独立的”工程评估类型。

所谓“工程项目社会稳定性风险”是一个重大而复杂的问题，不但需要进行理论研究，而且需要进行政策研究和实证研究，更重要的是需要把理论研究、政策研究和实证研究结合起来，把理论研究与评估实践结合起来。

在理论研究方面，国内学者对工程社会稳定风险评估的研究主要是概念、风险指标体系、原因分析、制度的运行框架研究。

在对社会稳定风险概念的理解和界定上，学者们各执一词，意见纷纭。宋林飞认为现代工业飞速发展的同时不仅带来了巨大的经济收益和社会效益，也带来了危机因素。工程社会稳定风险是由工程相关因素导致的社会不稳定。② 金磊指出社会风险是由自然环境和人工环境造成的，其中至关重要的是人的活动（技术、工程）。他还指出我们需要进行工程、技术的社会评估才能减少盲目导致的灾难和发挥人类自觉性积极采

① Burton, E., "The Compact City: Just or Just Compact? A Preliminary Analysis," *Urban Studies* 37 (2000): 1969 - 2001。

② 宋林飞：《社会风险指标体系与社会波动机制》，《社会学研究》1995 年第 6 期。

取应对之策。[①] 贾晓梅等认为大型工程项目社会稳定评估是防范风险行之有效的重要措施。[②] 曹峰等认为社会稳定风险是那些威胁社会稳定的因素，他们以某天然气管道工程做实证研究，得出重大工程社会稳定风险评估的核心内容。[③] 陈晓正和胡象明认为风险是未来时，应该引入社会预期进行评估。[④] 汪大海和张玉磊认为，目前主流的重大事项社会稳定风险评估制度已经初步形成了由评估主体、评估对象、评估指标、评估程序、评估方法、问责机制等内容构成的运行框架。[⑤]

对于工程社会稳定风险产生的原因，学者们从多角度利用各种方法进行分析。有学者认为主要原因是风险治理四个环节的失当，即社会预期、利益相关者、利益冲突和决策机制不科学。谭爽、胡象明通过实证调查提出“大型工程社会稳定风险治理悖论”的概念来解释社会不稳定的现象，并建构了工程社会稳定风险治理悖论生成机理模型，指出悖论产生的原因之一在于风险治理四个环节的失当及其引发的公众风险感知加剧。[⑥] 陈晓正、胡象明认为重大工程项目的社会不稳定因素来自相关利益者在利益、安全、合法层面的社会预期。故把社会预期纳入社会稳定评估的框架，有利于验证工程项目实施结果所产生的社会影响，进而更加科学有效地预防社会各类群体性事件发生。[⑦] 王锋、胡象明把利益相关者分析方法纳入重大工程社会稳定风险评估，通过构建“利益相关者导向型风险评估”模型从利益相关者的审计、自身和参与者三个角度进行风险评估，最终实现把重大项目的社会稳定风险控制在可接受的范

① 金磊：《加强城市建设项目的安全风险评估》，《城市发展研究》1999 年第 3 期。

② 贾晓梅、郭小平、李阿平：《大型工程项目社会稳定风险评估研究——基于利益相关者的角度》，《中国工程咨询》2015 年第 8 期。

③ 曹峰、邵东珂、王展硕：《重大工程项目社会稳定风险评估与社会支持度分析——基于某天然气输气管道重大工程的问卷调查》，《国家行政学院学报》2013 年第 6 期。

④ 陈晓正、胡象明：《重大工程项目社会稳定风险评估研究——基于社会预期的视角》，《北京航空航天大学学报》（社会科学版）2013 年第 2 期。

⑤ 汪大海、张玉磊：《重大事项社会稳定风险评估制度的运行框架与政策建议》，《中国行政管理》2012 年第 12 期。

⑥ 谭爽、胡象明：《中国大型工程社会稳定风险治理悖论及其生成机理——基于对 B 市 A 垃圾焚烧厂反建事件的扎根分析》，《甘肃行政学院学报》2015 年第 6 期。

⑦ 陈晓正、胡象明：《重大工程项目社会稳定风险评估研究——基于社会预期的视角》，《北京航空航天大学学报》（社会科学版）2013 年第 2 期。

围内。[①] Almahmoud 和 Doloi 基于可持续发展和公平理论，制定了动态评估模型，并通过对沙特阿拉伯的案例研究发现建设工程的利益相关者已经通过社会网络相整合。[②] 在这个评估模型中，他们给出了七个核心社会风险指标。张玉磊、徐贵权借鉴“淮安模式”经验将工程社会稳定风险归因于利益冲突和决策机制不科学。[③]

国外也有学者关注对工程社会评估问题的研究。例如，Ahmadvand 和 Karami 开展了伊朗 GB 平原地区在有洪水扩建工程与无洪水扩建工程的村子进行工程社会评估的比较研究。研究结果表明，洪水扩建工程项目改善了环境，但是损害了社会结构、社会资本和社会福利。[④] Bramley 等从城市规划和政策角度入手，在对英国五个城市进行实证研究的基础上，对城市建设工程进行社会评估，发现住宅满意度、邻里环境和安全性都会影响居民对本地服务的预期。[⑤] Tan 等通过连接两个评估模型对微观和中等水平的城市可持续发展绩效进行了评估，并以澳大利亚黄金海岸为验证，结果良好，并应用了多层次的城市可持续发展这一新的研究理念。[⑥] Mori 和 Yamashita 提出城市可持续发展指数（CSI）把环境、经济和社会层面纳入了框架。[⑦]

三 社会稳定风险评估中的几个问题

社会稳定风险评估涉及的问题很多，这里不可能全面讨论，以下仅

① 王锋、胡象明：《重大项目社会稳定风险评估模型研究——利益相关者的视角》，《新视野》2012 年第 4 期。

② Almahmoud, E., Doloi, H. K., “Assessment of Social Sustainability in Construction Projects Using Social Network Analysis,” *Facilities* 33 (2015): 152 - 176.

③ 张玉磊、徐贵权：《重大事项社会稳定风险评估制度研究——“淮安模式”的经验与启示》，《中国人民公安大学学报》（社会科学版）2010 年第 3 期。

④ Ahmadvand, M., Karami, E., “A Social Impact Assessment of the Floodwater Spreading Project on the Gareh-Bygone Plain in Iran: A Causal Comparative Approach,” *Environmental Impact Assessment Review* 29 (2009): 126 - 136.

⑤ Bramley, G., Dempsey, N., Power, S., et al., “Social Sustainability and Urban Form: Evidence From Five British Cities,” *Environment and Planning A* 41 (2009): 2125 - 2142.

⑥ Tan, Y., Dur, F., Dizdaroglu, D., “Towards Prosperous Sustainable Cities: A Multiscalar Urban Sustainability Assessment Approach,” *Habitat International* 45 (2015): 36 - 46.

⑦ Mori, K., Yamashita, T., “Methodological Framework of Sustainability Assessment in City Sustainability Index (CSI): A Concept of Constraint and Maximisation Indicators,” *Habitat International* 45 (2015): 10 - 14.

选择其中的三个问题进行分析和讨论。

（一）风险和社会稳定风险

风险是一个许多人都熟悉的概念。学术界对风险概念进行了许多理论研究，此处不再赘言。

风险是常见的社会现象，类型多种多样，例如技术风险、经济风险、战争风险、环境生态风险、医疗风险、个人风险、集体风险、国家风险等。

在进行“社会稳定风险评估”时应该怎样理解“社会稳定风险”这个概念呢?

在起初使用“社会稳定风险”这个术语时，很少有人明确界定其含义。学术界、理论界和政策研究领域也鲜见有人对“社会稳定风险”这个概念进行深入分析和研究。但从许多人的用语习惯和语境分析来看，实际上是把“社会稳定风险”理解为“有较大可能性引发群体性事件的状态和趋势”。2012 年，《国家发展改革委重大固定资产投资项目社会稳定风险评估暂行办法》就明确地把重大项目社会稳定风险等级划分为三级，即高风险、中风险和低风险。高风险指的是大部分群众对项目有意见、反应特别强烈，可能引发大规模群体性事件；中风险指的是部分群众对项目有意见、反应强烈，可能引发矛盾冲突；低风险指的是多数群众理解支持但少部分人对项目有意见，通过有效工作可防范和化解矛盾。

针对在社会稳定风险评估概念上的不同认识，唐钧提出：“传统上社会稳定风险评估只评估是否会发生群体性事件，是‘小稳评’。而实际上应该从更广的角度，考虑到突发公共事件、社会负面影响、公信力三个层面的风险，并且在实践中着重针对矛盾纠纷、秩序破坏、社会恐慌等高危风险项，开展有效的稳评。具体点来说，近期一系列楼房塌陷事故，还有‘僵尸肉风波’，都已经引发了严重的社会恐慌，哪怕没有人员死伤，都应该列为高危的社会风险。”① 一般来说，我们赞同唐钧的这个看法和理解，但究竟应该怎样更具体地界定和理解“社会稳定风险”这个概念，还有待进一步研究。

---

① 蔡若愚：《社会稳定风险评估应派上更大用场：访中国人民大学危机管理研究中心主任唐钧》，《中国经济导报》2015 年 7 月 25 日，第 B01 版。

（二）社会稳定风险评估中的评估指标体系问题

如果把社会学研究划分为理论研究与实证研究，把研究方法划分为定性研究和定量研究，那么，在进行理论研究时主要运用定性研究，在进行实证研究时则既可以偏重运用定性研究也可以偏重运用定量研究，还可以综合运用定性研究和定量研究。

社会稳定风险评估属于实证工作和实践活动领域，进行社会稳定风险评估需要综合运用定性方法和定量方法。于是，评估指标体系的构建和评价模型的选择就成为突出的重要问题。

在评估指标体系的构建方面，滕敏敏、韩传峰、刘兴华从政策、经济、社会等三个方面构建了涉及农村的重大工程项目社会稳定风险评估指标体系；[①] 贾广社、杨芳军、游锐等从合理性、合法性、安全性、可行性、可控性五个层面来设计、筛选重大工程项目社会稳定风险评估体系；[②] 刘启雷、陈关聚、张鹏针对“十二五”规划大型工程建设构建了社会评估指标体系。他们认为事中社会评估才是解决工程项目与社会矛盾的最有效的途径。[③] 一些学者认为国内重大项目社会稳定性风险评估指标体系还不够完善、不够合理，有待进一步改进。

在评估模型的选择方面，贾晓梅、郭小平、李阿平主要从利益相关者角度出发，采用模糊赋权法来对大型工程项目社会稳定性风险进行评估；[④] 曹峰、邵东珂、王展硕则让工程社会评估领域的专家通过调查问卷打分，并将得分结果进行权重计算来对项目的社会稳定性风险进行评估；[⑤] 宋林飞利用“状态－响应”理论来对重大工程项目社会稳定性风险进行评估；[⑥] 陈晓正、胡象明主要采用层次分析法来评估工程项目社

① 滕敏敏、韩传峰、刘兴华：《中国大型基础设施项目社会影响评价指标体系构建》，《中国人口·资源与环境》2014 年第 9 期。

② 贾广社、杨芳军、游锐、洪宝南、张军青、夏志坚：《基于 GA-BP 的大型建设工程社会影响评价指标体系研究》，《科技进步与对策》2010 年第 19 期。

③ 刘启雷、陈关聚、张鹏：《“十二五规划”大型项目社会影响评价研究》，《未来与发展》2011 年第 9 期。

④ 贾晓梅、郭小平、李阿平：《大型工程项目社会稳定风险评估研究——基于利益相关者的角度》，《中国工程咨询》2015 年第 8 期。

⑤ 曹峰、邵东珂、王展硕：《重大工程项目社会稳定风险评估与社会支持度分析——基于某天然气输气管道重大工程的问卷调查》，《国家行政学院学报》2013 年第 6 期。

⑥ 宋林飞：《社会风险指标体系与社会波动机制》，《社会学研究》1995 年第 6 期。

会稳定风险。[①] 从目前学术界的研究情况来看，虽然大部分研究是通过权重计算来量化各个评估指标的，但是多以调查问卷的结果作为赋权依据，可视为主观赋权，缺乏多评估指标的客观评价与筛选。

社会稳定风险评估中的评估指标体系构建问题不但是重大的理论问题，更是评估实践中绕不过去、必然要对评估实践——乃至评估的成败——发挥关键作用的问题和环节。我们甚至可以说，如果不构建一个社会稳定风险评估指标体系，具体的社会稳定风险评估就无法进行。实际上，国家发展改革委办公厅发文要求对重大固定资产投资项目必须进行“社会稳定风险评估”的同时也研究制定了《重大固定资产投资项目社会稳定风险分析篇章编制大纲及说明（试行)》和《重大固定资产投资项目社会稳定风险评估报告编制大纲及说明（试行)》（简称“两个《编制大纲及说明》”)，以规范和指导有关工作。这两个《编制大纲及说明》虽然没有直接规定具体的评估指标体系，但可以认为已经涉及了关于评估指标体系构建的许多原则性问题，而具体进行社会稳定风险评估工作的单位在评估实践工作中则势必要建构自己的社会稳定风险评估指标体系。

社会稳定风险评估指标体系的建构不可能一蹴而就，而必然需要经历一个指标体系的结构和内容逐步改进及对许多有关问题的认识逐步深化的过程。

在认识和建构评估指标体系时，有一点是必须特别注意的：由于时空环境的变化和工程类型的不同，不能设想可以设计出一个以不变应万变的评估指标体系，而是必须随着现实状况和形势的不断变化，相应变化和改进工程社会稳定评估的具体内容及体系结构。实际上已经有学者（陆菊春、韩国文、郑君君,[②] 赵国富、王守清,[③] 宋永才、金广君[④]）

---

① 陈晓正、胡象明：《重大工程项目社会稳定风险评估研究——基于社会预期的视角》，《北京航空航天大学学报》（社会科学版）2013年第2期。

② 陆菊春、韩国文、郑君君：《城市基础设施项目社会评价指标体系的构建》，《科技进步与对策》2002年第2期。

③ 赵国富、王守清：《城市基础设施BOT/PPP项目社会评价方法研究》，《建筑经济》2006年第S2期。

④ 宋永才、金广君：《城市建设项目前期社会影响评价及其应用》，《哈尔滨工业大学学报》（社会科学版）2008年第4期。

指出，即使是城市基础建设工程这一共同问题，构建的具体指标体系也应该是各有不同的。必须注意，评估体系建构是非常复杂的问题，现实情况往往要比学者构建的评估体系更加复杂多变。

对于社会稳定风险评估指标体系的建构问题，以往学者们和有关人员已经进行了许多研究和讨论，目前，通过开展社会稳定风险评估实践，他们又积累了许多新经验，根据这些新经验和新形势，他们在社会稳定风险评估指标体系建构方面今后一定会有不断的新认识和新改进。

（三）工程社会稳定风险防控问题

进行工程社会稳定风险（为了简便，以下行文中可能省略“工程”二字）的分析和评估的目的是防控风险。

《礼记·中庸》云：“凡事预则立，不预则废。”对于社会稳定问题也是一样。在现实生活中，许多社会稳定风险事件的发生事先都没有预兆、没有制定应对计划。从这个角度看，没有对社会稳定风险的事前评估和社会稳定风险一旦发生的应对预案，往往正是许多社会稳定风险事件发生的重要原因。因此，事前进行认真的社会稳定风险分析和评估就成为防控社会稳定风险的最重要的措施、条件和环节之一。

但这绝不意味着社会稳定风险评估和防控社会稳定风险就是一回事了。这里最重要的区别在于“社会稳定风险评估的本质属于认识范畴和思想领域”，而“防控社会稳定风险的本质属于实践范畴和实践领域”。

如果说“社会稳定风险评估”常常是指“事前评估”，从而使“这种意义的社会稳定风险评估”发生在“工程正式开工之前”，那么，“防止和控制社会稳定风险”就主要发生在“工程正式开工之后”。另外还有一点重要区别：进行“社会稳定风险评估”的“评估主体”常常是“政府部门”或“第三方评估主体”，那么，“防控社会稳定风险”的“主体”就是“工程活动主体”或“工程活动主管单位”了。也就是说，在由“社会稳定风险评估工作”向“社会稳定风险防控工作”转变的过程中，还发生了从“评估主体”向“防控主体”的转变。

要在工程实施过程中防控风险发生，不但需要强化有关主体的“防控风险发生”的“意识”，更要有“防控风险发生”的“有力措施”。[1]

总而言之，“工程社会稳定风险防控”是与“工程社会稳定风险评估”既有联系又有区别的问题。目前虽然也有对于这个问题的一些研究，但与对“工程社会稳定风险评估”的研究状况相比，这就是一个比较薄弱的研究领域了。

四　工程社会稳定风险评估的意义和影响

工程是实践活动，是牵涉面广、影响深远的实践活动。工程需要评估的深刻原因和内在根据首先就蕴藏在“现实需求”之中。工程评估的意义和影响也首先表现在其产生的现实意义和影响上。同时，我们也必须承认和不能忽视开展工程评估工作具有重要的理论意义并能够对理论领域产生重要影响。

工程活动的集成性、综合性使得工程活动的良性运行不但要有技术方面的保障，而且需要有经济方面、生态环境方面、社会影响方面的保障，否则，工程活动就难以良性运行，会出现这样或那样的问题，甚至产生极其严重的问题，危害公众，危害社会，危害环境生态。

开展工程社会稳定风险评估工作后，对工程活动不但要进行技术评估、经济评估和环境评估，还要进行以社会稳定风险评估为重点的社会评估，这就使工程的评估工作更全面了。同时开展工程的技术评估、经济评估、环境评估和社会评估，显然可以使工程的良性运行得到更有力的保障。

工程评估是现实性工作。要搞好评估工作，不能单凭经验，还需要有理论基础。也许可以说，出于多方面的原因，相对而言，在进行工程活动的技术评估、经济评估和环境评估时，其相应的技术理论基础、经济理论基础、生态环境基础都更加扎实一些，相比之下，进行工程活动的社会评估——特别是社会稳定风险评估——的理论基础显得比较薄弱。

实际上，已经有人在分析我国社会稳定评估机制的现状和难点时指出了这方面存在的问题并尖锐地提出：“社会稳定风险评估机制的基础理

[1] 一般来说，“风险防止和控制”是指“工程实施后”的“风险防止和控制”。至于我国出现的那些“在工程开工前发生”的社会稳定风险事件，有理由将其视为“工程实施期”“发生风险事件”的“特例”。

论研究缺乏，评估缺乏科学系统的理论支撑；社会稳定风险评估的主体单一，评估主体的权威性和中立性不足；社会稳定风险评估程序前后不衔接，评估结果难以应用。地方干部对社会稳定风险评估机制还存在认识上的障碍和误区，在风险点的识别与科学测量以及社会稳定风险评估的责任追究等方面的操作性难度较大。”① 这些问题如果不能及时得到合理的解决，工程的社会稳定风险评估就不仅难以有效进行，甚至会产生“适得其反”的结果。

本章第一节已经谈到，工程的社会稳定风险评估实践和有关的理论研究必须相互渗透、相互促进，而工程社会学正是进行工程社会稳定风险评估的最直接、最重要的理论基础。工程社会学应该紧紧抓住这个现实性评估需要的理论发展良机，使自身的理论范畴、理论体系、方法论建设在高度、广度、深度方面都不断有新进展，为进行工程社会稳定风险评估提供更坚实、更深厚的理论基础和理论工具。

本书第二章指出，工程社会学的基本主题是“自然－工程－社会”的多元关系与多重建构。对于工程社会学的这个基本主题，我们不但需要从理论方面进行探索、建构和发展，而且应该从工程评估这个场域——包括工程的技术评估、经济评估、环境评估、社会评估等多维度、全方位评估——探索、建构和发展。

可以预见和展望，工程评估和工程社会学理论研究的良性互动会使工程评估和工程社会学理论研究在未来都有更好的发展，从而对工程的良性运行发挥更有力的作用。

① 蒋俊杰：《我国重大事项社会稳定风险评估机制：现状、难点与对策》，《上海行政学院学报》2014 年第 2 期。

第十一章 “工程时空”视野中的小城镇和大中城市

任何工程活动都是在一定时间和一定空间中进行的活动。研究工程活动必须研究时间和空间问题。工程社会学把工程活动发生于其中的时空称为“工程时空”，从而使“工程时空”也成为工程社会学的重要内容之一。

本章第一节简要分析和阐述“自然时空”“社会时空”“工程时空”的含义及三者的相互关系，第二节和第三节分别从工程时空角度分析和研究作为“自然－社会－工程空间”的小城镇和大中城市的一些问题。

第一节 “自然时空”、“社会时空”和“工程时空”

一 自然时空

众所周知，时空是人类时刻面临的一个历久弥新的问题。之所以如此，因为时空问题既具体，又抽象。具体来说，因为我们仅凭自己的生活经验就可感觉到时空的存在，比如个体生命的生老病死，比如自然界的斗转星移、沧海桑田，比如社会历史的治乱更替，等等。说其抽象，那是因为我们的生活经验毕竟是熟知而非真知，个体的经验是有限的，很难穷极时空的本来面目，因为“时间有没有开端”“世界有没有尽头”等问题显然超出了经验的范围，而这些问题恰恰又是人类所不得不思考和关心的终极性问题。亚里士多德曾讲，哲学起源于“惊异”。也就是说，人类对于自己在世界中所遭遇的诸如时空等问题，都大惑不解，充满“惊异”，从而构成了值得人类沉思的“哲学问题”。“时空问题”恰恰也是其中一个最为重要也难以回避的问题。这既体现在中国春秋时期的《管子·宙合》中，又可见之于古希腊早期赫西俄德的“虚空”概念。总之，从人类文化肇始，时空问题始终保持着其古老而又新鲜的面容，吸引着一代又一代的思想家、哲人、科学家乃至艺术家、文学家对其进行思考和探索，进而形成了不同的“时空观”。这些不同的时空观念，与人类的认识能力和知识水平有着内在的关联。但无论如何，这些时空观的形成总是对已有的呈现在我们眼前的时空的反应，而我们眼前的可感知的时空就是“自然时空”。

从词源上看，“自然”和人工、偶然相对，其本意是“出自本身”。按照亚里士多德的说法：“自然是事物自身本来具有的，而不是偶性而有的运动和静止的原理或根源。”① 自然时空即本来存在的时空，也就是存在于自然界中的客观存在体的往复运动或往复变化所表现出来的时空。例如，以太阳绕地球转动、月亮圆缺变化、太阳的一个回归运动所表现出来的时间变化，以及高山、河流、大海等所体现的空间尺度，都是自然界本身固有的现象，也都是自然界固有的时空，它们是客观的、自在的，也是不以人的意志为转移的。今天，我们已经有了亚里士多德的经验时空、牛顿的绝对时空、爱因斯坦的相对时空以及虚拟时空等时空观念，但毫无疑问，自然时空是这些时空观念的基础。尽管我们今天对于时空的计量采用的已经不是自然的方法，但这并不意味着自然时空的消失，它就像舞台的背景一样，成为所有事物的一个更加广泛的背景，延展到自然的每一个角度。②

由此可见，自然时空是一个前提性的存在，但在今天，随着人工力量的强化，自然时空似乎已经从我们的生活中消失了。现在，人类看时间，不再看日出日落，而看手表、日历等计时器。我们看大小尺度，自然也有相应的计量器。

从人类发展史来看，对自然时空的感知是古代生活的需要。德国哲学家卡西尔讨论了原始部落的空间感：“原始部落中的人通常赋有一种异乎寻常的空间知觉。生活在这些部落中的一个土人一眼就能看出他周围环境中一切最小的细节。他对他四周围各种物体在位置上的每一变化都极其敏感，甚至在非常困难的环境下他都能够找到他的道路，在划船或航海时他能以最大的精确性沿着他所来回经过的河流的一切转角处拐

---

① 亚里士多德：《物理学》，张竹明译，商务印书馆，1982，第192页。

② 童强：《空间哲学》，北京大学出版社，2011，第37页。

弯。”可是，“如果你要求他（原始部落人）给你一个关于河流航线的一般描述或示意图，他是做不到的”。[①]

英国社会学家罗伯特·戴维·萨克指出，这种对于时空的认识乃是一种所谓的“非精致的混合的思想”。在这种思维模式中，空间、物质、主观和客观在概念上的分离并没有在高度抽象的层次上发生，更多的是通过神话和巫术表现出来，类似于儿童的时空认知。[②] 然而，人类不会满足于对事物对时空的本能感受的层面之上，而会超越感性和自然将人与动物区别开来，亚里士多德因此认为理性才是人的类属性，正由于有理性，人类才一步步地发现了时空的奥妙。这就有了亚里士多德的经验时空观、牛顿的绝对时空观以及爱因斯坦的相对时空观等不同的时空观。

牛顿的绝对时空观和钟表技术的发展从根本上改变了我们关于时间的思考方式：我们不再依赖天象的变化，按照日出而作，日落而息来安排生活，而是仅凭钟表就可以判断早晚，并确定相应的生活节奏。在这里钟表显示的时间已经完全脱离自然时间的束缚，成为独立的实体，而时间的独立、时间的客体化又促成了世界的客体化，人们甚至认为宇宙不过是一个上紧发条的大钟，其运行秩序是与人无关的、永恒持续的，所以曼福德就说：“机械钟把时间从人类活动中分离出来，帮助人类建立了独立的科学世界的信念。”[③]

二　社会时空

伴随着科技史、思想史、社会史的发展进程，时空绝对化观念受到批判和挑战，“社会时空”的观念逐步发展起来。

社会时空观强调不但要从自然科学角度认识时空，更要从经济－社会角度认识时空。时间和空间是人类社会实践的范畴，所有的时空都与特定社会现象联系在一起。不可否认，社会现象在经验上可以用日历时间去观察和描述，但日历时间在本质上是自然时间，不是社会时间。社会时间是社会现象的内在因素，它对于形成社会行动、社会生活和社会

---

① 恩斯特·卡西尔：《人论》，甘阳译，上海世纪出版集团，2003，第72页。

② 罗伯特·戴维·萨克：《社会思想中的空间观：一种地理学的视角》，黄春芳译，北京师范大学出版社，2010，第29～33页。

③ 转引自吴国盛《时间的观念》，中国社会科学出版社，1996，第111页。

过程具有构成性意义。同样，我们可以用地图空间去观察和描述社会现象，但是社会空间和地图所展示的地理空间并不是一回事。这意味着，时间和空间的形成乃是社会实践的产物。

马克思说："时间实际上是人的积极存在。它不仅是人的生命的尺度，而且是人的发展的空间。"① 也就是说，时间对人类的生存实践活动具有重要的作用。"工场手工业总机构是以一定的劳动时间内取得一定的结果为前提的。只有在这个前提下，互相补充的各个劳动过程才能不间断地、同时地、空间上并存地进行下去……在一定劳动时间内提供一定量的产品，成了生产过程本身的技术规律。"② 从人类时空概念的起源来看，时间一开始就与人的活动紧密联系。古代社会由于生产力水平和人们的科学技术水平极度低下，人的活动是非常简单和低级的，主要是获取为维持生存所必需的物质生活资料的活动，人们日出而作，日落而息，严格按自然时间的规律活动。时间观念在一定程度上制约着社会的进步。随着生产力水平的提高，人们在农业生产活动和科学实践活动中积累了丰富的经验，测量时间的手段也更加科学，人们依靠天体在空间中的位置变化来确定年、月、日，逐步建立起较强的时间观念。在几千年的农业社会里，生产方式仍然以自然经济为主，人类社会在保守的时间意识中缓缓而行。到了近现代，牛顿、爱因斯坦等人的时空理论的出现，大大改变了人们的时空意识。在近代的工业化进程中，"时间就是金钱，效率就是生命"成为人们普遍认同的口号——而这个口号的最大特点就是从经济-社会角度看时间而不是从自然科学角度看时间。

与时间类似，空间的客观性也是应实践发展而形成的。法国社会学家列斐伏尔的"生产空间"理论可谓是社会空间观念的重要代表。列斐伏尔认为，由于受到传统自然空间理论的影响，"生产空间"的确是一个令人吃惊的说法，因为"空间的生产，在概念上实际上是最近才出现的，主要是表现在具有一定历史性的城市的急速扩张、社会的普遍都市化，以及空间幸福组织的问题等方面。今日，对生产的分析显示我们已经由空间中食物的生产转向空间本身的生产"③。正因为如此，由"空间

① 《马克思恩格斯全集》第47卷，人民出版社，1979，第532页。

② 马克思：《资本论》第1卷，人民出版社，1975，第383页。

③ 转引自包亚明主编《现代性与空间的生产》，上海教育出版社，2003，第47页。

中的生产”到“空间的生产”的观念转变，并非逻辑演绎或者修辞的需要，而是“源于生产力自身的成长，以及知识在物质生产中的直接介入”①。由此，列斐伏尔明确提出“空间是社会生产出来的”这一命题：“空间性的实践界定了空间……因此，社会空间总是社会的产物，但这个事实却未获认知。社会以为它所接受与转变的乃是自然空间。”② 显而易见，空间不仅是社会生产的构成性要素，其本身也是社会生产出来的，社会空间固然有其不可分割的自然基础，但这里的自然也不再是完全自在的自然，而是与人的实践活动密切相关的自然，社会空间乃是人类在实践中对世界的新认识，是对自然空间的超越。

对于人而言，其一生可能只会处于一种生产方式之下，因此不会察觉时间和空间概念的变化，但将其放在生产方式转轨期中的话，人就会察觉时空的变化，并产生相应的时空的意识。时空面对身处不同生活模式之下的人们会呈现不同的样态。比如说，在前现代社会和农业文明社会中，人们缺乏基本社会时间观念。就像涂尔干所说，时间范畴的基础是社会生活的节奏。人们不是因为没有钟表才没有精确的时刻概念，而是不需要精确的时刻概念，才不去生产钟表。随着工业社会的发展，人类的社会时间也成为高节奏生活方式的反映，深深影响和控制了人类生活。信息技术的快速发展，经济、文化、政治全球化带来了如哈维所说的由于空间地理位置的压缩，人们生活的社会时间也压缩了。因此，社会时空映射了不同的生产方式，生产方式直接决定和体现了人类的社会时空的样式。

当代英国社会学家安东尼·吉登斯从“反面”认识到“社会时空”的重要性，他指出：“大多数社会分析学者仅仅将时间和空间看作是行动的环境，并不假思索地接受视时间为一种可以测量的钟表时间的观念，而这种观念只不过是现代西方文化特有的产物。除了近来一些地理学家的著作之外……社会科学家一直未能围绕社会系统在时空延伸方面的构成方式来建构他们的社会思想。”③ 现在，人们已经越来越意识到，时间

① 转引自包亚明主编《现代性与空间的生产》，上海教育出版社，2003，第47页。

② 转引自包亚明主编《现代性与空间的生产》，上海教育出版社，2003，第48页。

③ 安东尼·吉登斯：《社会的构成》，李康、李猛译，生活·读书·新知三联书店，1998，第195页。

和空间乃是构成社会现象的内在因素，因而成为社会学家进行的理论分析的内在变量。在此意义上，社会时空的概念作为认识和研究社会现象的重要手段，为我们研究工程活动提供了全新的视角和方法。

三 工程时空

从自然时空和社会时空的探讨中，我们可以发现，以前仅仅作为活动背景或者场所的凝固的“客观时空”，在内涵上出现了许多扩展性的变化，时空与权力，时空与生产力，时空与生产关系以及时空在社会生活、个体生存中的作用等这一系列问题都得到了丰富的讨论与发展。从而使时空这一经常令人望而生畏的抽象问题，如今已经与权力、科技、生产力以及制度等重要的现实概念相联系，“成为重新理解社会理解人类自身的一条重要路径”①。当我们将眼光投向工程活动时，就会发现，工程活动既是在自然时空中进行的活动又是在社会时空中进行的活动，人们不但需要从工程的角度审视时空，而且需要从时空的角度审视工程，这就使工程时空这个概念应运而生了。

目前，国内外社会学家已经在社会时空和工程时空方面取得了一些学术成果，出版了《社会时间的频谱》②、《时间：现代与后现代经验》③、《建构时间：现代组织中的时间与管理》④、《劳动的空间分工：社会结构与生产地理学》⑤、《时空社会学：理论和方法》⑥ 等著作。对于他们的研究成果，这里不再复述。

总而言之，人的工程活动与自然时空和社会时空存在密不可分的内在联系，工程活动观所揭示的时空范畴具有不同于传统中阐述的时空范

① 童强：《空间哲学》，北京大学出版社，2011，第 85 页。

② 乔治·古尔维奇：《社会时间的频谱》，朱红文、高宁、范璐璐译，北京师范大学出版社，2010。

③ 赫尔嘉·诺沃特尼：《时间：现代与后现代经验》，金梦兰、张网成译，北京师范大学出版社，2011。

④ 理查德·惠普、芭芭拉·亚当、艾达·萨伯里斯编《建构时间：现代组织中的时间与管理》，冯周卓译，北京师范大学出版社，2009。

⑤ 多琳·马西：《劳动的空间分工：社会结构与生产地理学》，梁光严译，北京师范大学出版社，2010。

⑥ 景天魁、何健、邓万春、顾金土：《时空社会学：理论和方法》，北京师范大学出版社，2012。

畴的特点，可以将其称为工程时空。

工程时空和工程时空观的主要性质和特征大致可以归纳如下。

第一，工程活动是人类的实践活动，任何工程活动都是在一定的时间和空间中进行的。对于时间和空间，古人已有原始认识。后来在自然科学、自然哲学和自然科学哲学领域发展出了关于自然时空的理论，而社会学家则提出了关于社会时空的理论。社会学家在研究社会时空时已经触及了作为社会活动形式之一的工程活动中的许多时空现象和时空问题，但未直接提出工程时空这个概念。工程社会学以工程活动为研究对象，由于工程活动有其自身的特殊性，工程社会学在研究工程活动的社会时空现象时，必然要特别关注相关的特殊性现象和问题，这就顺理成章地提出了工程时空问题。工程社会学把工程时空解释为与工程实践结合在一起的“时空结构”，把工程时空观解释为与工程实践结合在一起的时空观念。工程社会学认为工程活动是“特定时空中的造物活动”，虽然这个工程活动发生于其中的“特定的时空”，绝不会“脱离”自然时空，但它并不完全等同于自然时空。另外，虽然不能认为这个“特定的时空”是“脱离”社会时空的，但它又有许多“自身特殊性”，这就体现了工程时空和工程时空观研究的重要性和特殊性。总而言之，自然时空、社会时空、工程时空是三个既有联系又有区别的概念，为了突出这种三者既有联系又有区别的关系，我们以下也会使用“自然－社会－工程时空”这样的表述方式。

第二，工程时空是整个人类活动变迁的重要标记。传统的牛顿和爱因斯坦的时空观被奉为不可颠覆的真理。在牛顿的绝对时空观中，时空是绝对的，时间具有连续性和统一性，空间具有均衡性和不变性，时空与物质运动无关。所以，有人又称牛顿时空为“实体时空”。在爱因斯坦的相对时空观中，时空不是绝对的，同物体运动状态有关，与物质自身的演化无关，爱因斯坦的时空又被称为“关系时空”。但是无论是牛顿的“实体时空”还是爱因斯坦的“关系时空”，都只是物质运动的外部形式，是一种外部参量，与社会运动无关，不能用它来刻画社会的演化和变迁。耗散结构理论被誉为时空理论的一场革命，其观点认为，物质运动是多层次的系统，在每种具体的物质运动形式中所展开的时空关系也是具体的，时空不仅与动力学相联系，还与生物进化相联系，更与社会运动、变化和发展相联系。宇宙中无统一的时间，时间并不是一维连续变量，空间也不是固定不变的三维宇宙空间。社会时空是深入社会运动内部不同层次之间，由人的实践活动耦合到社会运动过程并反映社会运动变化、发展的一个内部参量。特别是当人们研究“工程史”[①] 时，就可以更清晰地看出工程时空是整个人类活动变迁的重要标记。

第三，工程时空具有地域性和全球性。在直接意义上，任何工程活动都是具有“当时当地性”的活动，工程活动和工程产品都具有突出的地域性特征。可是，正如马克思所说的那样，人是“类存在”，在工程发展和现代化进程中，人类进入了全球化时期和阶段。在原始社会和古代社会，地域性和全球性之间在很大程度上不具有变换关系。可是，在现代工程系统和现代社会环境中，工程地域性和工程全球性的相互关系有了新的内容和新的表现。“地球村”概念的提出，不但指出地球上所有的地域都是联系在一起的，而且提示人们必须把“全球化”看作工程、经济、社会活动的基本背景和基本场景，必须把“全球化”看作工程、经济、社会活动的基本内容。

第二节　工程活动和作为“自然 - 社会 - 工程空间”的小城镇

城镇和城镇化是社会学研究的重要内容之一。城镇首先表现为一个“自然空间位置”和“社会空间位置”，并且城镇又是一系列工程活动的结果，于是，就可以被认定为是一种“自然 - 社会 - 工程空间”，我们也就可能与需要从工程时空角度对其进行研究。

在历史上，城镇从无到有，从简单到复杂，已经经历6000余年的历史。古往今来，无论是形式、发展动力还是发展路径，各国城镇化进程各不相同。但如果从工程“造物”的角度出发，对城镇这一完全的“人工物”进行讨论，就可以使我们找到一个共同的出发点和评价标准，进而深刻认识城镇及城镇化的本质、内涵和外延，同时也会凸显出工程在人、自然和社会多重复杂互动中所扮演的关键角色。

---

① 李伯聪、李三虎、李斌：《中国近现代工程史纲》，浙江教育出版社，2017。

一 小城镇的基本概念和功能

从历史和演化角度看，小城镇是人类城镇化进程的早期形态，也是大中城市发展的基础和雏形。但现代社会中仍然有小城镇存在，成为“现代社会和现代时期的小城镇”。

不同时代的小城镇体现和承载着人类社会的不同生产方式和生活方式。就小城镇而言，无论是早期人类出于生存和安全的需要而修筑的城垣、护城河等工程，抑或是工业革命后推动小城镇快速发展的工程集群，工程活动都在其中发挥了重要作用。

在现代社会和现代时期，被称为“乡之首，城之尾”的小城镇是城乡接合部的社会综合体，它不仅是农村社区经济、政治、文化中心，而且具有向上连接城市、向下辐射乡村、促进区域经济和社会进步的综合功能。

（一）小城镇的基本概念

小城镇是人类智慧和社会生产力不断发展的产物。大多数国家有“镇”，但由于文化、发展水平和人口数量的差异，各国对“镇”的理解和定义往往因国而异。常住人口数量是划分“镇”的常见标准。如瑞士把人口5000人左右的地区视为小城镇，日本的标准是2万~15万人口，加拿大的标准则是300~10000人，而澳大利亚的小城镇则泛指农村社区。[①] 反观美国，“镇”并不具有行政区域的性质，凡人口数量达到200人的居民社区均可自愿申请设立。就我国而言，各部门各学科对小城镇的定义也不尽相同。从政府的角度来看，“镇”通常只包括建制镇这一确定的行政区划，在经济统计、财政税收、户籍管理等诸多方面，建制镇与非建制的其他镇都有明确的区别。学界对“镇”的理解则比较多元，如社会学侧重于从社区生活方式的角度来理解小城镇，认为建制镇的经济结构和社区生活更接近于农村社区，与城市相去甚远，因此，小城镇不仅应包括建制镇，还应该有集镇和村镇。

人们对小城镇的不同理解和定义，源于其在乡村和城市间的过渡性

① 陈怡懿：《我国现行小城镇户籍改革中存在的问题及对策研究》，硕士学位论文，湘潭大学，2012，第10页。

以及自身发展的动态性。虽然乡村和城市有着不同的社会、经济性质和外观形态，并在行政管理、生活和生产方式等方面存在诸多区别，但二者间并不存在一个前者消失和后者开始的绝对节点，乡村不停地在向城市转换，在这一转换过程中，存在一种中间状态，即城乡过渡体，如城乡交界带、郊区等形式，其代表就是小城镇。因此，要真正地定义“镇”的概念绝非易事。如当前的中国，区域发展的不平衡导致了镇与镇的极大差异。2011 年，第六次全国人口普查主要数据显示，河北省三河市燕郊镇常住人口达 75 万人，而同期西藏自治区山南市错那县错那镇仅不到 3000 人，两镇人口数量相差 250 多倍。除了人口，镇与镇的经济规模也有着天壤之别。在《人民日报》发布的《2017 年全国综合实力千强镇排行榜》中排名第一的江苏省昆山市玉山镇，其 GDP 在 2015 年高达 638 亿元，甚至与某些地级市相当。

鉴于我们主要从较为宏观的层面讨论工程活动对小城镇的影响，通过梳理相关资料，我们尝试将小城镇定义为有别于大中城市和村庄的、具有一定规模的、以非农产业人口和非农产业活动为主体组成的社区，[①]在物理外观和社会生活方面，呈现为一种由乡村型向城市型过渡并兼有城乡性质，人口（1 万 ~20 万）和生产要素相对集中并具有一定工业、商业和文化辐射力的地区。当然，这个定义是就小城镇发展的一般历程来说的，并不妨碍本节内容中对小城镇的一般描述与分析，可以应用到集镇乃至小城市。

（二）小城镇的基本功能

小城镇虽然处于城乡之间，但其总体特征（如生产生活方式、经济结构等）更接近于城市。从城乡联系的角度看，小城镇同时受制于城乡体系的演化规律。它既是城镇体系的最基本单元，与大中城市有物质、人员、信息和资本的大量交流，也是周围乡村地区的中心，引领着乡村发展。一般而言，小城镇具有如下几项功能。[②]

首先是经济的集聚功能。小城镇区位优势较为明显，普遍是当地的

① 梅克保：《中国小城镇建设的战略与管理模式研究》，博士学位论文，中南大学，2002，第 3 页。

② 石忆邵：《中国城市化若干理论问题刍议》，《城市规划汇刊》1999 年第 1 期。

水路交通枢纽，是城市与乡村之间的技术、信息、人才交流平台，这种非农产业的集聚有利于工业和商业的发展。

其次是政治和社会的管理功能。人口的相对集中和经济的聚集必然对管理提出更高要求。小城镇作为当地农村地区政治、文化和商业中心，一般也是基层政府机构所在地。一方面，来自国家和上级政府的法律、政策等皆经由小城镇传播到广大农村社区；另一方面，小城镇也可以将农村地区的各种信息及时反馈到上级管理部门，便于政府治理。

最后是发展的示范与引领功能。农村现代化中的一个重要内涵就是必须提升农民的生活品质。小城镇作为城乡间的桥梁和纽带，对周边农村地区产生示范和带动作用，不仅为农民提供相应的市场和多功能服务，也在一定程度上促进了当地的农业现代化、产业化以及农工贸一体化。除了相应的硬件建设，小城镇还有相关的软件建设，如社会福利制度、医疗制度、就业制度、教育制度等，使当地农民的生活得到一定的保障并带来生活品质的提升。

除此以外，小城镇还具有科技、文化的传授传播功能，精神文明的示范功能，交通方便的枢纽功能，城乡一体的融合功能，人流、物流、信息流的容纳功能，农副产品加工的基地功能，等等。

二 工程发展与小城镇的兴起

美国城市社会学家帕克说过：“城市绝非简单的物质现象，绝非简单的人工建筑。城市已同其居民们的各种重要活动密切地联系在一起，它是自然的产物，而尤其是人类属性的产物。城市作为人类属性的产物，其根本的内涵是城市要符合人性生存与发展，具有人文特色和人文精神。”①

小城镇的发展与人们不断增长的物质文化需求直接相关。城镇的发展从无到有，从小城镇到大都市，长则数千年，短则几十年，是社会生产力和人类文明进步的突出体现。作为人类对自然物积极改造的结果，小城镇具有明显的人工物属性，工程活动则是直接推动力量。德国著名

① 转引自鲍宗豪等《城市的素质、风骨与灵魂——城市文化圈与文化精神研究》，上海人民出版社，2007，第9～10页。

历史学家斯宾格勒认为，“城镇是和语言文字并列的人类文化的标志之一，每个城镇都有自身的文化，农民同其家舍的关系，就是现今文明人类同城市的关系，城市正像农民的农舍一样，也植根于土壤之中。世界史就是人类的城市时代史”①。作为物质化的人类文明，每个时代的小城镇都体现和承载着当时的科学技术文明和社会人文精神，集中反映了那个时代人类社会的生产方式和生活方式。一部城镇化的历史就是人类凭借着自己的智慧和力量，巧妙利用自然物和人力建造一个个工程来满足人类物质和精神需求的历史。在这个过程中，工程不仅是直接生产力，而且架起了城镇建设、经济繁荣、产业发展之间的桥梁。

（一）军事工程与小城镇

关于小城镇的起源，国内外学者从不同的学科角度出发有着不同的解释与假说。归纳来看，主要有防卫说、集市说、社会分工说、私有制说、阶级说、宗教中心说、地利说等，② 其中防卫说是比较有代表性的观点，也最能体现工程活动与小城镇兴起的密切关系。

对安全的需求使得设防行为成为人类生存的本能。城镇的产生，追根溯源与人的安全生存需求分不开。正如芒福德所言，“古代城市的起源结构中，习染极深的是战争”③。持防卫说观点的学者认为，城防体系在人类居住方式的演进过程中发挥了关键的作用。原始人为了躲避野兽的袭击，由个体到群居并逐渐形成聚落，进而发展为一个个小型原始村落，这个过程也表明了人类从游猎和采集的生产、生活方式转变为定居式的农耕生产、生活方式。村落发展到一定阶段，为了应对其他部落或氏族的侵袭，各村落首领开始组织有一定规模的筑城行为，进而产生了满足群体安全需求的土木工程——“沟”或“墙”。这些建筑围绕起来的区域就是“城”，或许这些原始的村落或城垣并不能被称为完整意义上的城镇，但为城镇的兴起奠定了基础。

防卫说在东西方的城镇发展中均有印证。在汉语中，“城”“镇”二

① 奥斯瓦尔德·斯宾格勒：《西方的没落》，齐世荣等译，商务印书馆，1995，第199～206页。

② 李其荣：《对立与统一：城市发展历史逻辑新论》，东南大学出版社，2000，第7页。

③ 刘易斯·芒福德：《城市发展史——起源、演变和前景》，宋俊岭、倪文彦译，中国建筑工业出版社，2005，第48页。

字一开始就带有明显的军事色彩。“城者，所以自守也”，意指具有防御功能的城墙。① 而“镇”的本意为“一方之首山”，即一定区域内最高最大的山，由于地形易守难攻，可派兵驻守成为一方之镇守要地，随后逐渐被引申为一个区域概念，又称为军镇，所以“镇”还兼具“镇压”“镇守”之意。② 公元422～484年，中央政府在西北边境要塞设置军镇作为军事管制型的地方行政机构，开启了“镇”的行政建制历史。③ 距今5000多年前，古代埃及城市伊套伊四周布满了堑壕，城防坚固厚实，城里套城，体现着筑城设计者防卫至上的筑城原则。④ 同样，古罗马人建造城墙时首先考虑的也是防御功能。古罗马帝国的城墙内外两侧预留了狭长的空地（又称环城圣地），不允许有任何建筑存在，这些空地给城市守卫者带来军事上的便利，在发生战争时可以起到很好的防御缓冲作用。

“筑城工程”表明人类的设防行为从本能开始走向自觉行为，是人类文明进程中的一个伟大进步。如恩格斯在《家庭、私有制和国家的起源》一书中评价人类社会最初的城镇时说道：“在新的设防城市的周围屹立着高峻的墙壁并非无故：它们的壕沟深陷为氏族制度的墓穴，而它们的城楼已经耸入文明时代了。”⑤ 实际上，带有城墙的城镇（或城市）已经成为现代考古学家鉴定文明存在与否的重要标准之一。

（二）农业工程与小城镇

如果说修筑城垣等土木工程满足了人类安全与定居的需要，那么农业和水利工程则进一步为小城镇的发展提供了生活的便利，实现了人类生产方式的第一次飞跃和社会生产力的长足进步。农耕时代的生产方式离不开防洪和灌溉，于是就出现了相应的水利工程，并成为农耕文明的一个显著标志。⑥

目前已知的农业灌溉工程最早出现于公元前6000年左右，位于苏美

---

① 辛志凤、蒋玉斌：《墨子译注》，黑龙江人民出版社，2003，第18页

② 张厚安、白益华：《县以下层次区划模式》，四川人民出版社，1993，第58页。

③ 浦善新等：《中国行政区划概论》，知识出版社，1995，第113页。

④ 张曾芳、张龙平：《运行与嬗变：城市经济运行规律新论》，东南大学出版社，2000，第4页。

⑤ 恩格斯：《家庭、私有制和国家的起源》，人民出版社，1972，第162页。

⑥ 殷瑞钰、李伯聪、汪应洛等：《工程演化论》，高等教育出版社，2011，第156页。

尔文明的诞生地美索不达米亚地区，包括水坝和灌渠。此后，随着生产力的发展，灌溉工程从小到大、从简单到复杂、从低级到高级逐渐发展起来，呈加速发展的趋势。公元前5000年左右，人们已经开始较大规模地建设农田水利灌溉系统，利用幼发拉底河的河水灌溉平原上肥沃但干旱的土地，如在乔加马米遗址（现巴格达城西北方向125公里处）发现的大型农业村落以及由成型的沟渠组成的人工灌溉系统。苏美尔人不仅掌握了农业灌溉技术，还学会了修建大坝、池塘、沟渠，形成具有排洪、蓄水、调节水流等功能的水利网络。这种水利工程往往由多个村落协作修建和维护，随着灌溉工程规模的日趋扩大和复杂，各村落也在这种协作当中逐渐走向融合，成为从村落向城市过渡的重要因素之一。①

中国的小城镇发展也与农业灌溉工程息息相关。考古发掘显示，大约在5000年前的新石器时代晚期，中国就出现了凿井工程。在河北邯郸涧沟遗址发现的圆形水井，井径约2米，深5~6米。在河南汤阴白营龙山文化遗址中，发掘出一口方形水井，井深约12米，井口5.7米见方，井底1.2米见方，井内四壁有“井”字形木结构支撑。凿井工程的作用很大，可以使人们在离河湖等地表水源较远的地方定居，表明人类有了利用地下水资源的认知和手段。

最为典型的是建于公元前256年的都江堰水利工程。该工程以无坝引水为特征，变害为利，使人、地、水三者高度协调统一，至今仍在使用。都江堰充分利用当地西北高、东南低的地理条件，根据江河出山口处特殊的地形、水脉、水势，乘势利导，无坝引水，自流灌溉，使堤防、分水、泄洪、排沙、控流相互依存，共为体系，保证了防洪、灌溉、水运和社会用水综合效益的充分发挥。都江堰建成后，“水旱从人，不知饥馑，时无荒年，谓之天府”，依托都江堰水利工程，都江堰灌区形成了星罗棋布的小城镇，这也是成都平原农业经济2000多年来一直充满生机的重要原因之一。

（三）宗教建筑工程与小城镇

工程不仅在物质生产上推动着小城镇的发展，而且与其所处时代的

① 邹一清：《古蜀与美索不达米亚——从灌溉系统的比较分析看古代文明的可持续发展》，《中华文化论坛》2005年第2期。

社会生活方式及精神文化生活有紧密联系，这一点在宗教建筑工程的演化进程中表现得最为鲜明和突出。神庙、宗教等工程建筑往往位于城镇空间的核心，[①] 也是小城镇发展的精神文化推力[②]。

对于古人而言，神庙建筑不仅是供奉神祇之地，也是精神归宿。在城镇出现之前，规模较大的定居点大多围绕宫殿或神庙建立。[③] 在古埃及，尼罗河两岸布满了神庙，人们总是就近居住，以求日常供奉、沐浴神恩。而对于古埃及的底比斯、孟菲斯这样自然形成的城市来说，它们从村落到集镇乃至城市的发展过程就是随着生产力的发展对宫殿和神庙进行不断扩建、增建的过程。一些主神有其传统的崇拜中心，例如底比斯是阿蒙的崇拜中心；孟菲斯是普塔的崇拜中心；赫利奥波利斯是太阳神拉（Ra）的崇拜中心；塔尼斯（Tanis）是塞特（Seth）的崇拜中心；阿比多斯（Abydos）是奥西里斯（Osiris）的崇拜中心；等等。在这些崇拜中心中，处于核心地位的是恢宏壮观的大神庙，它们是神祇的居所，也是神祇与人类沟通的地方，这种功能是其他地方的小神庙所不具备的。每逢宗教节日，这些大神庙就成为信徒的汇聚之所，也是供品的集散之地。[④]

生产力的发展以及人口、经济规模的不断扩大进一步促进了宗教文化的繁荣，小城镇的社会生产关系也随之发生了变革，催生了规模愈加庞大的宗教建筑工程。这些建筑不仅能够反映出当时的工程规模、文化艺术水准和思想意识状况，更为重要的是，围绕这些工程人口又进一步集聚，推动了小城镇的发展。即便是现在，很多宗教建筑工程如庙宇、教堂、清真寺等仍受国家影响。很多国家支配着小城镇以及城市的景观轮廓和形象。这种世俗权力与宗教神权的结合对当时的城镇成型的作用是巨大的，它统一了人的意志和行动，激发了人的潜能，以至于之前单凭野蛮强制无法办到的事，或单凭魔法仪式无法实现的事现在可以由野

---

① David O' Connor, “The University Museum Excavations at the Palace-city of Malkata,” *Expedition* 21 (1979): 52.

② 中国古代小城镇形成过程中出现的可能更多的是宗祠或祭坛。

③ E. P. Uphill, *Egyptian Towns and Cities* (Princes Risborough: Shire Publications, 1988), p. 19.

④ B. J. Kemp, “How Religious Were the Ancient Egyptians?” *Cambridge Archaeological Journal* 5 (1995): 30.

蛮强制和魔法仪式相结合，靠彼此理解和共同行动在城市成型过程中逐一实现了，而且规模之大前人无法想象。对此，华丽的宫殿、恢宏的宗教建筑工程无疑是最有力的证明。①

三 工程集群与小城镇的发展

小城镇的规模由小变大、经济由弱变强的例子屡见不鲜，但小城镇真正走向现代化意义上的城镇化道路，却始于第一次工业革命，至今也不过200余年历史。第一次工业革命在开启大机器生产方式的同时，更是引发了一次深刻的社会变革，城镇化则是这次变革中的代表性产物。所谓城镇化，并非指农业社会中某一个或几个城镇的孤立发展，而是工业时代下特定区域或国家内的小城镇和城市伴随科学技术、生产组织形式以及政治、经济和社会的发展，在短时间内出现了城镇人口大量集聚、规模急剧扩张、功能不断多元等现象。而工程集群作为大机器生产方式中最主要的载体，在近代小城镇的发展中发挥了决定性作用，使得第一次工业革命前后的小城镇具有了完全不同的结构、性质和功能。

（一）第一次工业革命与工程集群

工业化是指在机器大工业的推动下，制造业、采矿业、建筑业、交通运输业和商业等非农产业迅速发展，逐渐取代原来的第一产业——农业，成为国民经济主导产业的过程。② 工程集群是工业化的产物和主要承载方式。第一次工业革命之前的工程活动受制于当时有限的技术水平、工具使用水平和生产组织水平，多以分散或割裂的状态存在，缺乏普遍的有机联系。而第一次工业革命因一系列技术的突破性创新，引起生产组织管理形式、经济结构、生产方式方面的革命性变革，导致承载工业文明的主体——工程，也由分散走向了集群。如芒福德所言：“现代工业发明使人类在相当大的程度上克服了时间与空间的限制，又进而促进了工业生产规模的扩大和效率的提高，并使得工业集中在城市成为可能。”③

第一次工业革命后，或因历史与偶然，或因自然资源的禀赋，或因

① 李月：《刘易斯·芒福德的城市史观》，博士学位论文，上海师范大学，2016，第29页。

② 刘伟主笔《工业化进程中的产业结构研究》，中国人民大学出版社，1995，第193页。

③ 刘易斯·芒福德：《城市发展史——起源、演变和前景》，宋俊岭、倪文彦译，中国建筑工业出版社，2005，第16页。

区位特色优势，某项产业在一个区域内生根发芽进而形成优势产业。在这种情况下，对于工人而言，该地区便产生了大量的就业机会、广阔的发展前景和较高的劳动报酬。对于雇主而言，大量训练有素的技术工人又是其所必需的。劳动力供给与需求的结合，导致了同一产业在早期发展中的企业“扎堆”现象。而随后由于路径依赖和累积因果效应，劳动市场的共享造成了企业集聚现象，为企业节约了劳动力要素成本、招聘成本和培训成本，工程集群也随之形成。经历过第一次工业革命的洗礼和社会分工及产业的发展壮大，工程的范围、规模、体量越来越大，工程样式和种类也越来越繁多，工程间的相互依赖性也越来越强，工程集群也成了推动小城镇发展的重要力量。

（二）英国的小城镇发展与工程集群

小城镇的大规模发展肇始于英国。作为第一次工业革命的发源地和最早完成工业化的国家，英国的城镇化与工业化进程相辅相成且步调一致。从18世纪60年代到19世纪30年代末，持续70多年的第一次工业革命使资本主义由工场手工业过渡到机器大工业，工业资本取代了商业资本的主导地位，工业化与城镇化的互动实现了产业结构、城乡结构的双重优化。从18世纪初到19世纪初的短短100余年，英国的城镇人口比例由占总人口的20%～25%增长到33%。19世纪晚期，英国70%的人口都已经居住在城市中，成为世界上第一个实现城镇化的国家。①

作为第一次工业革命的绝对先行国，英国的工业革命和城镇化进程无任何经验可循。在政府“自由放任”的政策背景之下，资本存在逐利天性，在自由市场这只“看不见的手”的调解下，英国的产业布局和发展迅猛发展，工程集群作为新兴产业的主要载体，成了推动小城镇发展的重要力量。

机器大工业生产和发展条件与传统手工生产方式的巨大区别决定了英国小城镇的发展基础并非原有的封建城镇，而是原材料产地、交通要道和劳动力较为充足的村庄和矿区，它们除了促进原有城市规模的扩大，还形成了新的城市。工业化生产的规模、物料流通量以及成本压力对外

① 李明超：《工业化时期的英国小城镇研究》，博士学位论文，华东师范大学，2009，第33～35页。

部条件提出了更高的要求，资源和区位分布等各方面的差异在很大程度上左右了当地的工业水平及城镇化进程，煤炭的开采和运输首先使得那些拥有矿产、交通或劳工等优势资源的地区得到了有效发展。19世纪英格兰北部地区正是依托于周围丰富的矿产资源而崛起，并迅速成为英国首屈一指的工业区。随着交通运输业的进步，工业的发展也不再局限于矿区周围，配套的公共基础设施也要随之升级，以降低成本、节约投资、节省土地，从而提高经济效益。新兴工业城镇一般毗邻运河、港口、驿道等，便捷的交通以及工厂创造的大量就业机会吸引了大批农民和产业工人，劳动力集聚又促进了相关产业的发展。不仅是小城镇，曼彻斯特、格拉斯哥、伯明翰等英国大中型城市，也是按照这种模式建设起来的。[①]城镇的发展则反过来进一步促进了运输业以及仓储、旅店等商贸服务业的发展，金融业务也发展起来。

英国纺织业的发展最能体现这一进程。该行业在工场手工业时期就在英国经济中占据着中心地位，也是最早出现工业革命并形成工程集群的产业。早期的纺织业主要集中在水力、风力等资源丰富的地区。随着蒸汽机在18世纪70年代的大规模推广和应用，手工工场和家庭作坊被机械化的纺织工厂所取代，蒸汽机对煤炭的依赖也促使工厂的选址向交通便利和煤炭资源丰富的地区集中，原先布局分散的纺织工业出现了明显的集聚趋势，同时对基础设施的要求也越来越高。和乡村相比，小城镇更能提供较齐全的生产性及生活服务性基础设施，从而成为工业空间集聚的理想地域，这也促使了工业不断向城市集中，进而推动了城市的发展。资源、区位、交通优势的有机组合形成了经济集聚的强大力量，一批工业城市如雨后春笋般地涌现在英伦大地。

恩格斯对工程集群与英国城市（包括小城镇）的兴起做了深刻阐释："大工业企业需要许多工人在一个建筑物里面共同劳动；这些工人必须住在近处，甚至在不大的工厂近旁，他们也会形成一个完整的村镇。他们都有一定的需要，为了满足这些需要，还须有其他的人，于是手工业者、裁缝、鞋匠、面包师、泥瓦匠、木匠都搬到这里来了……于是村镇就变成小城市，而小城市又变成大城市。城市愈大，搬到里面来就愈

① 田德文：《欧洲城镇化历史经验的启示》，《当代世界》2013年第6期。

有利，因为这里有铁路，有运河，有公路；可以挑选的熟练工人愈来愈多……这里有顾客云集的市场和交易所，这里跟原料市场和成品销售市场有直接的联系。这就决定了大工厂城市惊人迅速地成长。”①

（三）工程集群与中国专业小城镇发展

作为先发国家的代表，英国的工程集群及其对小城镇发展的引领作用带有鲜明的时代特征，这种在“有效的市场”背景下的自发自为发展模式，在很长一段时间内代表了小城镇发展的主流方式。

二战后的新技术革命与全球化时代的到来改变了工业发展和工程集群的模式和机制，“有为的政府”变得愈加重要。知识要素成为各类产业发展的关键，经济全球化更是加速了各类产业在更大范围的转移与扩散并改变了国际分工格局。除了“有效的市场”，技术、基础设施、制度安排等要素同样对经济发展有着重要影响，这种改变对“有为的政府”提出了更高的要求，如何充分利用本地的各类资源禀赋，促进产业的潜在比较优势变成竞争优势并引领城镇发展就成了一个不容回避的问题。

具体而言，一个“有为的政府”通过制定相关产业规划和政策创造适宜的创新环境及良性的竞合互动机制，并寻找特定区域（如便捷的交通、潜在的市场、廉价的劳动力等）作为最优化的生产空间载体，使得一些产业或部门实现知识要素资源的合理配置和高效利用，形成紧密的产业关联和社会化分工，最终催生一些新的企业集群的出现。如以“第三意大利”为代表的纺织、制鞋、瓷砖等产业群，② 美国128号公路沿线的电子产业群以及印度班加罗尔的电子软件产业群都体现出了这种新的发展模式。这些产业集群不仅产业内部的专业化程度高，而且区域内专业化的企业间协作频繁，企业的生产效率和区域竞争力也随之不断增加，同时带动了本地区的经济和社会发展。③

---

① 《马克思恩格斯全集》第2卷，人民出版社，1957，第300~301页。

② 特指意大利东北部和中部的新兴工业化地区，以区别于经济较为落后的南部地区（第二意大利）和经济较为繁荣但20世纪70年代以后经济面临重重危机的西北地区（第一意大利）。

③ 何恺强：《专业化生产与城镇发展研究——广东省专业镇发展分析》，硕士学位论文，中山大学，2004，第2页。

就中国而言，改革开放为中国融入全球分工体系提供了绝佳机遇，也为产业集群发展提供了宽松的环境。在“有效的市场”和“有为的政府”二者有机结合下，作为改革开放前沿阵地的广东地区涌现了一大批专业小城镇。这些专业小城镇不断刷新着所在区域的经济影响力，成为中国经济发展和城镇化进程中的亮点。20世纪80年代以来，面对劳动力成本上涨和土地资源减少等问题，香港的劳动密集型产业纷纷转向广东省尤其是珠三角地区，同时，广州、深圳等城市的工厂出于对生产成本的考虑，也不断地从市区迁往周边乡镇。同时，为了降低运输和交易成本，这些工厂在空间上又不可能离得太远，仍需要在一定的地域范围内集聚。上述因素使得广东地区的产业集群集中趋势越加明显，各产业依托各小城镇，形成了众多的专业化生产区，体现了产业地方化、地方专业化的特征，尤其是在珠三角地区出现了大批经济规模超过十亿、几十亿甚至百亿元的以镇级经济为单元的专业化生产区。

专业小城镇的经济发展有一个共同特点，即一个镇拥有一个主导产业体系，只生产一种或少数几种产品，这种产业集聚带来了成本和专业化程度方面的优势，其产品竞争力往往要比中心城市生产同类产品更强。[①] 被称为“服装之都”的广东省东莞市虎门镇，就是依靠政策扶持和外资投资建厂进而形成产业聚集并发展起来的典型专业小城镇，“村村点火，处处冒烟”一度被视为虎门镇工业发展的典型特征。

1978年，港商张子弥在虎门镇开办全国第一家来料加工厂——“太平手袋厂”，开启了虎门走向“服装之都”的第一步。从手袋加工开始，一大批港商到当地设厂，发展服装、玩具等劳动密集型企业，依托香港，形成“前店后厂”的产业格局。所谓的“前店”，指的是香港利用海外贸易的窗口优势以及国际通信、金融保险、国际航运中心的优势，承接海外订单，提供原材料和元器件，控制产品质量，进行市场推广和对外销售，从事样品制造和新技术、新产品的开发，扮演“店”的角色；所谓的“后厂”，则是虎门镇利用土地、自然资源和劳动力优势，进行产品的加工和制造，扮演“厂”的角色。这种跨地域的垂直分工模式，既

① 易雪玲、邓志高：《探索“专业镇产业学院”高职教育发展新模式》，《中国高等教育》2014年第Z3期。

促进了香港经济转型和多元化发展，又使得虎门镇迅速形成规模经济，实现了经济起飞和高速增长，成为华南服装重镇。

聚集在虎门镇的各类服装和纺织厂，进一步推动了地区的社会发展。第一产业比重不断下降，第二产业、第三产业比重远超第一产业。长期以来，虎门在东莞各镇中经济实力长居首位，是东莞首个 GDP 破 400 亿的镇。截止到 2015 年，虎门镇常住人口超过 60 万人，全镇生产总值达到 447 亿元。全镇市场主体总量有 6.53 万户，在东莞市 32 个镇街中稳居第一。新注册市场主体有 10913 个，其中新注册企业有 4778 个。新增 60 家规模以上企业，总量达 658 家，成为全市规模以上企业最多的镇街，其中新增规模以上工业企业 42 家，总量达 381 家。虎门也获得了全国重点镇、中国女装名镇、中国童装名镇、全国服装（休闲服）知名品牌创建示范区、全国纺织模范产业集群、中国服装产业示范集群、国家电子商务示范基地、国家电子信息产业基地、国家特色景观旅游名镇等 100 多项国家和省级荣誉称号。在 2014 年国务院出台的《国家新型城镇化综合试点方案》中，虎门更是作为试点被赋予县级管理权限，成为我国新型城镇化道路中小城镇发展的典范。

虎门镇的发展可被视为广东省专业小城镇发展的缩影。截至 2015 年，广东省内经科技厅认定的省级专业镇达 399 个，实现地区生产总值（GDP）约为 2.77 万亿元，约占全省 GDP 的 38%；专业小城镇内规模以上企业数达 3.03 万家，全省工农业总产值超千亿元的专业小城镇达 8 个；超百亿元的专业小城镇达 130 个。全省专业小城镇平均企业集聚度为 1712 个/镇，珠三角平均企业集聚度达 3222 个/镇；全省专业小城镇名牌名标总数 3622 个，集体商标数和原产地商标数 253 个，共参与制定修订行业标准 1692 件；参与产学研合作企业数 1929 家，与大学、科研院所共建科技机构数共 769 个；创新服务平台完成和参与的成果转化项目 620 项，成果转化项目产值达 30.07 亿元，形成了电子信息、家电家具、纺织服装等特色优势产业集群基地，涌现出顺德家电、古镇灯饰、虎门女装、澄海玩具等大批区域品牌。①

专业小城镇的发展模式和历程也为我国广大小城镇的发展提供了重

---

① 广东省科技厅：《广东专业镇协同创新打造经济新常态》，《广东经济》2016 年第 5 期。

要启示和发展经验。城镇化不仅是物的城镇化，更重要的是人的城镇化，城镇的发展终究要依靠人、为了人，以人为核心才是城市建设与发展的本质。从这个角度来看，专业小城镇的发展不仅可以创造大量的就业机会，吸纳农业剩余劳动力和众多外来人口，更重要的是可以培育新型产业工人，使农业社会原有的生产、生活以及管理方式逐渐被工业社会的生活方式和管理方式所代替，城市生活的主导地位逐渐形成。专业小城镇通过强化项目支撑、发展实体经济、促进产业集聚，构筑产城互动的城镇化发展新格局，可以大大提高当地居民的生活水平，带动农业专业镇向城乡统筹、城乡一体、产城互动、节约集约、生态宜居的新型城镇发展。

第三节　工程集聚、产业链、市政工程和作为“自然－社会－工程空间”的大中城市

城市经历了一个由低级形式向高级形式发展的过程。如果说小城镇代表了人类城镇文明发展的初级阶段，那么大中城市则引领着现代化和城镇化的潮流。工业生产规模的扩大和效率的提高，使人类在相当大的程度上克服了时间和空间的限制，并进一步促使城市空间走向集中并不断扩大。大中城市就是在各种条件成熟之后必然出现的产物，是经济生产的绝对中心。如果说工业化是城市发展的主要动力，产业链则是大中城市发展的主要途径。产业链所带来的集聚效应，吸引众多社会、经济部门在相对狭小的空间内集聚，导致城市形成和不断扩大。扩大了的产业空间又吸引新的就业人口，同时，完备的市政工程又为大中城市的发展起到了强有力的支撑作用。

一　大中城市的基本概念及其功能

不同的领域和角度对大中城市的定义也各不相同。2014 年国务院印发的《关于调整城市规模划分标准的通知》，明确了我国新的城市规模划分标准，以城区常住人口为统计口径，将城市划分为五类七档。城区常住人口 50 万以上 100 万以下的城市为中等城市；城区常住人口 100 万以上 500 万以下的城市为大城市；城区常住人口 500 万以上 1000 万以下

的城市为特大城市；城区常住人口1000万以上的城市为超大城市。本节对大中城市的讨论就围绕此标准展开。

作为推动经济、社会以及文明发展的主要力量，几乎每个大中城市都是一个国家或地区的政治、经济、文化中心，在资本流动、教育科研、交通运输、市场容量、通信设施、人力资源以及居住条件等方面，比绝大多数小城镇拥有更多的优势。人口的大量聚集带来了需求增长、生产扩大、分工加深、合作竞争，进而导致交换的频繁和扩大，带动了工商业的繁荣。聚集与分工使更多的人从体力劳动中独立出来，成为精神文化的生产者和传播者，文明也得以大踏步前进。主题为“城镇化与发展：新兴未来”（Urbanization and Development：Emerging Futures）的《2016年联合国世界城市状况报告》显示，截至2015年底，1/5的世界人口居住在排名前600位的主要城市中，这些城市对全球国内生产总值的贡献高达60%。同时，全球居住人口超过1000万的“超级城市”已从之前的14个增加到28个，其中22个都集中在拉美、亚洲和非洲地区。

大中城市凭借体量优势可以吸引更多的产业，进而产生更大的规模效益和经济效益，在发展自身的同时还可以带动周边整个区域的发展和加快现代化进程。这种集聚效应不仅体现在第二产业、第三产业的不断集中和发展，还包括人口在城市的增加。当城市人口达到一定的规模时，爆发的集聚效应就会创造出很高的生产率。各种资源、劳动力、生产部门在城市形成了规模较大的市场，扩大了生产的规模，降低了运输、交易等生产成本，极大地提高了生产力和经济效益。

二 产业链与大中城市发展的互馈作用

大中城市与小城镇的区别体现在城市规模、人口数量以及经济体量等方面，但二者更深层次的差异源于产业结构和布局的不同。如果说工程集群推动了小城镇的发展，那么由工程集群组合而成的产业链则在大中城市的发展进程中扮演着重要角色。

（一）工程、产业和产业链

工程活动是工业化时代物质生产活动的主要形式，与产业的关系既相区别又相联系。产业作为社会经济的表现形式，是生产力和社会分工发展到一定阶段的必然产物，是“具有同类属性的企业经济活动的集合”[①]。尽管产业的范围很广，但是相同或类似产业的经济活动往往呈现相同的属性，由于工业在工业革命之后占据了国民经济的主导地位，所以现代的产业主要是指工业（其英文表述“industry”便兼具产业和工业之意）。

现代化的产业形态是建立在各类技术、工程系统基础上的各种行业的专业生产或社会服务系统。产业可以被理解为同类工程活动归并的一个集合，工程则是产业的组成单元或基础。同类工程活动过程、运行效果及其投入产出特征可以被理解为产业生产活动。所以，产业生产的活动目标主要是提升经济效益和社会效益，但是这种效益是以特定的工程活动为基础的。[②]

作为产业发展的基础，工程项目的布局和结构往往决定或影响特定区域的产业布局和产业发展，甚至改变和提升区域产业结构，推动区域产业结构的升级换代。专业化分工是工业时代提高生产效率的主要途径。围绕核心产业将上下游等环节尽可能纳入一个区域的专业化社会分工，在深化分工的基础上建立密切合作关系，可以使该地区该行业中所有相关企业竞争力得以提高，从而提升产业竞争力，最终带动该区域经济发展。在“时间就是金钱、效率就是生命”这条亘古不变的市场经济原则下，本着提升效率和降低成本的原则，一项或几项产业可升级融合形成产业链。如在水利资源丰厚的地区，有目的性地建设一系列水利工程，就可以形成以水电、航运、灌溉等为特征的产业布局；在石油、矿产资源积聚的地区，有目的性地建设一系列能源与资源开发工程，就可以形成能源、资源开发与转化的产业和产业链。

（二）产业链与大中城市发展的互馈作用

区位理论认为城市是一种社会生产方式，它以社会生产的各种物质要素和物质过程在空间上的集聚为特征，并产生经济集聚效应，推动了城市的发展，产业链则是经济集聚效应的代表。所谓经济集聚效应，一

---

① 苏东水主编《产业经济学》（第四版），高等教育出版社，2015，第5页。

② 殷瑞钰、汪应洛、李伯聪等：《工程哲学》（第二版），高等教育出版社，2007，第106~107页。

般是指企业或劳动力等由于空间集中而产生的经济利益或成本节约，即“一批厂商因彼此位于附近，而可能产生的经济效果或费用减少”[①]。由于地理环境、自然资源、政治宗教、历史文化等因素形成的特色产业吸引着各种相关资源要素的集聚，逐渐衍生为城市，在资源要素集聚的基础上又进一步扩散，形成经济集聚效应，反过来又推动着城市的发展。

产业的技术外部性影响，或者说对技术溢出的追求使得企业有了集聚的倾向并在地理空间上形成产业链，这也是城市经济集聚效应的典型表现。[②] 在某一区域内的一家企业通过技术创新而获得技术知识，如工艺创新、管理方式创新等，那么这些技术知识有相当一部分会外溢成为产业内相关企业的公共知识和技术。这种技术知识外溢的效果在很大程度上取决于空间距离的远近。由于可以准确、迅速掌握技术变化的信息（包括技术知识、技术市场动向），同一地区企业可以以较低的成本获得该技术知识并从中获利，这既节约了企业技术创新要素的投入，又节省了技术创新时间，自己又能够边干边学，并提高生产率和降低成本，从而促进企业自身的快速壮大。

产业集聚效应从本质上看是企业集中以及产业链形成而产生的规模经济，其受益者包括但不限于生产方面，对生活或消费方面也有着积极影响。例如，厂商的大量集聚则为居民创造了众多的择业机会，多样化的产品供给为家庭消费者提供了挑选的便利等。产业集聚效应不仅在微观上为城市企业和居民带来了各种各样的经济利益，而且在宏观上也影响着城市经济的运行；不仅为整个城市的发展带来了经济利益，而且使得城市本身也具有了集聚经济效应，从而影响着整个城市和周边区域的发展。

（三）工程、产业链与中国城市化的案例分析

工程及产业链对大中城市发展的拉动作用毋庸置疑。与先发国家的大中城市较长时间的城市化进程相比，作为后发国家的中国主要依靠政府规划和主导工程项目建设，以较快的速度进行了城市化，并取得了显

---

① 伊文思：《城市经济学》，甘士杰译，上海远东出版社，1992，第46页。

② 陈柳钦、黄坡：《产业集群与城市化分析——基于外部性视角》，《西华大学学报》（哲学社会科学版）2007年第2期。

著的成果。这在新中国成立后的“一五”计划时期（1953～1957年）表现得尤为明显。

我国“一五”计划时期城市化进程的推力主要来自该时期开始实施的“156项工程”（实际完成150项）。这些工程在为新中国的工业化打下了坚实基础的同时，也为中国今后的城市化发展带来了深远影响。自此，中国正式揭开了有序建设和重点发展现代化工业城市的新篇章，城市发展也从新中国成立前的自发自为阶段转入了一个主动规划和发展的新时期。从人口统计数据的变化中我们可以看出，虽然这一时期我国城市人口的自然增长率高于农村，但在1950～1957年城市人口增加总量中，机械增长占到了60.8%，从农村转入城市就业的劳动力人数总计达到2300万人；同期，全国农业劳动者占全社会劳动力的比例由1949年的91.5%下降到1952年的88.0%，1957年则降到了81.2%。[①]

“156项工程”是以苏联援助中国急需的国防、能源、原材料和机械加工等156个大型重工业项目为中心，以及相关配套的694个限额以上的工业项目组成的，分布在全国17个省（区、市）。[②] 通过“156项工程”的实施，中国新建6座城市、大规模扩建20座城市、一般扩建74座城市，[③] 促进了既有大中城市的工业恢复和发展，如东北地区的沈阳、吉林、哈尔滨、齐齐哈尔等基础较好的城市。更为重要的是，还在内陆地区新建了一批工业城市，其中西安、太原、兰州、包头、洛阳、成都、武汉和大同8个城市成为国家重点投资建设的一批新工业城市，即八大重点城市。这些新兴工业城市的出现与当时国家所采取的重工业优先发展政策密不可分，其目的就是保障和配合工业建设。

这种城市化方式充分体现了工程活动的目的性和实践性特征。在“全国一盘棋”的统筹规划思路指导下，不同工业的类别、目的、区域布局等因素，在很大程度上决定了一个城市发展的方向、性质、建设方式以及规模结构等。

---

① 国家统计局编《中国统计年鉴（1984）》，中国统计出版社，1984，第107、108、182页。

② 薄一波：《若干重大决策与事件的回顾》（上卷），中共中央党校出版社，1991，第297页。

③ 曹洪涛，储传亨主编《当代中国的城市建设》，中国社会科学出版社，1990，第65～66页。

作为八大重点城市之一，同时也是新兴城市的代表，洛阳在“156项工程”实施后发生了翻天覆地的变化，由新中国成立前一个人口不足7万的小县城，发展成为一个以机械工业为主的新兴工业城市，并开创了“脱开老城建新城”的洛阳模式。[①] 洛阳的发展体现了围绕一个核心工程项目并形成产业链的思路。根据国家工业计划，洛阳被定位为“机械制造工业区”，“156项工程”中的7项工程位于洛阳。其中，第一拖拉机制造厂是核心项目，主要制造农业机械来服务中原地区这一农业区和粮食主产区，而滚珠轴承厂、矿山机械厂、热电厂及铜加工厂等工程就成为机械制造的基础，工业机械的生产地与消费地临近，有利于形成合理的产业链布局。[②]

1955年至1956年，原国家计委出于对传统文化古迹的尊重和保护，根据洛阳的地形地貌和交通特点，在洛阳城西的涧西区分别兴建了第一拖拉机制造厂、矿山机械厂、滚珠轴承厂以及作为配套项目的热电厂和水泥厂这5个“一五”计划重点工程项目。除此之外，整个“一五”计划期间，相继在洛阳开工建设的还有铜加工厂、棉纺织厂、耐火材料厂、玻璃厂和柴油机厂。这10个工厂构成了洛阳早期社会主义工业建设的主体工程，被称为“十大厂矿”。“一五”计划结束时，“十大厂矿”的28个大型厂房已建成23个，安装设备达8290台（套），65个生产车间已有34个投入生产。[③] 这些工程项目的实施，填补了我国拖拉机、重型矿山机械、轴承、有色金属材料、高速柴油机等多项产品的空白，在整个国民经济生活中发挥了重要作用。

另外，洛阳还围绕这十个主体工程重点建设了一批相关的教育和科研机构，形成了对工程项目的智力支持。如洛阳农机学院（中国农机、轴承教育中心）、洛阳拖拉机研究所（中国拖拉机研究中心）、725研究所（中国船舶材料研究中心）、机械工业部第四设计院（中国农机工厂设计中心）、有色金属设计院（中国有色金属工厂设计中心）、机械工业

---

① 李百浩、彭秀涛、黄立：《中国现代新兴工业城市规划的历史研究——以苏联援助的156项重点工程为中心》，《城市规划学刊》2006年第7期。

② 阎宏斌：《洛阳近现代城市规划历史研究》，博士学位论文，武汉理工大学，2012，第49～50页。

③ 戈晓芳：《1953：3个“一五”重点项目在洛筹建》，《洛阳日报》2013年2月4日，第9版。

部第十设计院（中国轴承工厂设计中心）、轴承研究所（中国轴承研究中心）、矿山机械研究院（中国矿山机械研究中心）等，这些机构均成为各个领域机构的翘楚。

在城市建设方面，洛阳在涧西工业新区完成了水、电、道路、桥梁、铁路支线等城市配套设施建设，规划了多个大小不同的生活区。在不同的生活区按照需求和服务范围，分别设置了区中心行政机构、文化宫、俱乐部、医院、中小学、幼儿园、体育场、粮店、小卖部等文化、商业和生活设施。随着工业企业的发展，成批的学生、工人、干部从祖国各地汇聚洛阳，到 1957 年，洛阳的城市人口猛增到 52.9 万人，仅次于当时的上海、广州、北京和武汉，洛阳工业基地初现雏形。

从洛阳的城市化进程可以看出，虽然这种以特定工程为基础，集中力量推动工业化进程进而带动整个城市的发展模式带有鲜明的时代烙印，但同时也成了一种体现中国特色的城市化新模式。一个重点工程的建成，不仅需要解决工业生产的动力、能源、原材料、运输、基建等生产性建设问题，还需要解决职工生活、文化、娱乐、教育、福利等一系列的非生产性建设问题，而这些问题的解决又需要以城市为载体来进行资源的集中配置和各类辅助部门的相互协作。在城市新区，一个工业点的出现，有时就是一个城市的雏形，而围绕核心工业点所形成的产业链，甚至会形成一个十几万乃至几十万人口规模的城市。工程在推动传统城市规模不断扩大和功能不断更新的同时，也使城市在经济、政治、社会乃至文化等方面的影响力与日俱增。更为重要的是，工程使传统城市在向工业城市的转变中产生了巨大的聚集和辐射能力，城市以工业职能为主的经济功能得以扩大，其经济腹地也得以拓展，从而拉动城市工业、商业、交通运输业、文化教育业、服务业等第三产业得以继续发展，进一步推动包括工业职能在内的城市经济功能的多样化和城市工业现代化程度的提高。①

三 作为支撑条件的市政工程

现代化的大中城市首先必须具有现代化的基础设施，只有这样，才

① 何一民：《革新与再造：新中国建立初期城市发展与社会转型相关问题纵横论》，《福建论坛》（人文社会科学版）2012 年第 1 期。

能保障整个城市的协调运转。市政工程通过提供多维度的基础设施服务，保证整个城市的社会、经济、生活和环境效益的有机统一，才会有交通便捷、环境优美、生产生活布局合理的现代化城市。

（一）市政工程相关

“条条大道通罗马”这句谚语说明在古罗马帝国时期，罗马已经成为“帝国道路网工程”的中心。罗马的市政工程不但令罗马市民自豪，而且令后人赞叹。丰富的市政工程体系使城市生活更丰富多彩，这在世界城市建设史上实乃一大创举。古罗马帝国在公元前300年左右修建的给排水工程（古罗马水槽）为改善民众的生活条件做出了重要贡献，并对后来的城市规划有着深远影响。

市政工程，又称城市基础设施，是指在城市为了满足生产、生活的需要而必须具备的一般条件的基础结构和公共设施，如城市给排水设施、电力系统、公共道路交通等，是城市系统的有机组成部分。不同形式的市政工程不仅是保障城市良性运行和有序发展的最基本物质条件，也是城市综合竞争力的重要表现之一。完善的城市基础设施能够成为一个城市吸引资金、人才、技术和信息等生产要素集聚和扩散的重要力量。比小城镇更完善的生产性、生活性基础设施，促使工商业不断向大中城市集聚，推动了城市的发展。同时，大中城市规模的迅速扩大，对市政工程也提出了更高的要求，如果出现供水不足、电力短缺、交通堵塞、信息传递缓慢、环境状况恶化等情况，不仅会影响城市集聚效应的有效发挥，甚至有可能会出现城市集聚效应的逆转。如南美和东亚等的一些国家和地区出现的大城市病，都对大中城市的发展进度和质量产生了不良影响。

对市政工程内涵的认识，在历史上经历了一个层次和范围不断发展的过程。亚当·斯密在《国民财富的性质和原因的研究》中就阐述了公路、桥梁、运河等公共设施对国民经济的影响。1943年，英国著名的发展经济学家罗丹（P. N. Rosenstein-Rodan）通过总结早期经济学家的研究，在其著名的《东欧和东南欧国家的工业化问题》一文中提出了社会先行资本的思想，指出社会先行资本包括电力、运输或通信市政设施，它们构成了社会经济发展的基础并在国民经济总体中发挥重要作用。

我国学者对城市基础设施的认识起步较晚。1981年，钱家骏、毛立本首次引入了“基础结构”的概念，并把基础结构定义为“向社会上所有商业生产部门提供基本服务的那些部门，如运输、通信、动力、供水以及教育、科研、卫生等部门”，并指出狭义的基础设施专指具有有形产出的部门，即运输、动力、通信、供水等部门，而广义的基础设施则包括教育、科研和卫生等“无形产出”的部门。[①]《经济大辞典》中，对基础设施的解释是：“为生产、流通等部门提供服务的各个部门和设施，包括运输、通讯、动力、供水、仓库、文化、教育、科研以及公共服务设施。”[②]

中华人民共和国建设部于1998年发布的《城市规划基本术语标准》（以下简称《标准》）将城镇化定义为“人类生产和生活方式由乡村型向城市型转化的历史过程，表现为乡村人口向城市人口转化以及城市不断发展和完善的过程”。这种转化的深刻内涵在于，它不是简单的城乡人口结构的转化，而是一种产业结构及其空间分布结构的转化，是传统劳动方式、生活方式向现代化劳动与生活方式的转化等。同时，该《标准》也从工程系统的角度将城市基础设施分为7个大类的市政工程，分别为城市道路交通、城市给水工程、城市排水工程、城市电力工程、城市通信工程、城市供热工程以及城市燃气工程。

市政工程的服务对象不是某些特定部门或人员，而是城市的所有部门、单位、企业和居民，是为城市社会整体、为整个城市提供社会化服务。根据功能的不同，可以将上述几大类市政工程分为生产性市政工程和生活性市政工程两大类，虽然两者功能不同（生产性市政工程主要是为城市的物质生产提供基础设施和服务，直接推动生产力的发展并产生经济效益；而后者主要是为居民生活提供服务，即便不是直接参与生产）但其对经济效益的发展也不可忽视，我们下文的分析也以此为逻辑展开。

（二）市政工程对城市物质生产活动的支撑作用

生产性市政工程通过为生产部门提供公共服务以及改善生产环境，直接或间接地提高社会生产力和经济效益效率，支撑大中城市的发展，

---

① 钱家骏、毛立本：《要重视国民经济基础结构的研究和改善》，《经济管理》1981年第3期。

② 吴传钧主编《经济大辞典》（国土经济·经济地理卷），上海辞书出版社，1988，第396页。

主要体现在以下几个方面。

第一，生产性市政工程为城市中经济部门提供基本的生产和发展条件。各经济部门的生产活动、效率和成本以及其原材料供给，直接受到区域内相关基础设施建设和发展情况的影响。完备的生产性市政工程是决定企业区位选择和生产效率的要素，也是城市投资环境的一个重要组成部分。这其中的一个典型便是城市电力设施。电力设施是一切现代化工业体系的基础，也是企业生产效率的重要决定因素。中国社科院《基础设施与制造业发展关系研究》课题组认为，虽然基础设施是制造业发展的必要条件而非充分条件，其发展状况随着基础设施存量发生变化，特定部门边际成本的变化情形不尽相同，但是，增加电力基础设施将减少全部工业部门的生产成本。[①] 与其他能源相比，电能的优势在于能迅速实现精准控制，促进工业生产过程的机械化和自动化。良好的电力设施可提高工业生产力和工业化水平，电力设施不足则导致工业用户接入困难和频繁拉闸限电，供电质量不高会影响生产设备的运行和产品质量。此外，各种生产要素和产品的空间转移，需要完善的道路交通体系的支持，这有利于降低生产部门的转移成本，使其与市场建立更为广泛的联系，从而减低总体生产成本，保证供需平衡。城市公用设施系统的完善可以对职工的生活和福利产生积极影响，降低其工资成本，从而有效提高人民的生活质量和劳动效率。而且，生产性市政工程为产品的空间转移和交易创造了便利条件，为专业化的生产创造了要素，使得大规模生产在专业化的基础上得以实现，进而降低了生产部门和企业的平均生产成本，提高了规模经济效益。现代化的城市空间网络、生产要素的自由流动和资源的优化配置，都依赖于高度发达的基础设施网络，其推动了城市的产业结构演进，并且促进了产业之间的联系、融合、整合和升级。在全球经济快速发展的浪潮下，通过不同性质、等次、等级的基础设施网络，以节点和轴线为联系依托，将有助于城市经济的快速发展。[②]

第二，生产性市政工程本身作为固定资产投资项目，对城市的经济

① 《基础设施与制造业发展关系研究》课题组：《基础设施与制造业发展关系研究》，《经济研究》2002 年第 2 期。

② 周正清：《基础设施与经济发展——对中国的地区和城乡研究》，硕士学位论文，复旦大学，2008，第 12 页。

和各产业链有直接的拉动作用。一般而言，市政工程，尤其是大型市政工程的建设，具有投资多、周期长、涉及部门广的特点，在建设的过程中，需要大量的原材料、资金、技术、服务等，进而可以带动相关部门产出的增加，促进上游部门的发展。2008 年 5 月通车的杭州湾跨海大桥，对杭州湾区域内的国民经济相关产业的发展具有很强的带动效应，涉及农业、工业、运输仓储业、邮电业、批发业、零售业、贸易业、餐饮业等数个产业。2007 年，该工程在修建过程中对区域内社会经济带来了巨大的效益，仅居民总收入就有 72.90 亿元，包括 25.17 亿元的直接收入效益和 47.73 亿元的间接收入效益。①

第三，生产性市政工程供给能力的改善会提高其他生产要素的产出率。如便捷的公共交通可以将城市周围的人群吸纳到城市就业体系之中；能源的充足供应可以使社会生产从简单劳动转向规模化大生产；互联网科技的进步加速了信息交流并提高了工作效率；等等。此外，前瞻性的市政工程建设规划可以进一步吸引外来投资，促进本地城市经济和产业的发展，当外来投资产生集聚效应并形成产业链时，在加速地方经济发展的同时又会反过来促进当地基础设施建设水平的进一步提高，形成经济发展、产业升级的良性循环。如城市轨道交通工程作为市政工程中公共交通系统的重要组成部分，具有运量大、速度快、安全可靠、准点舒适的优势，也成为我国主要大中城市重点发展的城市交通工具。虽然城市轨道交通工程的建设及运营的盈利空间有限，但其产生的总体社会效益及经济效益远大于其本身产生的账面收益。除了能够很好地拓展城市发展空间，促进城市的工业、商业、房地产等相关产业的发展，城市轨道交通工程形成网络化运营后，作为综合性的网络平台可将其他各种网络（如交通运输网、服务网、商贸网等）都载于其间。轨道交通网络强大的聚集和释放效应使网内的客流、物流、资金流、信息流等资源和服务在城市各区域乃至城市间快速流通，改变了社会的消费、生活和生产方式，对城市经济运行产生深远影响。城市轨道交通工程不仅在微观层面优化和提升了城区地面的使用价值和使用效率，还在中观层面发挥了

① 杨宝成、周毅俊：《基于投入产出视角的杭州湾跨海大桥经济效益分析》，《统计科学与实践》2013 年第 7 期。

链接城市核心区与外围的作用，可以推动城市不同产业协调发展。此外，从宏观层面来看，城市化进程中的土地集约利用是一个动态持续的过程，城市轨道交通工程可以针对城市土地不可再生的特点，深入开发利用土地内在功能和价值，最终达到经济、社会和生态效益的最优组合。[1] 我国现阶段大规模的城市轨道交通工程建设充分体现了城市化进程对此类市政工程的需求。截止到 2015 年，全国已经有 39 个城市建设或规划建设轨道交通。

第四，生产性市政工程形成了不同形式的公共资源和服务平台，降低了城市内部及周边各生产部门的基础投入成本。其代表就是城市交通运输工程，包括城市建成区的道路、桥梁、隧道、轨道交通等工程以及连接城市内外的机场、码头、高速公路、铁路等工程。城市交通运输工程与城市的工业化进程以及经济发展有着密切的联系。以上海虹桥综合交通枢纽工程为例，该工程虽然位于上海，却是为满足全国特别是长三角地区的经济发展和上海经济发展战略重大调整的需要而产生的。上海虹桥综合交通枢纽包含了交通系统中的高可达性元素，即航空、铁路、磁浮、城市轨道交通、高速公路客运、城市巴士、出租车等多种交通方式，不仅是一个集多种运输方式交汇和换乘的特大型的城市交通工程，还是上海面向长三角区域和国内外的门户，也是上海功能性的地标建筑工程和未来上海城市发展的重要战略中心之一。虹桥综合交通枢纽对上海及周边地区的各种经济、文化和社会活动具有强烈的吸引作用，特别是对高科技、高附加值、技术密集型产业产生了集聚作用，成为区位集聚的开端，其所带来的费用节约和利益增长作用促进进一步集聚，其内聚力通过倍数效应不断增强，向外扩散的辐射力也将随内聚力增强而增强。在这种集聚和扩散的共同作用下，一方面，该交通枢纽所在地区的规模得以扩大；另一方面，该地区与周边地区、中心城区的联系得以增强，导致城市的空间结构发生改变。因此，上海虹桥综合交通枢纽工程是重要的集聚因子，从本质上引导着上海乃至长三角地区城镇空间和产

① 张晓莉、林茂德：《论城市轨道交通建设对经济发展的拉动作用》，《城市轨道交通研究》2009 年第 1 期。

构的改变。[①]“要想富，先修路”这句俗话就是对交通运输工程的最好注解。虽然城市经济的发展不完全取决于交通运输工程的发展，但是交通运输工程却是其中一个极为重要的先导性因素。

（三）市政工程对城市日常生活的支撑作用

生产性市政工程是城市工业和经济的发展的基础与动力，但是，与日常生活相关的市政工程，即生活性市政工程也不应该受到忽视，虽然后者与经济发展没有直接关联，却同样不可或缺。如果生活性市政工程的规划与建设缺乏前瞻性或受重视程度不足，会对城市发展带来负面效果。如新中国在成立后选择了重工业优先发展的道路，将有限的资源投入生产性市政工程建设，有一些大中城市在进行规划布局时，主要考虑的是如何建设更好的服务工业，而忽视了与日常生活相关的市政工程，致使供水、排水、能源、交通、邮电通信等市政工程建设滞后，尤其是在大城市，生活性市政工程严重超负荷运行，问题较为突出，产生了诸多不良后果。

正反两个方面的经验和教训使人们对生活性市政工程的作用和意义逐步有了越来越深刻的认识。

首先，生活性市政工程可以保障城市居民生活质量。很难想象，一个现代化城市如果停止电力和燃气供应，缺乏垃圾处理厂，或者出现交通不畅、互联网或通信中断、给排水能力低下等情况，这个城市应该如何运转，市民应该如何生活。如果一个城市的市政工程谈不上高质量，充其量也就是维持市民生活，那么最终这个城市将会因此而衰败。相反，完善而良好的市政工程为市民创造了清洁、卫生、优美、舒适的工作条件和生活环境，提高了市民生活质量，增强了市民的向心力和凝聚力，从而促进了城市经济的发展。

其次，生活性市政工程可以保障市民的安全。作为社会经济各要素组成的综合体，大中城市逐渐形成一个开放的复杂巨系统，高密度成为城市中心区的常态。随着城市现代化程度的提高，各子系统之间相互依存与影响的关系日益密切，城市中心区比城市其他区域面临更多的环境、气候、生态问题，自身系统具有较强的脆弱性，特别是在城市遇到灾害

① 贾广社、李伯聪、李惠国、徐肖海等：《工程哲学新观察——从虹桥综合交通枢纽工程到“大虹桥”》，江苏人民出版社，2012，第22～34页。

时，各系统间的依存与影响尤为突出，极易引起灾害放大和蔓延，造成人员伤亡、财产损失和恶劣的社会影响。城市的防洪、排水工程虽然不能直接创造产值和产生经济效益，却担负着保障城市安全的重要责任。过去许多城市因缺乏防洪设施或防洪设施落后、抗洪能力低而在大雨之后频频出现内涝，使市民生命财产遭受重大损失，对市民日常生产和生活都有着严重影响。原建设部早在1997年公布的《城市建筑综合防灾技术政策纲要》的防灾篇中就认定“地震、火灾、风灾、洪水、地质破坏”为现代城市的主要灾害源。城市灾害的主要灾害类型有公共场所的风险、公共基础设施的风险、自然灾害的风险、道路交通的风险、突发公共卫生事件的风险和恐怖袭击与破坏的风险六大类。因此，消防工程、防洪工程、抗震工程、人防工程的建设对城市的发展也是至关重要的。

此外，还有一类生活性市政工程在城市规划和建设中也日益受到重视，即市政景观工程，包括公园、绿地、广场、水体、园林、城市地标性建筑等。景观工程无论中外皆古已有之。从古巴比伦的“空中花园”、中世纪欧洲的修道院庭园，到文艺复兴时期遍及欧洲的私家“庄园”；从魏晋南北朝时期的山水园，到《清明上河图》中热闹的游憩地，再到明清时期的皇家园林、江南私家园林等，景观工程从来就不曾离开人类的生活，在当代城市中更是发挥着多种功能。如美国现代风景园林之父奥姆斯特德在一个多世纪前所言：“在这里，人们能够融合在一起，无论穷人还是富人，老人还是孩子，每个人的存在都增加了其他所有人的快乐。”在城市生活节奏愈加快速的今天，城市公园成为市民休闲游憩、放松心情的重要场所。[①] 它的发展进步不仅是城市发展的象征、文明生活的标志，而且成为人与人沟通交往、人与自然和谐相处的绿色平台。市政景观工程以绿化和提升环境为特征，不仅可以改善城市生活环境、提高市民的生活质量，而且在提升城市形象、扩大城市影响力、提高城市生活质量方面起到了重要作用。同时，也有利于招商引资、旅游开发和促进当地经济发展。如著名科学家钱学森就曾提出了以“人离开自然又要返回自然”为核心的“山水城市”的概念，[②] 融合中国山水画、山水

① 转引自皮雨鑫、杨滨章《我国城市公园发展新特征探析》，《山西建筑》2013年第6期。

② 傅礼铭：《钱学森山水城市思想及其研究》，《西安交通大学学报》（社会科学版）2005年第3期。

诗、中国园林古建筑等要素，建立独具中国特色的山水城市，从而达到人与自然的和谐统一。

对于城市而言，城市景观工程反映着城市经济、城市规划和城市文化发展水平，是当代城市文明的重要标志之一，它不仅是名片，更是一个城市文化底蕴的体现。城市景观体现了人与自然，人与城市的和谐关系，对于缓解改善城市扩张带来的视觉污染、生活空间狭窄、人与人交往空间缺乏等问题具有不可估量的价值。

历史和现实告诉人们，工程集聚、产业链、市政工程和作为“自然－社会－工程空间”的大中城市的发展之间存在密切联系和互为因果的关系。工程社会学、城市社会学、时空社会学的协同努力将会使人们对城市的认识进入一个新阶段。

第十二章　行业性工程社会学问题

在现实社会中，同类的工程形成了“行业”，于是，行业性工程社会学问题研究也就成为工程社会学的重要问题场域。在行业性工程社会学问题研究过程中，要把工程社会学的微观、中观和宏观研究视角结合起来，立足理论研究，面对具体工程的实际情境，通过一种实践向度的工程社会学发展进路，为工程与社会的互动关系提供更为丰富多彩的实际内容。本章首先对行业性工程社会学问题做一概述，然后选择化工工程、信息网络工程、铁路工程、食品工程四个具有突出社会学意义的工程领域，进行具体的社会学问题分析和研究。

第一节　行业性工程社会学问题概述

行业性工程是一个复杂体系，其类型多样且相互联系。在研究行业性工程社会学问题时，一个首要问题就是要对行业性工程进行分类，并围绕其中的社会学问题搞清楚相应的识别问题。

一　行业、工程师职业和行业性工程

在古代汉语中，“行业”的具体含义有一个从德行功业到操行学业再到职业的演变过程。[①] 现代以来，在汉语中，“行业”一词是指工商业类别和职业类别，翻译为英文则是“industries”（工业类别）、“trades”

---

① 例如，《三国志·魏书·武帝纪》：“太祖少机警，有权数，而任侠放荡，不治行业，故世人未之奇也。”晋葛洪《抱朴子·广譬》：“播种有不收者矣，而稼穑不可废；仁义有遇祸者矣，而行业不可惰。”《南齐书·垣崇祖传》：“垣崇祖凶诟险躁，少无行业。”范仲淹《答手诏条陈十事》：“以此士之进退，多言命运，而不言行业。”这些记叙中的“行业”，都是指德行功业。侯方域《贾生传》：“大概其学术行业，恢奇漭瀁，适于致用，然欲以辙迹求之，又不得也。”这里的“行业”，是指操行学业。《古今小说·新桥市韩五卖春情》：“敢问官人排行第几？宅上做甚行业？”这里的“行业”，则是指职业或生意。

（商贸类别）或“professions”（职业类别）。

行业类别并不与工程类别对等，行业类别多于工程类别。一般来说，行业分类是指国民经济行业分类——按照生产同类产品、具有相同工艺或提供同类服务划分的经济活动类别。例如，我国《国民经济行业分类（GB/T 4754－2011）》将行业划分为：A 农、林、牧、渔业；B 采矿业；C 制造业；D 电力、热力、燃气及水生产和供应业；E 建筑业；F 批发和零售业；G 交通运输、仓储和邮政业；H 住宿和餐饮业；I 信息传输、软件和信息技术服务业；J 金融业；K 房地产业；L 租赁和商务服务业；M 科学研究和技术服务业；N 水利、环境和公共设施管理业；O 居民服务、修理和其他服务业；P 教育；Q 卫生和社会工作；R 文化、体育和娱乐业；S 公共管理、社会保障和社会组织；T 国际组织。如果仅限于物质工程，那么这些经济活动类别并不都属于行业性工程类别。只有在物质性的同类产品生产、工艺和服务意义上，才属于行业性工程类别，如采矿业、制造业、电力业、建筑业、修理业、水利业、通信业等。

从行业分类角度，我们能够看到工程实践类别。例如，交通运输业无疑包含了交通工程活动。但是，我们并不能由此清晰地识别出行业性工程类别。例如，交通工程范畴的铁路建设工程，就可以归于土木工程或民建工程。当我们引入工程师职业范畴时，可以更为清晰地识别出不同的行业性工程类别。1960 年，西欧和美国各个工程学会联合召开会议，对职业工程师的界定是：“一个职业工程师是这样一种职务胜任，就是他或她凭借其基础教育和训练，能够应用科学方法和科学观点分析和解决工程问题。”① 这种职务胜任，主要是指工程师对各种产品和系统的设计、评估、开发、测试、修正、安装、检查和维修。如果把工程师职业分类与行业分类结合起来，那么我们可以识别出许多行业性工程类别。其中比较经典的行业性工程类别有机械工程、电力和电子工程、土木工程（如高速公路、铁路和高铁、桥梁、隧道、大坝和机场等）、航天航空工程、核能工程、结构工程或建筑工程（如大型商业建筑、桥梁、工业基础设施等）、生物医学工程、化工工程、计算机和信息网络工程、工

① Steen Hyldgaard Christensen et al.，“Engineering Identities，Epistemologies and Values：Engineering Education and Practice in Context，” *Philosophy of Engineering and Technology* (2015)：170.

业工程、农业工程、采矿工程、环境工程等。

当然，以上不同行业性工程类别或专业，常常会有重叠。例如，土木工程与结构工程就存在诸多重叠，民用建筑、桥梁、隧道等很难区分是土木工程还是结构工程。因此出于不同需要，有些学者或机构往往会根据不同行业性工程类别关联程度进行综合性分类。例如，中国工程院学部分类就是这样一种综合分类。在9个学部中，除工程管理学部外，其他8个学部是：机械与运载工程，信息与电子工程，化工、冶金与材料工程，能源与矿业工程，土木、水利与建筑工程，环境与轻纺工程，农业工程，以及医药卫生工程。这基本上反映了我国现代工程体系结构。这种分类显然是出于对物质工程领域的行业覆盖，体现该机构对工程院士遴选和工程管理的实践需要。本章探讨行业性工程社会学问题所选择的行业性工程类别，必然考虑了该工程类别与社会的结合程度和影响程度，这种考虑留待后面加以讨论。

二　社会学问题及其行业性工程适用

行业性工程社会学问题是工程社会学的重要研究内容，也是工程社会评估的出发点和重要归宿。所谓的行业性工程社会学问题涉及问题很多，以下重点讨论有关的三个问题。

（一）社会学的核心问题及其工程适用

社会学以社会现象为研究对象，社会现象包括两个决定因素——个人行动（人类个体的能动性）和社会结构，因而，“社会－个人”或“结构－能动”（structure-agency）的社会关系便成为社会学的核心问题。

对于社会学的核心问题，社会学家们提出了大量不同见解。[①] 但是，这些见解常常会无视人类行动以物质客体为居间调停、具体体现、铰接

① 对于这一问题，社会学界的争论焦点是这两个因素的相对意义。这至少包含以下三种观点：一是社会结构优先于个人行动，结构主义、功能主义和马克思主义等强调社会生活在很大程度上取决于社会结构，个人活动多被解释为社会结构的结果；二是个人行动优先于社会结构，现象学社会学、民族学方法论和符号互动论等倾向于人类个体的社会建构和重构能力，赋予人类个体世界以自由和平权意义，为反映个体观点的社会现象提供解释；三是伯格、卢克曼、吉登斯、卡斯特尔等社会学家注重“结构－能动”互补的辩证关系，认为社会结构影响人类个体行动（社会形塑个体），个体行动也会影响社会结构（个体建构社会），结构与能动之间处于相互约束和赋能的关系。

连贯和发生前提这些实际情形，从而多将制造人工物的工程实践排斥在社会学之外。现代世界的社会互动因以工程世界为条件而变得疏离、琐碎、有限以及特殊化和复杂化，人类不同的互动秩序建立，必须要诉诸写作和阅读、物质生产和分配、工具和设备使用，特别是要借助电话、无线电设备、传真机、计算机和互联网而交流。那些坚持社会结构优先于个体行动的社会学家并不认为这种间接的社会互动是理解源自个体行动和社会结构结合的本土化和全球化实践途径，而是把物质手段看作区分人与动物的标准，看作理性人从机器到控制技术再到智能技术的唯一力量决定和单向传递途径。

为了避免讨论“结构－能动”关系问题存在的二元论困境，拉图尔引入兼具结构和能动特质的“行动者－网络”（actor-network）概念，赋予社会以“客体间性”（interobjectivity）特征：“诸客体并不是手段，而是转义者（mediator）——如同所有其他作为人的行动体（actant）是转义者一样。如果说我们是客体的力量的忠实信使的话，那么客体就是我们的力量的忠实传递者。就忠实传递而言，客体毫不逊色于我们。一个群居的社会偶尔会认识到自身其实是一种物质身体，一旦这样来描述社会，各种客体就会执行一种新形式的心灵主义（spiritualism）。它们尽管具有成为物质主义者的意志，却使人成为以诸物为条件的‘猴子’。为了像对待人的身体一样对待这种社会‘身体’，我们需要把诸物看作社会事实；以人与非人行动体之间的能动交换取代假想的社会与互动对称；经验上尊重本土化和全球化操作。”[①] 所谓“客体”不属于独立存在的“实体”范畴，而是与实践相关的“实际物”（entity），也即“转义者”、行动者或行动者网络。这里既包括各种能够体现其使用者意向的工程物，也包括各种实际的工程社会场景或具体的行业性工程场域。所有物质客体都不过是社会事实，特别是工程物本身就是社会建构物，而本土化和全球化则代表着这些实际物的能动议程，代表着包括工程实践在内的各种社会文化展开程序。这意味着，把工程物当作个人与社会之间的“转义者”，是工程社会学和行业性工程社会学问题探讨的基本前提。

① Bruno Latour, “On Interobjectiviy,” *Mind, Culture, and Activity* 3 (1996): 240.

（二）社会学的方法论问题及其工程适用

拉图尔的“转义者”概念表明，我们可以把工程纳入社会学范畴。当我们从社会学的核心问题转向社会学的方法论问题时，就会发现社会学家更为强调工程对社会学研究的方法论意义。19 世纪，孔德作为社会学创始人之一，把社会学看作类似自然科学的一门学科，提出实证主义方法论，把观察、实验、比较和历史等方法引入社会学研究。在社会学方法论意义上，这实际上体现了机械工程对社会学研究方法的重要性。孔德之后，社会学研究方法更是表现为定量主义和数理学派。定量主义者强调任何概念都可以进行工程性测量，主张用精心设计的方法推导理论。数理学派主张以数学的概念、理论、方法和公式描述社会现象，运用工程建模方法和数学符号运算模拟真实的社会过程，他们认为通过数学描述和计算机模拟能够发现社会规律并对社会发展做出预测。受系统科学、信息工程、互联网络工程发展影响，社会学家确立了社会系统研究方法、网络分析方法等。随着新近的大数据工程兴起，社会学家力图发展一种以大数据获取和分析为基础的“新计算社会学”。①

受到机械工程、信息工程、互联网工程、大数据工程等影响，社会学发展出了一种经验研究传统。这种经验传统的开放性，为社会学拓展了视野，社会学分支学科由此可以开出一长串名单，如家庭社会学、老年社会学、青年研究、妇女研究、文化社会学、科学社会学、民族社会学、知识社会学、教育社会学、法律社会学、政治社会学、宗教社会学、都市社会学、农村社会学、发展社会学、工业社会学等。正是这种社会学分支，工程社会学才可能为社会学接纳。也正是这种分支，本章探讨的四个行业性工程领域，即化工社会学工程领域、信息网络社会学工程领域、铁路社会学工程领域、食品社会学工程领域才可能被社会学接纳。

社会学各个分支学科研究，不会完全停留在经验方法论水平上。工程社会学当然也不会仅仅停留在用工程方法研究工程的社会问题水平上，而是会用社会学方法研究工程的社会问题。19 世纪末期，部分社会学家在德国围绕社会学方法论发生一场论战，由此产生了非实证主义方法论。

---

① 罗玮、罗教讲：《新计算社会学：大数据时代的社会学研究》，《社会学研究》2015 年第 3 期。

狄尔泰认为社会科学以人类个体行动和社会结构为对象，在本质上与自然科学不同，它离不开价值判断。与狄尔泰一致，韦伯反对机械式的实证主义方法论，认为社会学应以个人行动为研究对象，个人的行动与其价值观相关，受环境制约，他主张“理解”和“价值关联”应成为社会学的基本原则。[①] 20世纪以来，符号互动论、现象学社会学、民俗学方法论、历史社会学以及冲突等理论，更是强调个体作为社会行动者的主体间性，认为人类个体创造世界的行动能力与其所处社会互动情境是分不开的，主张社会学方法必须对具体个人的互动过程进行观察、描述和主观阐释。与实证主义方法论不同，非实证主义方法论赋予工程研究以多元化社会学方法视角，如范式方法、共同体方法、行动者-网络理论方法等。

（三）社会学的社会问题及其工程适用

社会学研究方法用于工程领域的社会学研究，会涉及社会学的社会问题。在社会中，有许多人会经历或面对一个或多个社会问题，如失业、健康、家庭、酗酒、吸毒、犯罪以及涉及工程制造的食品安全、建筑安全、拆迁、贪腐等问题。当我们听到这些个别问题时，会思考它们是否为个别现象，其他社会成员是否也会遇到同样的问题。社会学为此提供了一种见解，那就是个人问题常常源于社会问题。按照这种见解，米尔斯对个人困扰和公共问题进行了经典区分。个人困扰是指影响个人和其他社会成员的问题，其责任归于个人的生理、性格或道德失灵，如饮食失调、离婚和失业等问题；公共问题源于社会结构和社会文化，是影响多数人的社会问题。米尔斯主张以一种比照的“社会学想象力”，为个人困扰提供社会结构基础的评价：“在一个有10万人口的城市中，如果只有一个人失业，那么失业就是个人困扰。为了向他提供救济，人们最好要了解这个人的品性、技能及其可能有的各种机遇。但是，如果一个国家拥有5000万雇用大军，同时有1500万人失业，那么这种失业就变成了公共问题。这时如果诉诸个人机遇解决问题，那么我们就无法找出解决办法，机遇的结构就已经解体了。无论是正确地陈述问题，还是寻

---

① 陈成文、陈立周：《社会学研究方法论转向：从实证传统到另类范式》，《社科纵横》2007年第12期。

找可能的解决途径，都要求我们考虑社会的经济和政治制度，而不仅仅是分散的个人境遇和品格。"[①] 这表明社会成员的个人困扰累积到一定规模时，便会转化为公共问题。在具体的行业性工程社会学问题研究中，可以把超过一定百分比的个人困扰看作社会问题。例如，与工程相关的农民工问题、食品安全问题、化学恐惧症、网络成瘾等问题，就是超越个人困扰的社会问题。

在社会学中，对于同样的社会问题，社会冲突理论、功能主义理论和符号互动理论往往采取不同的社会学方法加以看待（见表12－1）。19世纪，大量工业工程在欧美国家产生并扩展开来，人们离开农村居住在工厂附近，城市随之兴盛。随着城市增加，人们变得日益贫困，居住场所破旧拥挤，犯罪活动猖獗。马克思和恩格斯提出社会冲突理论，认为以不平等为基础建立的资本主义制度应对大量暴力（如砸烂机器的卢德运动）负责，强调不拥有生产手段的无产阶级要以革命的暴力方式取代掌握生产手段的资产阶级。涂尔干提出功能主义理论，强调必须要强化社会功能，采取有效的社会措施，避免社会失序。20世纪后形成的符号互动理论认为，社会问题源于个人的社会互动（诸如犯罪活动、吸食毒品等都是向别人学习的社会结果），当然也需要社会互动加以解决（如为了减少持械抢劫，需要减少潜在罪犯互动机会）。如今的社会冲突理论（如女权主义理论）虽然较少强调阶级不平等，但仍然主张以社会变革解决社会问题。不断发展的功能主义理论，更加看重家庭、宗教和教育等社会制度对社会稳定的重要功能意义。而符号互动理论则强调个体互动的社会意义和理解。

表12－1　社会学理论对社会问题的不同理解

理论视角	主要假设前提	社会问题见解
社会冲突理论	社会基于社会阶层、种族、性别和其他因素而生成，具有普遍的不平等特征 为了减少和消除社会不平等，应创造人人平等的社会，推动深刻的社会变革	社会问题源于社会结构根本失灵，它因阶层、种族、性别等因素而反映和强化了不平等；为了成功地解决社会问题，必须要致力于进行深刻的社会变革

① C. W. Mills, *The Sociological Imagination* (London, United Kingdom: Oxford University Press, 1959), p. 9.

续表

理论视角	主要假设前提	社会问题见解
功能主义理论	社会稳定是一个强大社会存在的必要条件，充分的社会整合是社会稳定的必要条件。社会制度是确保社会稳定的重要函数。缓慢的社会变迁是可期待的，快速的社会变迁对社会秩序造成威胁	社会问题会弱化社会稳定性，但它绝不意味着社会构造方式的根本失灵。解决社会问题应采取渐进式改革形式，而不是突变式变革方案。社会问题有其负面效应，但也会发挥重要的社会功能
符号互动理论	人们习惯于社会为自己配置好的角色，也在社会互动中建构自身的角色。个人依赖言语、姿态、工程物等符号，通过互动确认自己所处情境并建构这种情境，以便达到一种对社会的共同理解	社会问题源于个人之间的社会互动。人们在参与社会问题行为时，往往会向他人学习有关行为，也会向他人学习如何认识社会问题

结合社会问题社会学（sociology of social problem），可以将以上三种理论与社会问题辨识范式对接起来。如果说功能主义理论和社会冲突理论指向的是社会问题事实范式的话，那么从符号互动理论中可以推演出社会问题的定义范式和建构方式。

第一，社会问题事实范式。这种范式把社会问题理解为既定的问题事实，包括社会病态、社会解组、社会失范、群体冲突或行为越轨等状态。研究社会问题，就是研究这些问题事实的成因、危害、后果及应对政策。社会学家对社会问题事实提供权威性判断，为社会问题解决提供客观的科学知识。

第二，社会问题定义范式。美国社会学家富勒（Fuller）和迈尔斯（Myers）于1941年指出，每个社会问题并不是“被证实的现象”，而是“都由客观状态和主观定义所构成”。[①] 这里所谓的“客观状态”表现为可以辨别的威胁社会安全的条件、情形或事件，“主观定义”则表现为某些群体对这些条件、情形或事件危害自身最高利益的界定或共识，并有组织起来加以解决或参与解决方案讨论和实施的愿望。在他们看来，在社会问题构成中，客观状态是必要条件，但并不是充分条件。也就是说，客观状态仅仅表明社会问题是可以确认的，但社会问题的最终确认要依赖于社会全体或某一群体对解决社会问题的关注、感知或判断。当

① R. Fuller and R. Myers, “The Nature History of a Social Problem,” *American Sociological Review* 6 (1941): 320 - 328.

然，社会问题定义既不由社会全体或某一群体做出，也不由社会学家做出，而是由权威的社会组织或机构做出。

第三，社会问题建构范式。美国社会学家斯柏克（Spector）和基特苏斯（Kitsuse）认为，社会问题既不是一种问题自明的客观状态，也不是贴了问题标签的社会行为，他们坚持从问题被定义的活动及其社会过程出发，把社会问题界定为“个人或群体对其所认称的某些状况主张不满，做出宣称的活动”[①]。社会问题识别是一种宣称活动，表现为个人、活动家或提倡者就其所宣称的社会状态提出采取应对行动的要求。正是通过这种活动和过程，一些社会状态状况被断言是有问题的，而且被定义为一个社会问题。

社会问题社会学的这些范式，对行业性工程的社会问题研究具有重要意义。社会问题事实范式把社会问题看作既定的或给定的，由此辨识出的部分社会问题与工程的社会问题相一致，如劳工问题、法人腐败问题、环境污染问题、资源枯竭问题、有限能源供应问题、健康卫生问题、药物滥用问题等。社会问题事实范式的不足之处是，它不能合理地辨识出具有同等危害程度的社会问题事实状况，这些状况有些会被列入社会问题，有些不会被列入社会问题。例如，人们可以从战争的事实角度将核战争列入社会问题，但却很少能从电站爆炸的事实角度把核发电列入社会问题。社会问题定义范式克服了这一弊端，将诸如核电工程、遗传工程、纳米工程等具有潜在负面意义的工程领域列入社会问题加以考察，但它的缺点是缺乏对社会问题定义过程及定义权斗争的深度关注。社会问题建构范式不仅扩大了社会问题的可辨识范围，如食品安全问题、征地拆迁问题、网络群体事件等，而且按照与社会问题的利益关联程度，把社会人群归类为不同群体，这些群体之间通过对话、协商来决定政府部门以何种方式驾驭问题和用何种公共政策资源加以处理和解决。如果说社会问题事实范式使与工程相关的社会问题研究成为必要的话，那么社会问题定义范式和社会问题建构范式则能使人们对工程的社会问题给予更加广泛和深入的认识和研究。

---

① M. Spector and J. I. Kitsuse, *Constructing Social Problems* (NY: Aldinede Gruyter, 1987), pp. 75 – 76.

三 社会学视野中的行业性工程问题

通过以上考察，我们可以把行业性工程社会学问题与社会学视野中的行业性工程问题等同起来。从社会学视角看，行业性工程问题可以分为行业性工程的社会建构问题和社会意义问题两个层面。以下首先对这两个层面的问题给予简单讨论，然后主要对行业性工程问题的社会学辨识进行考察。

（一）行业性工程的社会建构问题

一般来说，工程是把科学、经济、社会、文化、政治和实践知识运用于结构、机器、设备、系统、材料和过程的设计、制造和维护活动。工程是一种社会行动，它不仅涉及人与物和物与物之间的自然关系，还涉及人与人之间的社会关系。可以说，“工程是人类的一种集体性物质存在方式”①。这种社会行动是以消耗一定的自然资源和社会资源，生产出大量人工物的方式存在的。行业性工程的社会建构问题是涉及“结构－能动”关系的社会学问题，主要包括：为了建造或制造更好的工程人工物，选择什么材料是最好的？为了使工程人工物产生预期的经济收益或社会效益，采取什么样的组织程序或管理方法是最有效的？这方面问题一般由工程共同体提出，通过工程共同体的规范性社会运行（包括设计、规划、管理、实施等）加以解决，因此是一种涉物的社会行动或社会建构过程。

（二）行业性工程的社会意义问题

行业性工程的社会意义问题，包括功能问题和非功能问题。就其不同的物理－社会功能来说，它能够满足人类空间运送和交往、办公和居住、饮水、材料和工具使用以及食品、卫生、治病和健康等不同需求。

就其非功能意义来说，由于任何行业性工程行动的资源消耗总是会对生态环境和社会利益造成影响，它实际上是在工程实施过程中涉及的和因工程带来的社会问题。这种社会问题是这样一种社会状态，即它对个人、社会和物理世界具有负面意义，它与工程人工物是否具有毒性或

---

① 李三虎：《工程政治：地点/空间构筑的权力解析》，《工程研究——跨学科视野中的工程》2009 年第 2 期。

污染、工程设计是否合理、工程施工是否规范、工程质量是否安全可靠等密切相关。正是因为如此，长期以来，无论是国外还是国内，这种社会问题一直被当作经济问题和质量安全问题加以解决。各国政府和企业工程投资决策一直限于把拟投资建设项目的计划、设计、实施方案当作技术经济问题加以研究，由此确定该工程项目的未来发展前景和社会意义。从工程安全看，与工程共同体的内部安全问题属于“局部的或涉及少部分人的”的问题相比，工程共同体的外部安全问题更带有社会群体性，其社会后果是“影响广泛的，甚至是全局性的和根本性的”①，从而也更应受到社会学关注。

（三）行业性工程问题的社会学辨识

无论是社会建构问题，还是社会意义问题，对它们的社会学辨识涉及客观和主观两个方面的理解、认知或期望。就主观要素看，工程共同体（主要是科学家、工程师、政府机构等）和公众（主要是一般公民或社区居民、媒体、民间环保组织等）对工程的社会问题有不同的理解、认识或期望。假如客观认识尚欠充分，主观方面则可分为两种情况：如果公众和工程共同体均缺乏较为明确的认识，那就是隐性问题；如果公众基于经验做出判断，那就是猜测性问题。前者尚待认识，后者则往往会引起争议，如使用纳米材料等。假如客观认识充分暴露，主观方面可分为三种情况：如果公众和工程共同体都有充分认识，那就是显性问题；如果公众和工程共同体都缺乏较明确认识，那就是潜在问题；如果公众有较明确的认识和期待，而工程共同体不太愿意承认甚至有意遮盖，那就是社会利益问题。除显性问题外，其他问题还远未得到重视。鉴于这种情况，必须要考虑资源环境以及人类健康的敏感程度和社会影响程度，把握行业性工程的社会学问题。

第一，不同行业性工程，其资源环境和人类健康敏感程度不同。行业性工程有两种类型。一是敏感度较低的行业性工程，如园林景观、测量、机械工程、机电、自动化、电气、船舶、概预算等。园林景观是美化环境的工程行业，测量、机械工程、机电、自动化、电气、船舶和概预算等则是工程技术或精密制造类行业。这类工程保持一般的社会建构，

① 李伯聪等：《工程社会学导论：工程共同体研究》，浙江大学出版社，2010，第381页。

较少存在社会争议。二是敏感度较高的行业性工程，如化工、通暖、材料、食品、水电、冶金等。本章涉及的化工工程、铁路工程、食品工程，都会直接地或间接地影响到资源环境可持续发展，甚至会影响到人类健康，由此出现的对环境、相关人群生命健康的负面影响引起了人们的普遍关注。

第二，行业性工程规模和空间范围不同，其社会影响程度也不同。建筑、市政、路桥、地质勘探、电力、电子、通信等，都是规模工程，涉及地理空间范围较大。建筑中的建筑工程施工，市政中的市政道路、市政工程、市政给排水、城市规划、公路与城市道路工程，路桥的道路与桥梁、市政桥梁，电力的工程实施，都涉及征地拆迁和市民利益。至于电子和通信工程的社会问题并不在于它本身，而在于其使用者（特别是互联网用户）的社会失范或失调，这已成为网络社会的普遍问题。水利水电、冶金工程、环境等工程领域，其工程实施既受资源环境影响，又会直接影响社会。水利水电工程的规划和实施部分，不仅会影响到环境资源，而且涉及征地拆迁，其中移民安置问题更是一个重要社会问题；冶金工程中的采矿工程不仅涉及资源环境问题，还存在矿难频发问题；环境工程本来是为保护环境的工程行业，但诸如垃圾填埋、垃圾焚烧等工程的实施，总是会因其选址的“邻避效应”而引起社会不满。本章涉及的信息网络工程、铁路工程、食品工程等，都属于规模工程，空间范围大，诸如网络群体事件、征地拆迁、矿难等问题都已成为目前重要的社会问题。

工程集聚的当时当地性，决定了工程的社会意义或影响程度。这要从两个方面来看待：一是工程地点选择或区位，它直接决定了当地社区的社会反应；二是工程活动规模、工程事件发生范围，它决定了工程的社会影响广度和深度。就前者来说，任何工程项目都存在选址问题，一般会以“区位优势”为选址原则。但是，针对化工厂、垃圾焚烧发电厂这类环境敏感型社会空间的地址选择，当地社区必然因为“邻避效应”做出强烈的社会反应。旧城改造、经济技术开发区或新城新区建设一般规模比较大，其涉及的征地拆迁规模也比较大，由此造成的社会影响范围也更广、程度也更深。同样地，当一个化工厂发生爆炸时，由于厂区流出的污染物会沿河流到下游，其环境污染和生命健康安全威胁也就不限于当地社区，而是会影响到整个流域范围。具有较大工程规模和空间范围的行业性工程常常会引起社会争议，其社会建构过程较为复杂。

按照以上对行业性工程的社会学识别，以下各节将要讨论的各个工程领域中，食品工程直接涉及人类健康，铁路工程直接涉及资源环境和空间选择，化工工程同时涉及资源环境、人类健康和空间选择，信息网络工程则更多地涉及社会空间。对这些工程领域的社会学问题，因其不同特点，考察侧重点也各不相同。

第二节　化工工程的社会学问题

在汉语中，“化工”一词是“化学工业”（chemical industry）的简称，也是“化学工程”（chemical engineering）的简称。两者含义既有重叠又有差别。化学工业是一个利用化学反应改变物质结构、成分、形态生产化学产品的工业部门，包括无机酸、碱、盐、稀有元素、合称纤维、塑料、合成橡胶、染料、油漆、印染、化肥、农药、石油、煤、金属材料等；化学工程是通过对化学反应过程及其装置的开发、设计、操作和优化为工厂提供最低成本反应流程设计方式的工程门类，其范畴不仅是一般化学工业部门，还包括生物工程、生物制药甚至纳米技术等。就重叠部分来说，特别是在涉及石油化工、煤化工等具体行业时，我们并不对化学工程与化学工业加以区别。在这种意义上，我们将笼统地以“化工工程”这一称谓讨论其社会学问题。

我们之所以从社会学角度提出“化工工程的社会学问题”，不仅是因为化学工业的废水、废渣和废气对生态环境的污染和破坏，也因为化学工程的组成要素，如单元操作、化学反应工程、传递过程等，直接影响到化工与社会的利害关系。单元操作构成多种化工产品生产的物理过程，包括流体输送、换热、蒸馏、吸收、蒸发、萃取、结晶、干燥等，这些过程操作在工程上依赖于化工生产过程和设备设计、制造和操作控制。化学反应工程是化工生产的核心部分，它解决的问题是氧化、还原、硝化、磺化等反应过程的反应器内返混、反应相内传质和传热、反应相外传质和传热、反应器的稳定性等问题。传递过程是单元操作和化学反应工程的共同基础，它要解决的问题是动量传递（流体输送、反应器内气流分布等）、热量传递（如换热操作、聚合釜内聚合热移出等）和质量传递（吸收操作、反应物和产物在催化剂内部的扩散等）的合理化、整体优化、动态控制问题。这些工程问题如果解决不好、操作不当或受外力影响，就会造成原材料、反应物、化学产品泄露和爆炸事故，由此衍生出诸多社会问题。

化工工程有长久的发展历史，也是行业性工程社会学问题最为突出的领域。本节在现实维度上的重点是突出化工工程的社会问题，着重探讨化学恐惧症、化工事故、化工项目选址问题，而理论维度的重点是把"化工工程的社会问题识别和解决"和"社会问题建构范式"结合起来进行分析和阐述。

一 化学恐惧症的产生和发展

从19世纪初开始，随着化学工业逐步成为一个工业部门或化学工程成为一个工程门类，从生产纯碱、硫酸等少数几种无机化学产品到从植物中提取茜素制成染料，从合称无机酸、碱、盐到合成纤维、塑料、合成橡胶、化肥、农药、药品、化妆品等，人们对人工合成化学品表示了信任和欢迎。在现代日常生活中，人们离不开人工化学品，从衣食住行物质生活到文化艺术娱乐精神生活，都需要化工产品为之服务。尤其是在化妆品消费方面，甚至出现了"化学崇拜症"（chemophilia）的大众消费文化。直到20世纪60年代，这种情况才开始逆转。这时的"绿色革命"将除草剂、杀虫剂和先进农业技术引入农业种植领域，把数以百万计的人口从营养不良、饥饿中解救出来，使低产的劳动密集型农业成为高产的高技术产业。但与此同时，化学农业也开始受到批评。美国女生物学家卡逊于1962年发表了《寂静的春天》一书，向美国总统及国民提出警告，杀虫剂DDT和化学品的滥用引发了生态和健康灾难，人类可能将面临一个没有鸟、蜜蜂和蝴蝶的世界。随着这本著作的广泛传播以及化工事故频发，公众开始对二噁英、化学废水废料废气、农药、化肥、食品添加剂、合成药品等表示不信任、焦虑和厌恶，产生了"化学恐惧症"（chemophobia）。

进入21世纪，特别是2008年中国奶制品污染事件之后，化学恐惧症也在我国蔓延开来。中国奶制品污染事件起因是很多食用河北三鹿集团生产的奶粉的婴儿被发现患有肾结石，随后在其奶粉中发现化工原料三聚氰胺。中国国家质检总局公布对国内乳制品厂家生产的婴幼儿奶粉的三聚氰胺检验报告后，事件迅速恶化，包括伊利、蒙牛、光明、圣元及雅士利在内的多个厂家的奶粉检出三聚氰胺。2011 年中央电视台《每周质量报告》调查发现，当时有七成中国民众不敢买国产奶。如今的中国公众，把“化学品”“合成品”“人工制造品”与有害物、有毒素和致癌物画上了等号，把“天然产品”“有机产品”与健康或环境友好相联系。“天然的是好的，人造的是坏的”这类话语口舌相传，使化学恐惧症成为一种大众流行文化。即使化学家、医学家已经表明许多化学品与癌症毫无关系，也不能消除公众对化学品产生的健康风险的经验认知，也无法阻碍化学恐惧症的流行。

对于化学恐惧症，存在支持与反对两种态度。支持者除一般公众外，还有媒体、民间环保组织（如绿色和平组织、地球之友等）。反对者则来自化学工程共同体，主要包括化学家、化学工程师、化工企业法人和一些地方政府机构。在反对者看来，化学恐惧症是一种对化学品的非理性恐惧。荷兰社会学家艾利耶·瑞普（Arie Rip）把这种反对意见称为“化学恐惧症的恐惧症”（chemophobia-phobia）。[①] 对于这种“化学恐惧症的恐惧症”，化工工程共同体内部有不同的考虑出发点。化工企业法人考虑的是企业利润，一些地方机构考虑的是其地方经济实力和竞争力，化学家和工程师则非常在意公众对化学职业的信任程度。化学恐惧症的支持者中，一般公众考虑自身的健康和居住环境，至于媒体和民间环保组织则是基于一般公众的社会反应而对化学品风险的社会影响表示关注。

二 化工事故的负面社会影响

化学恐惧症作为一种社会心理状态，源于化工事故的负面社会影响。一般来说，化工事故主要包括化学危险品运输事故和化学生产装置区或化学品库房事故两类。由于化工生产所需的原料、添加剂、催化剂、溶剂以及产品汽油、煤油和柴油等大多是易燃、易爆、有毒害的化学危险

---

① Arie Rip, Articulating Images, Attitudes and Views of Nanotechnology: Enactors and Comparative Selectors (paper represented at European Workshop on Social and Economic Research on Nanotechnologies and Nanosciences, Brussels, 2004), pp. 14-15.

品，这些危险品大多利用槽车、罐车通过铁路或公路运送，途经城市或乡镇的街道，一旦发生事故就可能造成危险物品外泄，引起扩散、燃烧、爆炸、中毒及其他无法预测的重大灾害。这类化工事故发生频率较高，几乎年年有。与此相比，化工生产装置区事故虽然发生频率较低，但其后果非常严重。特别是石油化工企业的相关区域（生产区、库房、设备、输送管道等），具有易燃易爆、有毒有害、高温高压、低温负压等特点，工作稍有不慎，就可能发生火灾、爆炸、中毒事故，甚至人身伤亡事故。

我国石油化工企业可分为四个类型或层次：一是国际跨国大公司以独资或合资形式新建的大型企业；二是中石油、中石化、中海油三大公司；三是县及县以上石油化工企业；四是乡及乡以下个体、集体石油化工企业。第四层次的石油化工企业绝大多数管理缺乏章法，法律法规意识淡薄，隐患多，事故也多。第三层次的石油化工企业有安全部门和专职安全管理和技术人员，管理有一定基础，但部分企业安全部门不健全、人员较少，员工素质也较低，设备更新和维护跟不上安全生产要求，隐患较多，事故也相对较多。第二层次的石油化工企业有一整套企业安全卫生标准和安全管理制度，注意汲取发达国家的经验和做法，改善安全管理。第一层次石油化工企业设备和工艺技术先进，有先进的安全理念和管理方式。尽管如此，大型石油化工企业或化学品库房也不能避免因年久失修和操作失误而酿成的重大化工事故。这种事故不仅造成人员的巨大伤亡和财产的巨大损失，而且影响社会安定。

三 化工项目选址的社会矛盾

化学恐惧症来自人们对化工事故的负面社会影响的判断和认识，同时也基于这种认识对化学工程发展的社会过程起到一定的调节作用。特别是化学恐惧症的支持者与反对者这两种社会力量，针对化工工程的具体项目，会发生社会矛盾甚至社会冲突。这种社会矛盾或社会冲突解决，反过来会影响到化工工程的社会建构。我国一些地方的反对 PX 项目事件，恰恰反映出这种情况。

PX 在化学上是指对二甲苯（para-xylene），它属于芳烃类化合物，是无色透明、芳香气味液体。工业上主要用于生产对精苯二甲酸（PTA）——生产聚酯的重要中间体。从冰箱里的聚乙烯保鲜盒、商场流行的聚酯纤维雪纺衣物到尼龙渔网，都要用到PX的下游产品。2000年以前，PX发展比较缓慢，但供需关系相对平衡，2000年国内PX自给率为88%；2000年以后，我国PX生产能力一跃成为世界第一，但国内市场需求持续走高，PX建设却步伐放缓，产能开始无法满足需求。在这种背景之下，PX版图不断扩张。PX的巨大市场需求缺口产生了丰厚的利润，吸引了国内许多地方不断发展PX项目。就PX与公共健康的关系看，PX在名称上虽然与高致癌物苯和甲苯相似，但在世界卫生组织国际癌症研究机构的可能致癌因素分类中，它仅被归为第三类致癌物，与咖啡、咸菜属于同一个类别。但是，PX毕竟具有易挥发、易燃特点，且具有一定毒性，属于低毒类化工产品，因此公众对PX仍然表现出强烈的拒绝态度。特别是2007年以来，当成都、南京、青岛、厦门、大连、昆明、茂名各地陆续传出抗议PX项目的声音时，对PX的“恐惧症”在各地流行。至于厦门和昆明反对PX项目事件（见表12－2），更是格外为世人关注。

表12－2 厦门和昆明反对PX项目事件情况

	厦门反对PX项目事件	昆明反对PX项目事件
项目情况	总投资额为108亿元，投产后每年工业产值可达800亿元，号称厦门“有史以来最大工业项目”。该项目2004年2月经国务院批准立项，于2006年11月开工，原计划2008年投产	中石油年炼油1000万吨项目，计划年产100万吨对苯二甲酸和65万吨对二甲苯，投资额约200亿元，形成年产值约1000亿元。其可行性研究于2013年1月10日获国家发改委核准通过
项目选址	该项目位于人口稠密的海沧区，临近拥有5000名学生的厦门外国语学校和北师大厦门海沧附属学校，5公里半径范围内的海沧区人口超过10万人，居民区与厂区最近处不足1.5公里。与厦门风景名胜地鼓浪屿仅5公里之遥，与厦门岛仅7公里之距	该项目厂址位于安宁市草铺街道，距离昆明市市中心45公里
争议问题	PX项目离居住区太近，如果发生泄漏或爆炸，厦门百万人口将面临危险	处于有700多万人口的正上风方，有毒废气将可能被直接吹到昆明市区
公众要求	反对在厦门上PX项目的形式和方法，要求PX项目迁址	多数人要求PX项目移出昆明，甚至整个炼油厂项目移出昆明。也有市民表示应该在提高安全标准情况下建设
政府处理	2007年12月16日，福建省政府决定迁建PX项目，PX项目最终落户漳州漳浦古雷港开发区	昆明市市长李文荣承诺：“大多数群众说不上，市人民政府就决定不上。”

PX 生产与石油密切相关，其生产步骤发生在“芳烃联合装置”的整套设备里。由于一系列工艺需要用水，加上为了便于运输，PX 项目多依水而建，而这些地方往往是资源丰富、人口稠密的经济发达地区。与生产过程相比，PX 储存与运输环节也可能蕴含更大风险。PX 既是易燃液体，也容易凝固，凝固点只有 13.26℃。贮运时既要远离火种、热源，避免阳光直晒，又要有保温设施并防止泄漏。单从 PX 项目自身特点出发，其选址原则是离炼油企业近、离下游 PTA 工厂近和离大江大海近。但是，这个“三近”原则并未考虑 PX 项目对当地社区居民健康和生活环境影响，反对 PX 项目事件的原因也是由此而起。

对于反对 PX 项目事件来说，在公众与法人利益和政府权力之间建立沟通协商机制，是避免社会冲突、修复政民互信的重要途径。就化学工程的社会问题解决来说，又必须要回到工程项目和工程共同体上来，既要从化工项目源头上做到科学评估规划、合理选址，又要做到生产、储运和使用环节的严格管理和按章操作，还要建立快速高效的应急救援体系。

四 化工工程的社会问题建构范式

以上对化工工程的社会问题陈述，并不表明其是既定的或给定的，因为化工事故即使有已经存在的客观事实，通过这种事实也只能辨识出与化工工程相关的社会问题，如环境污染问题、健康卫生问题、社会突发事件等。与此同时，按照社会问题定义范式，又只能把化工工程界定为具有潜在负面意义的工程领域，并不能将它列为社会问题加以考察。事实上，社会问题定义范式主要停留在专家范围。化学恐惧症的产生和发展，最初正是源于化学家、生物学家、生态学家等的定义，其社会学意义在于它所识别的社会问题的传播，其缺点是缺乏对社会问题定义过程及定义权斗争的深度关注。与此不同，按照社会问题建构范式，化工工程的社会问题辨识与其利益关联程度相关，不同的利益相关群体，可以通过对话、协商来决定政府部门以何种方式驾驭问题和以何种公共政策资源加以处理和解决。

把化工工程的社会问题辨识看作一个建构过程表明，它是一种具有负面意义的社会状态，必定会影响许多人并必须通过集体行动予以解决。

化工工程的负面社会影响认识，必然涉及客观和主观两个方面的理解、认知或期望。就主观要素看，化学工程共同体（主要是化学家、工程师、化工企业、政府机构等）和公众（主要是一般公民或社区居民、媒体、民间环保组织等）对化工工程的社会问题有不同的理解、认识或期望。假如客观认识充分暴露，主观方面可分为以下三种情况；

（AA）如果公众和化学工程共同体都有充分认识，那就是显性问题；

（AB）如果公众和化学工程共同体都缺乏较明确认识，那就是潜在问题；

（AC）如果公众有较明确的认识和期待，而化学工程共同体不太愿意承认甚至有意遮盖，那就是社会利益问题。

假如客观认识尚欠充分，主观方面可分为以下两种情况；

（BA）如果公众和化学工程共同体均缺乏较为明确的认识，那就是隐性问题；

（BB）如果公众基于经验做出判断，那就是猜测性问题。

在以上情况中，（AA）似乎表明化工工程的社会问题事实，但达到这种状态的认知水平显然是社会问题建构过程的结果，当然也会成为进一步的社会问题建构的前提或基础。多数化工事故属于这种情况，且治理目标也非常明确。（AB）和（BA）两种情况意味着化工工程的社会问题建构过程启动，其不同在于前者关注的是安全意识强化和相关教育培训，后者需要伦理学家和社会学家介入，以强化人们对未来发展的风险预测。例如，对纳米材料使用的社会风险评估和治理研究就属于（BA）情况。当然目前有关化工工程的社会问题，特别是围绕化工项目选址产生的社会冲突多数属于（AC）和（BB）情形。（AC）纯粹是社会利益问题，解决起来也相对容易些；（BB）直接源于化学恐惧症，解决起来非常复杂。当然这两种情形有时缠绕在一起。PX 项目选址引发的社会群体事件源于公众对该项目的惧怕，但并没有好的办法轻易地消除公众的化学恐惧症，因此需要通过各种对话、协商甚至妥协来加以调停。无论如何，化工工程的社会问题是一个社会建构过程，不能以一套既有的规范和指南解决问题，必须要针对具体的化学工程，对其负面的社会影响程度和范围进行专业性和社会性评估，以便具体地认识化学工程的社会问题的现象、特征和发生过程，为调动社会力量解决问题奠定基础。

第三节 信息网络工程的社会学问题

20世纪末以来，信息网络工程的技术属性对当代社会变革和发展产生了巨大影响，许多人都把新兴的信息网络技术看作社会变迁的推动力。从技术方面看，人们经历了从“信息革命”到“数字革命”、从“互联网革命”到“大数据革命”的“城头大王旗”话语变幻。人类历史上的“信息革命”，先后有语言和文字、纸和印刷术、无线电和电视等的重大突破。计算机制造业高度发达，特别是互联网的工程规模化发展和软件工程不断翻新，更是被当作一场新的信息革命。由于各种信息通过计算机变成数字1或0并被加以处理，所以新的信息革命也被称为“数字革命”。在“数字革命”之后，人们又通过“互联网革命”和“大数据革命”，展望数字技术可能带来的巨大社会变革。这类论述文献如汗牛充栋，既有未来学式的人类发展预测，又有各种商业发展或市场预测的话语跟随。必须承认，着重于从人类能力的纯技术方面解读和研究信息网络工程是必要的，可是，人们绝不能轻视更不能忽视信息网络工程的社会学问题，必须高度重视和深入研究信息网络工程的诸多社会学问题。

从社会学方面看，人们经历了从“信息（技术）社会学”到“网络社会学”的各种规范社会理论表达。通过“后工业社会”“后现代社会”“电子社会”“信息社会”“媒体社会”“网络社会”等概念，人们目击了各种乌托邦或反乌托邦的隐喻转换，如“地球村”“信息高速公路”“万维网”“赛博空间”“电子边疆”“虚拟社区”“全景监狱”“共景监狱”等。这类叙事持续地倚重先于信息网络时代的社会历史条件而发展起来的分析概念和框架，不管其实际的物质条件如何，把当今社会简单地区分为相互排斥的数字/非数字、网络/非网络、虚拟社会（空间）/现实社会（空间）、大数据/小数据、线上（在线）活动/线下（离线）活动等的分立格局。这种排他性的社会学方法，无疑过滤掉了那些可选择的分析概念模型，从而排除了对信息网络工程影响物质条件和地点约束的复杂解释。

当今时代，信息网络工程正在造就一种社会学必须要面临挑战的新的社会存在方式。童星、罗军指出：“基于对以前的各种社会形态（包括农业社会和工业社会，传统社会和现代社会，伦理社会和法理社会，资本主义社会和社会主义社会，等等）认识基础上建构起来的经典社会学理论，在对这种新的社会存在方式的认识和理解方面会显得力不从心，甚至完全无能为力。"[①] 面临信息网络工程的挑战，人们必须重新思考和回答我们应该如何从技术属性理解信息网络工程和建立技术与社会的相互关系。萨森（Saskia Sassen）指出："这种社会学挑战绝不是否认技术的重要意义，而是要为我们把握技术与社会的复杂叠加作用提供一种分析框架。"[②] 本节将首先讨论数字技术嵌入社会的工程实现，其次考察新的网络社会崛起和发展，再次把网络社会的社会问题分为解组型和越轨型两类加以分析，最后讨论网络社会治理的多维途径。

一　信息网络工程及其社会嵌入

信息网络工程，既是一个技术过程，又是一个社会过程，由此相关的社会嵌入问题便凸显出来。

信息网络工程发展，始于1969年底"阿帕网"[③]（arpanet）的出现。阿帕网最初在美国国防部研究计划署的支持下首先用于军事连接，后将加利福尼亚大学洛杉矶分校、斯坦福大学研究学院、加利福尼亚大学和犹他州大学的四台主要计算机连接起来。1974年12月，文顿·瑟夫等设计互联网协议组（TCP/IP）和互联网架构，首次引入"互联网"（internet）概念。1981年，美国国家科学基金会建立了用以科研服务的"计算机科学网络"，阿帕网得以扩大。1982年，TCP/IP标准确立，使世界范围的网络互连成为可能。1986年，美国国家科学基金网提供了接入超级计算机地址的通道，TCP/IP网络接入范围再次扩大。后来，随着接入主机数量的增加，越来越多的人把互联网作为通信和交流的工具，互联网

---

① 童星、罗军：《网络社会及其对经典社会学理论的挑战》，《南京大学学报》（哲学·人文科学·社会科学版）2001年第5期。

② Saskia Sassen, "Towards a Sociology of Information Technology," *Current Sociology* 50 (2002): 365.

③ 在20世纪60年代初，欧美国家就开始研究分组交换技术。到20世纪60年代末期和20世纪70年代初期，阿帕网、基克拉泽斯（cyclades）、优网络（merit network）、英国国家物理研究所网络（npl network）、泰姆网（tymnet）和远程网（telenet）使用各种协议而获得发展。

最终走向全球化发展。

信息网络工程的技术范式，为人类的现实生活带来很大便利，可以从现实空间进入虚拟空间。人们在互联网上可以聊天、玩游戏、查阅东西等，还可以进行广告宣传和购物。发达国家互联网用户在2014年已经达到78.0%，中国的互联网用户在2016年达到7.1亿人，占比达到51.7%。[①] 在当今数字化的信息网络时代，人与人之间的交往或互动以互联网为介质。信息网络工程的社会嵌入，是以信息网络工程实现的数字技术社会化过程，体现的是人类的数字化生存。

信息网络工程的社会嵌入，首先表现为数字技术/物质活动叠加。人们一向把新的数字技术功能特征归结为去物质化、虚拟化和超流动性，但这种理解掩盖了这样一个事实：实现去物质化、虚拟化和超流动性需要诉诸多种物质条件。必须要认识到，不仅信息网络空间要以计算机制造、软件设计为基础，而且信息网络空间活动深受其网络之外的线下文化、物质实践和图像生产影响。例如，金融业被认为是典型的数字化行业，电子金融市场、虚拟货币、网上结算、微信支付等均代表着金融业的去物质化趋势。但是，我们仍然不能简单地把这种金融发展趋势看作一种排他性的数字活动，因为它不仅需要大批高端金融人才，也需要相应的物质条件，如配套的软硬件设备和传统的基础设施、建筑物等。

如果忽视线下的物质世界活动，那么信息网络工程本身也就失去了它存在的意义。例如，以互联网为基础的大量电子商务活动代表着资本的超流动性趋势。传统固定资本，如已建成的人工环境、建筑物、公共基础设施（高速公路、机场、铁路或高铁、港口等）等，都是地点约束的物质条件，属于固定资本。但是，这些受地点约束的固定资本又被打上流动要素（如交易商品、订单等）的深深印记，网上购物始终无法脱离快递业务而存在，固定资本与流动资本处于同一时空框架中。在这种意义上，如今流行的“互联网+”代表着数字技术与物质生产和消费活动的相互叠加，利用信息通信技术以及互联网平台，让互联网与传统行业进行深度融合，创造新的经济社会生态。特别是以互联网为基础建立

① 《第36次中国互联网络发展状况统计报告》，中国互联网络信息中心网站，2015年7月22日，https://www.cnnic.net.cn/n4/2022/0401/c88-1077.html。

的物联网，正是将用户端延伸和扩展到任何物品，通过智能感知、识别技术与普适计算等通信感知技术，实现数字技术与物质的相互叠加和融合。

信息网络工程的社会嵌入，其次表现为数字技术/用户转义实践。互联网用户使用数字技术是借助网络空间的经验和效用功能，实现其特定的文化和实践目的。在社会学意义上，必须要将关注点从纯粹的信息网络技术特征及其对用户的影响，转向网络空间与用户之间的连接区域或转义地带。信息网络工程的社会嵌入并不是纯粹的技术事件，其深受价值、文化、权力系统和制度秩序影响。这种社会嵌入因所处地点和人们的年龄、阶层、民族、价值导向不同而呈现不同变数，网络空间与个人行动（不管是经济行动还是社会行动，抑或是政治行动）之间的社会连接不单纯是一个使用软硬件或接近网络的技术问题，还是一个涉及性别、年龄、阶层、价值等文化差异的转义文化实践问题。

二　新的网络社会崛起和发展

信息网络工程的社会嵌入体现了数字/非数字、网络/非网络、虚拟空间/现实空间、大数据/小数据、线上活动/线下活动的复杂相互作用，带来了影响广泛而深远的社会变迁。卡斯特尔斯（Castells）认为新的信息技术的工程拓展作为一种物质文化，“是一种社会嵌入过程，而不是一个影响社会的外生因素”①。这意味着，信息网络工程本身蕴含了新的网络社会的崛起和发展。这种新的网络社会不仅是信息网络工程对原来社会构成的物质改造，新的生产和管理、通讯媒体和经济文化全球化方式随之兴起，重塑了传统地理空间，以超链接、超文本改变着个人的学习和成长方式，而且更重要的是产生了新的社会结构。

（一）传统地理空间的重塑

传统的地域分层结构是以民族－国家地域为单元，按照领地和国家制度组织起来的地理空间秩序。相对于国家威权，地方性网络越来越具有战略意义。随着互联网的发展和广泛应用，如今的网络空间重组动力

① Manuel Castells, “Toward a Sociology of the Network Society,” *Contemporary Sociology* 29 (2000): 693.

打破了国家或地域之间的制度边界。信息网络工程与全球化的相互融合，产生了多样化的非政府行动和跨境合作，如全球商业网络、跨界公共领域、全球城市等。这并不意味着旧的地域分层结构消失殆尽，而是表明地域分层结构沿着原来的秩序得到重组。所谓的“全球化”现在被理解为特定系统（如经济系统）核心要素（如高端人才、知识、技术、资本等）的资源配置能力，它因为新的信息和通信技术在速度上变得更加便捷，在空间范围上不断扩大。例如，在全球城市网络中的跨区域经济交易活动，正在从以传统交通和旅游为主转向以信息网络空间为主。萨森（Sassen）指出，这种网络通道转变的“结果是使连接各类城市的专业化通道多样化，那些重要国际商业中心网络构成了新的中心地理空间结构”[①]。这种新的中心地理空间结构已经超越了如纽约、伦敦、东京、巴黎等原有的国际金融和商业中心，北京、上海、广州、深圳等中国城市也在开放发展并加速融入全球城市网络。这绝不意味着社会空间已经消失，而是说地点空间成为一种重要的资源或功能，物理空间成为一种由电子线路和信息系统构成的“流动空间”，其功能和非功能意义依赖于它接近或融入全球网络的深度和广度。

（二）个人成长的网络行动

传统微观社会学理论表明，个体通过学习、教育，能从生物个体变成社会“个人”。但是，这种成长现在表现为个体线上的相互学习，部分个体角色也通过信息网络加以确认。例如，大学生价值观还未完全形成，个性和心理还未完全成熟，容易受到外界环境影响，其社会角色还处于形塑过程中，需要寻找参照对象，而互联网无疑为大学生提供了一个有效而快捷的成长平台。一项对安徽地区大学生的问卷调查结果表明，大学生的社会自我评价高低受上网学习行为影响最大，影响最小的是网上娱乐行为（见表12－3）。[②] 大学生通过上网学习体验到充实感和成就感，通过扮演网络游戏角色实现自我或得到自我展示，通过网络人际交往获得平等感和自由感。这里强调互联网对个人角色社会塑造的意义，

① Saskia Sassen, “Towards a Sociology of Information Technology,” *Current Sociology* 50（2002）: 375.

② 赵浩：《大学生网络行动与社会自我认识的关系》，《湖北函授大学学报》2015年第4期。

并不意味着个体自我意识的消失。事实上，个体的网络涉入程度与其自我意识存在密切关系。

表 12－3 大学生的网络行动/自我认识关系

	上网学习	网上娱乐	网上交流沟通
网上行为	查找资料、浏览新闻、学习和运用各种电脑知识	玩网络游戏、听音乐和看电影	收发电子邮件、聊天交友和上各大论坛发帖子
上网动机	获得各种信息资源，满足学习需要	打发时间和休闲娱乐	与同学朋友联络、交流感情、表达自己的真实想法
动机/行为关系	上网学习动机对社会自我认识的影响十分显著，获得的自我评价较高	网上娱乐行为对社会自我认识的影响最小，由此获得的自我评价较低	网络交流沟通对自我评价高低的影响明显，获得的自我评价较高

（三）社会结构的网络重组

个人成长的网络行动表明，有关个人行动与社会结构的传统边界正在被打破。互联网的超文本由生产－通信过程、移动传输单位、信息发送者－信息接收者之网构成，任何社会行动都要通过跨越城市、乡村和世界的互联网与外部相连。在这种情况下，无论是传统微观社会学的个体优先于社会前提，还是传统宏观社会学的社会优先于个体前提，都显得不再重要。因为随着互联网的社会嵌入，个体依赖社会组织越来越诉诸网络家庭、网络机关、网络组织、网络社区等进行。个体的网络行动在某种意义上就是社会行动，而社会行动就是社会互动，就是社会网络行动。互联网的“网络”与我们日常生活中的“网络”既有不同，也有联系。社会网络作为社会关系之网自人类诞生起就存在，它基于权力、利益、制度等因素，通过合作、交换、冲突、竞争等过程，把不同个体、事物、群体、组织、部门等连接起来，实现行动协调、信息沟通和资源共享，从而构成人类生存与发展的一个基本需求，而互联网的网络不过是“信息技术在不断满足人类这一需求的过程中所做出的技术以及相关的制度、规范和价值观念的创新、分化、整合与伸延的结果”①。

新的网络社会是一种社会结构重组的世界，以信息网络工程为基础

① 冯鹏志：《网络行动的规定与特征——网络社会学的分析起点》，《学术界》2001 年第 2 期，第 77 页。

对以往生产/消费、权力/社会生活经验进行重新组合，其优势是它克服了传统社会网络“资源动员和集中力量完成既定任务的执行不力”或“实际限制”,[①] 并广泛地体现在社会组织重组和社会网络集群层面（见表12-4）。在互联网平台上，原先的社会网络变成一种与信息网络工程同构的自我演化的社会结构，包含各种与其目标相匹配的社会表达，它的多元化价值伴随着网络节点（用户）增加而呈指数增长态势。关于网络技术发展规律有三个定律：一是萨诺夫（美国无线电公司前任董事长）定律，即非互动型网络的价值与用户数（网络规模）成正比；二是瑞德（惠普实验室研究人员）定律，即社会网络的价值随网络规模而呈指数增长；三是梅特卡夫（以太网发明人）定律，即互动型网络的价值与网络节点（用户数或网络规模）的平方根呈正比。其中梅特卡夫定律强调的是范围经济和网民共享价值。这里我们必须要强调一种以Web 2.0以及QQ、微信等为平台的互动型网络，它以相同的数字技术逻辑确保通信顺畅并成为社会结构和社会集体行动的重要基础。由互动型网络构成的社会结构，就是一种动态的社会网络或互动系统，只要具备与之相匹配的互动型元信息网络，网络化的社会结构就会成为一种不断扩大的开放系统。构成网络的社会行动者增加和减少，必然伴随着行动网络或社会结构的价值变化。在同样的网络逻辑和目标安排下，结构创造实践，实践改变结构。在这种意义上讲，新的网络社会具有一种自组织特征，它能够把结构与实践有机地结合在一起。

表12-4 社会结构的网络重组及其特点

主要类型	基本含义	主要特点
社会组织重组	网络政府建设：权力与社会互动强化。它借助互联网信息传播的时效性和广泛性，促进公众及时获得政府组织公布的信息，使公众按照权威信息对身边的社会热点问题进行表达	它造就一种新的公民社会结构，能够促进政府组织的透明化、公正化和公义化建设，推动公民社会参与和保证公民知情权，体现了公共资源的公民贡献，也使政府能以合适的方式实时在线回应公众或进行线下政策调整

① Manuel Castells, “Toward a Sociology of the Network Society,” *Contemporary Sociology* 29 (2000): 695.

续表

主要类型	基本含义	主要特点
社会组织重组	网络企业发展：生产与管理关系改造。它以信息网络方式将员工、资本和知识结合起来，对原有的工业组织进行重组，形成与原来垂直结构不同的全球性网络关系。该网络不仅包含网络提供者企业，还包含生产型企业和商业型企业	它造就一种新的扁平化职业结构：一是围绕价值创造，促成指挥者（战略筹划者）、研究者、设计者、集成者、操作者和用户终端等企业角色生成；二是围绕关系创造，促成网络用户、网络提供者和网络局外人等角色生成；三是围绕决策创造，促成决策者、参与者和执行者等角色生成
社会网络集群	网络消费集群：营销与消费关系重构。电子商务发展推动了消费者主权地位提高，使网络用户通过电商网站（如淘宝网、京东网等）购物，成为一种崭新的个人消费模式	它造就一种新的集群消费结构，服务对象以年轻人、女性、高学历者和白领用户为主，他们更加喜欢在网上虚拟的购物环境中浏览、搜索相关商品信息，并最终实现购买目标
	网络社会集群：非正式社会组织重构。它通过社交软件（如自建网站、用户讨论组、新闻跟帖、博客、QQ 群、微信群等），按照爱好、兴趣、价值、利益等倾向，围绕特定主题，形成以消费、意见强化、汇聚和讨论交流为特征的网民聚集	它造就一种新的公共领域，把互联网用户当作在线网络主体，受网络结构和信息传递感染和影响，在某个虚拟空间聚合或集中，相互影响、作用和依赖，属于成员数量较大、缺乏正式组织的群体行动，具有互联网匿名性、互动性、低成本性和平等参与性等特点，极富爆发性，网上网下虚实互动，动员和自发相结合

三　网络社会的社会问题分析

新的网络社会崛起和发展，带来了个体行动和社会结构的关系重建。但是，网络社会由于凸显了信息的意义及其时空流动压缩、超文本链接的放大效应和网络行动者的身体不在场，也“引发了网络社会中不确定性和可能性的极度增长，从而使风险成了网络社会的内在构成要素”①。也就是说，网络社会本质上是风险社会，或称“网络风险社会”，包含了一系列违背绝大多数社会成员道德价值标准，影响甚至破坏社会生活的网络社会问题。按照美国社会学家默顿的现实社会问题分类方法，我们倾向于把网络社会问题分为社会解组型和社会越轨型两类加以分析。

（一）社会解组型的网络社会问题

早在默顿之前，鉴于工业化、都市化过程对传统社会权威、约束和

① 黄少华：《风险社会视域中的网络社会问题》，《科学与社会》2013 年第 4 期。

控制的弱化情形，以美国芝加哥学派为代表的社会学家们，使用“社会解组”（social disorganization）概念解释各种社会问题，特别是青少年犯罪问题。但是，社会解组本身并不意味着社会越轨，也不是犯罪行为，更不是在结构上遭到破坏的社会解体。所谓社会解组是指原有规范约束力减弱而新的规范又未建立起来的一种社会状态，是指在道德规范调节作用发生故障后出现的社会连接纽带的松弛和断裂。随着信息网络工程的社会嵌入日深，个人行动与社会结构之间以互联网为中介，从而形成了并未从整体上影响社会结构变化的局部非组织化社会混乱和无序。我们把这种局部非组织化混乱和无序称为“社会解组型的网络社会问题”。仔细对各种网络社会问题进行识别，可以将这种解组型网络社会问题分为个体解组型和群体解组型两类（见表12－5）。个体解组型网络社会问题，以“‘90后’青年网络门事件”[①] 最为典型。2009年，百度、人人网、新浪和腾讯微博、各大主要视频网站（优酷网、土豆网等）刮起一股搜索有关“90后”青年各种门不雅视频的旋风，冲击着社会的公共底线，引起了社会的广泛关注和激烈讨论。这一事件表明，信息网络工程影响下的社会解组使传统家庭组织和社区组织弱化，由此带来所谓的“90后”失范行为。

表12－5 社会解组型的网络社会问题类型和特征

	个体解组型网络社会问题	群体解组型网络社会问题
表现形式	这类问题主要有两种形式。一是网络成瘾（或网络沉溺），即不自主的长期强迫性过度使用网络的行为，包括网络色情成瘾、网络关系成瘾、网络购物成瘾、网络游戏成瘾等，以青少年的网络游戏成瘾最为典型。二是网络不雅信息传播，即把一些带有具有色情、暴力倾向的视频、照片和文字等上传到网上加以传播。这类不雅信息传播，分为自我炒作和被人偷拍，以被人偷拍最多	这类问题主要是网络群体事件，有三种形式：一是现实与虚拟并存型网络群体事件；二是现实诱发型网络群体事件；三是现实诱发网内网外变异型群体性事件

① 李树文、赵勤：《对“90后”青年网络门事件的思考——基于社会解组理论视角》，《西北农林科技大学学报》（社会科学版）2012年第6期。

续表

	个体解组型网络社会问题	群体解组型网络社会问题
社会成因	无论是网络成瘾，还是网络不雅信息上传，主要限于青少年。网络游戏流行和网络信息传播的便利、网络或媒体经营者的趋利行为和恶意炒作、家庭教育的缺位、社会转型期的多元价值碰撞，加上青少年的健康生理人格尚未形成，最终导致他们对网络的长期依赖和对社会价值的混乱理解	网络群体事件是一个社会建构过程，涉及以下四个因素：一是信息网络工程的自媒体特征使某种看法、情感和行动以惊人的速度作用于他人，引发龙卷风式的网络行动，有时还会产生极度恐慌；二是政府部门缺乏与公众的沟通；三是网络和媒体经营者追求“眼球效应”，引导公众关注和谈论网民提出的话题；四是公众焦虑心态严重，急于维护自身权益，出现情绪失控
社会影响	网络成瘾会对身体造成伤害，影响到工作、学习和社会交往，影响家庭和社会和谐。网络不雅信息传播大多触及公共道德底线，导致价值观混乱甚至有违法之嫌	网络群体事件导致的社会结果主要表现为：一是由于与互联网法律法规缺失，围绕社会热点问题出现网络谣言泛滥现象；二是针对社会热点问题，往往会出现一边倒地指责政府的群体极化效应，从而导致公众产生与政府的对立情绪
解决方法	以预防为主，明确网瘾和传播不雅信息的不良影响，形成家庭、学校和社会的合力，为青少年正确使用网络提供良好的网络社会环境	政府要回应公众诉求，针对突发事件和社会热点问题，主动释放权威信息并进行合理解读，对网络舆情进行规范疏导，加强公众社会参与度，培养公众责任意识和法制意识

与个体解组型网络社会问题相比，以网络群体事件为代表的群体解组型网络社会问题更为严重。网络群体事件是“数量较多的网民为了特定目的围绕热点问题，在网络公共领域大规模发表、汇聚批判性意见进而影响现实生活的事件”①。例如，从2007年到2014年在全国范围内发生的抵制PX项目事件，就是一种网上网下互动的“邻避型网络群体事件”，从而形成“群体极化效应”②。地方政府核心工作之一是维持社会稳定，其面对群体解组型网络社会问题也是颇感束手无策，有些官员甚至患上了“网络恐惧综合征”。

（二）社会越轨型的网络社会问题

与社会解组型的网络社会问题一样，社会越轨型的网络社会问题也属于社会的“失范”（anomie）现象，但与前者的不同是它表现出更多

① 郝其宏：《网络群体性事件概念解析》，《齐鲁学刊》2013年第1期。

② 肖鲁仁：《邻避型群体性事件中网络舆情的监测与引导》，《湘潭大学学报》（哲学社会科学版）2016年第1期。

有意识的反常规特征。涂尔干较早把“失范”看作一种社会无法对其个体成员的目标和要求给予约束的环境状态，这大体上属于社会解组范畴。与涂尔干主要强调社会无法约束人的目标和手段不同，默顿更强调人们为了获得物质目标使用相应手段的社会规则，认为所谓的“失范”是指文化价值与合法手段之间出现断裂时产生的社会越轨行为：“当一个几乎高于一切的文化价值系统被大多数人口尊为某种共同的成功－目标，而社会结构又严格限制或完全阻碍达到这些目标的被多数人公认的模式或手段时……越轨行为就会随之普遍而来。”① 现在，我们把这种“越轨行为”（deviant behavior）概念，应用到对网络社会问题的分析上。相对于以旧的物质手段达到社会目标这一非越轨状态，引入信息网络工程这一新的物质手段，会出现两种越轨行为：一是如果以新的物质手段达到原有社会价值或目标，那么这就是创造性越轨行为；二是如果以新的物质手段对抗原有社会价值，或者以其他手段对抗大家已在普遍使用的物质手段，那么这就是破坏性越轨行为。前者涉及的是信息网络工程的社会嵌入问题，这里毋庸赘述。我们主要讨论网络社会的破坏性越轨行为，也就是社会越轨型的网络社会问题。

沿着默顿的分析框架，我们可以把社会越轨型的网络社会问题，分为价值破坏型和手段破坏型两类（见表 12－6）。价值破坏型的网络社会问题，目前集中表现为网络诈骗案件的不断发生。网络诈骗形形色色，但都通过即时移动电话、聊天工具、搜索平台、网络发布平台和电子邮件等渠道而实施。网络电信诈骗犯罪成本较低，只要准备几台电话和电脑就能实施诈骗，但涉案金额往往非常巨大。手段破坏型网络社会问题则以网络黑客攻击最为严重。如今的网络黑客不再满足于超越自我，而是发展到了故意进行数字破坏和敲诈的程度，对网络信息和网络安全构成了巨大威胁，严重地扰乱了网络社会的正常秩序。例如，最近的域名提供商 Dyn. com 经历了一次大规模的分布式拒绝服务攻击，其结果是该公司所提供的 DNS 服务访问速度明显降低，北美地区大量网站被迫下线，数百万用户无法正常访问互联网。正因如此，网络黑客也成为恐怖主义的工具，直接威胁到国家安全。

---

① R. K. Merton, *Social Theory and Social Structure* (New York: Free Press, 1957), p. 146.

表12-6 社会越轨型的网络社会问题类型和特征

类型	价值破坏型网络社会问题	手段破坏型网络社会问题
表现形式	主要有三种形式：一是网络色情，即通过互联网（网络文件共享等）可接近的任何色情视频、照片或文字描写；二是网络暴力，即在网上发表伤害性、侮辱性和煽动性的言论、图片和视频，对当事人造成名誉损害；三是网络诈骗，即利用互联网采用虚构事实或者隐瞒真相方法，非法骗取数额较大的公私财物	主要有两种形式：一是计算机或网络病毒，即能够自我复制的破坏计算机功能或者破坏数据的一组计算机指令或程序代码；二是网络黑客，即黑客利用计算机系统和网络存在的缺陷或漏洞，以高超的计算机操作技能，通过网络强行侵入用户计算机，肆意对其进行各种非授权活动。网络黑客已逐步从“网络侠客”变成计算机情报间谍和破坏者
社会成因	实际上是传统色情和诈骗行为的网络升级，具有成本低、隐蔽性、跨国性等特点。例如，传统电信诈骗是冒充电信工作人员谎称事主电话欠费，现在经过网络升级后，则通过电话、网络和短信方式设置骗局，诱使受害人打款或转账等	无论是网络病毒还是网络黑客攻击，都是运用计算机硬件或软件操作的个人破坏行为。这要么是出于对上司、薪酬的不满或报复性的破坏，要么是出于政治、宗教等需求而实施的专门性数据破坏。特别是网络黑客常常成为恐怖主义利用的工具
社会影响	它往往突破道德底线甚至违法犯罪，造成的社会影响和后果非常严重。仅2015年一年，中国电信网络诈骗案件发生数量为59.9万件，造成经济损失约200亿元	未经授权在网络上宣扬、公开或转让他人隐私或以非授权登录攻击他人计算机系统，窃取和篡改网络用户信息或数据，甚至破坏他人的整个数据系统，造成经济损失无可估量，严重扰乱网络社会的正常秩序
解决方法	亟待运用教育、道德约束和法律手段进行规范，对网络诈骗则需增强网民警觉性和加大依法惩处力度相结合	政府部门提高网络安全防护能力，对网络通信进行管制，特别是出现紧急状态时，在特定区域对网络通信采取限制等临时措施

通过以上分析，我们可以把社会越轨型的网络社会问题看作信息网络工程嵌入社会后社会解组的结果或产物。例如，早期的计算机病毒和黑客问题是解组型网络社会问题，当它们超过传播标准、道德底线和安全范畴时，便成为手段破坏型的网络社会问题。目前能够鉴别出的其他网络社会问题，如信息垄断、信息污染、网络侵权等，在很大程度上属于解组型网络社会问题，它们同样也是在超越道德底线后才变成价值破坏型的网络社会问题。另外，关于越轨型网络社会问题，我们虽然区分了价值破坏型和手段破坏型两类，但两者之间的边界并不是太清晰。例如，网络诈骗往往通过网络病毒植入获取他人隐私信息，然后实施诈骗行为。再如，网络赌博在许多国家或地区属于合法行为，在我国则属于

被禁止的网络越轨行为。在法律意义上鉴别出的网络犯罪问题更是有着较大的涵盖面，似乎可以包括一切越轨型网络社会问题。但是，对社会解组型和社会越轨型的网络社会问题进行分类，有利于我们针对新的网络社会问题提出多种治理途径。

四 网络社会治理的多维途径

伴随着信息网络工程的社会嵌入、新的网络社会崛起和发展，以及其大量的社会问题，我们必须要对其进行网络社会治理。从社会学来看，所谓网络社会治理是“基于互联网所发生的关系从而形成的一些社会问题的治理”①。它针对网络社会行动，突出与现实社会生活和现实社会治理实践的密切关系，动员政府、企业、社会组织和个人力量的有效参与，借助道德、行政和法律手段，“规范和调适网络社会生活中的各种权利和利益关系，化解和疏导网络社会运行中的矛盾冲突，保障网络社会的和谐运行和健康发展”②。这种界定虽然强化了网络社会的自主和法律治理，却忽视了信息网络工程技术进步的治理意义。以下将着眼于技术、自主和法治三个方面，讨论网络社会治理问题。

（一）全景式的网络社会技术治理

“全景监狱”（panoticon）是一种对人的行为进行约束的权力实验室，③ 法国哲学家福柯用它来隐喻社会规训或社会控制。这种隐喻表明，任何相互分割但对中心可视的人（如犯人）总是关注的对象，而不是相互交流的主体，完全“变成了服从的原则”④。按照这一隐喻，如果把不同的规训机制用于有效地控制特殊空间的人群的话，那么便不再需要管

---

① 熊光清：《中国网络社会治理与国家政治安全》，《社会科学家》2015 年第 12 期。

② 李一：《再析“网络社会治理”的概念指称和基本意涵》，《贵州省党校学报》2016 年第 5 期。

③ 边沁最早提出建设“全景监狱”（或称“圆形监狱”）——周围外墙、中心设有瞭望塔的圆形建筑物。外墙为包含许多可供犯人居住的相互分割的单元格，各个单元格受中心瞭望塔观察。这种设计配以良好的透光性，更加便于对犯人进行有效监视或控制。这种建筑景观虽然与监狱密切相关，但其设计风格也常常用于指称适应监视需要的其他机构，如学校、工厂和医院等。正是因为如此，福柯将边沁的全景监狱概念化，认为“全景监狱”象征着规训机制功能，也即规训的功能不过是权力的工具。

④ Michel Foucault, *Discipline and Punishment* (New York: Vintage Books, 1995), p. 203.

理者展示其公然的强制权力。基于这种隐喻，当代社会批评家提出一种理论路线，就是把新的技术及其工程运行看作全景监狱结构的社会布局。在这一理论路线指导下，信息网络工程的不断进展自然也被看作加速变化、日益精准的规训社会机制（见表 12－7）。扎波夫较早以“全景监狱”为隐喻，认为计算机使工作更为可视，通过跟踪工作轨迹和产出情况，管理者能够持续地核对员工工作流程，而员工自己并未觉得受到暗中监视。他以 20 世纪 70 年代普遍使用的 DIALOG 系统（一种计算机内部交流系统）为例表明，该系统虽然因通信和交流的便利而广受企业管理者和员工欢迎，但由于管理者往往会公布一些非正式交流信息（如黄色笑话等），所以员工用户往往会收敛自己的个人行为，从而显示出该系统的“全景监狱功能”[①]。如果说互联网服务商和公安机关可以随机地监控互联网用户的话，那么互联网结构同样也被看作一种全景监狱结构。它与局部计算机通信系统的不同之处是“允许多层面监视，以致一个‘狱友”会变成另一‘狱友’的监视者”[②]。互联网配以物联网和大数据，更是成为一种弱化私人与公共领域差异的社会规训空间，成为一种随时随地受经济和政治干预的“超级全景监狱”[③]。

表 12－7 网络社会治理的“全景监狱”隐喻

	基本含义	社会治理意义
计算机全景监狱	与传统全景监狱相比，它是一种把计算机看作观察的工具和控制机制的中央集中治理形式，是监视或规训甚至惩罚的新手段	它作为一种社会治理手段，不需要建筑结构安排和人为监督指导，而是用计算机跟踪和记录人们每天从开始工作到完成任务的整个流程。被监视人已从不情愿变成了自愿的参与者
互联网全景监狱	互联网是社会关系网络和互动的论坛，也是社会控制的社会空间。互联网服务商、公安机关等，往往成为互联网用户的重要监视者	互联网上的社会控制表现为非正式的负面评论和社会放逐，还表现为正式的政府或公共机构处罚。在线互动与线下行为和意识形态密切相关，在线社会控制往往会留待线下世界进行

---

① Shoshana Zuboff, *In the Age of the Smart Machine: The Future of Work and Power* (New York: Basic Books, 1988), p. 378.

② Tom Brignall, "The New Panopticon: The Internet Viewed as a Structure of Social Control," *Theory & Science* 3 (2002): 336.

③ 马克·博斯特：《信息方式——后结构主义与社会语境》，范静哗译，商务印书馆，2000，第 127 页。

续表

	基本含义	社会治理意义
物联网全景监狱	与互联网相比，物联网包含了感觉层（如电子标签、条形码等）和计算层（更加智能化的信息挖掘处理），两者通过通信层联系，其电子监控能力更加强大	物联网可以连接任何有形之物，商品或货物乃至人自身可以互联，场所安保、狱政公安系统、病人、老人监护等更成为它的重要应用。它的社会规训机制更加无所不在和无时不在，任何违规者都能被物联网及时察觉和处理
大数据全景监狱	与小数据的历史积累和较低决策相关性相比，大数据技术更为强调海量实时数据和较高决策相关性，实现了从信息垂直可视向平行可视的转变。这既赋予社会成员信息可视能力，又使任何一个成员对其他成员的信息可视成为可能，即增强了全景控制能力	大数据技术在信息垂直可视意义上似乎能够实现对社会的整体监视，但在信息水平可视意义上却并不必然保证不出现社会控制失范。例如，大数据企业在通过分析大数据获利时，经常会遭遇来自私人信息保护的强烈对抗。大数据技术使用的信息可视要求私人隐私权保护，要针对知识密集型行业、强授权组织和隐私敏感型个人，加强私人数据保护和信息所有权管理

对于信息网络工程，“全景监狱”隐喻除以上具体称谓外，还有“电子全景监狱”、“信息全景监狱”、“数字全景监狱”和“在线全景监狱”等称谓。这些称谓作为一种社会批判叙事，沿袭传统社会治理理念，基于信息不对称前提，把信息网络工程本身看作一种全景式治理工具，实际上是网络社会治理的技术决定论表达。但是，信息网络工程的持续发展毕竟提高了信息对称程度，使信息可视从垂直的等级体系向平行的信息共享结构转变，因此所谓的全景式治理结构并不必然保证网络社会整体秩序。对于这种情况，信息网络工程在技术上做出的反应是，针对网页篡改、计算机病毒、网络黑客非法入侵、数据泄密、网站欺骗、服务瘫痪、漏洞非法利用等手段破坏型的网络社会问题，产生了渗透于国防或军事、政府、金融、医院、家庭等各领域的信息网络安全工程行业。防火墙及与其相关的密钥技术、杀毒软件、防黑客软件、反黑客技术等是较早发展起来的网络安全工程领域，近年来，量子通信则被称为从根本上解决国防、金融、政务、商业等领域信息安全问题的绝对安全工程领域。2010 年 7 月正式启动的合肥城域量子通信试验示范网工程，于 2012 年 3 月 30 日正式投入使用，标志着我国量子通信工程规模化发展的开端。2016 年，世界上第一条量子通信保密干线——“京沪干线”正式建成，同年，由中国科学家自主研发的世界首颗量子科学实验卫星——

“墨子号”也成功发射。因此2016年也被称为量子通信的规模应用元年。与此同时，北京、济南、乌鲁木齐等城市的城域量子通信网也在建设之中，这些城市未来将通过量子卫星等方式连接，形成我国绝对安全的广域量子通信体系。信息网络工程的技术进步，不断巩固着全景式的社会治理体系。

（二）共景式的网络社会自主治理

面对信息网络工程带来的信息共享或平行可视结构，信息网络工程自身的补漏性治理只能够解决手段破坏型越轨问题，即使量子互联网得到普遍应用，也无法避免网络社会发展带来的社会解组型问题和价值破坏型越轨问题。正因如此，社会学家们开始超越“全景监狱”理论，为网络社会治理寻找诸如在线自我控制、大数据预测等新的社会治理理论视角。“共景监狱”概念，更是受到社会学家们的广泛关注。马西森（Thomas Mathiesen）最早引入这一概念，认为当代大众媒体社会不再完全是“少数人观察和监视多数人”的“全景监狱”，而是一种“多数人观察和凝视少数人”的“共景监狱”。[①] 喻国明更是在社会治理意义上，明确地认为共景监狱“是一种围观结构，是众人对个体展开的凝视和控制”[②]。在新的网络社会中，少数管理者与多数被管理者之间的信息分配由原来的不对称变成了比较对称，每个管理者开始感受到集体的凝视和挑战，因此网络社会治理日益趋向一种平行治理模型（见表12－8）。这种平行治理模型实际上是一种社会解组型的网络社会问题，更进一步是群体解组型问题，在社会监督方面赋予网民更多的自主治理能力。

表12－8　网络社会的共景式平行治理模式

三个不同层面	主要特点和内容
共景监狱的场域结构	Web 2.0（Web 3.0）、微博、QQ、微信等社会媒体平台，提供了一种社会互动空间环境，使观察者与被观察者之间的界限日趋模糊。这些新的媒体平台基于一种点对点的工程结构，使民主化的监视实践成为可能，从而改变着社会规训结构。从权力主体来看，每个在线网民同时是监督者和被监督者，有公权力的人或政府也由原来的监督者变成既是监督者又是被监督者；从结构形态来

① Thomas Mathiesen, “The Viewer Society: Michel Foucault's ‘Panopticon’ Revisited,” *Theoretical Criminology* 1 (1997): 219.

② 喻国明：《媒体变革：从“全景监狱”到“共景监狱”》，《人民论坛》2009年第15期。

续表

三个不同层面	主要特点和内容
	看，不再是一对多的全景俯视结构，而是多对一的共景围观结构，原来的政府作为唯一的监督者现在更多地变成了唯一的被监督者，处于被监督的中心位置。共景监狱的场域结构，包括网民场域和政府场域。在这种结构中，网民场域的社会力量日益强大。相对于现实社会，在网络环境下，政府作为虚拟社会的治理者，经常处于被围观、被评论、被言说的共景场域之下
网民场域的自主治理	网民场域的自主治理，是网民在彼此沟通信息过程中设置社会的公共议程。在线网民以自身线下的善良、同情和公正等大众道德优势，配以网络传播的匿名、快速、复制、搜索、暗示、从众、公私模糊等集合性心理机制，在与管理者交锋中的胜算要比管理者更大。其最大特征是对公共政策、公共权利和公众人物等起着较强的凝视作用，公共政策偏向、公共权力滥用、公众人物越轨行为等最容易成为网民关注并热议的公共话题，最容易催生网络舆论。由于在现实社会中代偿机制不健全，网民宣泄情绪和不满的渠道和场地有限，所以新的媒体平台本身便具有了社会安全阀的功能。在目前政治考量和社会稳压前提下，网络空间的发泄性代偿总比现实的社会冲突代价要低得多
政府场域的重要责任	在共景监狱的场域结构中，政府场域的重要责任不是传统意义上的包办和颐指气使的统一口径，而是充分调动全体社会成员的智慧和力量，建立规则，让他们在公共场域享有更多的发言权、决策权和自我控制权，在自主中实现社会的自我治理，政府要成为规则的制定者、公共平台的构建者以及社会对话的组织者

“共景监狱”理论强调一种持续的在线生活及其对线下生活的监督效应，但对这种监督效应，我们不能给予过高估计。网络社会治理并不是一种从“全景监狱”到“共景监狱”的历史逻辑，而是两者之间的“彼此咬合”[①]。由于观察或凝视毕竟不同于监视或监督，所以在“共景监狱”概念中多数人并不完全具有对少数人的监督权力，只有少数人才具有对多数人的监督权力。“共景监狱”在理论上以网民的公共道德自觉为前提，但绝不意味着一种完全的民主治理体制，它表现为较全景式治理更为复杂的网络社会治理情形。例如，公众以理性的心态、有序的方式参与网络社会治理，主流文化、传统文化、民族文化必须要与网络文化对接和融合。要做到这些，也许不能过度地夸大市民社会的自治作用，处于被凝视状态的政府需要针对社会解组型的网络社会问题，采取包容态度，以公正、平等和共享等理念消除社会解组后潜在的博弈对立

① Thomas Mathiesen, “The Viewer Society: Michel Foucault's ‘Panopticon’ Revisited,” *Theoretical Criminology* 1 (1997): 213.

情绪，鼓励和规范公众利用网络对公权力进行约束，营造有利于网络社会非政府组织健康发展的制度环境，提高网民参与网络社会治理的道德和责任意识。

（三）法治化的网络社会外部治理

无论是共景式自主治理还是全景式技术治理，都是限于网络社会自身的治理范畴。如果说共景式自主治理需要以全景式技术治理为前提的话，那么全景式技术治理既有信息网络工程本身的技术进步，也包括外部的法律规范治理。法治化的网络社会外部治理，从整体上能够对社会越轨型的网络社会问题给予惩戒，由此能够防止社会解组型的网络社会问题演变为社会越轨型的网络社会问题，从而真正确立起新的网络社会秩序。2016 年 11 月 7 日，《中华人民共和国网络安全法》（2017 年 6 月 1 日起施行）正式通过，它标志着我国网络社会发展有了基本的法律规范。该法把维护网络安全界定为一种社会治理能力，能够防范对网络的攻击、侵入、干扰、破坏和非法使用以及意外事故，保障网络数据的完整性、保密性和可用性。具体说来，网络安全法对网络社会提供的法律规范主要包括以下三个方面。

第一，坚持网络社会发展与网络安全并重，维护网络社会的空间安全和秩序。推进网络基础设施建设和互联互通，鼓励信息网络工程技术创新和应用，促进网络接入的普及，保障网络信息依法有序自由流动。做好金融、能源、电力、通信、交通等领域的关键信息基础设施安全防护，积极开展网络空间治理、网络技术研发和标准制定、打击网络违法犯罪等方面的国际交流与合作，推动构建和平、安全、开放、合作的网络空间，建立多边、民主、透明的网络治理体系。特别是安全审查、安全检测评估等方面不分国别和企业，提高消费者对产品安全性的信心。政府各级部门依法负责网络安全保护和监督管理，网络运营者接受监督并承担社会责任，个人和组织建设使用网络应当遵守宪法法律、公共秩序和尊重社会公德。倡导诚实守信、健康文明的网络行为，提高全社会的网络安全意识和水平，形成全社会共同参与促进网络社会健康安全发展的良好环境。

第二，针对社会解组型的网络社会问题，注重引导、监测预警与应急处置。针对个人解组型的网络社会问题，国家支持研究开发有利于未成年人健康成长的网络产品和服务，依法惩治利用网络从事危害未成年人身心健康的活动，为未成年人提供安全、健康的网络环境。任何个人和组织发送的电子信息，不得含有法律、行政法规禁止发布或者传输的信息；网络运营者收集、使用个人信息未经被收集者同意，不得向他人提供个人信息。针对群体解组型网络社会问题，要进行跟踪、收集信息和分析评估，按照事件发生后的危害程度、影响范围等因素进行分级处理，必要时应采取应急处置措施。

第三，针对社会越轨型的网络社会问题，加大惩治打击力度。针对手段破坏型的网络社会问题，要采取防范计算机病毒和网络攻击、网络侵入等危害网络安全行为的技术措施以及数据分类、重要数据备份和加密等措施；发现网络产品、服务存在安全缺陷、漏洞等风险时，应立即采取补救措施；遇到系统漏洞、计算机病毒、网络攻击、网络侵入等安全风险时，启动应急预案和采取补救措施。针对价值破坏型的网络社会问题，特别是对利用网络进行欺诈或诈骗、散布色情材料、进行人身攻击和兜售非法物品等违法犯罪行为，要坚持防护与震慑并举，加大网络犯罪打击力度，促使恶意人员主观上不愿、不敢犯罪。

第四节　铁路工程的社会学问题

铁路工程是交通基础设施建设工程的重要组成部分，它在构筑综合交通运输体系、提升运输服务水平、推动经济社会发展与科技进步、服务和改善民生以及促进生态文明建设等方面，发挥着基础性、先导性、服务性作用。研究铁路工程的社会学问题就是要在社会学视野中，把铁路工程作为社会的一个子系统，深入研究和考察铁路工程和社会的双向互动关系，探讨铁路工程与社会协调平衡发展的良性运行机制与条件，服务于社会治理与社会健康可持续发展，以实现人民对美好生活的向往。

一　铁路工程与铁路工程社会学

（一）铁路工程

从人的存在的角度看，人类就是根据自己的需求在不断建立“工程存在”的过程中更好地成为自己，呈现自己的创造力，并促进社会的进步与发展。铁路就是人所建立的“工程存在”的一种典型形式。铁路是现代社会的重要基础设施，是经济的大动脉。在由铁路、公路、水运、航空、管道等运输方式组成的现代交通运输系统中，铁路发挥着骨干作用，具有十分重要的地位。[①]

铁路工程是以修建铁路这一重要交通基础设施、构建铁路运输系统为目的的有计划、有组织的大型技术－经济－社会活动。铁路工程不是一个纯粹的价值中立的技术项目，而是一个有着浓厚的“价值负载”的工程活动，也是一个由投资者、决策者、管理者、企业、工程师、工人、政府等组成的工程共同体完成，涉及众多利益相关者，包含深刻的政治、经济、技术、文化、法律、伦理、管理、生态因素等在内的复杂社会活动。它具有深刻的经济社会性和广泛的社会影响。

（二）铁路工程社会学

铁路工程，尤其是铁路运行，本身就是一个具有内在联系的小社会。

铁路工程一旦建成并正常运营，它就要深度嵌入经济社会结构，融入自然与社会人文生态，它的存在和发展与整个社会经济、政治、技术、文化、军事、管理、生态，乃至国防、外交等有密不可分的复杂联系。对于铁路工程，既要把它作为一个独立的社会事物（社会事实）加以研究，探索其存在的意义、本质、特征和规律，又要把它作为整个社会大系统中的一个有机组成部分，探索它与社会各方面的互动关系。简言之，要从社会学的视野，把铁路工程放到广义社会的大背景下进行深入研究，以揭示铁路工程中的诸多社会学问题。

从工程类型上说，铁路工程属于行业工程，与食品工程、纺织工程、机械工程、冶金工程、化工工程、通信工程、航天工程等并列。从工程范围上看，铁路工程属于中观工程。铁路工程社会学就是要运用社会学的理论与方法，从铁路行业工程的视野研究相关的社会学问题，例如，研究铁路工程的社会地位与功能价值、铁路工程的良性运行、铁路工程与社会之间的彼此互动关系、铁路工程与社会发展的良性协调与动态平衡问题等。

---

① 殷瑞钰、汪应洛、李伯聪等：《工程哲学》（第二版），高等教育出版社，2007，第332页。

二 经济社会发展对铁路工程的影响

人类社会离不开交通运输，交通运输工具为了适应人类社会发展进步的要求不断变革。人类最早的交通运输工具有马车、牛车、驼队、船等，后来又开凿运河和修筑铁路，到了19世纪，伴随着新技术的出现，一些国家发明了轮船、火车、汽车和飞机等交通工具，并以新的运输工具取代了传统的以人力、畜力为动力的运输工具。

1814年，英国人G. 斯蒂斯逊以蒸汽机作为动力，在世界上率先制成了实用的铁路机车。1825年，英国斯托克顿到林顿的21公里铁路通车，采用的是蒸汽机车牵引，这是人类历史真正意义上铁路运输的开端。铁路是随着蒸汽机的诞生而出现的一种崭新的运输方式。由此，开启了铁路工程这一崭新的工程形式。铁路产生以后，世界铁路大体经历了快速发展（1830年至20世纪20年代末）、质量升级（20世纪30年代至70年代末）和综合运输（20世纪80年代至今）三个阶段。单就铁路网络规模（即铁路工程规模）而言，经历了高速扩张、停滞不前和稳定发展三个阶段。[①] 这一过程折射出铁路工程变化受经济社会发展的制约和影响。综观人类铁路工程出现后不断演变与发展的历史，不难看出，经济社会文化发展对它具有深刻影响。

（一）铁路工程发展是社会多种因素综合作用的结果

铁路工程作为交通运输工程的一种重要形式，常常与一个国家的经济社会结构相关联，往往受到多种因素影响，尤其是会受到制度体制因素的深刻影响。这一点，我们可以从中美两国铁路发展历程的比较研究中得到事实佐证。从铁路规划看，在美国，尽管政府经常会对铁路规划有所影响，但是，私人的投资者在铁路规划中往往起的作用更大。相反，在中国，政府在铁路规划中始终起着独一无二的主导作用。从铁路资金来源看，在美国，铁路的投资主体具有多元化的特点，具体包括私人投资者、地方政府和联邦政府、外国投资者等，投资的方式包括债券和股票等，这些主体为铁路建设提供了丰富、稳定的资金。在中国，1949年

① 殷瑞钰、汪应洛、李伯聪等：《工程哲学》（第二版），高等教育出版社，2007，第175页。

之前，铁路建设资金的主要来源是外国贷款。中华人民共和国成立后，政府投资成为铁路建设资金的主要来源。从技术的标准化看，在美国，铁路技术的标准化规范主要是由职业协会来完成。在中国，这一任务主要是由政府部门来完成。从铁路管理看，在美国，由铁路公司行使铁路管理权，根据铁路发展的需要，美国铁路公司已经完成了两次铁路管理创新。在中国，由政府行使铁路管理权，我国政府近年来已对铁路管理进行一系列改革以适应现代化综合交通运输发展的需要。从铁路运输定价看，在美国，铁路公司早期对铁路运价的制定和修改具有自主权，后来政府对此采取了一系列管制措施。在中国，政府完全控制着对铁路运价的制定和修改，铁路公司不具有自主权。

上述五个方面的中美两国铁路工程比较研究表明，无论是在中国还是在美国，铁路工程的发展过程一直受到多种因素的影响，包括经济、政治、技术、管理、制度、军事、文化、环境等。而且，虽然技术因素在其中起着重要作用，但是在许多情况下，非技术因素往往产生更为重要的作用和影响。例如，在当代中国的发展历程中，新中国成立前后铁路工程发展的巨大反差就很能说明问题。新中国成立前，国衰民穷、积贫积弱的状况和连年战争与动荡的政治环境成为铁路工程发展的严重障碍，铁路工程发展缓慢。因此，从民国初年到新中国成立不到40年时间里，中国的铁路只有17600公里。到1949年，包括台湾在内，中国共有铁路26900公里，其中大陆能通车的只有21800公里，且大部分线路标准不高、质量较差、行车速度低，全国铁路有一半都处于瘫痪状态，运输能力很有限，[①] 远远滞后于发达国家。新中国成立后，特别是改革开放以来，在中国特色社会主义现代化道路的指引下，工业化、城市化、现代化、信息化进程推动了我国铁路工程的发展。截至2016年底，多层次铁路网络初步形成，全国铁路营业总里程达12.4万公里，规模位居世界第二，其中高速铁路2.2万公里，总里程超过第2至第10位国家的总和，位居世界第一。以高速铁路为骨架、以城际铁路为补充的快速客运网络初步建成。全国铁路复线率和电气化率分别达到53.5%和61.8%，

① 殷瑞钰、汪应洛、李伯聪等：《工程哲学》（第二版），高等教育出版社，2013，第178～179页。

横跨东西、纵贯南北的大能力通道逐步形成，物流设施同步完善，逐步实现了货物运输直达化、快捷化、重载化。① 特别值得一提的是高速铁路已成为“中国创造”“中国制造”的新名片。中国的铁路人以一流的装备、技术、人才创造出中国品质，成就了中国速度，构建出穿越繁华都市、纵横田野阡陌的铁路网，使东西南北时空距离大为拓展，可达性增强。“八纵八横”高速铁路网的宏大蓝图正在被清晰勾画，改变了经济时空结构。目前，中国的铁路筑路技术已进入世界第一梯队，高速铁路已进入世界先进行列，成为铁路工程的领跑者。

（二）铁路工程的发展受到社会文化的深刻影响

文化是一个民族生存方式的表征，也是一个民族在长期历史实践中形成的独特精神标识。任何一种工程活动，都会凝聚和表达不同民族国家的独特文化内容。同样是铁路技术、铁路工程和铁路行业的发展变化，在不同的国度中，由于政治体制、文化传统与文化氛围的差异，往往会形成不同的政策取向和不同的发展路径。这一点，我们可以通过分析美国、俄罗斯、中国等具有不同制度传统和文化特征的国家铁路工程的建造和运营经历的不同历程来说明。美国的联邦制度和资本主义分散经营的方式，曾在19世纪60年代造成由于“全国由12种轨距，光在威斯康星州就有38时区”而无法运营的状况。直至通过统一轨距、车辆限界、信号、车钩、制动机、安全标准，达成“通用时间协定”，制定并发布统一运行时刻表，才实现了铁路高速运行。而在俄罗斯，从铁路设计之初就明确了统一的铁路制式。所以，俄罗斯长达6500公里的西伯利亚大铁路并没有因为它横跨9个时区而造成轨距和信号等技术标准的改变。再来看中国情况，近代中国在引进铁路时所遇到的阻力之大、时间之持久，可以说是世界铁路发展史上鲜有的。早在1872年，李鸿章就开始提出兴修铁路的主张，然而，“闻此议者，鲜不砸舌”，被视为骇人听闻之论，于是遭到强烈反对。1880年，刘铭传在李鸿章授意下递上《筹建铁路以图自强折》，从而在清廷内部引起了一场关于修建铁路的大辩论，该辩论以反对派的胜利而告终。反对派在当时提出了许多反对意见，其中

① 中华人民共和国国务院新闻办公室：《中国交通运输发展》，《经济日报》2016年12月30日，第12版。

包括认为修铁路会破坏风水、惊动祖先陵墓等。直至19世纪80年代末，通过关于修建铁路的第二次辩论，清廷才采纳了在中国修建铁路的意见。所以，1865年，英国人在北京宣武门外修建了半公里铁路，1876年英商又在上海筑就了14.5公里吴淞铁路，但受封建迷信思想的影响，先后都被清廷拆除。中国真正意义上的铁路是唐山—胥各庄运煤专线，其全长9.7公里，于1881年投入使用，[1]它也是李鸿章采用“遇着红灯绕开走”的行为策略试探性地修建的，并在上奏清廷时，故意将其说成“马路”——马在铁路上拉车，才保留了下来。它的出现比世界上第一条铁路整整晚了50多年。这段晚清时期我国铁路工程发展的曲折历史充分说明，铁路工程的发展是一个渗透着深层文化传统与价值理念的问题。铁路工程“浸润”在不同国家的文化中，会产生形形色色的结果。正如道宾所言：“在铁路政策史中，我们看到，文化意义忠实地定位在有形的社会实践中。”[2]

三 铁路工程对社会发展的作用

铁路工程作为社会系统中的一个有机组成部分，会对经济、政治、文化、社会、军事、生态等方面产生重要的影响。

（一）铁路工程对经济发展的重要作用

铁路是现代社会的重要交通基础设施，交通基础设施作为生产性基础设施，是联系经济活动的强有力纽带，构成国民经济的大动脉，对整个社会经济的发展起着重要作用。良好的交通基础设施能够促进生产要素流动，提高资源配置效率，同时加快技术外溢、提高社会生产率，进而加快经济增长速度，推动经济发展。具体来讲，铁路工程是国民经济与社会发展的重要载体，铁路运输是国民经济发展的基础性和先导性产业，铁路工程对经济发展的作用主要体现在以下几个方面。

第一，铁路工程为沿线经济发展提供基础保证。铁路工程在经济社会发展中发挥着基础性、先导性服务的作用，这种作用首先体现为它提

---

① 殷瑞钰、李伯聪、汪应洛等：《工程演化论》，高等教育出版社，2011，第178页。

② 弗兰克·道宾：《打造产业政策——铁路时代的美国、英国和法国》，张网成、张海东译，上海人民出版社，2008，第180页。

供铁路基础设施和支撑力量。铁路工程的发展可支撑和满足沿线地区之间密切的物质交流所需要的货物运输任务，保障物流运输，形成便捷高效的物流基础设施网络，增强运输服务通达性，提高旅客周转量，成为沿线地区经济发展的重要基础设施和支撑力量，成为经济稳定增长的助推器。

第二，铁路工程可节约大量旅行时间，产生时间效益。对于交通运输业来说，时间节约的意义特别重要。因为旅行本身不是目的，而是为了参加旅行中的各种活动，人在旅行中并不为社会创造任何财富。因此，速度是运输的灵魂。快速、安全地将旅客（货物）运达目的地是社会对交通运输业的最大期望，提高速度、节约旅行时间是交通运输业为社会服务所做出的最大贡献。[①] 我国铁路自 20 世纪 90 年代起实施了六次大提速，使我国铁路的面貌有了很大的改观，提速网络基本覆盖了全国主要地区，特快列车最高时速从 100km 提高到 140～160km，部分区段时速达 200km，客车平均速度提高了 30%～40%，有效地遏制了客运量下滑态势，提升了铁路运输的竞争力，[②] 产生了时间效益。尤其是我国近年来高速铁路工程的发展，使旅行时间大为缩短。目前，我国高速铁路覆盖百万人口以上的城市比例达 65%，以高速铁路为骨架、以城际铁路为补充的快速客运网络初步形成，产生了巨大的时间价值，节省了大量的时间。

第三，铁路工程有助于沿线经济一体化。例如，京沪高速铁路工程将北京、天津和上海三个直辖市及沿途主要城市济南、徐州、南京、苏州等紧密地联系在一起，大大缩短时空距离，增强沿线城市和地区间的经济联系，加速市场经济的发育，优化了资源配置，有助于优势互补，发展规模经济，提高整体效率，改善投资环境，增大对外资的吸引力，进一步促成我国东部沿海形成一个最发达、最繁荣的极具活力和实力的经济发展增长轴。[③]

① 胡天宝、申金升：《京沪高速铁路对沿线经济发展的影响分析》，《经济地理》1999 年第 5 期。

② 殷瑞钰、汪应洛、李伯聪等：《工程哲学》（第二版），高等教育出版社，2007，第 332 页。

③ 胡元军、申金升：《京沪高速铁路对沿线经济发展的影响分析》，《经济地理》1999 年第 5 期。

第四，铁路工程助推沿线地区工业发展。以京九铁路为例，京九铁路是纵贯南北的铁路运输大通道，北起北京，南到深圳，连接香港九龙，建设投资约400亿元，是迄今为止我国铁路修建史上规模最大、一次投资最多、建成线路最长、建设时间最短、产生影响最大的工程项目。京九铁路建成通车（时间为1996年9月1日）后，沿线地区工业快速发展。从工业产值看，沿线地区工业产值成倍增长。从工业增加值看，沿线工业增加值成倍增长，并快于工业产值增长速度，也快于全国增长速度。从工业效益看，沿线工业效益大幅度地提高。京九铁路建成通车后，沿线地区工业结构升级。过去，沿线地区工业结构呈明显的“轻、小、少”特点，京九铁路建成通车后，重化工业发展迅速，工业结构得到明显改善，规模以上企业发展迅速。京九铁路的开通改变了沿线地区工业生产力布局。京九铁路建成前，沿线大部分地区工业生产力呈现分散的点状分布特点，空间聚集程度低。京九铁路建成后，沿线大部分地区工业生产力逐步向京九铁路靠近，形成各具特色的产业集聚区，工业布局更加合理。京九铁路还推动了沿线地区工业化发展。京九铁路建成前，沿线地区经济总量低，大多数地区经济以农业为主体，工业和服务业等基础薄弱。受工业化发展所需资金、技术等基础条件差的限制，工业化进程发展缓慢。京九铁路建成后，各地区经济快速增长，人均GDP明显提升，各地区经济结构从农业为主导逐步转向以工业和服务业为主导，多数地区出现了工业起飞趋势。①

第五，铁路工程有利于沿线知识经济发展。知识经济是以经济市场化、信息化、知识化为主要特征的新型经济形态。铁路工程，尤其是高速铁路工程建设，可以为沿线城市智力资源、技术资源、生产要素和市场间的优化组合提供便利条件，将沿线具有不同工业基础和市场潜力的经济区位优势有机地结合起来，消除各城市间的地理空间障碍，增强知识、技术、人才、生产要素及市场间的有效配置，抓住技术创新的契机，促进沿线知识经济的发展。此外，高铁工程四通八达、人员快捷流动，大大缩短了旅行时间，降低了交通运输的社会成本，使人们之间的技术

---

① 吴昊：《京九铁路对沿线地区工业发展及工业化的作用》，《中国国情国力》2009年第4期。

商贸、业务往来更加密切和频繁，信息交流、创新沟通、思想碰撞、科技扩散更加迅速，从而激发了新知识的产生和流动，使思想、创意、人才、知识“动”起来，易于找到最适宜的土壤，推动知识经济发展。

第六，铁路工程会影响区域经济格局。交通运输是影响区域经济格局均衡性的一个重要因素。总体上，交通基础设施的改善促进了中国的经济增长。中国交通基础设施建设对全要素生产率有着显著的正向影响。研究表明，铁路密度每提高 1 个百分点可带动经济增长约 0.002 个百分点。随着中国高速铁路网络建设的快速推进和部分线路相继投入运营，高速铁路已成为现代社会的一个重要标志。高速铁路会通过影响区域交通系统、经济系统和空间系统，对其沿线区域经济发展产生深远影响，进而影响到区域经济格局均衡性。研究表明，2020 年高速铁路网建成后，受其影响，全国及东部、中部、西部地区的区域经济格局向均衡状态发展；大长三角和泛珠三角地区的区域经济格局均衡性增强；东北及环渤海地区的区域经济格局均衡性基本保持不变。①

第七，促进沿线区域内各种要素的流动，增强城市间经济联系，对生产性服务业集聚起促进作用，促进多种行业发展。例如，京津冀区域的高速铁路的建设，使得劳动力要素在京津冀区域间的流动更加频繁，区域间产业的转移使得资本要素呈现流动状态。便捷的交通促进了区域间人才和技术的交流、合作，为信息资源的共享以及信息的通畅流动奠定了物质基础，加快了区域有效的物流系统的形成速度，降低了物流成本，提升了库存周转率，并进一步带来商业流、资金流、信息流、技术流的集聚，以及交通运输业、商贸业、金融业、保险业、信息业、服务业、旅游业等多种行业的发展，形成城市经济发展新的增长点，从整体上提升了各城市的竞争力，② 并有效促进京津冀之间的优势互补、协调发展。

第八，铁路工程对促进民族团结、巩固边防具有战略意义。21 世纪初，在世界屋脊上建成的被誉为“天路”的青藏铁路，终结了西藏不通铁路的历史，实现了几代中国人特别是西藏各族人民百年来的夙愿。青

---

① 贾善铭、覃成林：《高速铁路对中国区域经济格局均衡性的影响》，《地域研究与开发》2015 年第 2 期。

② 梁成柱：《高速铁路对京津冀经济圈要素流动的影响》，《河北学刊》2008 年第 4 期。

藏铁路成为西藏自治区和青海省对外联系的重要交通形式，青藏铁路通车运营多年以来，安全畅通，高效运行，对提高沿线地区可持续发展能力、实施西部大开发战略，具有重要意义。青藏铁路促进了青海、西藏经济结构调整，加快了沿线旅游服务业和绿色优势产业发展，带动了沿线工业、建筑业和农牧业发展，为青海、西藏经济社会发展做出了重大贡献。全天候、大能力的青藏铁路运输改善了地区发展环境，有效降低了商品运输成本，改善了沿线各族人民生活，促使青海省和西藏自治区走上了经济社会发展的“快车道”，对加快脱贫致富、实现全面建成小康社会，以及增强民族团结和社会进步起到了重要作用。青藏铁路为巩固西南边防提供了强大的运能保障，为国家统一和安全提供了可靠保障，可大大改善区域发展不平衡的状况，加快促进边疆发展，确保边疆巩固、安全，对维护国家主权和领土完整发挥着极为重要的战略作用。①

总体来看，铁路工程特别是高速铁路工程对于支撑经济发展、推动区域经济结构调整、促进产业结构升级、助推知识经济发展，具有不可替代的重要作用，也是转变经济发展方式的重要推动力量。

（二）铁路工程对文化变迁的影响

铁路属于现代化的交通工具，具有较强的文化信息输送和传播功能。铁路工程作为交通运输的基础设施建设工程，对社会文化的发展和信息传播有着至关重要的影响和作用，它对沿线人民的思想文化、习俗观念、行为方式、生活方式的变化有很大影响，可以促进和带动社会文化变迁。这一点，我们可以从近代中国铁路工程的建设对社会文化变迁的广泛影响史实中看清楚。1881 年，中国兴建了第一条铁路，即唐山—胥各庄运煤专线，到 20 世纪 20 年代末，中国初步形成了全国铁路网络。铁路工程在中国的建设及其运营发展，促进了新文化的传播兴起以及旧文化的革新、变异与再创造，带来了西方现代科学技术和现代生活方式等，推动了广泛的社会文化变迁，主要表现为：人们的生活由封闭向着开放、由舒缓向着快速转变，消费观念由本土观念向着西方化转变，生计方式由一元向着多元转变，社会关系由简单向着复杂、由等级观念向着平等观念转变，社会习俗由旧习俗向着新习俗转变，思想观念由传统农耕文

---

①　殷瑞钰、李伯聪、汪应洛等：《工程方法论》，高等教育出版社，2017，第 358～361 页。

明向重视科学民主的现代工业文明转变，等等。守时、计时、协调的时间意识融入人们生活，由此形成了近代中国保守与开放、文明与落后、新风与陋俗、农耕文化与工业文化冲突与并存的复杂文化特征，[①] 推动了中国传统社会文化的变革与转型，并为中国文化与西方文化的交流融合与彼此互鉴做出了积极贡献。此外，我们还可以从微观层面，就某一项铁路工程对文化变迁的影响进行考察，例如青藏铁路工程。青藏铁路工程建设期间，由于物流、人流、信息流、人才流急剧扩大，与外界经济、贸易、文化、技术、人才交流加强，促进了沿线地区观念意识的转变，提高了当地居民的市场意识与商品意识，提高了地区对外开放程度和居民生活水平，并大大推动了地区城镇化进程。[②] 此外，青藏铁路通车后，由于大批游客进藏，使西藏文化消费群体和消费市场迅速扩大，与地区外文化交流通道更加畅通，与周边省区联系更加密切，为加快全自治区文化产业发展提供了一个更广阔的市场平台，为整合文化资源，充分挖掘西藏最宝贵最丰富的文化资源优势提供了更好的载体，[③] 从而有力促进了西藏文化的变迁与发展。

（三）铁路工程对生态环境有重要影响

铁路工程不可避免地对沿线地区的资源和生态环境有一定的影响。因此，在铁路工程建设过程中，如何统筹协调经济效益增长与自然环境保护之间的关系，如何正确对待工程行为对地方文化资源和生态环境的多重影响，就成为工程建设必须认真解决的重要问题。工程实践证明，解决好这个问题，就能够避免铁路工程对生态环境产生负面影响，取得铁路工程建设成功和沿线资源与环境保护有利的双赢效果。我国青藏铁路工程就是这方面的一个成功案例。青藏铁路工程是人类铁路工程建设史上一个极为复杂艰难的奇迹工程，它线路海拔高、缺氧严重，又处于鼠疫自然疫源地，不少地段饮用水缺乏、环境极其艰巨、地质十分复杂、生态脆弱、地震频发、自然灾害严重、工程技术难题众多。工程师和建

---

① 葛玉红：《铁路与近代中国的社会文化变迁》，《辽宁大学学报》（哲学社会科学版）2013 年第 4 期。

② 铁怀江、肖平：《基于青藏铁路建设沿线文化资源和生态环境保护的工程伦理学启示》，《西藏大学学报》（社会科学版）2013 年第 2 期。

③ 金世洵：《青藏铁路建成通车对西藏经济发展的影响》，《宏观经济研究》2006 年第 7 期。

设者从规划设计、开工建设到运营管理，始终把尊重和保护青藏铁路沿线文化资源和自然资源摆在突出地位，始终遵循“像保护眼睛一样保护高原生态”的生态文明观念，始终注重工程建设对青藏铁路沿线文化资源的多重影响，始终遵循最高的伦理标准，始终遵循顺应自然、保护自然、尊重自然的工程建设理念，制定具有高原特色的生态环保型战略，坚持走可持续发展道路，实现青藏铁路工程与自然环境的和谐发展。所以，有效避免了我国工程领域存在的“一边建设、一边破坏”现象，沿线的江河源水质没有受到污染，多年冻土、湿地、植被环境和铁路两侧景观没有受到破坏，野生动物自由迁徙没有受到影响。青藏铁路的方案设计，做到了尽量体现藏文化风格，使铁路和藏区景观彼此协调、相得益彰、融为一体。考虑到西藏地区的生态系统非常脆弱、极其敏感，自我更新、修复能力差。国家高度重视环境保护性投资，对环保的投入金额达 12 亿元，在青藏铁路修建过程中，既保护了铁路沿线生态环境，本身也树立了环保的一面旗帜，向西藏群众传递、灌输了环保理念，全自治区干部群众的环保意识普遍提高，这对维护和改善全自治区生态环境起到了良好的社会效果。[①] 近年来，我国在铁路工程规划、设计、建设、运营、维护等环节始终贯彻生态保护理念，逐步建设了一批示范性绿色铁路，探索创新荒漠区、高寒区、围填海区域交通运输基础设施生态修复建设。铁路工程活动结束后，我国加强了对铁路沿线自然景观和人文景观的保护工作。例如，对工程活动造成的破坏通过资源替补复原等必要的人工手段，及时进行恢复，加速了自然景观的恢复过程。在高速铁路工程建设中，采用“以桥代路”等措施，有效节约了耕地，减少了对沿线城镇的切割，有力保护了生态环境。这些措施既促进了铁路工程建设，又促进了生态文明建设。

（四）铁路工程对统筹城乡发展，促进区域协调发挥重要影响

交通是承载着不同地区要素流动的“血管”，不同地区的协调发展，离不开发达便利的交通。铁路工程发展，使沿线城镇之间的距离大为缩短，可达性增强，时空转换能力（行为主体在已有约束条件下通过努力改变原有时间距离以实现既定目标的能力）提高，改变了经济时空结构

① 金世洵：《青藏铁路建成通车对西藏经济发展的影响》，《宏观经济研究》2006 年第 7 期。

(社会经济活动在内外因素影响或约束下形成的相对稳定的时间空间密度、层次、秩序、关系及功能的内在形态)。研究表明，铁路交通发展对不同铁路沿线城市经济增长趋同的影响不同，对不同区域铁路沿线城市经济增长的作用方向也并不一致。铁路交通发展能促进中国区域经济协调发展，有助于改善东部地区、东北地区铁路沿线城市经济发展的不平衡。然而，铁路交通发展对西部地区铁路沿线城市经济增长的趋同有不利影响。这是因为我国城市相对密集地分布在比较发达的南北走向的铁路干线周围，东西走向的铁路工程建设相对不足，这一方面妨碍了东部发达地区对内陆地区的辐射带动作用，另一方面使得西部地区发展外向型经济先天不足。因此，在发展铁路交通时，国家应对西部地区铁路沿线城市给予适当的政策倾斜，[①] 并加速西部铁路工程建设，以满足西部大开发的需要。低廉、安全、快捷便利、舒适的铁路运输为满足 2 亿多农民的外出务工需求，促进劳动力有序流动，提供了最适合的交通条件。铁路作为连接东西、沟通南北、辐射全局的国民经济大动脉，对于满足不断增长的跨区域运输需求，促进东中西部良性互动、优势互补，促进区域协调发展有着特殊重要的意义。此外，由于铁路具有大辐射和拉动效应，可形成沿线经济带、产业链、城镇群等，促使以粮为主的传统农业向现代农业产业发展，实现粮食增产、农业增效、农民增收。所以，加大铁路工程建设力度，尤其是加大西部地区、贫困地区、革命老区的铁路工程建设，进一步扩大铁路网络覆盖面，对于统筹城乡发展、以工促农、以城带乡、带动沿线农村经济发展具有重要的作用。

（五）铁路工程对科技进步有推动作用

铁路工程建设实践中蕴含着巨大的创新需求，这种创新需求会拉动和推动科技创新与科技进步。我国在 20 世纪 90 年代先后实施六次铁路提速工程，实现了一系列创新。在技术创新方面，不但实现了装备创新，而且改革了线路施工方式，实现了繁忙干线铁路维修体制改革的重要突破；在运输组织与管理创新层面，树立以人为本理念，围绕改善旅客服务进行创新；在安全管理与风险控制创新方面，把确保旅客安全作为第

① 覃成林、刘万琪、贾善铭：《中国铁路交通发展对沿线城市经济增长趋同的影响》，《技术经济》2015 年第 3 期。

一要素进行创新。这些创新都极大地推动了科技进步。可见，铁路工程的创新，既包含着技术创新，又包含着组织创新、管理创新与制度创新等，它是多种创新的系统集成体，这些创新无疑都有助于科技进步。又如，青藏铁路工程项目就是世界工程史上一个伟大的成就，它的成功就在于攻破了铁路工程史上最大的技术难题——永冻土层对路基的损害问题，并解决了高原缺氧、生态脆弱等世界工程难题，从而有力推动了科技创新。再如，随着我国高速铁路、高寒铁路、高原铁路等铁路工程建成通车运营，高原冻土、膨胀土、沙漠等特殊地质的建设技术及重载铁路技术等克服了世界级难题，进入世界先进行列，使我国的高性能铁路装备技术及高铁技术等科技创新水平大为提高。武广、京沪等高速铁路工程的建设和运营，在工程建造、高速列车、列车控制、客站建设和运营管理等领域全面促进了相关核心技术的提升，形成了具有自主知识产权的高速铁路成套技术体系。大秦铁路作为我国铁路工程项目技术创新的成功典范，在世界上首次将机车无线操纵技术与 GSM-R 技术结合，开行 1 万吨和 2 万吨重载组合列车，运量逐年大幅增长，2010 年超过 4 亿吨，创造了世界铁路重载运输的奇迹。[①] 这些铁路工程建设技术创新，极大地推动了我国交通运输领域的科技进步。

再从铁路工程发展的可能性上看，铁路工程建设是为了解决社会经济发展的实际需要，而实际需要往往刺激科学的发展、技术的进步。在破解实践难题、解决实际需要中，必然推动工程科技进步。正如恩格斯所说："社会一旦有技术上的需要，这种需要就会比十所大学更能把科学推向前进。"[②] 未来 35 年中，我国将陆续建成川藏铁路、滇藏铁路、甘藏铁路、新藏铁路 4 条铁路，最终将形成"一纵一横"的高原铁路布局。高原问题是所有进藏铁路都要面对的问题。除此之外，各线面临的主要技术问题也不同。青藏线为冻土问题；川藏线为崩塌、滑坡、高地震区、地热、岩爆等问题；甘藏线为崩塌、滑坡、泥石流、地热、岩爆及雪害等问题；滇藏线为高山地震区、泥石流、雪崩、崩塌与滑坡、高地温、高地应力、活动断层问题等。这些工程技术难题与挑战，必将极大地激

---

① 张镇森、王孟钧、陆洋：《面向铁路工程项目的技术创新模式与运行管理机制研究》，《管理现代化》2013 年第 2 期。

② 《马克思恩格斯选集》第 4 卷，人民出版社，2012，第 648 页。

发人们的工程创造潜能，促进技术创新与管理创新，推动工程科技进步。

综上所述，铁路工程与经济社会存在密切的互动关系。铁路工程是国民经济与社会发展的重要载体，是构筑国家综合交通运输体系的重要手段，铁路运输是国民经济发展的基础性与先导性产业，同时，它又与经济社会相互影响、相互促进和相互制约。一方面，铁路工程系统是经济的“血脉”，适度超前的铁路工程及运输系统可以通过基础设施建设的引致需求拉动经济发展与科技进步，而落后的铁路工程及运输系统则会阻碍经济发展，同时也不利于科技进步；另一方面，经济社会的发展在一定程度上影响人们对铁路工程及铁路运输发展的需求，牵引并助推铁路工程发展，而铁路工程及运输系统的规模与水平通常又受经济社会发展水平的制约，两者在动态平衡中，才能相互促进、协调发展。铁路工程社会学的一个重要任务，就是深入研究并把握铁路工程与经济社会发展的动态平衡点，使两者保持一定张力，为社会治理及铁路工程的健康可持续发展提供政策依据与决策咨询。

第五节　食品工程的社会学问题

“民以食为天。”如果说，原始人曾经以“生吞活剥”的方式“吃东西”，那么，现代人所“进口”的东西几乎都是“人工加工”后的“食品”了。可以说，食品工程在现代社会中具有显而易见的意义、作用和重要性。

食品工程涉及许多重要的社会学问题。必须强调指出，食品工程不是普通的产品工程，而是关乎百姓舌尖上的安全的重要工程，是一项重大的民生工程，也是一个具有社会性、公共性的特殊工程，值得人们高度关注。食品安全事关人民群众最关心、最直接、最现实的利益。食品安全如果出问题，不但会引起公众困扰甚至会导致广泛的社会恐惧。研究食品工程，必须关注食品工程在社会生活中所扮演的社会角色，研究它的利益相关者，把它置于社会学视野中，深入研究和把握食品工程与社会的互动关系。

一 食品工业与食品工程

工业是指采用自然物质资源，制造生产资料、生活资料，或对农产品、半成品等进行加工的生产事业。以食品原料为对象，对其进行加工、制作的生产事业，我们都可以把它称为食品工业或食品行业。然而，在今天这样一个工程化时代，我们的许多生产实践活动，是通过一系列“集成-构建”的工程形式来完成的，食品工业也不例外。因此，我们也不妨说，食品工业就是通过各种类型的食品工程来实施和完成的。食品工业就是由若干种食品工程组成的一个行业（产业）。

那么什么是食品工程呢？从工程的视野和角度来看，食品工程是指依据某种工程原理与技术，通过若干单元操作或各种设备的综合运用以及食品加工工艺的运用，完成各种食品加工的生产活动，它是一种产品工程，以生产或制造出某种产品（食品）为标志。

工程的基本单位是项目，项目的承担者通常是企业（组织）。在现实实践中，食品工程是由各种各样不同类型的企业来承担和完成的。所谓行业，就是由一个又一个企业组成的共同体。所以，食品行业（产业）就是由一个又一个食品工程企业组成的共同体。由此可见，食品工业与食品工程的关系极为密切、高度相关，甚至有时我们很难将其区分。但需要注意的是，人们在讨论食品工业与食品工程时，有时是从“总体性”“一般性”角度进行讨论和论述，有时又是从“个案”“个别项目”角度进行讨论和论述，这两种不同的角度之间有重大不同，不能混淆。人们在分析食品工业与食品工程的“含义”时，必须注意区分这两种不同的语境和不同的含义。

食品产业是集农业、制造业、信息业和现代流通服务业为一体的大产业，食品工业涉及多部门、多行业，具有产业链长、行业跨度大的特点，是民生之本、民稳之基、民富之源。同样，我们也可以说，食品工程是集农业工程、制造业工程、信息工程和现代流通服务工程于一体的综合性、复杂性工程，是关系国计民生和国家安全的基础性工程、战略性工程。

食品工程是围绕“食物链”进行的产品工程，所以，它的范围极其广泛，行业门类众多，它把原料生产、食品加工、贮存和市场营销紧密结合起来了。一般来讲，它具体包括：粮食加工工程、食用植物油加工工程、乳制品加工工程、肉及肉制品加工工程、水产品加工工程、果蔬加工工程、饮料工程、发酵工程、制糖工程、食品配料和添加剂生产工程、营养保健食品工程。

食品工程的主要目的是提供给人类更加安全、更加营养、也更加好吃的食品。在技术上，它可以通过对食品材料结构的控制来实现目的，包括对结构的保持、转化、创造或破坏。食品工程是一种结合生物工程、化学工程、机械工程、电子工程、工业工程等的交叉学科，主要用于生产食品的综合性工程技术。食品工程有其特殊性，因为它所面对的是一些特殊的生物材料，食品的主要成分是蛋白质、碳水化合物、脂肪与水，还有少量的矿物质。食品加工有其特殊的单元操作，例如维护这些食物的原始的新鲜质量，将食物的一些特殊精华分离纯化出来等。因为食品原料的丰富性、多样性、特殊性，食品材料科学本身就是非常复杂的，在表征难度方面要求也很高。食品工程是个多尺度（跨尺度）的复杂性问题。另外，食品工程融入了生命科学的很多方面，如微生物科学、医学等，所以无疑是个跨学科领域。

食品工程还融入了医药科学的许多内容。在西方，这方面近年来的发展带来了功能食品（nutracentical）的概念。“nutracentical”不同于原始的食物的那种“健康”元素。它是一种通过有目的性的食品组成设计与构建，通过食品加工过程（食品工程），从一些原生食品或生物混合物中提取并纯化的加工工艺，从而实现“可食”的产品，达到预防疾病（例如心脏病、癌症等）的效果。随着人们生活水平的提高、对更加美好生活的向往以及对自身健康问题的日益重视，这方面的社会需求会很大。食品工程还与高科技密切联系，高新技术的快速发展为现代食品工程和食品工业的发展提供了强有力的科技支撑。例如纳米科技在食品包装工程领域已开始显现出重大的影响。在食品安全方面，纳米级测量方法也有了初步的进展。纳米层次的化学过程的理解也为创造新的食品提供了创造性的思路。纳米结构组成的包装材料坚实、轻盈、耐热以及耐光，能够更有效地阻碍氧气的传输，阻碍二氧化碳的传输，也控制了水分与气味的传输，可以有效帮助保持原来食品的风味。纳米银颗粒可以比传统材料更好地保鲜蔬菜。纳米探头技术可以用来检测食品加工过程中可能出现的有毒物质。这些无疑都有助于促进食品工程的发展与完善。

进入21世纪，电子技术、生物技术、纳米技术、新材料等基础科学领域的成果，不断转化为食品生产和食品工程新技术，如超高压处理、超临界提取、膜分离、分子蒸馏、超微粉碎、微胶囊缓释、真空技术、冻结浓缩、品质评价、食品掺假鉴定、超高温瞬时杀菌等尖端技术在食品工业生产和产品研发中都得到了广泛运用。生物技术已贯穿于从原料加工到食品安全消费的各个环节，利用转基因技术培育的大豆、玉米、猪牛羊等已经进入全世界消费者的餐桌。大量高新技术的运用不仅可保证食品营养、安全、卫生、方便、快捷、风味多样和降低生产成本，而且凸显节能降耗和绿色环保的优势。食品工业领域和相关领域的科技进步将为现代食品工程和食品工业发展提供有效的科技支撑。①

综上所述，食品工程是一个典型的多学科交叉的复杂性、综合性工程，其工程环节多、链条（产业链）长，涉及变量（因素）众多，影响面宽。食品工程的研究内容十分丰富，现代食品工程的研究范畴包含了原材料的生长与加工前的预处理，这是上游。下游包括了对食物废料的再利用、食品排放物的无害化处理等。食品加工的同时，加工设备的化学清洗与液体排放，也是环保的一个重要内容。食品开发的可持续发展问题也是个尚未得到充分研究但又不可忽视的重要领域。关注食品工程与医学的连接以揭示食品与健康更加深刻的联系，促进食品工程更好地维护和促进人类健康，也是不容忽略的重要内容。此外，适应人类对宇宙深空的探索实践需要，特别是满足人类建立永久性太空实验站的客观需要，保证宇航员在航行、登陆、太空居住等更加长期的宇宙探索任务中存活下来，且活得好，工作与精神上保持积极，这也需要我们研究外太空环境及航天器高速飞行状态下的食品安全问题，对食品工程与安全无疑构成新的研究课题与巨大挑战。

二　食品工程的社会角色

食品工程是连接农副产品生产、流通和消费的关键环节，是保证国

① 国家发展改革委产业司课题组：《我国食品工业“十二五”发展战略研究》，《经济研究参考》2013年第4期。

家食物安全的基础工程，承担着为中国13亿人口提供安全、卫生、营养、健康食品的重任，它不是一般性的普通工程，而是关系国计民生和实现人民美好生活的战略性基础工程、民生工程，也是良心工程。在人的生存和发展中，以及维护社会稳定与国家安全方面扮演着十分重要的社会角色。

食品工程的重要性归根到底是由食品的安全性、公共性特征所决定的。

（一）食品安全是一项重大的民生工程，它与人民群众的生活息息相关

我国是文明古国，“民以食为天，食以安为先”。在中华民族丰富灿烂的饮食文化中，素来讲究饮食安全卫生，古人云：“鱼馁而肉败，不食。色恶不食，臭恶不食”，“沽酒市脯不食”等，这些说的都是对食品安全的重视。尽管随着社会的进步发展，中国人以食为天发展到了要吃得更健康、更有营养、更加休闲的地步。但无论如何，水、食物、能源始终是人类生存最基本的要素。食品是关系到人民群众身体健康和生命安全的特殊消费品，所以保障食品安全，即食品的质量与营养安全，就成为重大民生问题。

食品是维持人类生存发展和繁衍生息不可缺少的最基本的物质生活资料，人们每天需要从一定数量的食品中汲取营养以维持生存与健康，保证生命的正常运行，提供身体活动所需要的能量。食品质量安全是保障民生的根本问题，为城乡居民提供安全放心、营养健康的食品也是食品工程不断发展进步的前提。食品安全事故往往危害人民生命健康，危害公共福祉。所以说，食品安全是人民群众最关心、最直接、最现实的利益问题，关系着广大人民群众的身体健康和生命安全，关系着经济健康发展和社会稳定，是不可丝毫松懈的重大民生问题，食品安全无小事。

总之，食品生产与加工与人类的关系最为密切，是人类生活的主要源泉，是人类一切社会活动的基础。伴随着食品生产技术的进步，不安全食品作为食品的伴生物也会不断变化和发展，所以，应该密切关注并深入研究食品的发展趋势，在食品工程中努力实现食品的安全生产，最大限度地排除食品安全的缺陷与隐患，使食品质量更加安全，回应人民对美好生活的期待，促进人民生活的幸福安康。可见，食品工程在保障食品安全方面承担着重要使命与义不容辞的责任。

（二）食品安全具有“负外部性”

食品安全具有的“负外部性”决定了必须对食品工程（企业）进行外部性强制干预，食品工程是政府规制的对象。食品安全不仅直接关系到每个人的身体健康甚至生命安全，而且具有经济学层面的“负外部性”。在食品生产加工过程中，存在两种截然相反的外部性。一种是单个生产者的经济活动会给其他社会成员带来好处，但自身却不能由此得到补偿，导致私人收益低于社会收益，形成正外部性；一种是单个生产者的经济活动会给其他社会成员带来社会危害，但自身却并不为此支付足够抵偿危害的成本，导致私人成本低于社会成本，形成负外部性。具体而言，品牌食品加工企业通过食品工程提供营养（健康）的优质食品以保证消费者的食品安全，但由于市场上充斥着大量的不安全劣质食品，消费者往往无法对所获食品是否优质加以有效鉴别，所以只愿意按照食品市场的平均价格进行支付，从而导致优质食品的市场供给小于市场需求。另外，非正规的食品加工企业（食品工程）利用消费者难以完全掌握食品安全信息的弱点，为了牟取超额利润而降低成本生产不安全的劣质食品，从而对消费者造成健康损害，增加了医疗救助、精神抚慰等一系列社会成本。消费者由于无法有效区分各个食品加工企业所提供食品的优劣，最终将问题归咎于整个行业，个别企业的不良行为对行业内的其他企业造成了损害。私人成本低于社会成本所形成的负外部性，导致整个食品市场的供给大于需求，例如前些年发生的奶粉事件等。这两种情况所引发的市场失灵无法通过市场的自我调节来平衡，必须借助政府部门实施食品安全规制进行外部性的强制干预。① 可见，在食品安全领域存在的市场失灵，决定了政府规制作为外在的强制力量存在的客观必然性与现实合理性。在政府的食品安全规制中，食品企业和食品工程是被规制的对象，通过政府规制，对食品企业和食品工程施加一定程度的外生性影响，从而才能有效规范和切实保障食品安全生产行为，达到对食品安全的社会性规制。

① 高原、王怀明：《政府食品安全规划嵌入机制的构建研究》，《宏观经济研究》2015年第11期。

（三）食品工程对于解决“三农”问题、提高农业综合效益具有战略意义

在现代社会中，食品工程不可或缺。食品工程及产业是农业产业链中的重要环节，是工业反哺农业、城市支持农村的最佳着力点。随着居民收入的增长，食品消费由单纯追求数量转向追求品质与质量，特别是对工业制成品、半成品的需求将大幅度增长，从而为食品工程和产业发展提供更广阔的市场空间。抓住机遇，发挥资源优势，通过科技创新与食品工程创新，向上向下延伸食品加工产业链条，延伸农业产业链，促进农产品加工和转化增值，全面提升食品工业综合效益，推进精深加工，发展现代物流，加快推动食品产业的发展，对于解决“三农”问题、保障食品的安全供给、提高人民生活质量和水平、提高农产品加工转化率和产品附加值、促进食物资源的有效利用和综合开发、促进农业增收、统筹城乡发展、具有重要的战略意义。

（四）食品工程关乎社会稳定和国家安全，担负着维护食品安全的责任与使命

食品安全的源头有两个：一是初级农产品生产，二是食品加工环节。食品工程直接与这两个源头有关，它是影响和决定食品安全的主要因素，而且随着食品系统逐步工业化与精细化，食品从农田到餐桌的链条越来越长，加大了食品安全的社会风险。食品安全不仅直接影响到人民群众的身体健康，而且影响社会稳定、市场秩序、政府公信力、经济健康发展，也影响食品贸易，关系到国家形象和国际影响。不合理的食品工程不仅影响国家生态安全和农业可持续发展，也影响粮食质量安全，影响经济增长与发展，最终危害人们的生存环境、生活质量和生命健康。因而它成为国家安全的重要组成部分，越来越受到全社会的高度关注。食品安全拥有与人类生存同等重要的价值与意义，人类必须解决食品安全以保证自身能够安全生存和发展延续。食品工程作为一项重要经济活动，要实现其经济效益与社会价值，就必须首先以维护食品安全为前提，不断增进人类健康与幸福，才能正当合理地获取其经济社会利益。

（五）食品安全体现社会公共利益，决定了食品工程具有公共性特征

食品安全承载着社会公共利益。公共利益就是社会全体或多数人享有的利益，它既不是个人利益的简单附加，也不是某一集团或组织的狭隘的“团体利益”，而是高于个人和集团的具有社会普遍性的利益。食品安全涉及所有人的共同利益（公共利益），主要有两个方面：其一是公众的身体健康，其二是促进食品行业乃至社会整体的持续发展。食品安全所提供的是服务于公众的社会公共产品，食品安全的公共产品属性主要体现在两个方面。一方面，食品安全的维护表现出公共产品的属性，食品安全是全世界共同面临的一个根本性的公共卫生问题，维护食品安全是世界各个国家的公民和政府一致认同的。另一方面，食品安全信息也表现出公共产品的属性。食品生产经营者处于食品安全信息的垄断地位，消费者是信息不对称的一方，这就需要政府出面提供食品安全信息服务，以消除信息不对称造成的负面影响，满足公众对食品安全信息的客观需要。

由于食品安全体现了社会公共利益，食品安全成为人民群众最关心的最直接最现实的利益问题，关系着广大人民群众的身体健康和生命安全，关系着经济发展和社会稳定。所以，食品安全问题不仅是一个科学问题、技术问题，更是一个社会问题、政治问题。因此，食品工程就有了典型的公共性、社会性特征，这就意味着食品安全作为一个社会学议题，其最终需要在政府、市场、社会三者基于合作、协调、互利的一种积极沟通的新公共性格局秩序下来解决，这就赋予了食品工程更多的社会学元素和社会学使命。

从社会学角度来看，我们不仅要关注食品工程本身的技术可能、经济效益，而且要反思食品工程的价值取向、社会效益与生态效益，确保食品工程走以人类健康、幸福为旨归的人性化发展道路。

三 食品工程的利益相关者

由于食品工程的最终产品——食品及其安全对人的特殊重要性，所以，研究食品工程质量，就必须高度关注食品工程的利益相关者。从食品安全的利益相关方来看，食品安全不仅涉及企业，而且涉及政府和消费者。所以，食品工程的利益相关者自然是企业、政府和消费者。

（一）消费者

消费者是食品工程及工程产品的最直接、最核心、最重要的利益相关者。食品质量如何、安全与否不仅与他们的物质利益相关，更事关消费者的健康权益。民以食为天，食品生产与人类的关系最为密切，能源、环境、水与安全的食品是人们生存与发展的基础。食品和其他产品一样，在研制、生产、加工、贮存、流转过程中，可能会出现这样或那样的缺陷。但对于食品工程而言，食品安全缺陷有可能威胁人的生命与健康。所以，食品工程的质量与安全，对广大消费者的身体健康与生活质量具有直接的现实作用与重要影响。广大消费者作为食品的直接消费者、享用者，对食品工程的产品最为敏感，感受最为深切，他们也是食品工程的价值主体、消费主体和评价主体，因而是食品工程最直接、最核心、最重要的利益相关者。

消费者最有资格对食品工程的质量与安全进行评价与判断，也最有资格参与到食品工程的监督体系中去。然而，在现实生活中，单个消费者的力量是极其微弱、无力的，加之公众知情权行使不到位，在食品安全问题上，消费者往往处于弱势地位。在市场经济的汪洋大海中，原子化的消费者普遍将食品安全治理失败归咎于政府或企业，既看不到自身的潜能与作用，也表现出普遍的道德冷漠。在日常食品消费实践中，原子化的消费者往往强调自由贸易，忽视公平贸易；强调消费者权益，忽视消费者责任；强调消费者是受害者，忽视其“有组织的不负责任”。在消费者协会无法将消费者组织起来的情况下，有必要开辟消费者联合的“第二战场”，以提高消费者组织化的程度，在这方面，欧美日等地的经验尤其值得我们予以借鉴。例如，日本存在大量的消费者组织，如日本消费者联盟、家庭主妇联盟及生协等。它们通过联合购买、共同抵制等方式来发出自己的声音，共同捍卫餐桌安全。[①] 这些经验启示我们，可以依据消费者的现实条件和合理需要，构建与组织相应的社会团体，以此来维护消费者的权益，并主动积极监督食品工程，以发挥社会组织参与社会治理的积极作用。

（二）政府

政府是食品工程的安全监督主体。政府是公共产品和公共服务的提

① 刘飞、孙中伟：《食品安全社会共治：何以可能与何以可为》，《江海学刊》2015 年第 3 期。

供者，由于食品工程承载着公共利益，它提供的是公共产品。而现代社会，任何公共产品的培植都要由以公共利益为根本价值诉求的政府来生产和提供。所以，政府是食品工程的安全监督主体，负有安全监督的主体责任与义务。为应对食品工程方面的种种危害，政府需要完善监督体系，加大监督力度，切实履行好监管责任，推动食品安全工作不断加强。在传统的食品安全治理框架中，国家（政府）是食品安全治理的唯一主体，市场是被规训的客体，社会则是缺席的“第三方”。随着经济－社会结构的复杂化，中国食品安全形势严峻，“一元治理”模式的弊端逐步暴露出来。这是因为，对于食品而言，独立运转的市场几乎失灵，需要国家干预，但由于我国食品生产企业众多，食品产业链条长，食品生产与经营比较分散，与此同时，食品监管部门“人员少、装备差、水平低、执法办案和监管基础能力建设经费投入不足”，在繁重执法负荷与稀缺公共资源的双重约束下，期望仅通过国家进行食品安全治理显然是不切实际的。所以，食品安全治理体制亟待创新。当前，既要提升政府的安全监管主体地位，提升政府干预市场的能力和效率，还要给社会赋权，大力构建国家（政府）、市场与社会协调互动的共治体系。党的十九大报告指出，“加强社会治理制度建设，完善党委领导、政府负责、社会协同、公众参与、法治保障的社会治理体制，提高社会治理社会化、法治化、智能化、专业化水平”。这就为构建食品工程的社会治理制度指明了方向。

（三）企业

食品工程企业（生产、加工企业）是食品安全的责任主体。我国拥有世界最大的食品消费市场，随着人口的不断增长和人民生活水平的不断提高，国内食品消费需求将继续保持刚性较快增长态势，目前人们对食品的需求已从生存型向发展型转变，从数量增长型向质量效益型转变。随着人们对更加美好的生活的向往，更加注重安全、优质、营养、方便、绿色，食品消费进一步多样化，为食品工程和食品工业提供了更大的发展空间。同时，食品工程企业对于保障食品加工质量与安全、强化提升营养健康食品制造能力、向社会提供营养健康绿色的安全食品负有不可推卸的社会责任。所以，食品质量安全的责任，应由食品工程企业来承担。食品工程企业是筑牢食品安全、维护食品安全的第一道防线。保证食品安全首先需要食品工程企业的道德自律，可以说，食品工程是一项良心工程。食品在生产、加工、贮存过程中，原材料的采用、添加剂的使用、保质期的长短、卫生状况、营养成分、质量如何等与食品安全相关的信息，食品工程企业基本是一清二楚的。食品工程企业如果能够坚持道德自律，在生产、贮存、加工、流通过程中讲良心、尽责任、恪尽职守，绝大多数的食品安全事件是不会发生的。

总之，由于食品工程、食品安全涉及所有人的共同利益，要实现食品工程、食品安全伦理秩序，每个利益相关者既要遵守各自的伦理规范（政府伦理、企业伦理、消费者伦理），守住各自的底线（法律与道德底线），还需要共守统一而明确的食品安全伦理规范。

四 食品工程与社会的互动关系

（一）食品工程嵌入经济社会结构，影响经济社会发展

食品生产与市场是现代经济与社会安全中的重要一环，食品工程作为一种经济活动深深地嵌在一定的经济社会结构中，对经济社会发展、社会稳定与国家安全具有重要的不可替代作用。

（1）食品工程对社会稳定有重大作用

由于食品是一种特殊的物质，在食品的生产、加工工程中，食品的质量与安全无疑是最重要的方面，是保护消费者、维护社会稳定的重大因素。在食品工程中，固然也有技术创新和生产率的提高问题，但它绝不该以牺牲产品质量与安全为代价，产品的质量和功效才是最重要的，否则就失去了其意义与价值。我们固然应大力支持食品工程的技术创新、管理创新等，但必须旗帜鲜明地反对无视社会公德良俗，以牺牲自然、社会乃至人类健康、幸福为代价，通过各种技术手段或其他手段逃避社会规范和技术监管，实现个人私利或集团利益的所谓的“技术创新”或“工程创新”。可见，食品工程作为满足人的基本需求——吃得好、吃得健康、吃得有营养的一项经济活动，对于维护社会稳定无疑具有重大作用。一旦食品工程背离了维护和保证食品安全的初心与宗旨，就会对社会稳定与公共安全造成危害。

（2）食品工程对诸多经济领域与科技领域有促进带动作用

认真考察中国的制造业，我们就会发现食品制造业占国内生产总值

的比重为16%~18%，为最大的制造业。中国作为快速发展的工业化国家，拥有了14亿多人口，中国特色社会主义新时代，满足人民群众对美好生活向往的要求，一个高产率、高质量的食品工业与发达的食品工程是必需的。同时，饮食文化是中国社会最基本的文化，吃得饱、吃得好是一切社会活动的基础。随着城乡居民收入水平的提高，人们对食品的安全与质量等各方面的需求也迅速提高。食品工程因与生物工程、化学工程、机械工程、电机工程、营养工程、生命工程、工业工程等学科的交叉与融合，其涉及多部门、多行业、多领域，具有产品链长、行业跨度大、经济关联性强等特点。食品工程的进步与发展，必然具有较强的辐射与带动作用，不仅促进农业发展、制造业发展，还可推动生物学、生命科学、医学、化学、材料学和纳米科技的发展。

（3）食品工程是社会风险源之一，管控好这一风险，对维护社会安全和提升安全感意义重大

在经济全球化背景下，人类已经进入了一个风险社会，食品安全问题是现代社会的重要风险，甚至已远远超出民族国家之范围，成为全球性的风险。客观地讲，食品总存在风险，不可能绝对安全。判定某种食品是安全的实际上是指该食品的风险在人们可接受的范围内。在社会学与人类学研究中，存在两种风险，即实在的风险和建构的风险，它们被认为是风险的两个互补部分。实在的风险由风险的物质本质所决定；建构的风险是从社会制度与过程中产生的。以此理论观察食品安全，可以看出，食品安全风险同样存在客观实在性和社会建构性。对于食品工程来讲，它既是社会风险源之一，具有客观实在性，例如我国的三鹿奶粉事件，客观上对消费者及社会造成了巨大危害，也具有社会建构性，不仅体现在对食品潜在危害的科学评估过程中，也体现在人们对食品潜在危害的敏感、恐惧等心理互动的社会过程中。例如，三鹿奶粉事件后国内奶业陷入信任危机，产生了新的风险，导致相关食品行业的无辜受损。由于食品安全是涉及民生的重大问题，这就决定了食品工程与社会风险深度关联。可见，食品工程作为社会风险源之一，一旦出现危机，其负面影响是很大的，其后果往往是难以估量的。

在当代日益全球化的社会环境下，对食品工程风险的管理与应对成为社会治理和全球治理的重要课题。在中国特色社会主义新时代，在大

安全观的指导下，管控好食品工程这一重大风险，对于构建一个安全的世界，给人们提供足够的安全感，进而增强人们的获得感和幸福感意义重大而深远。

（二）社会发展对食品工程的影响

（1）社会发展进步推动食品工程模式演变

模式是主体行为的一般方式，包括科学实践模式、经济发展模式、企业盈利模式，是理论和实践的中介环节，具有一般性、简单性、重复性、结构性、稳定性、可操作性的特点。工程模式，指工程活动的一般方式，即制度架构、行动框架、行动方案等。工程模式是人工造物规律的具体实现形式，具有能动的、发展变化的特点，会随着社会的发展不断地调整与改变其要素与结构以适应实际情况的变化。随着社会生产力发展、科技进步与人类文明演进，食品工程模式也在不断演变。在农业社会，食品工程模式主要呈现为手工作业、作坊式初步加工制作的小规模工程模式，加工程度小，技术含量低，资源消耗少，环境影响小。在工业社会，食品工程模式主要是机械化、大工厂、流水线作业、深加工的大规模标准化生产工程模式，加工程度较大，技术含量高，资源消耗多，环境影响大。在如今这个后工业社会，食品工程模式呈现为信息化、智能化、深度加工、集约化、规模化、专业化、精细化生产，更加注重质量效益的个性化工程模式，其产业链日益拉长，对科技进步依赖性强，与高科技交融互动，经济关联度强，由于其对“自然”加工的深度与广度日益增大，以及其所蕴含的科技风险，不确定性增强，对环境影响与破坏力增大，风险性加大。可以说，食品工程模式的演变是社会变迁与发展，尤其是科技进步与发展的一个缩影，没有科技进步与发展，食品工程模式创新就缺乏足够的动力与支撑。所以，工程模式演变被打上了鲜明的时代烙印。

（2）食品工程是社会规制的对象

由于食品工程所建构的客体——食品及其食品安全的公共性与特殊性，食品工程必然成为社会规制的对象。政府通过法律制度、社会政策及其伦理道德等手段，对食品工程活动进行社会规制，使食品工程及其活动结果符合社会需要。2009 年，我国颁布了《中华人民共和国食品安全法》。以《中华人民共和国食品安全法》等法律为基础，我国已经形成了以《食品生产加工企业质量安全监督管理实施细则（试行）》等150部法规及涉及食品安全要求的大量技术标准为主体，以地方政府若干食品安全规章为补充的食品安全法规体系。但与发达国家和国际组织的食品安全法律体系相比，我国对不同种类的食品以及针对主要环节进行规定的法律法规仍有欠缺，法律法规的程序性规定和实施细则的规定进展缓慢，导致已有法律法规可操作性差，起不到惩治、纠正和引导的作用。[①] 因此，政府需要进一步完善食品安全法律体系，以加大对食品工程活动规制的力度与强度，从而把食品工程行为纳入法治化轨道。

在社会政策层面，政府通过建立严格的食品市场准入制度来规制食品工程企业行为。政府通过建立健全食品安全标准体系，形成包括食品安全限量标准、食品检验检疫与检测方法标准、食品安全通用基础标准与综合管理标准、重要的食品安全控制标准、食品市场流通安全标准在内的具有权威性和强制性的国家食品安全标准体系，并参照国际标准，不断提高标准水平，达到对食品工程企业行为的有效管理和监督。当前，为了从根本上消除食品安全方面的违法违规现象，政府部门必须不断落实监管责任，要坚持“最严谨的标准，最严格的监管，最严厉的处罚，最严肃的问责”，不断扎紧制度的笼子，形成一个严密高效、社会共治的食品安全治理体系，切实保障食品工程的安全。在道德层面上，以社会主义核心价值观为引领，通过社会道德与职业道德建设，促使食品工程企业增强道德责任，增强自律行为，自觉履行道德义务，规范工程行为，达到对食品工程企业行为的社会规制。

（3）社会文明决定了食品工程的发展方向

社会文明与发展进步的潮流对食品工程有着正向的影响，规定了食品工程的发展趋势。当前，我国经济发展新常态的大逻辑和全面深化改革以及我国经济由高速增长阶段转向高质量发展阶段的大趋势决定了食品工程的发展方向。

第一，协调化发展。协调是事物发展的根本条件与手段，也是发展的目标与评价尺度，只有协调才能营造优化的系统结构，形成优化的系

① 宋同飞：《食品安全中的政府责任研究》，《湖南科技大学学报》（社会科学版）2013年第1期。

统功能。食品工程要与环境保持协调，保持环境友好，才能持续发展；食品工程要与农业保持协调，形成良性互动，才能获得持续能量与不竭动力；食品工程要与居民消费需求协调，才能保持供需平衡，不断满足人们日益提高的食品质量要求，促进食品工程健康高质量发展；食品工程要与人民对美好生活的各种需要相协调，才能使人民享有更加幸福安康的生活。

第二，节约集约化发展。在今天，经济发展的资源环境约束日益加大。在我国由数量规模扩张型向质量效益发展型转变的经济发展新常态下，节约集约化发展成为食品工程的必然选择。所以，在食品工程发展中，我们要实行严格的生态环境保护制度，保护好各种野生动物和生物多样性，节约资源，通过技术创新、管理创新和制度创新，实现食品资源的全面节约和循环利用，并实施工程节水活动，降低能耗、物耗等。

第三，绿色低碳发展。在注重生态文明、建设美丽中国的新时代背景下，绿色消费已经成为一种潮流和时尚，人们的生态诉求越来越强烈，因此，食品工程的绿色化、低碳化、生态化发展具备了高效率、高附加值的发展优势，为人民提供更多优质生态产品，以满足人民日益增长的对优美生态环境的需要，具有强大的发展潜力，成为富有生机活力的食品工程发展方向。

第四，工业化与信息化的深度融合发展。在今天这个信息化、互联网、大数据、云计算、物联网大发展的时代，不同产业、行业的跨界融合成为一个发展趋势。在食品工程中，会形成工业化与信息化的深度融合与化学反应。这就要求把信息化融入食品工程的整个生命过程，不断提升其信息化水平，大力推进食品安全可追溯体系建设，推进物联网技术的广泛应用，建立食品工程企业的信息化服务体系，从而使食品工程全流程、全方位，各环节信息化、透明化呈现，随时随地可以追溯、检测与分析。

第五，和谐化发展。食品工程涉及资源、能源、实践、空间、土地、资本、劳动力、市场、环境、生态和相关的各类信息，进而必然涉及自然、社会和人文，这些因素反过来又影响食品工程的可行性、合理性、市场竞争力和可持续性。因此，从工程方法论角度，我们可以说，食品工程与自然、社会和人文维度上的适应性、和谐化是十分重要的，它对于保障、维持和促进食品工程融入社会、满足社会需要、实现人民美好生活意义重大。

第六，适度化加工。在我国经济发展更加注重质量效益的背景下，食品工程发展要充分尊重食品科学规律，以保持营养、健康消费、促进人民健康与幸福为宗旨，对食品原料进行适度加工，而不是过度加工，避免损失和浪费更多的营养成分，从而引导居民合理饮食，最大限度地节约和高效利用资源。

第十三章　工程社会学专题研究：工程创新的社会学分析

工程创新是工程发展的基本环节，是产业变革和社会变革的一个重要根源。本章基于相关理论进展，针对工程创新活动展开专题社会学分析，主要探讨工程创新的社会内涵与特征，工程创新发生的社会机制，工程创新过程中的交易、冲撞与民主以及工程创新的社会政治效应等问题。

第一节　工程创新的社会内涵与社会发生

经济学家熊彼特（Joseph A. Schumpeter）最先确立了创新这一概念并以此为起点建立了自己的理论体系。在他看来，创新包括五个方面：引入新产品、引入新工艺、开辟新市场、控制原材料的新供应来源、建立新的企业组织。[①] 其中，新产品和新工艺的引入可以被统称为“技术创新”，并被认为是经济发展的更为根本的因素。与“技术创新”概念相比，“工程创新”还是一个不大流行的理论概念。本节首先厘定工程创新的社会内涵和特征，以便为后文奠定基础。

一　工程创新的社会内涵与特征

（一）工程创新的社会内涵

工程创新的概念脱胎于技术创新。为了把握工程创新的内涵，首先就需要明确工程和技术的区别与联系。根据科学技术工程三元论思想，可以将工程与技术的关系简单概括为以下几个方面。一是工程负载着明确的目的，本身就蕴含着规划、谋划的意思，是手段和目的的综合体，

---

① 约瑟夫·熊彼特：《经济发展理论——对于利润、资本、信贷、利息和经济周期的考察》，何畏、易家详、张军扩、胡和立、叶虎译，商务印书馆，1990。

而技术基本上等价于手段；二是工程的特征是机巧、谋略和行动，技术的特征是技能和知识（know-how）；三是工程可以是静态的物质化的存在，技术则着重于体现在人体、书本和物质现实中的非物质化的知识和技艺；四是工程是各类技术的集成，没有技术就没有工程，如果说技术“引导”和“限定”工程，那么工程则“选择”和“集成”技术，没有工程的选择作用和聚焦作用，技术也就失去了发挥作用的舞台。

既然“工程”不同于“技术”，那么“工程创新”也就不能等价于“技术创新”。其实，从词源上看，“工程”本身就意味着某种创新。世界上没有两项完全相同的工程，没有创新，就没有工程。即便从技术角度看，有些工程可能没有什么新意，但如果在特定地域建起常规的桥梁、大坝、纺织厂，为一方百姓造福，改变当地人民的生活方式，那么，这些工程无疑都是创新，因为它们具有创新的内涵——熊彼特意义上的“创新”内涵。这就表明，工程创新与技术创新的确有所不同。事实上，工程创新中可以包含技术创新，但也可以不包含技术创新，毕竟许多工程从技术层面看，不过是一种简单的复制。在很多情况下，要完成一项工程，既需要进行组织创新，又需要进行技术创新，这时的工程创新就是技术创新和组织创新的统一体。具有深远意义的“工程创新”，则往往是那些建立在新的科学和技术成就基础之上并最终开辟出新产业空间的工程创新。

从社会学角度，可以将工程创新理解为人类利用物理制品对周围世界进行重新安排以满足特定需求的社会过程，包含工程问题界定、工程解决方案的提出和筛选、工程试验和评估、工程实施和运行等环节。正是通过这个社会过程，知识和社会力量得以物质化，人的因素、技术因素、社会因素和环境因素等彼此关联而成为一个复杂的工程系统。换言之，作为一个异质要素的集成过程，工程创新中往往包含着技术创新和社会发明，这个过程的重要产物就是一个具有新质的“工程系统”和新的“生活方式”。

当然，如果足够宽泛地定义技术创新，在更大的视野下研究技术创新——不仅研究作为“发明的首次商业化应用”的孤立创新，而且研究技术创新牵涉到的方方面面，比如技术系统的变革和技术－经济范式的转型、产业演化过程、技术创新与制度创新之间的关系乃至国家创新系统等，那么，似乎又可以将工程创新纳入技术创新的名下进行讨论，甚至只将工程创新看作技术创新的一个环节——工程化过程或者工艺创新过程。为什么要使用“工程创新”的概念呢？答案是用“工程创新”一词来表达工程过程中的创新，可以引起人们对工程创新之“系统特质”的关注。

事实上，作为工程创新的产物，工程系统是一个层级系统，包括材料、元器件、装置、子系统、系统、宏观系统等不同的层次。从系统的观点看，工程创新可以分为四类：工程系统的移植创新、工程系统中的孤立创新、工程系统的全面创新、工程系统的替代创新。在所有这些创新中，许多元素位于底层和中层位置，如新材料、新装备、新器件、子系统的开发等，而与此同时，高层系统保持稳定。那些具有重大影响的创新则是宏观工程系统的创新。例如，19 世纪后半叶，美国的煤气照明系统被爱迪生的电照明系统所取代，就是一个突出的例子。在他主导的创新活动中，科学、技术、经济、社会、政治因素都被考虑在内；用户、供应商、竞争者、政府、议会、技术工人的培训，都被一一安排。可以说，爱迪生是一个具有大视野和大工程观的人，是一个真正的工程创新者，也是一个推动技术经济范式转型的伟大创新者。因此，提出“工程创新”概念的重要意义，就在于引导人们对复杂工程系统之根本变革的关注。

总之，工程创新是一个社会过程，其中不但涉及人与自然的关系的重建，而且涉及人与人、地区与地区、个人与集体等不同层次的利益关系的重建，具有许多超越技术创新的社会学特质，因而理应成为工程社会学的研究对象。

（二）工程创新的社会特征

工程创新具有其鲜明的社会特征，主要表现在集成性、社会性、建构性、稳健性和路径依赖性五个方面，分述如下。

（1）工程创新的集成性

工程既不同于科学，也不同于人文，而是在人文和科学的基础上形成的跨学科的知识与实践体系，具体表现为以科学为基础对各种技术因素、社会因素和环境因素的集成。既然如此，工程创新者所面对的必然是一个跨学科、跨领域、跨组织的问题。工程创新不但意味着人与自然的关系的重建，而且意味着人与社会关系的重建，工程创新过程就是技术要素、人力要素、经济要素、管理要素、社会要素等多种要素的选择、综合和集成过程。那种仅仅把工程活动解释为单纯的“科学的应用”或“技术的应用”的观点是对工程本性的严重误解。因此，可以说，集成性是工程创新的基本特点。

工程创新的集成性表现为两个层次。第一个层次是技术水平上的集成。在科学领域中，科学家常常要进行单一学科的科学研究，可是在工程领域中，任何工程都必须对多项技术、多种技术进行集成，没有只使用单一技术的工程。第二个层次是工程的技术、经济、社会、管理等要素的集成，这是一个更大范围的集成。在工程创新活动中，后一个层次的集成更难，因而占据着更为重要的位置。鉴于工程创新的集成性，在解决人类面临的复杂的大尺度的现实工程问题时，只有将科学知识、技术知识、财务知识、营销知识、法律知识、美学知识乃至人类学知识等整合进工程之中；只有在工程创新中实现各类利益关系的调和、各类社会因素的整合；只有在工程创新中做到人、技术与自然环境的和谐共存，才能创造出令各方满意的“优质工程”。

（2）工程创新的社会性

工程创新不仅是“技术性”活动，更是“社会性”活动。从工程共同体的角度来看，工程创新是团队行为，需要工程师、工人、管理者和投资者等各类工程人才，他们又必须协调起来才能真正发挥作用。从工程创新的社会环境来看，工程创新过程渗透着政治、经济、法律、文化等一系列社会要素，工程创新总是关乎利益相关者的切身利益，意味着现有利益格局的改变或者新的利益关系的塑造，因此，无论工程创新处在哪个阶段，总是有可能形成一种态势，激发出各方参与工程创新的活力，从而成为公共议题甚至社会政治事件。从工程创新的社会后果来看，工程创新直接影响到人与人关系的和谐、影响到和谐社会的构建，好的工程创新能够造福人民，而失败的工程创新则可能破坏环境、危害民众、殃及后代。

正因为工程创新具有内在的社会属性，涉及广泛的价值和利益关系，创新者就不仅要充分考虑技术可行性和经济效益，还必须充分考虑环境效益和社会效益。在这一方面，只有让各类利益相关者包括公众及早参与到创新过程中来，才能使工程更好地“嵌入”社会。

（3）工程创新的建构性

如果说，工程创新是一个异质要素的集成过程，那么这些被集成的要素对于创新者来说并不是给定的、随意可用的，只有当这些要素被识别、被认知、被调动、被转译（translation）而后被置入行动者网络（actor-network），才能发挥作用，而这个过程并不是随意、单向的，而是双向的乃至多向的。行动者网络就是多向冲突和协调的产物。因此，从行动者网络理论的视角看，工程创新也是一个行动者网络的建构过程。

在行动者网络的形成过程中，“转译”发挥着关键作用。转译是一个行动者通过相关机制和策略识别出其他行动者或要素，并使其彼此关联起来的过程。由此，每个行动者都建构了一个以自己为中心的世界，这个世界是其所力图联结并依赖于自己的各种元素的一个复杂的变化着的网络。[①] 转译是一个运用策略的过程，通过转译其他行动者接受自己的问题界定，确信需要解决的仅有的问题就是自己的方案所设定的问题，确信遵照自己的安排，工程就能取得成功，从而接受自己的开发议程，加入技术开发。如果每个相关实体都被说服认可这个计划，那么转译就成功了。每个实体就在行动者网络中扮演自己的角色，在网络中都发挥着不可或缺的特定作用。而每个行动者要想发挥作用，必须调动其他行动者，形成自己的网络，而且只有这样，才能获得与其他行动者讨价还价的能力。在这样一个对异质要素进行集成的过程中，需要匹配各种要素，调和各类要求，进行复杂的权衡。可以说，“权衡”（trade-off）是工程的生命，工程决策者和工程师必须懂得在物理的、生物的和社会的因素之间进行权衡，这里并不存在一个理性的程序和最优解。因此，工程创新不是单纯的理性选择过程，而是对可期望的、可接受的未来工程/社会状态的前瞻性建构过程。在这个过程中，各类利益相关者共同评估特定创新方案的可能后果，共同构想未来希望达成的事态及其实现路径，其间还存在各种磋商、交易乃至抗争。

---

① M. Callon, “Society in Making: The Study of Technology as A Tool for Sociological Analysis,” in W. E. Bijker, T. Pinch and T. P. Hughes, eds., *The Social Construction of Technological System* (Cambridge, MA: MIT Press, 1987), pp. 82 – 103.

（4）工程创新的稳健性

任何创新都是一个不确定的过程，工程创新也不例外。但是，与通常的技术创新不同，工程创新总是要求最小限度的不确定性和最大限度的稳健性。这是因为，工程创新活动往往涉及面较大，一旦失败，就极有可能造成永久性的、不可逆转的社会创伤和环境影响。在这种情况下，力求稳健就成了工程创新的一个必然要求。当然，不同类型的工程创新面临的社会局面不同，因而对稳健性的要求也会有程度上的不同。

在工程现场屡见不鲜的“安全第一”标志，实实在在地表明了工程创新稳健性的诉求。因此，越是创新性强的工程，越是要进行周详的前期准备工作，甚至是长达数十年的预先研究工作。青藏铁路、钱塘江跨海大桥等工程的建设就是明显例证。只有经过深入细致的科学研究、技术分析、工程试验，才能得到可靠的工程设计和建设方案，也才能据此建成安全可靠的工程。实际上，当前大量工程科学研究，都是在工程系统设计和工程安全性方面发力，以便为工程创新的稳健进行提供智力支持。总之，从事工程创新，就需要采取各种办法，最大限度地保证工程创新的可靠性和安全性。

（5）工程创新的路径依赖性

所谓路径依赖，是指在时间维度上，由于受到初始创新所决定的习惯、技巧和使用者预期的制约，后续创新只能在特定方向上展开。例如，打字机设计的标准化创造了一种趋势——后来的打字机、文字处理机与个人计算机方面的创新，都不得不适应它。正是通过这种适应，发明和创新出现了明显的群集现象。其实，一项重大工程创新可以为后续的大批创新提供一个框架，在这个框架下，后续创新衍生出来并对原始创新进行补充。围绕蒸汽机、机床、内燃机、电、真空管展开的工程创新都伴随着这样一种具有深远影响的框架。当然，一个历史事件不会严格地事先决定以后的某种工程创新，但至少可以使随后的工程创新在某一方向比在另一方向更容易进行。工程创新的路径依赖性可以带来双重后果，既可以为特定工程主体带来持续的竞争优势，又可能驱使特定工程主体进入某种锁定效应，从而使它们错失未来的重大工程创新。

二　工程创新的社会发生：日常生活世界与工程创新的发生

作为一个社会过程，工程创新的发生并不是理所当然的。需要从社会学的角度，深入探究工程创新的发生机理，特别是工程问题的建构过程。

（一）日常生活世界

大体而言，人类社会存在两类社会实践：一是常规实践；二是创新性实践。前者强调实践的习惯性、受规则支配的特征，因此接近于生活世界的概念；后者的特点则是打破常规和旧的知识基础，由此带来社会变革并重塑生活世界。工程创新就属于创新性实践。相对而言，常规实践受到社会理论家的更多关注，而创新性实践在一定程度上受重视不够。

的确，当前关于社会实践的主流讨论，大多聚焦于常规实践，例如现象学社会学、常人方法论，以及布迪厄的场域社会学等，其总体旨趣无非是将人类的反思性行为植根于实践的沃土，从而颠覆理论优位于实践的传统理路。无论是海德格尔的“上手”（ready-to-hand）、维特根斯坦的“无根据的行动”（ungrounded way of acting），还是社会学家布迪厄的“惯习”（habitus）概念，都是对常规性或习惯性实践的描述，也都有类似的“锋芒”。作为“上手”状态，常规实践受制于“惯习”、“成规”和“结构”，以至于成为一种“理所当然”“集体无意识”的存在。当然，海德格尔也讨论了“在手”（present-at-hand）状态，就是“上手”状态的破坏，这种破坏会引起实践者的“注目”甚至导致进一步的“专题研究”，从而凸显出常规实践和创新性实践的鲜明对立。但是，海德格尔的分析重点仍然是常规实践和日常生活世界。而这样的日常生活世界，颇类似于熊彼特在其创新学说中讨论的“循环流转”的经济体系——所有厂商年复一年地生产同样的东西，只有经济的简单再生产，却没有任何创新，从而也就不会有经济发展。

那么，在“循环流转”状态中的工程会是什么？为了廓清这个问题，需要先就工程本身加以分析。根据拉图尔的行动者网络理论，“社会”本身是人与非人的“聚合体”（associations），而不是所谓纯粹的人与人结成的关系结构，那么据此看来，工程无非也是一个“社会”或者说“微社会”，因为工程同样是人与非人的聚合体。[1] 为了让这种分析走

① B. Latour, *Aramis or the Love for Technology* (Cambridge, MA: Harvard University Press, 1996).

向深入，可以在拉图尔的基础上更进一步，就是从“非人”中区分出自然、制度和技术，进而在人、自然、制度、技术的四元关系中来理解工程。就这四种要素而言，或可用亚里士多德的术语来说，人是动力因和目的因，制度和技术是形式因，自然是质料因。没有这四个基本要素，就不会有工程的出现和运行。这样，工程就可以看作人、自然、制度和技术四位一体的“聚合体”。这个聚合体当然不是一个封闭系统，而是与外部的人、自然、制度和技术息息相通的网状结构。尽管如此，一旦工程固结为由“惯习”和“结构”统治的“聚合体”，成为“循环流转”经济体系中的“准静态工程”，那也就没有后续的工程创新了。就像中国的都江堰那样，可以千年传承不变。

这里所传承的其实就是工程传统（engineering tradition），它既有技能与知识层面的东西，也有精神层面的东西，还有社会结构层面的东西。因此，工程传统一方面体现在工程人的身心之中并可以经由师徒关系或学校教育传承，另一方面还体现在特定的社会－技术系统之中，在社会－技术系统的再生产中得以延续。如果一个社会严格固守各种传统包括工程传统，那么其经济体系就只能处在循环流转之中，也就没有了创新，包括工程创新，也就只能沦落为静态社会，而不会有进一步的经济社会发展。尽管人在变，但惯习不变，制度不变，技能不变，传统不变，社会不变。

当然，这种状态只是某种“理想状态”，类似于霍布斯的“丛林社会”、罗尔斯的“无知之幕”概念，是进一步展开理论思考的逻辑起点和参照系。在现实世界中，无论哪个社会，总会有所创新，只是程度上会有差异甚至巨大的差异。工程创新的出现，就意味着冲破日常生活世界的常规牢笼，重建人、自然、制度与技术的聚合体，乃至形成新常规、新传统。那么，创新何以发生，创新如何扩展，究竟需要什么样的社会条件，就成为需要认真分析的事情了。

因此，关于工程创新的社会学分析的一个基本策略，就在于以日常生活世界和“循环流转”的经济为起点，在日常实践－创新实践的“二元张力”下，来思考创新的发生和开展问题。这实际上仍然可以看作“传统－创新”的二元张力问题，要求解释人类何以能够基于传统“推陈出新”。用哲学家德勒兹的语言来说，就是差异和重复的关系问题。承继传统，就意味着重复，但这种重复并非绝对的重复，而是有差异的重复。[①] 换言之，人类永远需要走在创新的路上，前赴后继，没有终点；永远在重复，永远有差异。这或许就是人类的命运。问题在于如何从社会学的角度来解释创新包括工程创新。

（二）工程创新的发生：工程问题的建构

那么，工程创新是如何发生的？这就要求我们以日常工程实践为基底，来展开对创新性工程实践的发生学考察。

可以预想，在日常生活的世界和循环流转的经济体系中，势必充满了“庸人”。所谓不思进取、浑浑噩噩、家长里短或者闲情逸致，就是其典型生存状态。正是在这种状态中，生存问题会在不经意间出现——自然灾害、疾病瘟疫、工程灾难、外敌入侵、域外遐想等，都会向安逸之人提出挑战。所有这些问题，都会打破当下生活的宁静，打破日常生活世界的“上手”状态，激发人们从无思走向“思”，特别是反思那些统治日常生活的各种惯习、常规乃至结构。也正是在这种问题情境中，创新才能生发和展开。

事实上，根据吉登斯的结构化理论，工程创新必然发生在特定的结构之中。在他看来，结构是指社会再生产过程中反复指涉的规则和资源，正是这些规则和资源在日常生活中相互交织，带来了社会整合和系统整合，带来了人们习以为常的生活惯例，而这些惯例促发一种实践意识，使人们反思性地监控自己的行为。[②] 这样，社会场景的固定化，使社会场景成为无意识的背景，成为黑箱而不加质疑。如果有朝一日，人们开始质疑其生存的本体论基础，意识到固化本身带来了问题，就将引导人们进行创新，重新构造我们的时空感觉。

那么，当习惯性的工作和程序失效时，究竟会发生什么？此时，主体与客体之间就会出现“裂隙”，主体和客体的“不完备性”就会暴露出来，而人的精神状态也将为之一变。可以说，不完备的客体与不完备的主体之间的裂隙和相互作用，是创新性实践的内在动力机制。用科学社会学家塞蒂纳的说法，就是“不完整的客体的重要力量在于它们提供

---

① G. Deleuze, *Difference and Repetition* (New York: Columbia University Press, 1994).

② 安东尼·吉登斯：《社会的构成》，李康、李猛译，生活·读书·新知三联书店，1998。

了进一步的可能探索的方向。在这种意义上，这些客体产生了意义与制造了实践，它们提供实践的连接性与建设性的扩展”[①]。此前的实践活动不再是不必质疑的黑箱了，而是需要采取审慎姿态对待了，要进行专题研究、创造新知识了。进而，“研究主体”乃至研究组织也会随之分化。作为长期演化的必然结果，实践活动开始变得以知识为中心，越来越依赖专家。以至于在当代，不同类型的研究和分析实践贯穿于社会生活的方方面面，所谓“风险社会”[②] 和“实验性社会”[③] 也就顺理成章了。

不过，关键还在于，并非所有的问题都会被解读为工程问题来通过工程创新来加以解决。尤其是在古代，人类社会面临的问题，也常常被解释为巫术问题、宗教问题，以至于用牺牲、祈祷的方式来面对。也有很多问题则被解释为政治问题，以至于用焚书坑儒、皇室结亲等来面对，甚至不少时候，人们只是将这些问题“自然化”，看作不得不接受的命运而“顺其自然”。因此，工程创新的前提条件是，人们愿意并且能够将自己面对的问题转译为“工程问题”并用创新的方式加以解决。事实上，现代社会的一个基本特点就在于，无论遇到什么问题，人们都倾向于从工程技术的角度来思考，都倾向于将其建构为工程技术问题并加以解决。而这又会形成一个正反馈过程——用工程手段解决了一个问题，这个成功又增加了人们的期望，导致更多的工程问题被进一步建构出来，并用工程手段加以解决。这样，工程就构成了强大的力量，最终成为社会发展的根本。但是，这并不是显而易见和直截了当的事情。

这实际上就涉及工程创新的社会文化条件了。无论是从历史还是逻辑角度看，宗教式微、科学昌明、价值多元、市场经济，对于人类义无反顾地走上技术发明和工程创新的路径，发挥了不可或缺的作用。也正是在这样的社会文化氛围中，才有可能涌现出德勒兹所说的打破“常规”的“域外之思”，涌现出熊彼特认为的超越世俗、天马行空的“企业家”，他们具有敏锐的嗅觉，能够最先感知到变革的压力和机会，具有

① 塞蒂纳：《客体化的实践》，载西奥多·夏兹金、卡琳·诺尔·塞蒂纳、埃克·冯·萨维尼《当代理论的实践转向》，柯文、石诚译，苏州大学出版社，2010，第200～215页。

② 乌尔里希·贝克：《风险社会》，何博闻译，译林出版社，2004。

③ W. Krohn and W. Johannes, “Society as a Laboratory: The Social Risks of Experimental Research,” *Science and Public Policy* 21 (1990): 173－183.

强大的“权力意志”，能够“超人”般义无反顾地实施创新。也正是这样的“域外之思”“企业家”，成为突破常规的樊篱，建构工程问题的社会文化基础。

其实，罗森堡（N. Rosenberg）等详细探索过的“西方致富之路”，就证明了这个道理。[①] 在他们看来，近代以来西方持续的经济增长，是随着一个不受政治和宗教控制的有高度自主性的经济场域的出现而开始的。在这个自主的经济场域中，经济行动者对创新进行了试验，这种试验所需的资源和权力广泛分散在个人和企业手中，他们能够把资金和才能有效地结合起来。在此过程中，几乎不会受到什么政治和宗教的限制。市场反应是试验成功的唯一检验标准，它使成功的试验得到丰厚回报，同时也使失败的试验血本无归。试验的结果是经济场域中企业规模和类型的巨大多样性。而这种多样性正是一个社会成功地进行适应性调节和充分地利用可得资源的基本标志。他们指出，这个自主的经济场域源于中世纪后期。从那时起，世俗政权和教权逐渐放松了或者说失去了对社会所有领域的控制，随之科学、艺术、文学、音乐、教育、经济等都日益建构出自主性。到 19 世纪中期，西方社会已赋予企业相当的自主权。其中有四项权利为以创新为基础的经济增长创造了条件：个人有组成企业的权利，政治限制越来越少；企业有权收购货物并贮存起来以便重新出售；企业有权增加业务；也有权从一种行业转向另一种行业。尽管对企业的资产和它在业务活动中积累起来的利润可按规定税率征税，但其财产不受政治当局无端占有或剥夺。正是这种创新权与预期的利益及相关风险的结合，使西方涌现出一个庞大的创新群体，使西方走上了经由持续创新而实现富裕之路：“同其他经济相比，西方是靠允许它的经济在诸多方面享有自主试验权而变得富裕起来的，譬如在开发新的不同产品方面，在制造方法、企业组织的模式、市场关系、运输及通信方法以及资本和努力的关系等方面。在这种情况下发展起来的市场机制就能使人们由于进行了成功的改革而获得高报酬，而那些搞改革失败的人就有使

① 内森·罗森堡、L. E. 小伯泽尔：《西方致富之路——工业化国家的经济演变》，刘赛力等译，生活·读书·新知三联书店，1989。

企业衰退和转让的危险。"[①] 实际上，中国近代以来的社会变革和结构转型，大体上也存在类似的逻辑。

的确，工程创新始于工程问题，而所谓工程问题，就是人类面临的需要用工程手段加以解决的问题。在很多情况下，对于人们面临的同一问题情景，究竟被界定为工程问题还是非工程问题——诸如政治问题、社会问题、心理问题等，并不能先被确定下来。从现实存在的问题到人们研究的课题，要经历一个"翻译"过程。人们看问题的方式受到当时社会背景和技术条件的极大影响。同样是面对一个需要解决的问题，在不同的时代，对于不同的人来说，它就可能被翻译成不同类型的问题，如宗教问题、政治问题、行政管理问题或者工程问题等。可以说，工程问题的界定本身就是一个翻译过程、说服过程和权力过程，它并非工程师的专利，而是政治家、企业家、客户等利益相关者共同介入的产物。

同样一个问题可以被同时建构为不同类型的问题，因而也就有了不同的解决方式。这些替代性方案，或许也是互补性方案，共同构成了对问题的某种解决方式。工程问题通常有六个来源。一是现有工程功能失常引发的工程问题，例如无论是人为因素造成的美国三里岛核事故、苏联切尔诺贝利核事故，还是由于地震海啸带来的日本福岛核事故等，都促使人们变革核反应堆，创制更为安全高效的堆型和相应的核电站。二是对现有工程拓展和提升引发的工程问题，例如铁路提速工程所引发的一系列问题。三是工程系统内部的不匹配引发的工程问题，例如爱迪生对电照明系统内部各个部件的研究开发。四是工程系统之间的竞争引发的工程问题，例如隐形飞机的出现刺激敌方研发新体制雷达。五是科学发现展示的新的生存和发展可能性引发的工程问题，例如核聚变装置的探究。六是全新的社会需求直接引发的工程问题，例如为了防洪和发电，进行三峡大坝建立的可行性论证。所有这些问题，大体上可以归结为工程系统内部诸要素之间的不匹配、工程系统之间的冲突以及工程系统与社会文化环境之间不协调三种情况。

正是在工程问题的驱使下，人们开始着力对当下的工程进行"专题

① 内森·罗森堡、L.E. 小伯泽尔：《西方致富之路——工业化国家的经济演变》，刘赛力等译，生活·读书·新知三联书店，1989，第381页。

研究”了。而这种研究，将会渗透到工程的各个基本要素之中——研究自然、研究人、研究制度、研究技术。由此来看，自然科学、人文科学、社会科学、技术科学的研究，都有其存在论基础，这就是工程和工程创新。当此类研究的成果回馈到工程实践之中，就将从根本上促进工程创新，进而促进社会的变革，包括新常规的出现乃至新的生活方式的塑造。

第二节 工程创新的社会展开与社会效应

工程创新实质上是社会与物质世界相互调节的过程。马克思曾经指出：“生产不仅为主体生产对象，而且也为对象生产主体。”① 类似的，工程创新的展开，不仅为主体创造了一个客体，也为客体创造了一个主体。这里的主体可以理解为工程共同体，而客体可以理解为工程系统及其产物。那么，作为一个主体与客体互相创造的社会过程，工程创新究竟是怎样展开的？又会具有什么样的社会效应？本节就来回答这个问题。

一 工程创新的社会展开

（一）面对工程问题的争执

可想而知，面对工程问题，不同的主体对于客体“不完备性”的感知和解读很有可能各不相同，对于究竟如何改造现实客体，也定然会有各不相同的看法。有不同的看法就会有争执。从这个意义上说，工程创新的过程，首先就是一个化解主体之间的争执的过程。

这种争执，大体上可以区分为两大类：一类是工程创新过程中各个利益相关者之间的利益之争；另一类是工程技术人员之间的技术协调之争。前者更多地涉及工程中的技术因素与社会因素之间的集成；后者更多地涉及工程中的技术因素之间的集成。

第一类争执是显而易见的。所谓工程的利益相关者，是指那些受工程项目影响并能够影响工程项目的个人、群体或机构，可以包括政府、实施机构、目标人群或者社区组织等相关群体。这些利益相关者各有自己看问题的角度和利益诉求，因此他们之间发生这样或那样的利益之争，

① 《马克思恩格斯选集》第 2 卷，人民出版社，2012，第 692 页。

就在所难免了。因此，在工程创新中做好利益相关者动态“评估”和“审计”工作就变得很重要了：一是绘制并不断更新工程项目的利益相关者图谱；二是评估来自不同利益相关者的不同需求及其可能变化；三是提出应对这些需求的可供选择的方案。① 在这个过程中，需要持续追问下列关键问题：利益相关者对工程创新有什么期望？工程创新可以为其带来何种好处？工程创新是否会对其产生不利影响？利益相关者拥有哪些资源以及是否愿意动用这些资源来支持工程项目的开展？为了分析利益相关者的影响力，还要从以下方面进行评估：利益相关者的权利和地位、他们对战略资源的控制力、他们拥有的其他非正式影响力、利益相关者之间的利益关系以及他们对项目取得成功的重要程度。只有这样，才有可能协调好各个利益相关者的利益，从而为工程创新的开展奠定基础。

相对于第一类争执，第二类争执就隐蔽多了。与日常见解相反，在工程创新过程中，工程技术人员通常来自不同领域，秉承十分不同的文化，操持着完全不同的专业语言，甚至持有不同的价值观，技术能力和技术经验背景也会有很大不同。在一定意义上，他们之间更难沟通，甚至也更容易发生争执。那么，这些群体如何才能够走在一起并在同一项工程创新中发挥作用呢？

MIT 教授布希亚瑞利认为，每个工程师都有自己看待事物的角度，在各自领域有不同的思维方式和行为标准，像是身处不同的世界。他们遵从的标准和规定不同，利用的数学理论不同，所用的文献和仪器设备不同，参与的专业学会和发表文章的专业期刊也不同。不仅如此，他们还操持着非常不同的专业语言。例如，建筑工程师用的专业语言是应力、形变、位移、刚度，而电气工程师用的专业语言是电容、电压、电流、电阻。尽管讨论技术问题也需要用“自然语言”，但更需要使用有精确定义的“专业语言”，以进行专业的量化处理。从“科学修辞学”角度看，对象世界语言的要素不仅是词汇，也不仅是特定科学范式展示出来的适当语言的符号、象征，还有专门的工具、硬件原型、工具、对状态

① 王锋、胡象明：《重大项目社会稳定风险评估模型研究——利益相关者的视角》，《新视野》2012 年第 4 期。

和过程进行图形展示的方式等。在工程创新过程中，正因为工程技术人员来自不同的，甚至不可通约的对象世界（object worlds），[①] 他们就很可能基于自己的职责、教育背景和经验，基于各自专业领域中的思维和实践标准，对工程创新特别是其中的工程设计有截然不同的看法，对关键设计参数的相对重要性的理解也可能很不一样，出现彼此争执。

如果说不同的对象世界，存在不同的变量、事件尺度、计量单位、科学定律和操作规则，以及不同类型的启发法、隐喻、规范和知识（包括编码、诀窍等），其参与者也拥有不同的能力、责任和兴趣，谈论着不同的语言，那么，来自不同对象世界的不同参与者的建议、偏好、主张、要求等，如何汇成一个整体？一种方式可能是大家坐下来，努力将任务分解成一套子任务，然后大家各自独立完成。这通常基于功能分解来进行。对于常规工程来说，应该不是难事，因为有经验的团队对此已经十分熟悉。但是，对于真正的创新性工程来说，这样做就不大可能了。如何分解任务、设定边界，有很多不确定性，无人能够事先完全明了来自不同对象世界的参与者以及需要与其进行的所有互动，因此只好摸索前行，磋商、协同的问题始终是一个挑战。当然，说不同领域的工程师生活在不同的对象世界中，并不意味着他们之间没有任何共通之处。毕竟他们还操着日常语言，能够交流；毕竟他们还坚守某些共同立场，例如关于这个世界如何运转的本体论信念；毕竟他们都要求根据概念、原理和目标建构原型并进行检验；毕竟他们共享着某些数学符号表达，对于彼此的技术领域和学科领域有一定的共识和对其基本原理的某种信任等。这些都有助于化解争执、实现整合。这个过程，实际上就是不断交流、磋商、改进的社会过程。

第一类争执的解决，通常还要通过第二类争执的解决来实现。这两者之间实际上存在某种互动关系。只有通过互动，将利益冲突消解在具体的工程设计之中，从而在一定程度上通过创新性设计来“平衡”各方的利益诉求，才算达到解决争执的目的。例如，三峡工程通过特定设计方式，解决了中华鲟的洄游问题，而这是生态保护者特别关注的一个问题。

---

① L. L. Bucciarelli, *Engineering Philosophy* (Netherlands: Delft University Press, 2003), p. 11.

（二）工程创新中的交易区

要进一步弄清工程创新中争执的化解，需要引入伽里森（P. Galison）的“交易区”（trading zone）的概念。[①] 正是在交易区中，各个主体可以基于某种“交易”，解决彼此之间的争执，从而有可能将工程创新推向成功。交易区是一个沟通平台，也是一个交易空间，是解决工程创新中的沟通和协调问题的必备空间。在这里，参与交易的群体可以做到“和而不同”，或者说“不同而和”。

在科学史领域，伽里森受人类学研究的启发，最先用“交易区”这个隐喻来解释来自不同范式的物理学家们如何能够彼此合作并且与工程师们一道开发出粒子探测器和雷达。按照他的说法，“两个小组可以就交易规则达成一致，即使他们赋予了被交易对象以完全不同的意义；他们甚至可以对交易过程本身的意义抱有不同看法。尽管如此，交易伙伴们仍然可以不顾总体上存在的巨大差异，苦心构想出一个局部性调和。互动中的诸文化，甚至以一种更为精致的方式频繁地创制交流语言，即变化多端的话语体系，从最极端的具有专门功能的行话，到半专门的洋泾浜语，再到能够支撑如诗歌和元语言反思的各种复杂活动的羽翼丰满的克里奥尔语”[②]。例如，在雷达案例中，物理学家们和工程师们不得不逐渐发展一种有效的洋泾浜语或克里奥尔语，它们涉及共享的概念如“等价电路”（equivalent circuits），对此，物理学家们根据场论进行象征性表达，而工程师们则把它看作其雷达工具箱的一种扩展。当然，这类跨学科边界的交易也可以借助一个代理人来进行。这个代理人应该足够熟悉两个或多个文化的语言，从而可以帮助开展交易。例如，在 MRI 开发的某个时点上，外科医生发现一种病变，而熟悉这个装置的工程师就会意识到，可以基于该装置被使用的方式来制作某种人工制品。这需要某个既具有物理学专长又具有外科医生专长的人，来看看来自不同学科领域的人，究竟是如何看待这个装置的，进而制定出解决问题的程序。这种可以在不止一个学科进行熟练沟通和交流的能力，被称为互动专长（in-

---

① P. Galison, *Image and Logic: A Material Culture of Microphysics* (Chicago, Illinois: University of Chicago Press, 1997).

② P. Galison, *Image and Logic: A Material Culture of Microphysics* (Chicago, Illinois: University of Chicago Press, 1997), p. 783.

teractional expertise）。[①]

类似的，工程创新作为一项跨学科、跨领域的事业，当然需要甚至更为密集的社会互动——协调大量利益相关者的不同诉求，协调大量技术性的矛盾要求，也就是前文所说的两类争执。如果没有社会互动，就难以解决争执，也难以开展工程创新了。根据交易区的理论观点，完全可以将工程创新看作若干交易区的叠加，或者说包含着若干交易区。工程创新主体的一大任务，就在于协同搜索工程创新中存在的交易区，然后各个利益相关者和工程技术人员在交易区中展开对话和交易。这样的交易，大体上有三种方式：一是逐步创制一种话语体系，从最极端的行话，到半专门的洋泾浜语，再到所谓的克里奥尔语，用以支撑对话与交流；二是依托特定的具有互动专长的人或者小组，犹如一个翻译官，作为媒介帮助实现交易；三是围绕特定的边界客体（boundary object）展开交易。这三类交易方式有可能并行开展，也有可能单独进行。

从交易区概念，进一步凸显了工程的异质性以及开展工程创新的复杂性。“交易”的必要性还意味着，工程创新的关键参与者是工程师，其最好拥有一定的互动专长，借此更好地发现交易区并参与交易。与此同时，在工程创新团队中，一定要有一定数量的具备互动专长的人。当然，任何人要积累一定的互动专长，都需要多年浸淫在自己及其他特定专业领域中，才有可能。这样，从工程教育的观点看，培养跨学科人才——不仅是工程与工程交叉、理工交叉，还有人文与工程的交叉——的意义就更为鲜明地凸显出来了。不仅如此，如何降低“交易成本”的问题也接踵而至。无论是互联网之类的交易技术还是政府的治理机制，恐怕都需要本着降低工程创新中的交易成本的目的来加以考量。

可以说，多样性、异质性、争执，是一个永恒的状态。工程创新就是在这样的土壤上生成的。于是，“交易区”的概念就成为一个很好的说明方式。简而言之，工程创新本身就是交易区，是人与人之间的交易区——思想交流、利益交换和妥协；也是人与物之间的交易区，存在属性交换和彼此调试。正是通过这样的交易，工程创新中面临的问题才有

---

① M. E. Gorman, ed., *Trading Zones and Interactional Expertise* (Cambridge, MA: The MIT Press, 2010).

可能彰显并进一步得到解决。

（三）工程创新中的实验与冲撞

可见，在“交易区”中进行交易不可能是一劳永逸的事情，甚至交易区本身也会随着工程创新的开展而发生变化。因此，这是一个不断调节的过程。毕竟，创新就意味着不确定性，因而不可能总是心想事成。所谓“谋事在人，成事在天”，乃至理名言。没有谋，当然成不了事；但谋了，能否成事，却并不是自己所能掌控的，要依赖外部条件以及其他行动者的配合或阴差阳错的支持。因此，创新行动的意外后果，总是难以避免的。

毋宁说，工程创新是一个实验过程，是各种力量的碰撞过程，也是新事物的涌现过程。在这个过程中，参与者将会逐步扩展知识，逐步感受到阻碍的力量会有多大，也会逐步扩大可以掌控的范围，同时常常也有必要逐步调整自己的目标，以便最终达到比较满意的结果。如果通过实验和冲撞，知道特定工程创新不可为，也就只好放弃了，即使会有所损失。美国超级对撞机的下马，就是一个突出例子，尽管前期已经投入了20亿美元，但是很多人认识到这个项目不合算、不值得。无独有偶，当前中国也正在就是否建设类似的高能对撞机展开激烈争论，各方人士都参与论战，而最终如何决策，注定是各方博弈的结果。

“冲撞”（mangle）这个概念由社会学家皮克林（A. Pickering）提出。根据他的看法，冲撞是一个时间性的突现过程，其结果存在不确定性，不可能事先被给出。[①] 这意味着，应该特别关注人与非人相互交织、彼此建构的后人类主义观点，注意到创新过程中并没有本质上持续不变的东西。传统意义上的社会学，一直要求人们从表象的流动中抽象出一种固定的框架，而时间尺度上的突现现象与此诉求刚好相反，没办法求助于不可见的框架来加以解读。这就要求研究人类与物质力量的相遇之处，如实验室、工厂、战场、家庭等。[②] 从这个观点看，科学实际上植

① 安德鲁·皮克林：《实践的冲撞——时间、力量与科学》，邢冬梅译，南京大学出版社，2004。

② 安德鲁·皮克林：《实践与后人类主义》，载西奥多·夏兹金、卡琳·诺尔·塞蒂纳、埃克·冯·萨维尼《当代理论的实践转向》，柯文、石诚译，苏州大学出版社，2010，第187～199页。

根于实践层面，持续不断地从物质力量与人类力量的遭遇处（如工厂、战场）生发出来，并最终返回到这些场所。的确，工业试验室就代表了一种工具，通过这种工具，工业与科学家紧密联系在一起。国家实验室也是一种工具，通过这种工具，武器与战争就和科学家紧密结合在一起了。

事实上，在任何工程创新尤其是根本性创新中，物质的、概念的与社会的力量是协同进化的。新的物质生产程序与产品的确立、新的知识体系以及社会安排方面的变化，是牢固地联系在一起的，彼此强化、相互建构、裹挟而进。这个过程势必包含着实验和冲撞，包含着时间尺度上的不确定性和新事物的涌现，即新的产品、新的工艺、新的组织形式、新的商业模式、新的社会关系等。之所以如此，就是因为人类存在固有的知识限度，没有人能够完全驾驭工程创新，而只能随着时间的推移，直面新事物乃至新问题的不断“涌现”。从这个意义上说，工程创新是一种创造性破坏，一方面会在一定程度上破坏此前的程序、产品、知识体系和社会组织，另一方面则创造出新的程序、产品、知识体系和社会组织。当然，在这个过程中，不大可能完全破坏掉过去的东西，某些传统仍然会延续下来发挥作用。

诚然，工程领域既有渐进性变化，也有革命性变化。许多工程创新是通过“渐进性”的积累、逐步改进和完善等过程实现的。与此相对，“突破性”工程创新则是一个打破旧结构、再造新结构的过程，它的实现将对经济社会发展产生重要影响，会重新构建人们的时空感觉，必然会引起人们的高度重视。在这个过程，冲撞的力度当然就更大了。从活塞螺旋桨飞机到喷气动力飞机、从基于化学过程的照相机到基于电子过程的数码相机、从轮轨铁路到磁悬浮铁路，都是突破性工程创新或颠覆性创新的例子。它们都意味着对相应工程传统的颠覆，因而可以说存在工程范式（engineering paradigm）的转换过程。熊彼特所说的“创造性破坏”（creative destruction）在此表现得最为醒目。

在新旧工程范式的竞争中，新的工程范式不一定能够顺利“夺权”。这是因为，工程传统和组织惯性具有强大的威力。工程传统固化在已有的“结构”之中，体现在意识、习惯、战略、组织、用户网络、供应网络等各个方面，从而将实践锁定在既定轨道，产生巨大的“组织惯性”

（organizational inertia）——组织的程序和实践抵制变化的倾向性，[①] 因而更有利于老的工程范式持续生存。旧的工程范式，拥有自己强大的“盟友”，包括各类组织、供应商、工人、用户、基础设施等，从而形成强大了行动者网络的世界，使得新的范式最终败下阵来。例如在磁悬浮铁路与传统轮轨铁路的范式之争中，前者落败，后者站稳了脚跟。当然，这样的竞争，也促使旧的工程范式改变自己，渐进创新甚至实现范式内的巨大提升。基于轮轨范式的中国高铁的大发展就是一个突出的证明。新的工程范式不一定就此灭绝，也还是有可能找到自己的生存空间的，待到时机成熟，或有机会卷土重来。这也正是当前磁悬浮铁路在我国发展的实际情况。低速磁浮已经在地铁领域找到一片天地，而高速磁浮也得到了国家重大科技专项和高铁企业的研发支持，未来或有重大突破。因此，工程范式之争，也是工程传统推陈出新的重大机会。

（四）工程创新中的民主参与

工程创新是一个实验和冲撞的社会过程。既然如此，无论工程创新处在哪个阶段，总是有可能造成一种态势，从而成为公共议题甚至演变为社会政治事件。从转基因作物的开发、纳米技术的应用、磁悬浮铁路的建设这类新兴工程创新活动，到高铁线路选址、核电站选址这类看似更为成熟的工程创新活动，莫不如此。可以说，工程创新总是关乎利益相关者的切身利益，意味着现有利益格局的改变或者新的利益关系的塑造，从而激发出各方参与工程创新的活力。可以想见，只有让各类利益相关者包括公众及早参与到创新过程中来，才能使工程更好地“嵌入”社会。

有人认为，现代工程创新的复杂性远远超出了一般民众的知识范围，利益相关者包括民众的广泛参与大概只能是一种幻觉，不可能产生什么正面价值。这直接关联着20世纪上半叶发生在美国的“杜威－李普曼之争”——究竟是高扬公众参与式的广泛民主还是回到精英主义治理。现在看来，杜威的观点还是站得住脚的。[②] 正因为工程创新越来越复杂，

① M. T. Hannan, and J. Freeman, “Structural Inertia and Organizational Change,” *American Sociological Review* 49 (1984): 149－164.

② 约翰·杜威：《公众及其问题》，翻译组译，复旦大学出版社，2015。

相关责任问题越来越大，所以不能只是留给专家或者领导闭门决策，而应该开放给民众，让其参与，通过实践摸索新的民主形式，让工程创新的收益和风险得以更好匹配。这意味着面对工程创新带来的“不确定性”，只有利益相关者包括公众的广泛参与才有可能找到更好的问题解决方案，而封闭的管理体制只能使其负面效应积重难返，并且使工程事故的危害成倍放大。

其实，工程创新总是会引发一定的问题，而民主参与恰好是识别问题的机制。每一个行动者，无论是人还是非人，都是“转译”者，都会持续不断地给世界带来变化。只有使用相关机制，使社会研究者乃至普通民众有机会深度参与工程创新，才能建设“更为负责任”的工程，从而让工程成为“工程自身”。实际上，这也是当前发达国家工程创新实践的基本趋向。在美国，不少大企业几年前就开始招募社会科学家进入其研发机构开发新产品；在欧洲，已经出现一种机制，要求在价值敏感性强的、有应用导向的大科学研究项目中，必须有人文与社会科学家的参与。之所以在新兴科学和工程创新初期就倡导社会科学的介入，其主要目的就在于增进社会敏感性，推进“负责任的创新”（responsible innovation）。[①] 其实，当前兴起的针对工程的社会评估，[②] 也正在发挥类似的作用，都是旨在增进工程的社会敏感性，建设“负责任的工程”。

这倒不是说过去的工程创新者故意不负责任。而是说，工程创新者存在不负责任的可能性，都需要不断拓展责任的范围。从工程发展的历史进程看，工程师从最初的只对雇主负责，逐步走向对用户负责，对员工负责，再到对普通公众负责，一直到现在的对环境负责，实际上是一段责任范围不断扩展的历史。通过相关机制，促进人文学者及社会科学家介入工程实践，促进公众理解和参与工程，就可以进一步增进工程实践者对相关社会因素以及可持续发展的敏感性，有助于建设更具责任心的工程。

---

① European Commission, *Options for Strengthening Responsible Research and Innovation: Report of the Expert Group on the State of Art in Europe on Responsible Research and Innovation* (Luxembourg: European Union, 2013), p. 5.

② 李开孟主编《工程项目社会评价理论方法及应用》，中国电力出版社，2015，第1～4、45～47页。

其实，任何人都有局限性。尽管在一些学者看来，工程师以及工程管理者同时也是社会学家，甚至是很高明的社会学家,[1] 但是他们依然有自己的局限性——既有知识的局限性，也有视野的局限性，当然也会有特殊利益的考虑。而这些局限性，在一定程度上可以由人文社会科学家的参与来加以弥补。而工程师和人文社会科学家作为专业人士存在的局限性，又可以在一定程度上通过利益相关者的广泛参与来弥补。这样，逐步扩展了的社会合作秩序，将使工程创新更加接近于工程的理想，即追求人 - 社会 - 自然的和谐，或者说“天人合一”“安身立命”。[2]

因此，一方面，通过某种机制，将尽量多的利益相关者纳入工程创新过程，将他们的诉求纳入实际考量，的确是提升工程的包容性、建设“更为负责”的工程的必要途径。另一方面，这势必增加工程创新过程中各个行动者之间的协调成本，降低工程创新行动的敏捷性，从而降低整个工程创新的效率甚至贻误“战机”。这实际上就要求我们在“包容性”和“敏捷性”之间求得平衡。当前，随着信息技术的广泛渗透，尤其是社交网络的普遍使用以及大数据分析技术的出现，工程 - 社会关联体的透明性和可见性大为提升了，由此可望将工程创新的敏捷性和包容性之间的平衡关系推向新的层次。具体而言，就是通过运用网络技术，建立可审计的利益相关者网络，既可以将更多的利益相关者包容进来，又可以大大降低利益相关者之间的沟通和协调成本，从而同时提升工程的包容性和敏捷性，尽管仍然无法完全消除两者之间的内在冲突。

二　工程创新的社会效应

既然工程创新是一个主体与客体彼此创造的过程，工程创新尤其是突破性、颠覆性工程创新，就必然会有强大的社会效应。事实上，工程创新不仅造就了新的工程共同体和新的工程系统，推动着产业演化甚至产业的结构性变革，而且不断更新着工程 - 社会的关联，从而推动整个社会的巨大变革。

---

① B. Latour, *Aramis or the Love for Technology* (Cambridge, MA: Harvard University Press, 1996).

② 李伯聪：《工程哲学引论——我造物故我在》，大象出版社，2002。

（一）工程创新造就新的工程共同体

工程共同体是以特定工程范式为基础形成的，以工程的设计建造、管理为目标的活动群体，其成员包括投资者、企业家、管理者、设计师、工程师、会计师、工人等。但是工程共同体不是与生俱来的，也不是一成不变的。随着工程创新的展开，特定工程共同体也在发生着变革或者被塑造出来。在工程创新中，伴随着工程系统的创生，一个新的工程共同体也会被塑造出来。这个工程共同体中，有新的客户、新的供应商、新的工程师、新的工人、新的投资者、新的决策者乃至新的周边居民和公众。正是这些不断成长的“新人”，将工程创新的潜在威力“现实化”了。

的确，任何工程创新的伊始，并不存在特定于此项工程的共享文化、价值乃至语言，而是各自心怀目标和打算，因而也就不存在“专用于”该工程创新的工程共同体。但是，为了工程创新，大家还是走到一起了，开始发现交易区并在其中进行交易了，也就逐渐出现并生成了某些共享的语言、理解乃至价值。也正是在这个过程中，一个围绕特定工程的工程共同体也就逐渐生成了。不仅如此，也正是在这个过程中，参与工程的各个职业共同体——企业家群体、工人群体、工程师群体等，也就有机会围绕特定工程创新“集聚”在一起了。从这个意义上说，一定要动态地而非静态地看待工程共同体，也就是从工程共同体生成的角度看问题。

正是在工程创新过程中，在工程共同体的生成和壮大中，各类工程人才——工程管理者、工程师、工人等，才得以成长起来，这应该是工程创新最为直接的社会效应了。的确，工程实践的经验表明，合格工程人才的培养既需要各级各类学校的教育，也需要在工程实践特别是工程创新实践中加以培养和历练。熟练工人的成长既需要在职业学校的理论学习和技能培训，又需要工作现场的一手经验和师徒传承。而要培养出卓越的工程师，不仅需要大学工科的高质量教育，还需要工程创新实践，使他们有机会从创新实践中学习，从创新成功和创新失败中学习，只有这样，他们才能成长为卓越的工程人才，甚至成为工程领军人物。

工程创新是造就工程人才的必然途径，也只有经受了工程创新洗礼的工程人才，才能更新工程传统，建构新的工程能力。例如，在中国航天科技集团成立之初，决策者就明确提出，要通过载人飞船工程，培养新一代航天工程人才。在这个方针指导下，一批年轻的总指挥、总设计师在老同志的传、帮、带和岗位职责的压力下增长了知识和才干，迅速成长起来。他们为我国载人航天工程立下了汗马功劳，也为后续计划的顺利实施奠定了坚实基础。① 正是基于这种精神，中国首次月球探测工程也成为一项凝聚、培养和造就高素质航天人才的人才工程。老一代航天专家充分发挥多年航天工程积累的宝贵经验，精心指导工程的顶层规划和设计，一大批中青年业务骨干勇挑重担，成长为航天工程研制的中坚力量。中国首次月球探测工程的研制队伍平均年龄不到40岁，一批年仅30～40岁的业务骨干担任主任设计师、副总设计师、副总指挥。实际上，这种情况在其他工程领域也屡见不鲜。正是通过工程实践的磨炼和老一代工程人才的传、帮、带，思想过硬、技术精湛的新一代工程人才经受了锻炼并能够迅速成长起来。为此，中国工程院原院长宋健院士曾经指出："工程是造就工程领军人物的战略措施，不打'大战役'出不了大将、元帅。"就此而言，真正卓越的工程师，必须通过工程创新实践的历练。

（二）工程创新推动产业演化

经济是由各个产业叠加起来的，而产业又是由一项项工程组织起来的。产业变革和经济发展的源泉则是工程创新。工程创新推动产业变迁和经济发展的基本机制在于，工程创新本身是一种激发性和冲撞性的力量，由此将会带来一系列后续的创新，从而引发所谓的创新群集（cluster）现象。

从特定创新主体看，鉴于工程创新的路径依赖性，从事创新的企业家将会积累自己的知识基础和竞争优势，从而更易于从事后续的一系列工程创新。而从横向关系看，其他企业家很可能意识到围绕此项工程创新的盈利机会，从而进行模仿或者立足于该项创新开展自己的创新活动。先前完成的工程创新总是为后续工程创新的开展奠定了某种基础，或者产生了一些问题而需要后续工程创新来解决，或者提供了某种条件，以

① 梁小虹：《航天精神：企业员工向中国航天人学习的行为准则》，中国纺织出版社，2006，第155页。

至于后续的工程创新成为可能。工程创新激发出来的竞争机制、学习机制和连锁机制的共同作用，势必带来彼此竞争的同类创新以及彼此互补的异质创新的“蜂拥而至”，从而持续推动或大或小的产业变革，以至于推动整个经济活动的重大转型。

在所有工程创新中，许多创新是渐进性的，最初只是特定工程系统中的小革小改，看起来没有什么特别振奋人心之处，但是通过诸多创新的集聚并积累到一定程度后，就有可能产生重大的经济社会效果和历史性影响。而另一些工程创新则是突破性、颠覆性的，其产业变革作用就更加巨大了。在此类工程创新的推动下，经过一系列的变革，一个全新的产业就会出现，进而对相关产业的发展也会产生强大的拉动或者推动作用，最终甚至将带来技术 - 经济范式的变革。半导体的发明及半导体产业的发展就是一个突出的例子。当年肖克利发明了晶体管之后，就建立了一家企业“仙童半导体公司”，成功地进行了工程创新，展示出了巨大的发展潜力。随后，发展理念与肖克利不同的几位仙童创业者——所谓“八叛徒”——集体出走，建立了几家自己的半导体公司，这成为半导体产业发展的转折点。随后，半导体产业拉动电子计算机产业等若干产业的发展，最终携手计算机产业，变革了整个经济体系乃至整个社会的生存状态。在这个过程中，半导体产业在地理上的集聚和分散是一体两面的过程，使硅谷以及后来的日本成为半导体产业的中心。

伴随着一个产业的成熟，工程传统就彻底立足了，所有后续的工程创新大体上是在特定工程传统中展开的，因而属于渐进性创新，而且离开既有传统的创新可能性似乎越来越小。这实际上是一个专业化过程和路径依赖过程。基于传统形成的心理惯性和组织惯性，最终有可能将特定组织固化在既定轨道上难以自拔。在这种情况下，面临可以预料或不期而遇的外部冲击，例如资源枯竭、新技术的挑战，就会变得十分脆弱。这就提出了一个结构调整和升级的问题。这种结构调整和升级，通常不限于特定企业，而是整个产业面临的问题，甚至整个社会面临的问题，或者说是一个社会学问题。就算是美国这种发达国家，也会出现这种问题，曾经无限辉煌的汽车城底特律的衰落就是明证。德国的鲁尔区、中国的东北工业区，其实也都面临类似的转型难题。面对这样的难题，解决的出路仍然在于创新——包括工程创新。只不过，需要特殊的政策思路和制度创新来打破这种心理惯性和组织惯性。这是一种系统性的问题，既有物质层面的问题，更有认知层面和社会层面的问题。总的发展原则是要保持多样性，要有吸纳和包容各类人才的有效机制，要主动纳入新的产业大潮，引入新的工程创新，从而开启的新的产业空间。

（三）工程创新推动社会政治变革

由于工程是直接的、现实的生产力，工程活动是最基础、最根本的人类活动，体现了最基础、最根本的社会关系，因此，工程创新不仅能够推动直接、现实的生产力的提升，还能间接乃至直接地变革生产关系，从而推动社会生产方式乃至整个社会文化的变革。

具体而言，工程创新构造了人类新的生存空间——各类居所、城市空间、基础设施等；工程创新变革了人类的劳动工具、劳动对象和劳动方式；工程创新塑造了人类新的生存方式——交往方式、交易方式甚至塑造着语言；工程创新造就了人类所需要的各类推陈出新的生活必需品；工程创新甚至已经开始塑造人类自身了——器官移植、基因诊断和治疗、脑机融合等。换言之，工程创新既可以创造出工程系统、人工制品这些有形的、可见的、可感的东西，也能创造出不可见的知识、技能、语言、精神，还能创造出各类新人及其新的生活方式。所有这些——物质的、符号的、社会的成果——叠加在一起，才可以说是对工程创新产物的完整把握。

如果回到工程创新的逻辑起点——常规实践和循环流转的经济，那么可以说，工程创新的实质就是打破成规、黑箱和“上手状态”，创造出来新的生活形式乃至新的语言的过程，而根本性的工程创新，更是一个打破结构、重建结构的过程。这正是一个结构在日常生活中发生改变和重构的过程，也就是社会学家吉登斯所说的“结构化”（structuration）过程。如此看来，工程创新的过程，当然也就是一个社会创新的过程——形成新的生活常规、新的时空区域、新的语言和新的社会系统。换言之，从事工程，就是从事一种生活的建设；建构一项工程，就意味着营造一种新的生活方式。西气东输工程、高速铁路对居民生活的重大影响，就是突出的证明。从这个意义上说，系列性的工程创新推动着整个社会的变革。

这就是为什么人类会有汽车社会、后工业社会、信息社会、网络社会、风险社会这类表达。所有这些表达，都意味着工程创新是社会变革的根基。随着工程创新的展开，必然会出现新人（工业人、信息人、塞伯格）、新的制度（流水线作业方式、柔性制造系统）、新的自然（上天、入地、下海），更不用说新的技术了。由此也会开辟全新的生存空间和新的生活可能性乃至于新的语言和新的生存意识。可以想见，未来的工程创新一定会创生出一个全新的社会。这实际上也是马克思主义所着力强调的事情。

当然，工程创新本身并不确保能造就一个和谐世界。这是因为工程创新是一种创造性破坏，所打造出来的常常是某种不均衡的社会格局——某些阶层得益很多，另一些阶层得益较少，还有一些阶层处于受损状态。因此，围绕工程创新势必会产生一些社会冲突，甚至是激烈的社会冲突。如何化解此类冲突，以便在工程创新基础上建设美好社会，就成为十分重要的社会议题。不仅如此，工程创新在解决人与自然矛盾关系的同时，也带来人与自然的新的冲突，其中最显而易见的问题是环境危机和资源枯竭。而要解决此类问题，求得可持续发展，当然有很多路径选择，包括进行绿色工程创新。但要走通这些路径，社会文化和制度的变革都是不可或缺的。而变革的具体方法，又需要社会学理论的有力支撑。从这个意义上说，工程创新所带来的一系列问题，必然是社会学研究的沃土。世界范围内百余年来的社会学学科的发展就充分证明了这一点。

进而言之，工程创新还因此具有重大的政治意涵。一些工程创新事关重大，存在敏感的伦理问题或者环境安全问题，因而会激起全民关注，需要特定的公共政策乃至政治抉择予以解决，例如转基因、人工智能等新兴工程的出现，就是明证。还有一些工程创新由于涉及全球问题，例如为应对气候变化而进行的地球工程、作为全球性基础设施的卫星导航系统的建造等，会成为重大国际政治议题。此外，在特定时点上，重大工程创新往往可以改变敌对双方的力量，从而一举扭转战局，例如雷达的出现对于第一次世界大战的战局就产生了重大影响，而核武器的研制成功则不仅左右了第二次世界大战的格局，而且在很大程度上塑造了以后的世界政治格局。因此，工程创新也就不仅是一项政治抉择，还成为特定政治问题的演进过程。

总之，工程创新是一个试验和冲撞的社会过程，不但关系着人类物质文明的进步，也关系着人类精神文明的提升。正是工程创新架起了科学发现、技术发明与产业发展之间的桥梁，从而构成了产业革命、经济发展乃至社会进步的强大杠杆。为此，要反思和调整社会结构，解放生产力和创造力，为工程创新营造更宽阔的实验空间，以便在自然的承载力、人的需求、社会结构和工程创新之间形成良性互动关系。

后　记

在现代社会中，科学、技术、工程是三种重要的社会活动方式。如果分别对它们进行哲学研究和社会学研究，便会形成“科学哲学、技术哲学、工程哲学”和“科学社会学、技术社会学、工程社会学”。

科学社会学和技术社会学都是西方学者开创的，传入中国后，中国学者也做出了自己的贡献。但工程社会学却是中国学者开创的学科。工程社会学不但具有重要的理论意义，而且具有重要的现实意义，它应该成为中国学者在社会学领域发出中国声音的重要内容和表现方式之一。希望今后不但有越来越多的中国学者关注工程社会学的发展情况，而且能够通过国际学术交流引起外国学者关注。

本书的写作肇始于中国社会学会2011年学术年会期间。后来在哈尔滨又专门召开了写作研讨会，拟定了写作大纲，进行了写作分工。可是，由于多种原因，写作未能按计划进行。2015年，我们调整了写作计划，重新进行分工。2017年在写作完成多半的情况下，我们申请了当年的“国家社科基金后期资助项目”，并且得到了批准（批准号17FSH002）。我们感谢国家社科基金对本项工作的支持，感谢匿名评审专家对本项工作的肯定和所提出的批评与修改意见。

本书由我提出理论框架和写作提纲，各位作者分工撰写，最后由我统稿。本书撰写分工情况如下。李伯聪：第一、四章，第二章第一、二节；梁军：第二章第三节；张秀华：第三章；贾广社、刘东、何长全、崔家滢、盛楠、吴陆锋：第五、九章；尹文娟：第六章；杨建科：第七章；王楠：第八章；范晓娟、王佩琼：第十章；张云龙：第十一章第一节；张涛：第十一章第二、三节；李三虎：第十二章第一至三节；李永胜：第十二章第四、五节；王大洲：第十三章。

本书涉及内容范围很广，并且书中不少内容都是刚刚开始探索的新课题，限于水平，缺陷在所难免，切望听到读者、同人、各界人士的批评意见。我们深知，建构工程社会学的理论框架是一个艰巨的任务，不可能一蹴而就。本书只是在这方面的一个初步尝试，希望能够起到抛砖引玉的作用。

在本书写作过程中，作者们曾经以研讨会或其他方式进行学术交流。本书作者诚挚感谢各位专家、朋友在本书写作过程中提供的指导和帮助，特别感谢尹海洁教授、施国庆教授、谢咏梅教授、王宏波教授、贾玉树教授、范春萍教授、鲍鸥副教授、张志会副教授等。

在“后记”中，有些作者会用自己的诗句或引用别人的诗句表达自己的感想或感慨。我在年轻时更喜欢李白，但进入老年后，却更喜欢杜甫的诗了。杜甫诗中颇多关于“行旅”——包括行旅出发、途中和到达目的地——的诗歌。以行旅出发为例，就有《发秦州》《发阆中》等。《发秦州》结尾云：“中宵驱车去，饮马寒塘流。磊落星月高，苍茫云雾浮。大哉乾坤内，吾道长悠悠。”在中国现代社会学的发展中，严复是一个公认的重要人物。严复不但首先向国人翻译介绍了西方的现代进化论、现代经济学和现代法学，而且翻译介绍了现代社会学思想和理论。严复《题庄思缄濠梁观鱼图》云：“举世皇皇各有竞，鱼自深潜鸟自飞。”现在就把杜甫和严复的诗句作为这个“后记”的结尾吧。

李伯聪　2018 年 3 月 1 日

如上所述，本书是 2017 年“国家社科基金后期资助项目”的最终成果。本书完稿后，于 2018 年提交进行项目鉴定。由于作者不知道的原因，本书今年方得以通过鉴定和结项，交与出版社正式出版。

本书正式出版后，诚望能够进一步扩大工程社会学的影响，同时得到读者对本书的批评指正。

工程社会学是中国学者领先开创的一门“社会学分支学科”，希望工程社会学今后能够得到工程界和社会学界的更多关注。作为一门中国学者在国际范围内率先开创的“社会学分支学科”，我们希望工程社会学今后在研究内容的广度和深度方面都不断有新进展。

李伯聪　2022 年 10 月 9 日

图书在版编目(CIP)数据

兴起中的工程社会学 / 李伯聪等著. -- 北京 : 社会科学文献出版社, 2023.6
国家社科基金后期资助项目
ISBN 978-7-5228-1924-2

Ⅰ. ①兴… Ⅱ. ①李… Ⅲ. ①工程-社会学 Ⅳ. ①T-05

中国国家版本馆 CIP 数据核字(2023)第 107525 号

国家社科基金后期资助项目
兴起中的工程社会学

著　　者 / 李伯聪 等

出 版 人 / 王利民
责任编辑 / 孟宁宁
文稿编辑 / 林含笑
责任印制 / 王京美

出　　版 / 社会科学文献出版社 · 群学出版分社 (010) 59367002
地址: 北京市北三环中路甲 29 号院华龙大厦　邮编: 100029
网址: www.ssap.com.cn
发　　行 / 社会科学文献出版社 (010) 59367028
印　　装 / 三河市龙林印务有限公司

规　　格 / 开 本: 787mm × 1092mm 1/16
印 张: 26　字 数: 411 千字
版　　次 / 2023 年 6 月第 1 版　2023 年 6 月第 1 次印刷
书　　号 / ISBN 978-7-5228-1924-2
定　　价 / 168.00 元

读者服务电话: 4008918866